U0360380

21世纪高等学校计算机教育实用规划教材

离散数学

孙道德 主编

王敏生 王秀友 副主编

清华大学出版社

北京

内 容 简 介

本书共分为4篇：数理逻辑、集合论、代数系统、图论。数理逻辑包括命题逻辑和谓词逻辑；集合论介绍了集合、关系、函数等；代数系统介绍了群、环、域等；图论部分介绍了图的基本概念及特殊图。本书结合基本理论和基本方法详细介绍了这4部分在计算机中的实际应用。在编写过程中，以数理逻辑的基本思想为主线，将离散数学各个部分有机地结合起来，力求条理清楚、深入浅出，通过该课程的学习，可使读者掌握必备的离散数学知识，并提高其利用离散数学知识分析和解决实际问题的能力。

本书可作为一般本科院校计算机科学技术等相关专业的本科生和研究生的教学用书，也可作为计算机科学与技术以及研究人员的参考用书。

本书封面贴有清华大学出版社防伪标签，无标签者不得销售。

版权所有，侵权必究。 举报：010-62782989，beiqinquan@tup.tsinghua.edu.cn。

图书在版编目（CIP）数据

离散数学/孙道德主编.--北京：清华大学出版社，2013（2024.8 重印）
 21 世纪高等学校计算机教育实用规划教材
 ISBN 978-7-302-29943-1

Ⅰ. ①离… Ⅱ. ①孙… Ⅲ. ①离散数学 Ⅳ. ①O158

中国版本图书馆 CIP 数据核字（2012）第 203471 号

责任编辑：魏江江 薛 阳
封面设计：常雪影
责任校对：李健庄
责任印制：曹婉颖

出版发行：清华大学出版社
　　　　网　　址：https://www.tup.com.cn，https://www.wqxuetang.com
　　　　地　　址：北京清华大学学研大厦 A 座　　　　邮　　编：100084
　　　　社 总 机：010-83470000　　　　　　　　　　邮　　购：010-62786544
　　　　投稿与读者服务：010-62776969，c-service@tup.tsinghua.edu.cn
　　　　质量反馈：010-62772015，zhiliang@tup.tsinghua.edu.cn
　　　　课件下载：https://www.tup.com.cn，010-83470236
印 装 者：涿州市般润文化传播有限公司
经　　销：全国新华书店
开　　本：185mm×260mm　　　印　　张：16.25　　　字　　数：401 千字
版　　次：2013 年 6 月第 1 版　　　　　　　　　　　印　　次：2024 年 8 月第 11 次印刷
印　　数：5401～5900
定　　价：39.50 元

产品编号：040149-02

出版说明

随着我国高等教育规模的扩大以及产业结构调整的进一步完善,社会对高层次应用型人才的需求将更加迫切。各地高校紧密结合地方经济建设发展需要,科学运用市场调节机制,合理调整和配置教育资源,在改革和改造传统学科专业的基础上,加强工程型和应用型学科专业建设,积极设置主要面向地方支柱产业、高新技术产业、服务业的工程型和应用型学科专业,积极为地方经济建设输送各类应用型人才。各高校加大了使用信息科学等现代科学技术提升、改造传统学科专业的力度,从而实现传统学科专业向工程型和应用型学科专业的发展与转变。在发挥传统学科专业师资力量强、办学经验丰富、教学资源充裕等优势的同时,不断更新教学内容、改革课程体系,使工程型和应用型学科专业教育与经济建设相适应。计算机课程教学在从传统学科向工程型和应用型学科转变中起着至关重要的作用,工程型和应用型学科专业中的计算机课程设置、内容体系和教学手段及方法等也具有不同于传统学科的鲜明特点。

为了配合高校工程型和应用型学科专业的建设和发展,急需出版一批内容新、体系新、方法新、手段新的高水平计算机课程教材。目前,工程型和应用型学科专业计算机课程教材的建设工作仍滞后于教学改革的实践,如现有的计算机教材中有不少内容陈旧(依然用传统专业计算机教材代替工程型和应用型学科专业教材),重理论、轻实践,不能满足新的教学计划、课程设置的需要;一些课程的教材可供选择的品种太少;一些基础课的教材虽然品种较多,但低水平重复严重;有些教材内容庞杂,书越编越厚;专业课教材、教学辅助教材及教学参考书短缺,等等,都不利于学生能力的提高和素质的培养。为此,在教育部相关教学指导委员会专家的指导和建议下,清华大学出版社组织出版本系列教材,以满足工程型和应用型学科专业计算机课程教学的需要。本系列教材在规划过程中体现了如下一些基本原则和特点。

(1) 面向工程型与应用型学科专业,强调计算机在各专业中的应用。教材内容坚持基本理论适度,反映基本理论和原理的综合应用,强调实践和应用环节。

(2) 反映教学需要,促进教学发展。教材规划以新的工程型和应用型专业目录为依据。教材要适应多样化的教学需要,正确把握教学内容和课程体系的改革方向,在选择教材内容和编写体系时注意体现素质教育、创新能力与实践能力的培养,为学生知识、能力、素质协调发展创造条件。

(3) 实施精品战略,突出重点,保证质量。规划教材建设仍然把重点放在公共基础课和专业基础课的教材建设上;特别注意选择并安排一部分原来基础比较好的优秀教材或讲义修订再版,逐步形成精品教材;提倡并鼓励编写体现工程型和应用型专业教学内容和课程体系改革成果的教材。

（4）主张一纲多本，合理配套。基础课和专业基础课教材要配套，同一门课程可以有多本具有不同内容特点的教材。处理好教材统一性与多样化，基本教材与辅助教材，教学参考书，文字教材与软件教材的关系，实现教材系列资源配套。

（5）依靠专家，择优选用。在制订教材规划时要依靠各课程专家在调查研究本课程教材建设现状的基础上提出规划选题。在落实主编人选时，要引入竞争机制，通过申报、评审确定主编。书稿完成后要认真实行审稿程序，确保出书质量。

繁荣教材出版事业，提高教材质量的关键是教师。建立一支高水平的以老带新的教材编写队伍才能保证教材的编写质量和建设力度，希望有志于教材建设的教师能够加入到我们的编写队伍中来。

21世纪高等学校计算机教育实用规划教材编委会

联系人：魏江江 weijj@tup.tsinghua.edu.cn

前　言

　　随着计算机学科与技术的发展以及现在对计算机人才的需求的变化,对学生掌握的知识也将发生巨大的变化,不仅要求学生扩大理论范围的了解,同时要求学生增加实践知识的训练。离散数学是理论与实践结合紧密的科学,它是计算机科学与技术以及其他应用学科的理论基础。离散数学课程所传授的思想和方法,广泛地体现在计算机科学技术及相关专业的诸领域,通过对离散数学的学习,能够锻炼抽象思维和逻辑推理的能力,对科学计算、信息处理、软件工程、硬件设计、科学研究、日常事务和计算机应用都打下坚实基础,特别对从事计算机科学与理论研究的高层次计算机人员来说,更是一门必不可少的基础理论工具。

　　本书依据《中国计算机科学与技术学科教程 2002》中制定的关于离散数学的知识结构和体系为依据撰写,在内容选择上,力求做到理工科学生通俗易懂,理论联系实际,增强学生逻辑思维能力和学习方法的训练,阐述了离散数学证明问题的方法。在讲解原理的基础之上,结合现代先进的计算机科学技术,从内容和形式上发展本门学科,主要体现在:①加强了现代计算机科学、数字技术、图论与离散数学的结合;②更新和增加了离散数学应用实例。主要内容包含数理逻辑、集合与关系、函数、代数系统、图和树。内容设计增加帮助理解理论的习题分析,对于加强素质教育,培养抽象思维和逻辑表达能力,提高发现问题、分析问题、解决问题的能力起着引导和帮助作用。

　　教材编写力求体系严谨、选材适当、针对性强、有利教学,同时在素材组织上更加注重在计算机科学技术中的应用。注重语言的通俗性和符号的统一性、规范性、简洁性,注重逻辑思维能力的训练。将数理逻辑教学内容放在第一部分,在集合与关系、代数系统、图与树的教学内容中始终贯穿数理逻辑的推理思想,有效锻炼学生的严谨逻辑思维能力。

　　本书写作大纲和内容特色由孙道德教授提出,数理逻辑和集合论部分的写作由王秀友副教授执笔,代数结构和图论部分的写作由王敏生副教授执笔,最后由孙道德教授统稿,同时邀请了教学第一线的教师参与了工作,提出了很多的宝贵意见,并汲取了他们丰富的教学成果,在此向他们表示感谢。但是由于水平有限,问题甚至错误在所难免,谨请读者批评指正。

编著者

2013 年 3 月

目 录

第1篇

数理逻辑

　　逻辑学是一门研究思维形式及思维规律的科学。根据研究的对象和方法的不同,逻辑学分为形式逻辑、辨证逻辑和数理逻辑。

　　数理逻辑是用数学方法研究推理规律的科学。所谓数学方法,就是引进一套符号系统来研究思维的形式结构和规律。因此,数理逻辑又称符号逻辑。它起源于公元17世纪,19世纪英国的德·摩根和乔治·布尔发展了逻辑代数,20世纪30年代数理逻辑进入了成熟时期,基本内容(命题逻辑和谓词逻辑)有了明确的理论基础,成为数学的一个重要分支,同时也是电子元件设计和性质分析的工具。冯·诺依曼,图灵,克林等人研究了逻辑与计算的关系。基于理论研究和实践,随着1946年第一台通用电子数字计算机的诞生和近代科学的发展,计算技术中提出了大量的逻辑问题,逻辑程序设计语言的研发更促进了数理逻辑的发展。除古典二值(真,假)逻辑外,科学家还研究了多值逻辑、模态逻辑、概率逻辑、模糊逻辑、非单调逻辑等。不仅有演绎逻辑,也还有归纳逻辑。计算机科学中还专门研究计算逻辑、程序逻辑、时序逻辑等。现代数理逻辑分为5个方面:逻辑演算、证明论、递归论(与形式语言语法有关)、模型论、公理化集合论(与形式语言的语义有关)。

　　数理逻辑与计算机科学关系密切,在计算机科学的许多领域,如逻辑设计、人工智能、语言理论、程序正确性证明等方面,都有重要的应用。本篇介绍对计算机科学而言非常重要的数理逻辑基础知识——命题逻辑和谓词逻辑。

第 1 章 命题逻辑

学习要求：掌握命题、命题公式、重言式、等价式、蕴涵式等基本概念，能利用逻辑联结词或真值表、等价式与蕴涵式进行命题演算和推理。

表述客观世界的各种现象、人们的思想、各门学科的规则、理论等，除使用自然语言（这常常是有歧义性的）外，还要使用一些特定的术语、符号、规律等"对象语言"，这些都是所研究学科的一种特殊的形式化的语言，研究思维结构与规律的逻辑学也有其对象语言。本章就是讨论逻辑学中的对象语言——命题及其演算，它相当于自然语言中的语句。

命题逻辑也称命题演算或语句逻辑。它研究以命题为基本单位构成的前提和结论之间的可推导关系。研究什么是命题、命题的表示、如何由一组前提推导一些结论等。

1.1 命题及逻辑联结词

1. 命题的基本概念

首先从下面的例子加以分析。

(1) 阜阳师范学院是一所普通师范类本科院校。

(2) 2008 年，北京举办了奥运会。

(3) 苏格拉底是要死的。

(4) 中国人民是勤劳和勇敢的。

(5) 鸵鸟是鸟。

(6) 1 是质（素）数。

(7) 下个月晴天多于阴天。

(8) 公元 2050 年会出现生物计算机。

(9) 太阳系外的星球上有人。

(10) 他喜欢读书也喜欢运动。

(11) 他在机房里或者在图书馆里。

(12) 电灯不亮是灯泡或线路有毛病，或者是停电所致。

(13) 如果 a 和 b 都是正数，则 ab 也是正数。

(14) $xy > 0$ 当且仅当 x 和 y 都大于零。

(15) $101 + 1 = 110$。

(16) 天气多好啊！

（17）现在是什么时间？

（18）全体起立！

（19）$x>2$。

（20）我正在说谎。

在上述例子中（1）～（4），（12）和（13）是可以判断为对（真，成立）的陈述句，（5），（6），（14）是能够判断为不对（假，不成立）的陈述句，（7）～（9）在人类历史发展的长河中能够判断它是真或是假的陈述句，（10）和（11）根据"他"当时的情况能够判断出是真或是假的陈述句，（15）在二进制计算中为真，在十进制计算中为假，也还是可以判断为真或为假的陈述句，（16）是感叹句，（17）是疑问句，（18）是命令句，（19）中的 x 是一个未知数（变量），无法判断是真还是假，（20）是无法判断真假的悖论。从以上的分析中可以看出，表达思想的语句有不同的类别，数理逻辑中研究的是出现得较多而又比较规范的语句——可以判断出真或假的陈述句。

定义 1.1　凡是能判断是真或是假的陈述句称为命题。

如前面的例中（1）～（15）都是命题，（16）～（20）都不是命题。

命题的值为真或假。今后约定用 1 表示真，0 表示假，除 T 和 F 以外的大写英文字母或它们后面跟上数字如 A，A1，B5，Pi 等或[数字]（如[123]，[28]……）表示命题，称为命题标识符。

如 P：M8085 芯片有 40 条引线，或[12]：M8085 芯片有 40 条引线。P 或[12]称为命题"M8085 芯片有 40 条引线"的标识符。当命题标识符代表一个确定的命题时（如 P 或[12]，A：人总是要死的），称为命题常元，当命题标识符代表非确指的命题时，称这样的命题标识符为命题变元。

注意：命题变元不是命题，只有对命题变元用一个确定的命题代入后，才能确定其值是 1 还是 0。

定义 1.2　用一个确定的命题代入一个命题标识符（如 P），称为对 P 进行**指派**（赋值或解释）。

再看前面例中的（1）～（6），这些命题不能再分解为更简单的能判断其值为 1 或 0 的陈述句了，这类命题称为**原子命题**。在（7）中，如果表示下个月晴天多于阴天为原子命题 P，则下个月晴天少于阴天是 P 的否定；（10）可分解为原子命题 P：他喜欢读书，Q：他喜欢运动，用联结词"也"联结起来；（11）可分解为原子命题 P：他在机房里，Q：他在图书馆里，用联结词"或者"联结起来；（13）可分解为原子命题 P：a 是正数，Q：b 是正数，R：ab 是正数，用联结词"和"与"如果…，则…"联结起来；（14）可分解为原子命题 P：$xy>0$，Q：$x>0$，R：$y>0$，用联结词"当且仅当"与"都"联结起来，这类由联结词、标点符号和原子命题构成的命题称为复合命题。

2. 逻辑联结词

在日常生活、工作和学习中，自然语言里常常使用下面的一些联结词，例如：非、不、没有、无、并非、并不等来表示否定；并且，同时、以及、而（且）、不但……而且……、一边……一边……、虽然……但是……、既……又……、尽管……仍然、和、也、同、与等来表示同时；虽然……也、可能……可能、或许……或许、等和"或（者）"的意义一样；若……则……、当……则……与"如果……那么"的意义相同；充分必要等同"一样"，相同与"当且仅当"的意义一样。即在自然语言中，这些逻辑联结词的作用一般是同义的。在数理逻辑中将这些同义的联结词也统一用符号表示,以便书写、推演和讨论。现定义常用联结词如下。

定义 1.3 给定一个命题 P,可以由 P 得到一个新命题"$\neg P$",读成"非 P"或"P 的否定"。$\neg P$ 的取值依赖于 P 的取值,即定义运算表如表 1.1 所示。

表 1.1

命 题	P	$\neg P$
真值	1 0	0 1

例如 P:阜阳是一个大城市

$\neg P$:阜阳是一个不大城市或阜阳不是一个大城市

注意:

(1) 不同的陈述句可能确定同一个命题;

(2) 否定是一个一元运算。

定义 1.4 两个命题 P 和 Q 产生的一个新命题记为 $P \wedge Q$,读成"P 与 Q"或"P 和 Q 的合取"。合取的运算表如表 1.2 所示。

表 1.2

命 题	P	Q	$P \wedge Q$
真值	1 1 0 0	1 0 1 0	1 0 0 0

如 P:他喜欢读书,Q:他喜欢运动,P 和 Q 的合取为 $P \wedge Q$:他喜欢读书也喜欢运动。

又如 A:猫吃鱼,B:$2+2=0$,则 $A \wedge B$:猫吃鱼而且 $2+2=0$。

注意:

(1) 在日常语言中使用"与"时,通常是两个命题之间具有某种联系。但在数理逻辑中,并不要求两个命题之间有任何联系。因为数理逻辑所研究的是推理的形式关系,并不涉及推理中的前提和结论的具体内容。

(2) 合取是一个二元运算。

(3) 不要见到"与"、"和"就使用联结词 $\wedge$,例如"张三与李四是同学"。这里的"与"和数理逻辑中所使用的"与"是不同的,整个句子是简单陈述句。

定义 1.5 两个命题 P 或 Q 产生一个新命题,记为 $P \vee Q$,读成"P 析取 Q",析取的运算表如表 1.3 所示。

表 1.3

命 题	P	Q	$P \vee Q$
真值	1 1 0 0	1 0 1 0	1 1 1 0

P：他在机房里，Q：他在图书馆里，$P \lor Q$：他在机房或图书馆里。

又如 P_1：他是游泳冠军，P_2：他百米是赛冠军，$P_1 \lor P_2$：他是游泳冠军或百米赛跑冠军。

A：猫吃鱼，B：$2+2=0$，$A \lor B$：猫吃鱼或者 $2+2=0$。

注意：

(1) 析取可细分为两种，一种是"不可兼或"，另一种是"可兼或"，如 $P_1 \lor P_2$。有的将不可兼或记为 $\overline{\lor}$，可兼或记为 $\lor$。显然 $\lor$ 包含 $\overline{\lor}$，故着重考虑 $\lor$ 的情形。

(2) 在自然语言或形式逻辑中，用来析取联结的对象往往要求属于同一类事物，但是在数理逻辑中不做这种限制，例如 $A \lor B$：猫吃鱼或者 $2+2=0$ 是允许存在的命题。

(3) 析取是一个二元运算。

定义 1.6 设 P,Q 是两个命题，"若 P 则 Q"是一个新命题，记为 $P \rightarrow Q$，读成 P 推出 Q（或 Q 是 P 的必要条件，P 是 Q 的充分条件），P 称为条件联结词"$\rightarrow$"的前件，Q 为"$\rightarrow$"的后件。

如 P：河水泛滥，Q：周围的庄稼被毁。$P \rightarrow Q$：若河水泛滥，则周围的庄稼被毁。

A：$2<3$，B：今天阳光明媚。$A \rightarrow B$：若 $2<3$，则今天阳光明媚。

条件联结词的运算表如表 1.4 所示。

表 1.4

命 题	P	Q	$P \rightarrow Q$
	1	1	1
	1	0	0
真值	0	1	1
	0	0	1

注意：

(1) 条件联结词联结的前件与后件不限定于同一类事物。"如果 P，则 Q"有很多不同的表述方法：若 P，就 Q；只要 P，就 Q；P 仅当 Q；只有 Q 才 P；除非 Q，才 P；除非 Q，否则非 P，……。

(2) 从真值表定义可知，前件取假值时无论后件的取值是真还是假，条件联结词产生的新命题都取值为真，即采取的是"善意的推定"。例如：

一位父亲对儿子说："如果星期天天气好，就一定带你去动物园。"问：在什么情况下父亲食言？

父亲的可能情况有如下 4 种：

a) 星期天天气好，带儿子去了动物园；

b) 星期天天气好，却没带儿子去动物园；

c) 星期天天气不好，却带儿子去了动物园；

d) 星期天天气不好，也没带儿子去动物园。

显然，a)、d)两种情况父亲都没有食言；c)这种情况和父亲原来的话没有相抵触的地方，当然也不算食言；只有 b)这种情况，答应的事却没有做，应该算是食言了。b)对应着"前件真后件假"的情况，使得蕴涵式为假，而其他三种情况都使得蕴涵式为真。

（3）条件联结词为一个二元运算。

定义 1.7 设 P,Q 是两个命题，"P 当且仅当 Q"是一个新命题，记为 $P\leftrightarrow Q$，$\leftrightarrow$ 称为**双条件**，它的运算表如表 1.5 所示。

表 1.5

命 题	P	Q	$P\leftrightarrow Q$
真值	1	1	1
	1	0	0
	0	1	0
	0	0	1

双条件是数学上考虑得最多，也是大家比较熟悉的，可以举出许多例子。如，我没有收到信当且仅当没有人给我写信，它的值为 1。约定在整数范围内讨论，P：$2+2=0$，Q：IBM-PC 是一种微型计算机，$P\leftrightarrow Q$：$2+2=0$ 当且仅当 IBM-PC 是一种微型计算机，此命题取值为 0。

注意：

（1）双条件联结词联系的命题不限定属于同一类事物。

（2）双条件是一个二元运算。

这 5 种逻辑联结词也可以称为逻辑运算，与一般数的运算一样，可以规定运算的优先级，规定的优先级顺序依次为 $\neg,\wedge,\vee,\rightarrow,\leftrightarrow$。如果出现的逻辑联结词相同，且又没有括号时，则按从左到右的顺序运算。如果遇到有括号时就先进行括号中的运算。

考察"电灯不亮是灯泡或线路有毛病，或者是停电所致"。令 P：电灯亮，Q：灯泡有毛病，R：线路有毛病，S：停电。则可将该语句符号化为 $Q\vee R\vee S\rightarrow\neg P$。

3. 命题的符号化

把一个用文字叙述的命题写成由命题标识符、联结词和圆括号表示的命题公式，称为符号化。命题的符号化在数理逻辑中尤为重要，是进行推理的基础。

符号化的步骤：

（1）找出所有的原子命题。

（2）确定句中连接词是否能对应于并且对应于哪一个命题联结词。

（3）正确表示原子命题和选择命题联结词；要按逻辑关系翻译而不能凭字面翻译。

（4）用正确的语法把原命题表示成由原子命题、联结词和圆括号组成的命题公式。

例如：将下列命题符号化。

（1）豆沙包是由面粉和红小豆做成的。

（2）苹果树和梨树都是落叶乔木。

（3）王小红或李大明是物理组成员。

（4）王小红或李大明中的一人是物理组成员。

（5）由于交通阻塞，他迟到了。

（6）如果交通不阻塞，他就不会迟到。

（7）他没迟到，所以交通没阻塞。

（8）除非交通阻塞，否则他不会迟到。

(9) 他迟到当且仅当交通阻塞。

提示：

(1) 分清复合命题与简单命题。

(2) 分清"相容或"与"排斥或"。

(3) 分清必要与充分条件及充分必要条件。

答案：(1)是简单命题；(2)是合取式；(3)是析取式(相容或)；(4)是析取式(排斥或)；
设 P：交通阻塞，Q：他迟到

(5) $P \rightarrow Q$；(6) $\neg P \rightarrow \neg Q$ 或 $Q \rightarrow P$；(7) $\neg Q \rightarrow \neg P$ 或 $P \rightarrow Q$；(8) $Q \rightarrow P$ 或 $\neg P \rightarrow \neg Q$；
(9) $P \leftrightarrow Q$ 或 $\neg P \leftrightarrow \neg Q$。

可见(5)与(7)，(6)与(8) 相同(等值)。

1-1 习 题

1. 判断下列语句是否是命题。

(1) $a+b$。

(2) $x>0$。

(3) 请进！

(4) 所有的人都是要死的，但有人不怕死。

(5) 我明天或后天去苏州。

(6) 我明天或后天去苏州的说法是谣传。

(7) 我明天或后天去北京或天津。

(8) 如果买不到飞机票，我哪儿也不去。

(9) 只要他出门，他必买书，不管他余款多不多。

(10) 除非你陪伴我或代我雇辆车子，否则我不去。

(11) 只要充分考虑一切论证，就可得到可靠见解；必须充分考虑一切论证，才能得到可靠见解。

(12) 如果只有懂得希腊文才能了解柏拉图，那么我不了解柏拉图。

(13) 不管你和他去不去，我去。

(14) 侈而惰者贫，因力而俭者富。(韩非：《韩非子·显学》)

(15) 骐骥一跃，不能十步；驽马十驾，功在不舍；锲而舍之，朽木不折；锲而不舍，金石可镂(《荀子·劝学》)。

2. 将下列命题符号化。

(1) 我一边看书一边听音乐。

(2) 天下雨了，我不去上街。

(3) 实函数 $f(x)$ 可微当且仅当 $f(x)$ 连续。

(4) 除非你努力，否则你就会失败。

(5) 合肥到北京的列车是中午十二点半或下午五点五十分开。

(6) 优秀学生应做到思想身体学习都好。

3. 设命题 A_1, A_2 的真值为 1，A_3, A_4 两命题的真值为 0，求下列命题的真值。

(1) $(A_1 \wedge (A_2 \wedge A_3)) \vee \neg((A_1 \vee A_2) \wedge (A_3 \vee A_4))$。

(2) $\neg(A_1 \wedge A_2) \vee \neg A_3 \vee (((\neg A_1 \vee A_2) \vee \neg A_3) \wedge A_4)$。

(3) $\neg(A_1 \wedge A_2) \vee \neg A_3 \vee ((A_3 \leftrightarrow \neg A_1) \rightarrow (A_3 \vee \neg A_4))$。

(4) $(A_1 \vee (A_2 \rightarrow (A_3 \wedge \neg A_1))) \leftrightarrow (A_2 \vee \neg A_4)$。

4. 将下列语句符号化。

(1) 占据空间的有质量的而且不断变化的东西称之为物质。

(2) 占据空间的有质量者称为物质,而物质是不断变化的。

(3) 如果你来了,那么他唱歌与否要看你是否伴奏而定。

(4) 我们不能既划船又跑步。

(5) 除非天下大雨,否则他不乘车上班。

1.2 命题公式与真值函数

由命题变元、括号、逻辑联结词按下列规定形成的符号串是讨论的对象。

1. 命题演算公式

定义 1.8 由命题变元、逻辑联结词和括号构成的下述表达式称为命题合式公式(well-formed formula)或命题演算公式,简称公式,记为 wff:

(1) 单个原子命题变元是 wff。

(2) 若 P,Q 是 wff,则$(\neg P),(P \wedge Q),(P \vee Q),(P \rightarrow Q),(P \leftrightarrow Q)$都是 wff。

(3) 只有有限次使用(1),(2)得到的表达式才是 wff。

为了书写和输入计算机以及运算的方便,规定:①$(\neg P)$的括号,整个 wff 的最外层括号可以省略;②已定好逻辑联结词的优先级后,优先级的括号可省略。

$\neg(P \wedge Q),P \vee \neg Q,P \rightarrow (P \vee Q),(P \rightarrow Q) \rightarrow R,(P \rightarrow Q) \wedge (Q \rightarrow R) \leftrightarrow (P \rightarrow R)$ 等都是 wff。但 $RS \rightarrow T, \neg P \rightarrow Q) \rightarrow (Q \rightarrow P)$ 就不是 wff,因为前一表达式 R 与 S 之间没有逻辑联结词,后一表达式中括号不配对,故不符合定义 1.8。

从命题公式的定义可以看出,可以构造出结构复杂的命题公式,为了讨论结构复杂的命题公式的真值变化情况,给出命题公式层次的定义。

定义 1.9 (1) 若 A 是单个命题常元或命题变元,则称 A 是 0 层公式。

(2) 称 A 是 $n+1(n \geqslant 0)$ 层公式是指 A 符合下列情况之一。

① $A = \neg B$,其中 B 为 n 层公式;

② $A = B \wedge C$,其中 B,C 分别为 i 层公式、j 层公式,$n = \max(i,j)$;

③ $A = B \vee C$,其中 B,C 层次及 n 的取值同②;

④ $A = B \rightarrow C$,其中 B,C 层次及 n 的取值同②;

⑤ $A = B \leftrightarrow C$,其中 B,C 层次及 n 的取值同②。

(3) 若 A 的最高层次为 r,则称 A 是 r 层公式。

例如,$\neg P \vee Q$ 是 2 层公式,$P \wedge Q \wedge R$ 是 2 层的,$\neg(\neg P \wedge Q) \rightarrow (R \vee S)$ 则是 4 层公式。

定义 1.10 令 A 为 wff,对 A 中出现的全部原子命题变元 $P_1,P_2,\cdots,P_n$ 分别赋以真值 0 或 1 所得到的一组真值(n 个)称为 A 的一个**指派**或**解释**。

2. 命题运算的真值表

定义 1.11   在命题公式中,对于命题变元指派的各种可能组合即确定了该命题的各种真值情况,把它们汇列成表格,就是命题的真值表。

例 1.1   求 $P\vee(P\wedge Q)$,$P\wedge\neg P$,$P\vee\neg P$ 的真值表(表 1.6)。

解

表 1.6(a)

P	Q	$P\wedge Q$	$P\vee(P\wedge Q)$
1	1	1	1
1	0	0	1
0	1	0	0
0	0	0	0

表 1.6(b)

P	$\neg P$	$P\vee\neg P$	$P\wedge\neg P$
1	0	1	00
0	1	1	

例 1.2   求 $Q\vee R\wedge S\to\neg P$ 的真值表(表 1.7)。

解

表 1.7

P	Q	R	S	$R\wedge S$	$Q\vee R\wedge S$	$\neg P$	$Q\vee R\wedge S\to\neg P$
1	1	1	1	1	1	0	0
1	1	1	0	0	1	0	0
1	1	0	1	0	1	0	0
1	1	0	0	0	1	0	0
1	0	1	1	1	1	0	0
1	0	1	0	0	0	0	1
1	0	0	1	0	0	0	1
1	0	0	0	0	0	0	1
0	1	1	1	1	1	1	1
0	1	1	0	0	1	1	1
0	1	0	1	0	1	1	1
0	1	0	0	0	1	1	1
0	0	1	1	1	1	1	1
0	0	1	0	0	0	1	1
0	0	0	1	0	0	1	1
0	0	0	0	0	0	1	1

例 1.3   求 $\neg(P\vee Q)\leftrightarrow\neg P\wedge\neg Q$ 的真值表(表 1.8)。

解

表 1.8

P	Q	$P\vee Q$	$\neg(P\vee Q)$	$\neg P\wedge\neg Q$	$\neg(P\vee Q)\leftrightarrow\neg P\wedge\neg Q$
1	1	1	0	0	1
1	0	1	0	0	1
0	1	1	0	0	1
0	0	0	1	1	1

从例 1.1～例 1.3 可以看出命题公式真值表具体的构造步骤如下。

(1) 找出公式 A 中含有的所有命题变元 $P_1, P_2, \cdots, P_n$，列出所有可能的赋值（共 2^n 种），建议按二进制数从小到大的顺序即按照从 $00\cdots0$ 开始到 $11\cdots1$ 的顺序列出，以避免漏写或多写。

(2) 按由低到高的顺序写出各层次。

(3) 对应每一个赋值，计算公式 A 各层次公式的真值，直到计算出公式 A 的真值。

下面再看几个例子。

例 1.4 求 $(P \to Q) \land (Q \to P)$ 的真值表（表 1.9）。

解

表 1.9

P	Q	$P \to Q$	$Q \to P$	$(P \to Q) \land (Q \to P)$
1	1	1	1	1
1	0	0	1	0
0	1	1	0	0
0	0	1	1	1

例 1.5 $P \land (P \to Q) \to Q$ 的真值表如表 1.10 所示。

解

表 1.10

P	Q	$P \to Q$	$P \land (P \to Q)$	$P \land (P \to Q) \to Q$
1	1	1	1	1
1	0	0	0	1
0	1	1	0	1
0	0	1	0	1

例 1.6 $\neg(P \to Q) \land Q$ 的真值表如表 1.11 所示。

表 1.11

P	Q	$P \to Q$	$\neg(P \to Q)$	$\neg(P \to Q) \land Q$
1	1	1	0	0
1	0	0	1	0
0	1	1	0	0
0	0	1	0	0

3. 真值函数

定义 1.12 以{真,假}为定义域和值域的函数为真值函数。

如由 5 个逻辑联结词产生的所有 wff 都是真值函数，因此有无穷多个真值函数，显然最基本而重要的真值函数还是 $\neg P, P \land Q, P \lor Q, P \to Q, P \leftrightarrow Q$。

当真值函数的变元为 n 个时，共有 2^n 个指派。通过列出真值表也可以定义真值函数。

例 1.7 确定下列真值表（表 1.12）对应的真值函数。

表 1.12

P	Q	R	$f_1(P,Q,R)$	$f_2(P,Q,R)$
1	1	1	1	1
1	1	0	0	0
1	0	1	1	0
1	0	0	1	0
0	1	1	0	0
0	1	0	0	0
0	0	1	1	0
0	0	0	0	1

以 $f_1(P,Q,R)$ 来考虑,表的第一行说明 f_1 的值为 1,且指派中 P,Q,R 都取值为 1,可用项 $P\wedge Q\wedge R$ 表示,表的第三行说明 f_1 的值为 1,此时指派中 P,R 的取值为 1,Q 的取值为 0,即 $\neg Q$ 的取值为 1,可用 $P\wedge\neg Q\wedge R$ 表示,此时 P,Q,R 的其他指派都使 $P\wedge Q\wedge R$ 或 $P\wedge\neg Q\wedge R$ 为 0,同理可用 $P\wedge\neg Q\wedge\neg R$,$\neg P\wedge\neg Q\wedge R$ 分别表示表第四、第七行的 1。

故 $f_1(P,Q,R)$

$$=(P\wedge Q\wedge R)\vee(P\wedge\neg Q\wedge R)\vee(P\wedge\neg Q\wedge\neg R)\vee(\neg P\wedge\neg Q\wedge R) \quad (1.1)$$

同理 $f_2(P,Q,R)=(P\wedge Q\wedge R)\vee(\neg P\wedge\neg Q\wedge\neg R)$。

注意:由真值表确定的真值函数不一定是最简单的 wff,不一定只有一个表达式。

例如(表 1.13):

表 1.13

P	Q	R	$P\wedge R$	$\neg R$	$P\wedge\neg Q$	$\neg Q\wedge R$	$(P\wedge R)\vee(P\wedge\neg Q)\vee(\neg Q\wedge R)$
1	1	1	1	0	0	0	1
1	1	0	0	1	0	0	0
1	0	1	1	0	1	1	1
1	0	0	0	1	1	0	1
0	1	1	0	0	0	0	0
0	1	0	0	1	0	0	0
0	0	1	0	0	0	1	1
0	0	0	0	1	0	0	0

将这个真值表(表 1.13)与 $f_1(P,Q,R)$ 的真值表相比较,对变元的任一指派,可以看到 $(P\wedge R)\vee(P\wedge\neg Q)\vee(\neg Q\wedge R)$ 与式(1.1)这两个表达式可代表同一个真值函数,而此两式相比,式(1.1)就不是最简单的 wff 了。

4. 命题公式的类型

注意到例 1.5,例 1.6 和例 1.4,例 1.7。对命题变元无论做什么样的指派,例 1.5 中的 wff 永远取值为 1,这种类型的 wff 称为重言(永真)式;例 1.6 中的 wff 永远取值为 0,这种类型的 wff 称为矛盾(永假)式;而例 1.4,例 1.7 中的 wff 则对有的指派取值为 1。对另外指派又取值为 0,这种类型的 wff 称为可满足公式。显然重言式(或永真函数)是可满足公式,矛盾式是不可满足公式。

定义 1.13 对 wff 的命题变元无论做什么指派,公式均取值 1 时,称之为重言式,记为 T;公式均取值 0 时称之为矛盾式(或不可满足式),记为 F。若有指派使 wff 的取值为 1,则称该公式为可满足公式。

定理 1.1 任意两个重言(矛盾)式的合取或析取仍然是一个重言(矛盾)式。

由定义 1.13 及析取、合取的真值表立即可以证明此定理。

1-2 习　　题

1. 判定下列符号串是否是命题合式公式,为什么? 如果是命题合式公式,请指出它是几层公式,并标明各层次。

(1) $\neg P$;

(2) $(P \lor QR) \to S$;

(3) $(P \lor Q) \to (\neg P \leftrightarrow Q)$;

(4) $(P \to \to Q) \land R$;

(5) $(P \to Q) \land \neg (\neg Q \leftrightarrow (Q \to \neg R))$。

2. 指出下列公式的层次,并构造其真值表。

(1) $(P \lor Q) \land Q$;

(2) $Q \land (P \to Q) \to P$;

(3) $(P \land Q \land R) \to (P \lor Q)$;

(4) $(P \lor Q) \land (\neg P \lor R) \land (Q \lor R)$。

3. 构造下列公式的真值表,并据此说明哪些是其成真赋值,哪些是其成假赋值。

(1) $(\neg P \land \neg Q) \lor P$;

(2) $R \to (P \land Q)$;

(3) $(P \to Q) \leftrightarrow (P \lor \neg Q)$。

4. 构造下列公式的真值表,并据此说明它是重言式、矛盾式或者仅为可满足式。

(1) $P \lor \neg (P \land Q)$;

(2) $(P \land Q) \land \neg (P \lor Q)$;

(3) $(P \to Q) \leftrightarrow (\neg P \leftrightarrow Q)$;

(4) $((P \to Q) \land (Q \to R)) \to (P \to R)$。

5. 任给一命题公式,请编写程序自动生成该公式的真值表。

6. 试构造算法,用程序判断任一公式的类型。

1.3　命题公式的等价与蕴涵

在 1.2 节中已经看到真值函数 $f_1(P, Q, R)$ 的表达式有:

$(P \land Q \land R) \lor (P \land \neg Q \land R) \lor (P \land \neg Q \land \neg R) \lor (\neg P \land \neg Q \land R)$ 或

$(P \land R) \lor (P \land \neg Q) \lor (\neg Q \land R)$,又如 $P \to Q$ 和 $\neg P \lor Q$ 代表同一真值函数,对同一真值函数的几个不同的 wff 有下面的定义。

定义 1.14 设 $P_1, P_2, \cdots, P_n$ 为出现在两个 wff A 和 B 中的原子命题变元。如果对

$P_1, P_2, \cdots, P_n$ 的任意真值指派, A 和 B 的真值都相同,则称 A 和 B 逻辑相等或说 A 和 B 等价,记为 $A \Leftrightarrow B$ 或 $(A=B)$。

例如 $\neg P \vee Q \Leftrightarrow P \to Q$,用真值表和定义 1.14 可以得到下列基本等价式。

(1) $\neg \neg P \Leftrightarrow P$; （对合律）

(2) $P \vee P \Leftrightarrow P, P \wedge P \Leftrightarrow P$; （幂等律）

(3) $P \vee Q \Leftrightarrow Q \vee P, P \wedge Q \Leftrightarrow Q \wedge P$; （交换律）

(4) $P \vee (Q \vee R) \Leftrightarrow (P \vee Q) \vee R, P \wedge (Q \wedge R) \Leftrightarrow (P \wedge Q) \wedge R$; （结合律）

(5) $P \vee (Q \wedge R) \Leftrightarrow (P \vee Q) \wedge (P \vee R), P \wedge (Q \vee R) \Leftrightarrow (P \wedge Q) \vee (P \wedge R)$; （分配律）

(6) $P \wedge (P \vee R) \Leftrightarrow P, P \vee (P \wedge R) \Leftrightarrow P$; （吸收律）

(7) $\neg (P \wedge Q) \Leftrightarrow \neg P \vee \neg Q, \neg (P \vee Q) \Leftrightarrow \neg P \wedge \neg Q$; （德·摩根律）

(8) $P \vee F \Leftrightarrow P, P \wedge T \Leftrightarrow P$; （同一律）

(9) $P \vee T \Leftrightarrow T, P \wedge F \Leftrightarrow F$; （零律）

(10) $P \vee \neg P \Leftrightarrow T, P \wedge \neg P \Leftrightarrow F$; （排中律、矛盾律）

(11) $P \to Q \Leftrightarrow \neg P \vee Q$; （条件等价式）

(12) $P \leftrightarrow Q \Leftrightarrow (P \to Q) \wedge (Q \to P)$。 （双条件等价式）

当 wff 中出现的原子命题变元很多时,用真值表和定义 1.14 来判断两个 wff 是否等价就显得很麻烦,因而可利用上述基本等价式和下面的定理 1.2 就可以得到一些复杂的等价式。

定义 1.15　若 wff X 是 wff A 的子串,则称 X 为 A 的子公式。

定理 1.2　X 是 wff A 的一个子公式, wff Y 与 X 等价,则将 A 中的 X 用 Y 来代替所得的 wff B,必有 A 与 B 等价(替换规则)。

证明　因为在命题变元的任意指派下 X 与 Y 的真值相同,故用 Y 代替 X 后所得的 wff B 与 A 在任意相应的指派下也有相同的真值,故 A 与 B 等价。

例 1.8　判别下列公式的类型。

(1) $Q \vee \neg ((\neg P \vee Q) \wedge P)$

解　$Q \vee \neg ((\neg P \vee Q) \wedge P)$

$\Leftrightarrow Q \vee \neg ((\neg P \wedge P) \vee (Q \wedge P))$ 　　　　　　（分配律）

$\Leftrightarrow Q \vee \neg (0 \vee (Q \wedge P))$ 　　　　　　（矛盾律）

$\Leftrightarrow Q \vee \neg (Q \wedge P)$ 　　　　　　（同一律）

$\Leftrightarrow Q \vee (\neg Q \vee \neg P)$ 　　　　　　（德·摩根律）

$\Leftrightarrow Q \vee \neg Q \vee \neg P$ 　　　　　　（结合律）

$\Leftrightarrow 1 \vee \neg P$ 　　　　　　（排中律）

$\Leftrightarrow 1$ 　　　　　　（零律）

故原公式 $Q \vee \neg ((\neg P \vee Q) \wedge P)$ 为永真式。

(2) $(P \vee \neg P) \to ((Q \wedge \neg Q) \wedge R)$

解　$(P \vee \neg P) \to ((Q \wedge \neg Q) \wedge R)$

$\Leftrightarrow 1 \to (0 \wedge R)$ 　　　　　　（排中律、矛盾律）

$\Leftrightarrow 1 \to 0$ 　　　　　　（零律）

$\Leftrightarrow 0$ 　　　　　　（条件定义）

故原公式$(P \vee \neg P) \rightarrow ((Q \wedge \neg Q) \wedge R)$为矛盾式。

例 1.9 将下面用程序语言写成的一段程序化简：if A then if B then X else Y else if B then X else Y。

解 画出流程图如图 1.1 所示。

将程序语言写成如下的命题公式：

$$[A \rightarrow ((B \rightarrow X) \wedge (\neg B \rightarrow Y))] \wedge [\neg A \rightarrow ((B \rightarrow X) \wedge (\neg B \rightarrow Y))]$$

化简后得：$(B \rightarrow X) \wedge (\neg B \rightarrow Y)$

于是，程序可化简成：if B then X else Y。

程序流程图可简化为如图 1.2 所示。

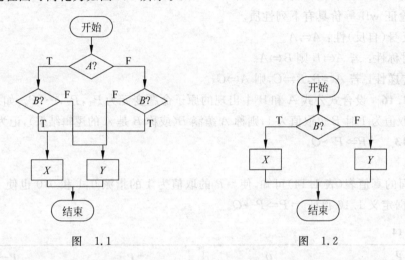

图 1.1   图 1.2

可以看出，整个语句中执行 X 的条件其实就是 B，执行 Y 的条件其实就是 $\neg B$。

定理 1.3 在一个重言（矛盾）式中对同一命题变元都用任意一个 wff 去替换，仍可得一个重言（矛盾）式。

证明 因为重言（矛盾）式的真值永为 1(0)，与变元的指派无关，故对同一变元用任一 wff 替换后，其值仍为 1(0)，所以结果为一个重言（矛盾）式。

例 1.10 因为 $P \vee \neg P \Leftrightarrow T$，$P \wedge \neg P \Leftrightarrow F$，当 P 以某 wff 替换后仍为重言（矛盾）式，例如 P 以 $(Q \vee R) \wedge S$ 去代替，则有

$$((Q \vee R) \wedge S) \vee \neg ((Q \vee R) \wedge S) \Leftrightarrow T$$

$$((Q \vee R) \wedge S) \wedge \neg ((Q \vee R) \wedge S) \Leftrightarrow F$$

定理 1.4 合式公式 A 和 B 等价当且仅当 $A \leftrightarrow B$ 为重言式。

证明

必要性：若 A 与 B 等价，则对出现在 A,B 中的原子命题变元的任意指派 A 和 B 有相同的真值，即 $A \leftrightarrow B$ 永远取值为 1，即 $A \leftrightarrow B$ 为重言式。

充分性：若 $A \leftrightarrow B$ 为重言（矛盾）式，则无论对于任何指派 $A \leftrightarrow B$ 均取值为 1，即 A,B 的真值相同，故 $A \Leftrightarrow B$。

例 1.11 证明 $P \rightarrow Q \Leftrightarrow \neg Q \rightarrow \neg P$。

证明

$(P \to Q) \leftrightarrow (\neg Q \to \neg P) \Leftrightarrow ((P \to Q) \to (\neg Q \to \neg P)) \wedge ((\neg Q \to \neg P) \to (P \to Q))$

$\Leftrightarrow ((\neg P \vee Q) \to (\neg \neg Q \vee \neg P)) \wedge ((\neg \neg Q \vee \neg P) \to (\neg P \vee Q))$

$\Leftrightarrow (\neg (\neg P \vee Q) \vee (\neg \neg Q \vee \neg P)) \wedge (\neg (\neg \neg Q \vee \neg P) \vee (\neg P \vee Q))$

$\Leftrightarrow (\neg (\neg P \vee Q) \vee (\neg P \vee Q)) \wedge (\neg (\neg P \vee Q) \vee (\neg P \vee Q)) \Leftrightarrow T \wedge T \Leftrightarrow T$

故由定理 1.4 得证。

例 1.12 $P \to (Q \to R) \Leftrightarrow (P \wedge Q) \to R$

证明

$P \to (Q \to R) \Leftrightarrow \neg P \vee (\neg Q \vee R) \Leftrightarrow (\neg P \vee \neg Q) \vee R \Leftrightarrow \neg (P \wedge Q) \vee R \Leftrightarrow (P \wedge Q) \to R$

容易验证 wff 等价具有下列性质。

(1) 反身(自反)性：$A \Leftrightarrow A$。

(2) 对称性：若 $A \Leftrightarrow B$ 则 $B \Leftrightarrow A$。

(3) 传递性：若 $A \Leftrightarrow B, B \Leftrightarrow C$，则 $A \Leftrightarrow C$。

定义 1.16   设合式公式 A 和 B 中出现的原子命题变元为 $P_1, P_2, \cdots, P_n$，如果对它们的指派使 A 取值为 1 时 B 也取值为 1，则称 A 蕴涵 B(或称 B 是 A 的逻辑结果)，记为 $A \Rightarrow B$。

例 1.13 $\neg P \Rightarrow P \to Q$。

证明

从下面的真值表(表 1.14)可知，使 $\neg P$ 的取值为 1 的指派 0,1 和 0,0 也使 $P \to Q$ 的取值为 1，根据定义 1.16 得证 $\neg P \Rightarrow P \to Q$。

表   1.14

P	Q	$\neg P$	$P \to Q$
1	1	0	1
1	0	0	0
0	1	1	1
0	0	1	1

例 1.14 $(P \to Q) \wedge (Q \to R) \Rightarrow P \to R$。

证明

由真值表(表 1.15)可知使 $(P \to Q) \wedge (Q \to R)$ 的取值为 1 的指派 $(1,1,1)$；$(0,1,1)$；$(0,0,1)$；$(0,0,0)$ 也使 $P \to R$ 的取值为 1，根据定义 1.16 知

$$(P \to Q) \wedge (Q \to R) \Rightarrow P \to R$$

表   1.15

P	Q	R	$P \to Q$	$Q \to R$	$(P \to Q) \wedge (Q \to R)$	$P \to R$
1	1	1	1	1	1	1
1	1	0	1	0	0	0
1	0	1	0	1	0	1
1	0	0	0	1	0	0
0	1	1	1	1	1	1

续表

P	Q	R	$P \to Q$	$Q \to R$	$(P \to Q) \wedge (Q \to R)$	$P \to R$
0	1	0	1	0	0	1
0	0	1	1	1	1	1
0	0	0	1	1	1	1

定理 1.5　合式公式 $A \Rightarrow B$ 成立当且仅当 $A \to B$ 是重言式。

证明

必要性：由 $A \Rightarrow B$ 的定义知当 A 的取值为 1 时，B 的取值也为 1。再由 $A \to B$ 的运算表知，当 A 的取值为 1 时，B 的取值也为 1，故 $A \to B$ 为重言式。

充分性：因为 $A \to B$ 为重言式，所以，当 A 的取值为 1 时，B 的真值必为 1（否则 $A \to B$ 的真值为假，与题设矛盾），所以 $A \Rightarrow B$。

例 1.15　$\neg Q \wedge (P \to Q) \Rightarrow \neg P$。

证明

$$\neg Q \wedge (P \to Q) \to \neg P \Leftrightarrow (\neg Q \wedge (\neg P \vee Q)) \to \neg P$$
$$\Leftrightarrow \neg (\neg Q \wedge (\neg P \vee Q)) \vee \neg P \Leftrightarrow Q \vee \neg (\neg P \vee Q) \vee \neg P$$
$$\Leftrightarrow (\neg P \vee Q) \vee \neg (\neg P \vee Q) \Leftrightarrow T$$

由定理 1.5 得证 $\neg Q \wedge (P \to Q) \Rightarrow \neg P$。

用定义 1.16 及定理 1.5 易证下列常用的基本蕴涵式。

(1) $P \wedge Q \Rightarrow P, P \wedge Q \Rightarrow Q$;　　　　（化简）

(2) $P \Rightarrow P \vee Q, Q \Rightarrow P \vee Q$;　　　　（附加）

(3) $\neg P \Rightarrow P \to Q$;

(4) $Q \Rightarrow P \to Q$;

(5) $\neg (P \to Q) \Rightarrow P; \neg (P \to Q) \Rightarrow \neg Q$;

(6) $P \wedge (P \to Q) \Rightarrow Q$;　　　　（假言推理）

(7) $\neg Q \wedge (P \to Q) \Rightarrow \neg P$;　　　　（拒取式）

(8) $\neg P \wedge (P \vee Q) \Rightarrow Q$;　　　　（析取三段论）

(9) $(P \to Q) \wedge (Q \to R) \Rightarrow P \to R$;

(10) $(P \vee Q) \wedge (P \to R) \wedge (Q \to R) \Rightarrow R$;

(11) $(P \to Q) \wedge (R \to S) \Rightarrow (P \wedge R) \to (Q \wedge S)$;

(12) $(P \leftrightarrow Q) \wedge (Q \leftrightarrow R) \Rightarrow P \leftrightarrow R$。　　　　（等价三段论）

蕴涵具有下列常用性质。

(1) A 为重言式，若 $A \Rightarrow B$，则 B 必为重言式。

(2) 自反性：$A \Rightarrow A$。

(3) 反对称性：若 $A \Rightarrow B$ 且 $B \Rightarrow A$，则 $A \Leftrightarrow B$。

(4) 传递性：若 $A \Rightarrow B$ 且 $B \Rightarrow C$，则 $A \Rightarrow C$。

(5) 若 $A \Rightarrow B$ 且 $A \Rightarrow C$，则 $A \Rightarrow B \wedge C$。

(6) 若 $A \Rightarrow B$ 且 $C \Rightarrow B$，故 $A \vee C \Rightarrow B$。

证明　(1)、(2) 由 $A \Rightarrow B$ 的定义即可知。

（3）因为 $A \Rightarrow B$ 且 $B \Rightarrow A$，所以 $A \rightarrow B$ 与 $B \rightarrow A$ 为重言式，由基本等价式（12）知 $A \leftrightarrow B$ 为重言式，所以 $A \Leftrightarrow B$。

（4）由 $A \Rightarrow B$ 且 $B \Rightarrow C$ 知 $(A \rightarrow B) \wedge (B \rightarrow C)$ 为重言式，据基本蕴涵式（9）知 $(A \rightarrow B) \wedge (B \rightarrow C) \Rightarrow A \rightarrow C$，由性质（1）知 $A \rightarrow C$ 为重言式，故 $A \Rightarrow C$。

（5）因 $A \Rightarrow B$ 且 $A \Rightarrow C$，故 $(A \rightarrow B)$，$(B \rightarrow C)$ 都为重言式，如果 A 的取值为 1，则 B 和 C 的取值都为 1，因而 $B \wedge C$ 的取值也为 1；如果 A 的取值为 0，则无论 $B \wedge C$ 的取值为 1 还是取 0，$A \rightarrow B \wedge C$ 的取值均为 1，故 $A \rightarrow B \wedge C$ 为重言式，所以 $A \Rightarrow B \wedge C$。

（6）因 $A \Rightarrow B$ 且 $C \Rightarrow B$ 故 $(A \rightarrow B) \wedge (C \rightarrow B) \Leftrightarrow T$。

即 $(\neg A \vee B) \wedge (\neg C \vee B) \Leftrightarrow T$，即 $(\neg A \wedge \neg C) \vee B \Leftrightarrow T$，即 $\neg (A \vee C) \vee B \Leftrightarrow T$，即 $(A \vee C) \rightarrow B \Leftrightarrow T$，故 $A \vee C \Rightarrow B$。

1-3 习　　题

1. 证明下列等值式。

（1）$(P \wedge Q) \vee \neg (\neg P \vee Q) \Leftrightarrow P$；

（2）$(P \rightarrow Q) \wedge (Q \rightarrow P) \Leftrightarrow (P \wedge Q) \vee (\neg P \wedge \neg Q)$；

（3）$\neg (P \leftrightarrow Q) \Leftrightarrow \neg P \leftrightarrow Q$；

（4）$P \rightarrow (Q \rightarrow R) \Leftrightarrow Q \rightarrow (P \rightarrow R)$；

（5）$P \rightarrow (Q \vee R) \Leftrightarrow (P \wedge \neg Q) \rightarrow R$；

（6）$(P \rightarrow Q) \wedge (R \rightarrow Q) \Leftrightarrow (P \vee R) \rightarrow Q$。

2. 不要构造真值表证明下列蕴涵式。

（1）$P \rightarrow Q \Rightarrow P \rightarrow (P \wedge Q)$；

（2）$(P \rightarrow Q) \rightarrow Q \Rightarrow P \vee Q$；

（3）$Q \Rightarrow \neg Q \rightarrow P$；

（4）$\neg P \wedge Q \wedge P \Rightarrow S$；

（5）$P \Rightarrow R \vee S \vee \neg S$；

（6）$(Q \rightarrow P) \rightarrow (R \rightarrow (R \rightarrow P)) \Rightarrow \neg R \rightarrow (P \vee Q)$。

3. 若 $A \vee C \Leftrightarrow B \vee C$ 是否有 $A \Leftrightarrow B$？

若 $A \wedge C \Leftrightarrow B \wedge C$ 是否有 $A \Leftrightarrow B$？

若 $\neg A \Leftrightarrow \neg B$ 是否有 $A \Leftrightarrow B$？

4. 证明：当 $A \Rightarrow B$ 时 $\neg B \Rightarrow \neg A$。

5. 证明：当 $A \Leftrightarrow B$ 时 $\neg A \Leftrightarrow \neg B$，反之也对。

1.4　命题逻辑的推理理论

逻辑是研究思维结构和规则的科学，要求能够提供正确的思维规律，提供判定一个论断之有效性的准则。给出一些前提，利用所提供的推理规则推导出一个结论来，这个过程称为演绎或形式证明。

一般说来，根据经验，如果前提是真的，那么根据提供的推理规则所推出的结论也应该是真的。在数学中,这些前提通常称为公理,所推出的结论称为定理,这样的推理过程称为证明过程。

在数理逻辑中,要集中注意力于推理规则的研究,即先给出一些推理规则,从一些前提出发,根据所提供的推理规则推导出结论,这种推导出来的结论称为有效结论,这种论证过程则称为有效论证。在确定论证的有效性时,并不关心前提的实际真值。也就是说,在数理逻辑中,研究的是演绎的有效性,而不是通常所说的正确性。因为只有在假定的前提都为真命题时,由此而推导出的有效结论才为真命题,由于通常作为前提的命题并非全是永真式,所以它的有效结论并不一定都是真命题。因为当前提为假时,不论结论是否为真,前提都是蕴涵结论的。这一点与通常实际中应用的推理是不同的。

什么是论断的有效性呢?回忆 1.3 节中命题公式的蕴涵概念,并把它推广。

定义 1.17 $A_1,A_2,\cdots,A_n$ 和 B 为合式公式,若 $A_1 \wedge A_2 \wedge \cdots \wedge A_n \Rightarrow B$,则称 B 为前提 $A_1,A_2,\cdots,A_n$ 的有效结论,或说 B 是 $A_1,A_2,\cdots,A_n$ 的逻辑结果,或者说 $A_1,A_2,\cdots,A_n$ 共同蕴涵 B。

例 1.16 证明 $R \to S$ 是 $P \to (Q \to S)$,$\neg R \vee P,Q$ 的有效结论。

证明 即要证 $(P \to (Q \to S)) \wedge (\neg R \vee P) \wedge Q \Rightarrow R \to S$,也就是要证明 $(P \to (Q \to S)) \wedge (\neg R \vee P) \wedge Q \to (R \to S)$ 为重言式。当然可以应用真值表验证,也可以用等价式验证,但这些方法往往都是比较麻烦的。

因此判定论断的有效性需要有其他论证方法,希望既要有比较简明的过程,还要有正确的依据。

定理 1.6 若 $A_1 \wedge A_2 \wedge \cdots \wedge A_n \wedge B \Rightarrow C$,则

$$A_1 \wedge A_2 \wedge \cdots \wedge A_n \Rightarrow B \to C$$

证明 已知 $A_1 \wedge A_2 \wedge \cdots \wedge A_n \wedge B \Rightarrow C$,故 $A_1 \wedge A_2 \wedge \cdots \wedge A_n \wedge B \to C$ 为重言式。即 $\neg (A_1 \wedge A_2 \wedge \cdots \wedge A_n \wedge B) \vee C$ 为重言式,即 $\neg (A_1 \wedge A_2 \wedge \cdots \wedge A_n) \vee \neg B \vee C$ 为重言式,即 $A_1 \wedge A_2 \wedge \cdots \wedge A_n \to (B \to C)$ 为重言式。

所以 $A_1 \wedge A_2 \wedge \cdots \wedge A_n \Rightarrow B \to C$。

定义 1.18 设 S 为若干公式的集合(称为前提集合)。

如果有公式的有限序列 $A_1,A_2,\cdots,A_n$ 其中 $A_i \in S$ 或 A_i 是 $A_1,A_2,\cdots,A_{i-1}$ 中某些公式的有效结论,且 $A_n = B$,则称 B 是 S 的逻辑结果或有效结论,或者说从 S 演绎出 B。

定理 1.7 设 S 为公式集,B 是一个公式,S 能演绎出 B 的充分必要条件是:B 是 S 的逻辑结果。

证明 充分性:因为 B 是 S 的逻辑结果,由定义 1.18 知存在公式的有限序列 $A_1,A_2,\cdots,A_n,B(A_i \in S)$,$B$ 是 $A_1,A_2,\cdots,A_n$ 的逻辑结果,因而由定义 1.18 得证 S 演绎出 B。

必要性:设 S 演绎出 B,则存在公式的有限序列 $A_1,A_2,\cdots,A_n$ 其中 $A_n = B$ 且 $A_i \in S$ 或 A_i 是 $A_1,A_2,\cdots,A_{i-1}$ 中某些公式的逻辑结果。

下面用归纳法证明,因为 $A_1 \in S$ 且 $A_1 \Rightarrow A_1$,故 A_1 是 S 的逻辑结果(归纳基础)。设 $A_i(i < n)$ 是 S 的逻辑结果(归纳假定),考虑 $i = n$ 时的情形,即 A_n 是 $A_1,A_2,\cdots,A_{n-1}$ 中某些公式的逻辑结果,设

$$A_{j_1} \wedge A_{j_2} \wedge \cdots \wedge A_{j_l} \Rightarrow A_n \tag{1.2}$$

其中,$j_1 < n,j_2 < n,\cdots,j_l < n$。由归纳假定知 $A_{j_1},A_{j_2},\cdots,A_{j_l}$ 都是 S 的逻辑结果,即

$$S \Rightarrow A_{j_1}, S \Rightarrow A_{j_2}, \cdots, S \Rightarrow A_{j_l}$$

由 1.3 节蕴涵的性质 5 得 $A_{j_1} \wedge A_{j_2} \wedge \cdots \wedge A_{j_l}$ 是 S 的逻辑结果,即

$$S \Rightarrow A_{j_1} \wedge A_{j_2} \wedge \cdots \wedge A_{j_l} \qquad\qquad (1.3)$$

由式(1.2)和式(1.3)及蕴涵的传递性得 $S \Rightarrow A_n$,而 $A_n = B$,故 $S \Rightarrow B$,即 B 是 S 的逻辑结果。

定理 1.8 设 S 为前提公式集合,B 和 C 是两个公式,若 $S \cup \{B\}$ 演绎出 C,则 S 演绎出 $B \rightarrow C$。

证明 设 $S = \{A_1, A_2, \cdots, A_n\}$,因为 $S \cup \{B\}$ 演绎出 C,则 C 是 $S \cup \{B\}$ 的逻辑结果,即 $(A_1 \wedge A_2 \wedge \cdots \wedge A_n) \wedge B \Rightarrow C$。由定理 1.6 得 $A_1 \wedge A_2 \wedge \cdots \wedge A_n \Rightarrow B \rightarrow C$。

定理 1.8 和基本等价式及基本蕴涵式是论证演绎的根据,故在演绎推导过程中必须遵循下列推理规则。

P 规则:在推演过程中可以随便使用前提。

T 规则:在推演过程中可以任意使用前面演绎的某些公式的逻辑结果,当借助于等价式时记为 TE,当借助于蕴涵式时记为 TI。

CP 规则:如果需要演绎出的公式为 $B \rightarrow C$ 形,那么将 B 作为附加前提,设法演绎出 C 来。

P 规则和 T 规则的依据是定义 1.18,CP 规则的依据是定理 1.8。

当然,论证的方法是千变万化的,除使用真值表的方法以外,基本的方法就是**直接证法**:由一组前提和 P 规则、T 规则演绎出有效结论;另一方法是**间接证法**:①由一组前提和 P 规则、T 规则、CP 规则演绎出有效结论;②反证法,否定结论后作为附加前提,利用 P 规则和 T 规则得出矛盾式。

定义 1.19 设 $P_1, P_2, \cdots, P_n$ 是 $A_1, A_2, \cdots, A_m$ 中出现的原子命题变元,若对 $P_1, P_2, P_3, \cdots, P_n$ 的一些真值指派,$A_1 \wedge A_2 \wedge \cdots \wedge A_m$ 取值为 1,则称 $A_1, A_2, \cdots, A_m$ 是**相容的**,若对 $P_1, P_2, P_3, \cdots, P_n$ 的任何指派,$A_1 \wedge A_2 \wedge \cdots \wedge A_m$ 取值为 0,则称 $A_1, A_2, \cdots, A_m$ 是**不相容的**(矛盾的)。

定理 1.9 $A_1 \wedge A_2 \wedge \cdots \wedge A_m \Rightarrow B$ 当且仅当 $A_1, A_2, \cdots, A_m, \neg B$ 是不相容的。

证明 $A_1 \wedge A_2 \wedge \cdots \wedge A_m \Rightarrow B$

当且仅当 $A_1 \wedge A_2 \wedge \cdots \wedge A_m \rightarrow B \Leftrightarrow T$(重言式)

当且仅当 $\neg(A_1 \wedge A_2 \wedge \cdots \wedge A_m) \vee B \Leftrightarrow T$

当且仅当 $A_1 \wedge A_2 \wedge \cdots \wedge A_m \wedge \neg B \Leftrightarrow F$(矛盾式)

当且仅当 $A_1, A_2, \cdots, A_n, \neg B$ 是不相容的。

下面给出利用上面的推理理论来论证的若干实例。

例 1.17 证明 $R \rightarrow S$ 是 $\{P \rightarrow (Q \rightarrow S), \neg R \vee P, Q\}$ 的逻辑结果。

证明

(1) $\neg R \vee P$	P
(2) R	P(附加前提)
(3) P	T(1)(2)I
(4) $P \rightarrow (Q \rightarrow S)$	P
(5) $Q \rightarrow S$	T(3)(4)I
(6) Q	P

(7) S			T(5)(6) I
(8) $R \rightarrow S$			CP(2)(7)

例1.17的这种书写方法写出了演绎的公式序列和使用的规则,便于复核检查推演的过程,以下都将采用这样的书写方法。

例1.18 $(P \lor Q) \land (P \rightarrow R) \land (Q \rightarrow S) \Rightarrow S \lor R$

证明

(1) $P \lor Q$	P
(2) $\neg P \rightarrow Q$	T(1)E
(3) $Q \rightarrow S$	P
(4) $\neg P \rightarrow S$	T(2)(3)I
(5) $\neg S \rightarrow P$	T(4)E
(6) $P \rightarrow R$	P
(7) $\neg S \rightarrow R$	T(5)(6)I
(8) $S \lor R$	T(7)E

或者

(1) $P \rightarrow R$	P
(2) $P \lor Q \rightarrow R \lor Q$	T(1)I
(3) $Q \rightarrow S$	P
(4) $R \lor Q \rightarrow R \lor S$	T(3)I
(5) $P \lor Q \rightarrow R \lor S$	T(2)(4)I
(6) $P \lor Q$	P
(7) $R \lor S$	T(5)(6)I

这个例子说明:从前提演绎出公式时的有限序列不是唯一的,将两种演绎步骤直观地分别表示为下面的图1.3(a)和图1.3(b)两个图。

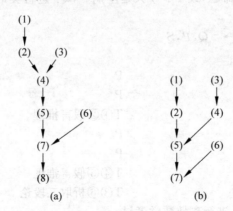

图 1.3

例1.18采用的是直接证法。

例1.19 证明 $S = \{P \rightarrow Q, \neg(Q \lor R)\}$ 演绎出 $\neg P$。

证明 (1) $P \rightarrow Q$ P

$\quad$ (2) P $\qquad\qquad$ P （附加前提）

$\quad$ (3) $\neg(Q\lor R)$ $\qquad\quad$ P

$\quad$ (4) $\neg Q\land\neg R$ $\qquad\quad$ T(3)E

$\quad$ (5) Q $\qquad\qquad\quad$ T(1)(2)I

$\quad$ (6) $\neg Q$ $\qquad\qquad\quad$ T(4)I

$\quad$ (7) $Q\land\neg Q\Leftrightarrow F$ $\qquad$ T(5)(6)E

$\quad$ (8) $\neg P$ $\qquad\qquad\quad$ 定理1.9

例 1.20 用间接证法证明例 1.18。

证明 (1) $\neg(S\lor R)$ $\qquad\qquad\qquad$ P(附加前提)

$\qquad$ (2) $\neg S\land\neg R$ $\qquad\qquad\qquad$ T(1)E

$\qquad$ (3) $P\lor Q$ $\qquad\qquad\qquad\quad$ P

$\qquad$ (4) $\neg P\to Q$ $\qquad\qquad\qquad$ T(3)E

$\qquad$ (5) $Q\to S$ $\qquad\qquad\qquad\quad$ P

$\qquad$ (6) $\neg P\to S$ $\qquad\qquad\qquad$ T(4)(5)I

$\qquad$ (7) $\neg S\to P$ $\qquad\qquad\qquad$ T(6)E

$\qquad$ (8) $\neg S\land\neg R\to\neg R\land P$ $\quad$ T(7)I

$\qquad$ (9) $\neg R\land P$ $\qquad\qquad\qquad$ T(2)(8)I

$\qquad$ (10) $P\to R$ $\qquad\qquad\qquad$ P

$\qquad$ (11) $\neg P\lor R$ $\qquad\qquad\qquad$ T(10)E

$\qquad$ (12) $\neg(P\land\neg R)$ $\qquad\qquad$ T(11)E

$\qquad$ (13) $(P\land\neg R)\land\neg(P\land\neg R)\Leftrightarrow F$ T(9)(12)E

$\qquad$ (14) $S\lor R$ $\qquad\qquad\qquad\quad$ 定理1.9

例 1.21 写出下面推理的形式证明：如果今天是星期一，则要进行英语或离散数学考试。如果今天英语老师有会，则不考英语。今天是星期一，英语老师有会。所以今天进行离散数学考试。

$\quad$ **解** 符号化题目中的命题，设 P：今天是星期一，Q：进行英语考试，R：进行离散数学考试，S：英语老师有会。

$\quad$ 前提：$P\to(Q\lor R)$，$S\to\neg Q$，P，S

$\quad$ 结论：R

$\quad$ 证明：① $P\to(Q\lor R)$ $\qquad\qquad$ P

$\qquad\quad$ ② P $\qquad\qquad\qquad\qquad$ P

$\qquad\quad$ ③ $Q\lor R$ $\qquad\qquad\qquad$ T①②假言推理

$\qquad\quad$ ④ $S\to\neg Q$ $\qquad\qquad\quad$ P

$\qquad\quad$ ⑤ S $\qquad\qquad\qquad\qquad$ P

$\qquad\quad$ ⑥ $\neg Q$ $\qquad\qquad\qquad\quad$ T④⑤假言推理

$\qquad\quad$ ⑦ R $\qquad\qquad\qquad\qquad$ T③⑥析取三段论

由有效推理可知，今天进行离散数学考试。

例 1.22 如果张三努力工作，那么李四或王五感到高兴；如果李四感到高兴，那么张三不努力工作；如果刘强高兴，那么王五不高兴。所以，如果张三努力工作，则刘强不高兴。试证这是有效的结论。

$\quad$ **证明** 令 P：张三努力工作；Q：王五感到高兴；R：李四感到高兴；S：刘强高兴。则问题符号化为：

$$P \rightarrow Q \vee R, \quad R \rightarrow \neg P, \quad S \rightarrow \neg Q \Rightarrow P \rightarrow \neg S$$

(1) $S \rightarrow \neg Q$	P
(2) $Q \rightarrow \neg S$	T(1)E
(3) $R \rightarrow \neg P$	P
(4) $P \rightarrow \neg R$	T(3)E
(5) $P \rightarrow (Q \vee R)$	P
(6) $P \rightarrow (\neg R \rightarrow Q)$	T(5)E
(7) P	P(附加前提)
(8) $\neg R$	T(4)(7)I
(9) $\neg R \rightarrow Q$	T(6)(7)I
(10) Q	T(8)(9)I
(11) $\neg S$	T(2)(10)I
(12) $P \rightarrow \neg S$	CP

例 1.23 证明下列命题是不相容的:如果他因病缺课,那么他考试不及格,如果他考试不及格,他就受不到教育。若他读了许多书,则他受到了教育,但是,虽然他因病缺课,他还是读了许多书。

证明 令 P:他因病缺课,Q:他考试不及格,R:他受不到教育,S:他读了许多书。则问题符号化为 $\{P \rightarrow Q, Q \rightarrow R, S \rightarrow \neg R, P \wedge S\} \Rightarrow F$。

现证之。

(1) $P \rightarrow Q$	P
(2) $Q \rightarrow R$	P
(3) $P \rightarrow R$	T(1)(2)I
(4) $S \rightarrow \neg R$	P
(5) $R \rightarrow \neg S$	T(4)E
(6) $P \rightarrow \neg S$	T(3)(5)I
(7) $\neg P \vee \neg S$	T(6)E
(8) $\neg (P \wedge S)$	T(7)E
(9) $P \wedge S$	P
(10) F	T(8)(9)E

例 1.22 和例 1.23 的推演步骤分别如图 1.4 所示。

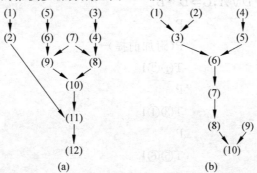

图 1.4

1-4 习　　题

1. 用直接证法推演下列蕴涵式。

(1) $\{\neg A \vee B, C \rightarrow \neg B\} \Rightarrow A \rightarrow \neg C$;

(2) $A \vee B \rightarrow C \wedge D, D \vee E \rightarrow G \Rightarrow A \rightarrow G$;

(3) $A \rightarrow (B \rightarrow C), C \wedge D \rightarrow E, \neg G \rightarrow D \wedge \neg E \Rightarrow A \rightarrow (B \rightarrow G)$;

(4) $(A \rightarrow B \wedge C) \wedge (\neg B \wedge D) \wedge ((E \rightarrow \neg G) \rightarrow \neg D) \wedge (B \rightarrow A \wedge \neg E) \Rightarrow B \rightarrow E$;

(5) $(A \rightarrow B) \wedge (C \rightarrow D), (B \rightarrow E) \rightarrow (D \rightarrow G), \neg (E \wedge G), A \rightarrow C \Rightarrow \neg A$.

2. 用间接证法证明上题。

3. 将上题中推演步骤的图示做出来。

4. 在下列前提下,结论是否有效?

今天或者天晴或者下雨。如果天晴,我去看电影,若我去看电影,我就不看书,故我在看书时说明今天下雨。

5. 如果厂方拒绝增加工资,那么罢工就不会停止,除非罢工超过一年并且工厂撤换了厂长。问:若厂方拒绝增加工资,而罢工刚开始,罢工是否能够停止?

6. 下列命题相容吗?

(1) $P \leftrightarrow Q, Q \rightarrow R, \neg R \vee S, \neg P \rightarrow S, \neg S$;

(2) $P \vee Q, \neg R \vee S, \neg Q, \neg S$。

7. 下面的推导正确吗? 如果不正确要指出原因。

(1) $A \rightarrow B, C \rightarrow B, D \rightarrow (A \vee C), D \Rightarrow B$。

① $D \rightarrow (A \vee C)$	P
② D	P
③ $A \vee C$	T①②I
④ $A \rightarrow B$	P
⑤ $C \rightarrow B$	P
⑥ $A \vee C \rightarrow B$	T④⑤I
⑦ B	T③⑥I

(2) $A \rightarrow (C \rightarrow B), \neg D \vee A, C \Rightarrow D \rightarrow B$。

① $\neg D \vee A$	P
② D	P(附加前提)
③ A	T①②I
④ $A \rightarrow (C \rightarrow B)$	P
⑤ $C \rightarrow B$	T③④I
⑥ C	P
⑦ B	T⑤⑥I
⑧ $D \rightarrow B$	CP

8. 对下面的每一组前提,写出可能导出的结论和所用的推理规则。

（1）我跑步就感到累，我不累。

（2）若他犯了错误，则他的神色慌张，他神色慌张。

（3）如果我编的程序通过了，那么我很快活，若我很快活，则天气很好，现在是半夜天很好。

（4）如果我学习，那么我的功课不会不及格。若我不热衷于玩扑克，则我学习，但我的功课不及格。

（5）人总是要死的，苏格拉底是人。

1.5　对偶与范式

在 1.4 节中已经看到基本等价式在推论中是非常有用的，而 1.3 节列出基本等价式（2）～（10）都是成对出现的，即把一个公式的 $\lor$ 换成了 $\land$。T 换成 F 就可得出另一式，反过来将另一公式的 $\land$ 换成 $\lor$，F 换成 T 也可以得到这一个公式，我们称逻辑联结词 $\land$ 和 $\lor$，重言式 T 与矛盾式 F 是互为对偶的。

定义 1.20　在只含逻辑联结词 $\land$、$\lor$、$\neg$ 的公式 A 中将 $\lor$ 换成 $\land$，$\land$ 换成 $\lor$，如果 A 中有 T 或者 F 就分别换成 F 或 T，所得到的新公式 A^* 称为 A 的**对偶式**。

显然 $(A^*)^* = A$。

例 1.24　求（1）$(P \rightarrow R) \rightarrow (P \lor Q \rightarrow R \lor Q)$；

　　　　　　（2）$(P \land Q) \lor F$；

　　　　　　（3）$P \land (Q \lor T)$。

的对偶式。

解　（1）令 $A = (P \rightarrow R) \rightarrow (P \lor Q \rightarrow R \lor Q)$

则 $A = \neg(\neg P \lor R) \lor (\neg(P \lor Q) \lor R \lor Q)$。

故 $A^* = \neg(\neg P \land R) \land (\neg(P \land Q) \land R \land Q)$。

（2），（3）中二式的对偶式分别为 $(P \lor Q) \land T$，$P \lor (Q \land F)$。

定理 1.10　设 $P_1, P_2, \cdots, P_n$ 是公式 A 和 A^* 中出现的原子命题变元，现采用函数记法分别为 $A(P_1, P_2, \cdots, P_n)$，$A^*(P_1, P_2, \cdots, P_n)$，则

$$\neg A(P_1, P_2, \cdots, P_n) \Leftrightarrow A^*(\neg P_1, \neg P_2, \cdots, \neg P_n)$$

$$A(\neg P_1, \neg P_2, \cdots, \neg P_n) \Leftrightarrow \neg A^*(P_1, P_2, \cdots, P_n)$$

证明　根据德·摩根定律

$$\neg(P \lor Q) \Leftrightarrow \neg P \land \neg Q, \quad \neg(P \land Q) \Leftrightarrow \neg P \lor \neg Q$$

又因 $\neg T \Leftrightarrow F$，$\neg F \Leftrightarrow T$，这正好表明 $\neg$ 应用于 $\lor$（或 $\land$）上将原子命题变元换为它们的否定 $\land$（或 $\lor$），故：$\neg A(P_1, P_2, \cdots, P_n) \Leftrightarrow A^*(\neg P_1, \neg P_2, \cdots, \neg P_n)$。

令 $Q_i = \neg P_i$，则 $P_i = \neg Q_i (i = 1, 2, \cdots, n)$。

故：$\neg A(\neg Q_1, \neg Q_2, \cdots, \neg Q_n) \Leftrightarrow A^*(Q_1, Q_2, \cdots, Q_n)$。

即：$A(\neg Q_1, \neg Q_2, \cdots, \neg Q_n) \Leftrightarrow \neg A^*(Q_1, Q_2, \cdots, Q_n)$。

二式均得证。

定理 1.11   若 A,B 为二合式公式,且 $A \Leftrightarrow B$,则 $A^* \Leftrightarrow B^*$。

证明   设 $P_1, P_2, \cdots, P_n$ 是出现在 A, B 中的原子命题变元。

因 $A(P_1, P_2, \cdots, P_n) \Leftrightarrow B(P_1, P_2, \cdots, P_n)$,

故 $A(P_1, P_2, \cdots, P_n) \leftrightarrow B(P_1, P_2, \cdots, P_n)$ 是重言式。

即:$A(\neg P_1, \neg P_2, \cdots, \neg P_n) \leftrightarrow B(\neg P_1, \neg P_2, \cdots, \neg P_n)$ 是重言式,

故 $A(\neg P_1, \neg P_2, \cdots, \neg P_n) \Leftrightarrow B(\neg P_1, \neg P_2, \cdots, \neg P_n)$。

由定理 1.10 有 $A(\neg P_1, \neg P_2, \cdots, \neg P_n) \Leftrightarrow \neg A^*(P_1, P_2, \cdots, P_n)$

$$B(\neg P_1, \neg P_2, \cdots, \neg P_n) \Leftrightarrow \neg B^*(P_1, P_2, \cdots, P_n)$$

由合式公式的等价具有传递性,可得

$$\neg A^*(P_1, P_2, \cdots, P_n) \Leftrightarrow \neg B^*(P_1, P_2, \cdots, P_n)$$

由 1.3 节的习题 5 可知 $A^* \Leftrightarrow B^*$。

利用对偶律可以使一些命题公式的推证简化,

如 $S = P \vee (\neg P \vee (Q \wedge \neg Q)) \Leftrightarrow P \vee (\neg P \vee F) \Leftrightarrow (P \vee \neg P) \Leftrightarrow T$

则 $S^* = P \wedge (\neg P \wedge (Q \vee \neg Q)) \Leftrightarrow F(T^*)$。

在 1.2 节的例 1.7 里曾经指出:一个真值函数可以由几个不同的公式表示,即是说合式公式可以有几个相互等价的表达式,那么,对于两个不同的公式如何判断它们是否等价呢?当然可以用真值表,但是,当原子命题变元的个数很多时,即使用计算机有时也不能得出全部真值表来,如果利用基本等价式进行逻辑演算来判断,有时由于观察不够或经验不足,常常会出现循环或走弯路的情形,后一情形浪费时间和精力,前一情形则得不出结果,这是因为使用基本等价式是非常灵活的,要能够在计算机上机械地进行判断,或者使人们能够明确地判断,需要提供一定的方法。下面介绍公式的范式,它既能判定公式是否等价,也能判定公式是否为重言式或矛盾式。

定义 1.21   原子命题公式或它的否定称为**句节**(literal)或称文字。

定义 1.22   有限个句节的析取式称为一个**子句**(clause);对偶地,有限个句节的合取式称为一个**短语**(phrase)。

定义 1.23   有限个子句的合取式(即析取式的合取式)称为合取范式;对偶的有限个的短语的析取式(即合取式的析取式)称为析取范式。

例 1.25   设 P, Q 为原子命题公式,则 $P, Q, \neg P, \neg Q$ 都是句节。$P \vee Q, P \vee \neg Q,$ $\neg P \vee Q, \neg P \vee \neg Q$ 都是子句,$P \wedge Q, P \wedge \neg Q, \neg P \wedge Q, \neg P \wedge \neg Q$ 都是短语。$P \wedge Q, (P \vee Q) \wedge (\neg P \vee Q)$ 都是合取范式,$\neg P \wedge Q, (P \wedge Q) \vee (\neg P \wedge \neg Q)$ 都是析取范式。又如 $P, Q,$ R 为原子命题公式,$P \vee Q, \neg Q \vee R$ 是子句,$P \wedge Q \wedge R, P \wedge \neg R$ 是短语,$R \wedge (P \vee Q)$ 是合取范式,$(\neg P \wedge R) \vee (P \wedge Q)$ 是析取范式。

例 1.26   一个子句或一个短语既是合取范式又是析取范式。

定理 1.12   给定任一个命题公式,必有与之等价的合取范式和析取范式。

证明   若 A 为任一命题公式,用下列算法可以得出与 A 等价的合(析)取范式。

(1) 若 A 不含 $\rightarrow$ 或 $\leftrightarrow$,转(2)。若 A 含 $\rightarrow$ 或 $\leftrightarrow$,用基本等价式删去 $\rightarrow$ 或 $\leftrightarrow$ 使 A 等价于只含 $\neg, \wedge$ 或 $\vee$ 的公式。

(2) 用德·摩根律将 A 中 $\neg$ 移到原子命题变元前面并用对合律化简之。

(3) 反复使用分配律、交换律、结合律等就可得到等价于 A 的合取范式或析取范式。

例 1.27 求 $\neg P \to (P \to Q)$ 的合取和析取范式。

解 $\neg P \to (P \to Q) \Leftrightarrow \neg P \to (\neg P \vee Q)$

$\qquad \Leftrightarrow P \vee (\neg P \vee Q)$

$\qquad \Leftrightarrow (P \vee \neg P) \vee Q$

$\qquad \Leftrightarrow T \vee Q \qquad\qquad$ （合、析取范式）

$\qquad \Leftrightarrow T \Leftrightarrow P \vee \neg P$

例 1.28 求 $\neg(P \vee Q) \leftrightarrow P \wedge Q$ 的合取和析取范式。

解 $\neg(P \vee Q) \leftrightarrow (P \wedge Q)$

$\qquad \Leftrightarrow (\neg(P \vee Q) \to (P \wedge Q)) \wedge (P \wedge Q \to \neg(P \vee Q))$

$\qquad \Leftrightarrow ((P \vee Q) \vee (P \wedge Q)) \wedge (\neg(P \wedge Q) \vee \neg(P \vee Q))$

$\qquad \Leftrightarrow ((P \vee Q) \vee P) \wedge ((P \vee Q) \vee Q)) \wedge ((\neg P \vee \neg Q) \vee (\neg P \wedge \neg Q))$

$\qquad \Leftrightarrow (P \vee Q) \wedge ((\neg P \vee \neg Q) \vee \neg P) \wedge ((\neg P \vee \neg Q) \vee \neg Q))$

$\qquad \Leftrightarrow (P \vee Q) \wedge (\neg P \vee \neg Q) \quad$ （合取范式）

$\qquad \Leftrightarrow ((P \vee Q) \wedge \neg P) \vee ((P \vee Q) \wedge \neg Q)$

$\qquad \Leftrightarrow (\neg P \wedge Q) \vee (P \wedge \neg Q) \quad$ （析取范式）

从上面的例子可以看出一个命题公式的合取范式和析取范式仍然有若干个,并不是唯一的,因而讨论时还是不够方便,故再引入下列的主范式概念(或称正则范式)。

定义 1.24 取而且只取 n 个原子命题变元中每一个的句节一次构成的子句(短语)称为关于这 n 个变元的**极大项(极小项)**。

例 1.29 $P \wedge Q \wedge R, \neg P \wedge \neg Q \wedge R$ 是关于 P, Q, R 的极小项,但 $\neg P, P \wedge \neg Q$ 就不是关于 P, Q, R 的极小项,$P \wedge \neg Q$ 是关于 P, Q 的极小项,$\neg P$ 是关于 P 的极小项。又如 $\neg P \vee Q \vee \neg R, P \vee \neg Q \vee \neg R$ 是关于 P, Q, R 的极大项,但 $P \vee \neg Q$ 不是关于 P, Q, R 的极大项,只是关于 P, Q 的一个极大项。

注意:n 个原子命题变元共可构成 2^n 个极大项和 2^n 个极小项。

下面列出两个原子命题变元和三个原子命题变元的极大项真值表,如表 1.16～表 1.18 所示。

表 **1.16**

P	Q	$P \vee Q$	$P \vee \neg Q$	$\neg P \vee Q$	$\neg P \vee \neg Q$
1	1	1	1	1	0
1	0	1	1	0	1
0	1	1	0	1	1
0	0	0	1	1	1

表　1.17

P	Q	R	$P \vee Q \vee R$	$P \vee Q \vee \neg R$	$P \vee \neg Q \vee R$	$P \vee \neg Q \vee \neg R$
1	1	1	1	1	1	1
1	1	0	1	1	1	1
1	0	1	1	1	1	1
1	0	0	1	1	1	1
0	1	1	1	1	1	0
0	1	0	1	1	0	1
0	0	1	1	0	1	1
0	0	0	0	1	1	1

表　1.18

P	Q	R	$\neg P \vee Q \vee R$	$\neg P \vee Q \vee \neg R$	$\neg P \vee \neg Q \vee R$	$\neg P \vee \neg Q \vee \neg R$
1	1	1	1	1	1	0
1	1	0	1	0	1	1
1	0	1	1	1	0	1
1	0	0	0	1	1	1
0	1	1	1	1	1	1
0	1	0	1	1	1	1
0	0	1	1	1	1	1
0	0	0	1	1	1	1

从上述真值表可以看出：

(1) 没有两个极大项是等价的；

(2) 只有一组真值指派使一个极大项取值为 0，其余极大项在这个指派下的取值为 1。这不仅是两个或三个变元的情况，对 4 个或更多的变元也有同样的性质。

设给定的 n 个原子命题变元已经指定了一种排列次序为 $P_1, P_2, \cdots, P_n$，关于这 n 个原子命题变元的 2^n 个极大项记为 $M_0, M_1, \cdots, M_{2^n-1}$，将每个 M 的下标表示成 n 位二进制数

$$（如 0 = \overbrace{00\cdots0}^{n}, 5 = \overbrace{00\cdots101}^{n}, 8 = \overbrace{00\cdots01000}^{n}, 2^n - 1 = \overbrace{11\cdots1}^{n}）$$

即对 M 进行了编码，那么如何通过这样的二进制编码来写出相应的极大项呢？若 M 的下标所示二进制数左起第 j 位上出现 0，则极大项中出现 P_j，若第 j 位上出现 1，则极大项中出现 $\neg P_j$。例如关于 P, Q, R 的极大项 $P \vee Q \vee \neg R$ 编码项为 M_{001}，$\neg P \vee Q \vee R$ 为 M_{100}，M_{010} 表示极大项 $P \vee \neg Q \vee R$，M_{111} 表示极大项 $\neg P \vee \neg Q \vee \neg R$。

极大项具有下列性质：

(1) 每个极大项当且仅当真值指派与编码相同时真值才为 0，其余 $2^n - 1$ 组真值指派使其真值为 1。

(2) 任意两个极大项的析取式为重言式。

$$（例如 M_{000} \vee M_{100} = (P \vee Q \vee R) \vee (\neg P \vee Q \vee R) \Leftrightarrow T）$$

(3) 全体极大项的合取式为矛盾式(不可满足式)(由性质 1 可以得证)。

定义 1.25 设 $P_1, P_2, \cdots, P_n$ 是公式 A 中出现的原子命题变元,A 的一个等价合取范式中的每一个子句都是关于的 $P_1, P_2, \cdots, P_n$ 的极大项,则称该合取范式为 A 的主(正则)合取范式。

定理 1.13 在公式 A 的真值表中,使 A 的取值为 0 的指派所对应的极大项的合取式就是 A 的主合取范式。

证明 设使 A 的取值为 0 的指派所对应的极大项为 $M_1, M_2, \cdots, M_k$,$B = M_1 \wedge M_2 \wedge \cdots \wedge M_k$。现证 A 与 B 等价。

对使 A 的取值为 0 的任一指派必使一个且只有一个极大项 M_i 的取值为 0,故 B 的取值为 0,而使 A 的取值为 1 的指派,其对应的极大项都不在 B 中出现,这些指派使 M_1,$M_2, \cdots, M_k$ 的取值为 1,而 B 的取值也为 1。因而 A 与 B 等价,由定义 1.25,B 是主合取范式。

例 1.30 求 $A = (P \vee Q) \wedge (Q \vee R) \wedge (\neg P \vee R)$ 的主合取范式。

解 因为 A 是合取范式不是主合取范式,所以可以通过求出真值表(表 1.19)来根据定理 1.13 求之。

表 1.19

P	Q	R	$P \vee Q$	$Q \vee R$	$\neg P \vee R$	$(P \vee Q) \wedge (Q \vee R) \wedge (\neg P \vee R)$
1	1	1	1	1	1	1
1	1	0	1	1	0	0
1	0	1	1	1	1	1
1	0	0	1	0	0	0
0	1	1	1	1	1	1
0	1	0	1	1	1	1
0	0	1	0	1	1	0
0	0	0	0	0	1	0

对应于真值指派 110, 100, 001, 000,A 的取值为 0 的极大项分别为

$M_{110} = \neg P \vee \neg Q \vee R, M_{100} = \neg P \vee Q \vee R, M_{001} = P \vee Q \vee \neg R, M_{000} = P \vee Q \vee R$

故所求的主合取范式为:

$(\neg P \vee \neg Q \vee R) \wedge (\neg P \vee Q \vee R) \wedge (P \vee Q \vee \neg R) \wedge (P \vee Q \vee R)$

除了用真值表的方法外,还可以利用基本等价式来构成主合取范式。

定理 1.14 任意命题合式公式均可利用基本等价式来构成主合取范式。

证明 据定理 1.12,A 有合取范式 A' 使 $A \Leftrightarrow A'$。设 A, A' 中出现的原子命题变元为 $P_1, P_2, \cdots, P_n$。

检查 A' 中的子句 A_i',若 A_i' 不是关于 $P_1, P_2, \cdots, P_n$ 的极大项,则必缺若干个变元的句节,设 $P_{i1}, \cdots, P_{ik}$ 的句节在 A_i' 中没有出现,则可以根据基本等价式 $P \wedge \neg P \Leftrightarrow F$ 和 $P \vee F \Leftrightarrow P$ 使这些句节出现在子句 A_i' 中,即

$A_i' \Leftrightarrow A_i' \vee F \Leftrightarrow A_i' \vee (P_{i1} \wedge \neg P_{i1}) \vee \cdots \vee (P_{ik} \wedge \neg P_{ik})$ 再利用结合律、分配律就可以使 A_i' 等价于一些极大项的合取。对 A' 中所有非极大项的子句都做上述处理,最终可得到等价于 A 的主合取范式。

上面的例 1.30 再按定理 1.14 的证明过程(实际上是一个算法)求主合取范式如下。

$A \Leftrightarrow (P \vee Q) \wedge (Q \vee R) \wedge (\neg P \vee R)$

$\Leftrightarrow ((P \vee Q) \vee (R \wedge \neg R)) \wedge ((Q \vee R) \vee (P \wedge \neg P)) \wedge ((\neg P \vee R) \vee (Q \wedge \neg Q))$

$\Leftrightarrow (P \vee Q \vee R) \wedge (P \vee Q \vee \neg R) \wedge (P \vee Q \vee R)$

$(\neg P \vee Q \vee R) \wedge (\neg P \vee Q \vee R) \wedge (\neg P \vee \neg Q \vee R)$

$\Leftrightarrow (P \vee Q \vee R) \wedge (P \vee Q \vee \neg R) \wedge (\neg P \vee Q \vee R) \wedge (\neg P \vee \neg Q \vee R)$

将此式与用真值法得的结果做比较,可以看出主合取范式是一样的。实际上不论用什么方法,在不计句节、子句的次序时求出的公式的主合取范式都应该是相同的,根据为下面的定理 1.15 和定理 1.16。

定理 1.15 公式 G 和 H 是关于原子命题变元 $P_1, P_2, \cdots, P_n$ 的两个主合取范式,如果 G 与 H 不完全相同,则 G 与 H 不等价。

证明 因为 G 和 H 不完全相同,故或者是 G 中至少有一个极大项 M_i 不在 H 中。或者是 H 中至少有一个极大项 M_i 不在 G 中,不妨设 G 中的极大项 M_i 不在 H 中,根据极大项的性质,M_i 所对应的二进制编码所对应的真值指派使 M_i 的取值为 0,而其余的极大项都取 1,故 G 的值为 0,H 的值为 1,因此 G 与 H 不等价。

定理 1.16 任一命题合式公式 A 必有唯一的与 A 等价的主合取范式存在(不计句节和子句的次序)。

由定理 1.14 和定理 1.15 立即得证。

主合取范式可用于解决以下问题。

(1) 判断两命题公式是否等值。由于任何命题公式的主合取范式都是唯一的,因而若 $A \Leftrightarrow B$,说明 A 与 B 有相同的主合取范式,反之,若 A、B 有相同的主合取范式,必有 $A \Leftrightarrow B$。

(2) 判断命题公式的类型。设 A 是含 n 个命题变项的命题公式,A 为矛盾式,当且仅当 A 的主合取范式中含全部 2^n 个极大项;A 为重言式,当且仅当 A 的主合取范式中不含任何极大项,可设 A 的主合取范式为 1;当然,若 A 的主合取范式中不含全部极大项,则 A 是可满足式。

(3) 求命题公式的成真或成假赋值。若 A 是一个含有 n 个变元的命题公式,则 A 的主合取范式的下角码所对应的 n 位二进制数都是命题公式 A 的成假赋值,而其余的 n 位二进制数都是命题公式 A 的成真赋值。

对偶地,立即可得到以下结论。

(1) 没有两个极小项是等价的。

(2) 只有一组真值指派使一个极小项取值为 1,其余极小项在此指派下取值为 0。

设给定的 n 个原子命题变元已经排列为 $P_1, P_2, \cdots, P_n$ 时,关于它们的 2^n 个极小项记为 $m_0, m_1, m_2, \cdots, m_{2^n-1}$。将 m_i 的下标表示为 n 位二进制数,就是将 m_i 进行了编码。若 m_i 的下标所示二进制数左起第 j 位上出现 0,则极小项中出现句节 $\neg P_j$,若左起第 j 位出现 1,则极小项中出现句节 P_j。

例如关于 P, Q 的极小项 $m_{01} = \neg P \wedge Q$,$m_{00} = \neg P \wedge \neg Q$;关于 P, Q, R 的小项 $m_{101} = P \wedge \neg Q \wedge R$,$m_{000} = \neg P \wedge \neg Q \wedge \neg R$。

极小项的性质为:

(1) 每个极小项当且仅当其真值指派与编码相同时取值为 1,其余 $2^n - 1$ 组指派取值均为 0。

(2) 任意两个极小项的合取式均为矛盾式。

（3）全体极小项的析取式为重言式。

定义 1.26 $P_1,P_2,\cdots,P_n$ 是公式 A 中出现的原子命题变元，A 的一个等价析取范式中的每一短语都是关于 $P_1,P_2,\cdots,P_n$ 的极小项，则称该析取范式为主（正则）析取范式。

根据定理 1.11、定理 1.13 和定理 1.16 立即得证下面两个定理。

定理 1.17 在公式 A 的真值表中，使 A 的取值为 1 的真值指派所对应的极小项的析取式就是 A 的主析取范式。

定理 1.18 任一公式不计句节和短语的次序时都有唯一的与之等价的主析取范式。

例 1.31 求例 1.30 中 A 的主析取范式。

解法一： 由真值表及定理 1.17 得 A 的主析取范式为

$$(P \wedge Q \wedge R) \vee (P \wedge \neg Q \vee R) \vee (\neg P \wedge Q \wedge R) \vee (\neg P \vee Q \wedge \neg R)$$

解法二： $A = (P \vee Q) \wedge (Q \vee R) \wedge (\neg P \vee R)$

$\Leftrightarrow (((P \vee Q) \wedge Q) \vee ((P \vee Q) \wedge R)) \wedge (\neg P \vee R)$ （结合律，分配律）

$\Leftrightarrow (Q \vee (P \wedge R) \vee (Q \wedge R)) \wedge (\neg P \vee R)$ （吸收律，分配律）

$\Leftrightarrow (Q \vee (P \wedge R)) \wedge (\neg P \vee R)$ （吸收律，交换律）

$\Leftrightarrow (Q \wedge (\neg P \vee R)) \vee ((P \wedge R) \wedge (\neg P \vee R))$ （分配律）

$\Leftrightarrow (Q \wedge \neg P) \vee (Q \wedge R) \vee (P \wedge R \wedge (\neg P \vee R)))$ （分配律，结合律）

$\Leftrightarrow (Q \wedge \neg P) \vee (Q \wedge R) \vee (P \wedge R)$ （吸收律）

$\Leftrightarrow ((Q \wedge \neg P) \wedge (R \vee \neg R)) \vee ((Q \wedge R) \wedge (P \vee \neg P)) \vee ((P \wedge R) \wedge (Q \vee \neg Q))$

$\Leftrightarrow (\neg P \wedge Q \wedge R) \vee (\neg P \wedge Q \wedge \neg R) \vee (P \wedge Q \wedge R) \vee (\neg P \wedge Q \wedge R)$
$\quad \vee (P \wedge Q \wedge R) \vee (P \wedge \neg Q \wedge R)$

$\Leftrightarrow (\neg P \wedge Q \wedge R) \vee (\neg P \wedge Q \wedge \neg R) \vee (P \wedge Q \wedge R) \vee (P \wedge \neg Q \wedge R)$

用基本等价式得出一个公式的主合（析）取范式的步骤归纳如下。

第一步：将公式 A 变换为等价的合（析）取范式 A'；

第二步：除去 A' 中所有永真（假）的合（析）取项；

第三步：合并相同的析（合）取项和相同的变元；

第四步：对子句（短语）A'_i 补入没有出现的变元 X，即 $A'_i \wedge (X \vee \neg X)$ $(A'_i \vee (X \wedge \neg X))$，然后用分配律展开公式的项，如果需要的话再用交换律、结合律、幂等律等合并相同的极大（小）项。

例 1.32 试由 $(P \wedge Q) \vee R$ 的真值表求出它的主析取范式。

解 做 $(P \wedge Q) \vee R$ 的真值表如表 1.20 所示。

表 1.20

P	Q	R	$(P \wedge Q)$	$(P \wedge Q) \vee R$
0	0	0	0	0
0	0	1	0	1
0	1	0	0	0
0	1	1	0	1
1	0	0	0	0
1	0	1	0	1
1	1	0	1	1
1	1	1	1	1

可见,$(P \wedge Q) \vee R$ 的成真赋值为 $001,011,101,110,111$,其对应的极小项分别为 m_1,m_3,m_5,m_6,m_7。故其主析取范式 $(P \wedge Q) \vee R \Leftrightarrow m_1 \vee m_3 \vee m_5 \vee m_6 \vee m_7 \Leftrightarrow \sum(1,3,5,6,7)$。

如果求出了公式 A 的主析取范式,则可以直接用主析取范式求出其主合取范式(反之亦然)。下面通过例子来说明这种方法,在例 1.32 中求得 $A \Leftrightarrow (P \wedge Q) \vee R$ 的主析取范式为

$$A \Leftrightarrow (P \wedge Q) \vee R \Leftrightarrow m_1 \vee m_3 \vee m_5 \vee m_6 \vee m_7$$

而

$$A \vee \neg A \Leftrightarrow 1 \Leftrightarrow m_0 \vee m_1 \vee m_2 \vee m_3 \vee m_4 \vee m_5 \vee m_6 \vee m_7$$

所以

$$\neg A \Leftrightarrow m_0 \vee m_2 \vee m_4$$

则

$$A \Leftrightarrow \neg(m_0 \vee m_2 \vee m_4) \Leftrightarrow \neg m_0 \wedge \neg m_2 \wedge \neg m_4 \Leftrightarrow M_0 \wedge M_2 \wedge M_4$$

公式 $A \Leftrightarrow (P \wedge Q) \vee R$ 的主合取范式即为所求。

由 A 主析取范式求合取范式的步骤为:

(1) 求出 A 的主析取范式中没有出现的极小项 $m_{j1},m_{j2},\cdots,m_{j2^n-k}$。

(2) 求出与(1)中极小项下角码相同的极大项 $M_{j1},M_{j2},\cdots,M_{j2^n-k}$。

(3) 由以上极大项构成的合取式就是 A 的主合取范式。

当然,类似地可从主合取范式求出主析取范式,具体步骤请读者给出。

同样通过主析取范式也可以用于:

(1) 判断公式之间是否逻辑等值;

(2) 判断公式类型(矛盾式不含极小项,用 0 表示);

(3) 求成真赋值(所含极小项下角码二进制表示)或成假赋值(不含)。

1-5 习　　题

1. 写出下列公式的对偶式。

(1) $\neg(P \vee \neg Q) \wedge (\neg P \vee Q)$;

(2) $(P \vee (\neg Q \wedge R) \wedge (P \vee \neg R)) \wedge \neg P$。

2. 将下列公式化为析取范式和合取范式。

(1) $(P \rightarrow Q) \rightarrow (R \rightarrow S)$;

(2) $\neg P \wedge (Q \leftrightarrow R)$;

(3) $(P \vee Q) \wedge \neg R$;

(4) $P \rightarrow (Q \rightarrow R)$。

3. 求下列公式的主析取范式和主合取范式。

(1) $P \wedge (\neg P \vee Q)$;

(2) $(\neg P \rightarrow Q) \vee (\neg P \wedge \neg Q)$;

(3) $((P \vee Q) \rightarrow R) \rightarrow P$;

(4) $(P \rightarrow Q) \rightarrow (R \rightarrow S)$。

4. 通过求主析取范式判断下列公式的类型。

(1) $(\neg P \vee Q) \wedge (\neg(\neg P \wedge \neg Q))$;

(2) $((P \rightarrow Q) \wedge (Q \rightarrow R)) \rightarrow (P \rightarrow R)$;

(3) $\neg(P \vee (Q \wedge R)) \leftrightarrow ((P \vee Q) \wedge (P \vee R))$;

(4) $((P \rightarrow Q) \vee (R \rightarrow S)) \rightarrow ((P \vee R) \rightarrow (Q \vee S))$。

5. 用化为范式的方法判断下列公式是否等价。

(1) $(P \rightarrow Q) \rightarrow P \wedge Q$,　$(\neg P \rightarrow Q) \wedge (Q \rightarrow P)$;

(2) $(P \rightarrow Q) \wedge (P \rightarrow R)$，$P \rightarrow Q \wedge R$。

6. 从 A，B，C，D 四个人中派二人出差，要求符合以下条件：若 A 去则必需 C，D 中去一人，B，C 不能同去，若 C 去则 D 必须留下，问该如何派去。

7. A，B，C，D 4 个队参加足球比赛，有三个球迷预测比赛结果，第一个球迷认为"A 第一，B 第二"，第二个球迷认为"C 第二，D 第四"，第三个球迷认为"A 第二，D 第四"，结果三个球迷都对了一半，问 4 个队的名次如何。

8. 编写程序实现求任一命题公式的主析取范式和主合取范式。

1.6 其他逻辑联结词

1.1 节中已将常用的逻辑联结词的符号意义和作用做了介绍，并指出了应该注意的地方。本节将对计算机设计、开关理论、电子元件中常用的逻辑联结词和另一些基本的逻辑联结词进行讨论。

定义 1.27 由命题公式 P 和 Q 产生的新命题 $P \triangledown Q$ 称为 P 和 Q 的不可兼或，其真值表如表 1.21 所示。

表 1.21

P	Q	$P \triangledown Q$
1	1	0
1	0	1
0	1	1
0	0	0

"不可兼或"已在 1.1 节中举过实际例子，有下列基本等价式。

(1) $P \triangledown Q \Leftrightarrow Q \triangledown P$；

(2) $(P \triangledown Q) \triangledown R \Leftrightarrow P \triangledown (Q \triangledown R)$；

(3) $P \triangledown (Q \triangledown R) \Leftrightarrow (P \wedge Q) \triangledown (P \wedge R)$；

(4) $P \triangledown Q \Leftrightarrow (P \wedge \neg Q) \vee (\neg P \wedge Q)$；

(5) $P \triangledown Q \Leftrightarrow \neg (P \leftrightarrow Q)$；

(6) $P \triangledown P \Leftrightarrow F$，$P \triangledown F \Leftrightarrow P$，$P \triangledown T \Leftrightarrow \neg P$。

以上等价式可以用真值表法加以证明。

定义 1.28 由命题公式 P 和 Q 产生的新命题公式 $P \uparrow Q$ 与 $P \downarrow Q$ 分别称为 P 和 Q 的"与非"与"或非"，其真值表分别如表 1.22 和表 1.23 所示。

表 1.22

P	Q	$P \uparrow Q$
1	1	0
1	0	1
0	1	1
0	0	1

表　1.23

P	Q	P↓Q
1	1	0
1	0	0
0	1	0
0	0	1

"↑"和"↓"有如下一些基本等价式。

(1) $P \uparrow P \Leftrightarrow \neg (P \wedge P) \Leftrightarrow \neg P$;

(2) $(P \uparrow Q) \uparrow (P \uparrow Q) \Leftrightarrow \neg (P \uparrow Q) \Leftrightarrow P \wedge Q$;

(3) $(P \uparrow P) \uparrow (Q \uparrow Q) \Leftrightarrow \neg P \uparrow \neg Q \Leftrightarrow \neg (\neg P \wedge \neg Q) \Leftrightarrow P \vee Q$;

(4) $P \downarrow P \Leftrightarrow \neg (P \vee P) \Leftrightarrow \neg P$;

(5) $(P \downarrow Q) \downarrow (P \downarrow Q) \Leftrightarrow \neg (P \downarrow Q) \Leftrightarrow P \vee Q$;

(6) $(P \downarrow P) \downarrow (Q \downarrow Q) \Leftrightarrow \neg P \downarrow \neg Q \Leftrightarrow \neg (\neg P \vee \neg Q) \Leftrightarrow P \wedge Q$。

由 1.5 节的对偶概念和定理知↓与↑互为对偶。

例 1.33　$A = P \uparrow (Q \wedge \neg (R \downarrow P))$,求$A^*$。

解　$A^* = P \downarrow (Q \vee \neg (R \uparrow P))$。

例 1.34　$A = (A \rightarrow B) \uparrow (B \downarrow B)$,求$A^*$。

解　$A^* = ((A \rightarrow B) \uparrow (B \downarrow B))^*$
　　　$= ((\neg A \vee B) \uparrow (B \downarrow B))^*$
　　　$= (\neg A \wedge B) \downarrow (B \uparrow B)$。

命题是能判别真假的陈述句,即是说命题的值只有两个: 真(1),假(0)。这是二值逻辑。而各种电的机械的器件常常考虑两种可能的状态,如开、关;通过、不通过;传导、不传导;啮合、不啮合;顺时针方向、逆时针方向等,现在加以推广,即通过的不仅可以是电、机械物、各种液体,也可以是信息⋯⋯因此将上述开关等术语统一称为"门",逻辑联结词¬,∧,∨,∇,↑,↓ 分别称为非门、与门、或门、异或门、与非门、或非门,涉及的原子命题变元真值指派称为输入,逻辑联结词产生的公式在真值指派下运算的结果称为输出。在理论和实际设计中为了便于讨论,对上述各种"门"采用下列图示标号(图 1.5)。

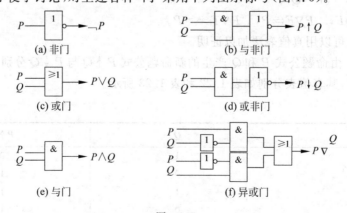

图　1.5

上面的各种门(组件)可以按图示互相联结,恰当地选取就能实现所要求的逻辑表达式(命题公式),经过联结后的"门"图称为逻辑网络(组合网络)。

由于一个命题公式可以有多个等价的表达式,因如形成逻辑网络的方式也就不同,对生产和维护来说,需要考虑设计的技巧,使用单一种类的门常常比使用多种类型的门或使用较少的门比使用较多的门要方便或便宜些,有时也常利用对偶性使一个门既可作与非门用又可作或非门用,这些设计思想在大规模集成电路中已经被采用了。

例 1.35 某仓库装有一个警报系统,它只在保卫部门的一个人工控制开关关闭时进行工作。当此人工开关关闭时,如果通到设施范围内的禁区的门有盗贼进入或者保卫人员还没有关闭一个专门开关时,设施的主要出入口就已打开。则报警器鸣响。设计此控制线路。

解 令 A:警报器鸣响,B:关闭人工控制开关,C:设施的主要出入口打开,D:禁区的门有盗贼进入,E:专门开关关闭。

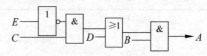

则 $A = B \wedge (D \vee (\neg E \wedge C))$

图 1.6

故控制线路图如图 1.6 所示。

例 1.36 有一家航空公司,为了保证安全,用三台计算机同时复核飞行计划是否正确。由计算机所给的答案,根据少数服从多数的原则做出计划是否正确的判断,试画出逻辑网络。

解 设 P,Q,R 表示 3 台计算机,C 表示判断结果,由题设得真值表如表 1.24 所示。

表 1.24

P	Q	R	C
1	1	1	1
1	1	0	1
1	0	1	1
1	0	0	0
0	1	1	1
0	1	0	0
0	0	1	0
0	0	0	0

据定理 1.17 得

$C = (P \wedge Q \wedge R) \vee (P \wedge Q \wedge \neg R) \vee (P \wedge \neg Q \wedge R) \vee (\neg P \wedge Q \wedge R)$

$\Leftrightarrow (P \wedge Q \wedge R) \vee (P \wedge Q \wedge \neg R) \vee (P \wedge \neg Q \wedge R) \vee$

$\quad (P \wedge Q \wedge R) \vee (P \wedge Q \wedge R) \vee (\neg P \wedge Q \wedge R)$

$\Leftrightarrow ((P \wedge Q) \wedge (R \vee \neg R)) \vee ((P \wedge R) \wedge (Q \vee \neg Q)) \vee ((Q \wedge R) \wedge (P \vee \neg P))$

$\Leftrightarrow ((P \wedge Q) \wedge T) \wedge ((P \wedge R) \wedge T) \vee ((Q \wedge R) \wedge T)$

$\Leftrightarrow (P \wedge Q) \vee (P \wedge R) \vee (Q \wedge R)$

故逻辑网络如图 1.7 所示。

除了上述常用的逻辑联结词 $\neg, \wedge, \vee, \rightarrow, \leftrightarrow, \triangledown, \uparrow, \downarrow$ 以外,还有逻辑联结词"$\overset{\cdot}{\longrightarrow}$"(或记为 $\overset{c}{\longrightarrow}$,称为条件否定),其真值表如表 1.25 所示。

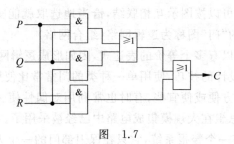

图 1.7

表 1.25

P	Q	$P \xrightarrow{c} Q$
1	1	0
1	0	1
0	1	0
0	0	0

→实际是由→与¬复合而成的,故不再做讨论。

1-6 习　题

1. 用真值表验证∇的基本等价式。

2. ∇的结合律中括号能否去掉不写？为什么？

3. ↑和↓满足结合律吗？

4. 将下列各式用↑(或↓)的等价式表示出来,并尽可能简化。

(1) $(P \wedge Q) \wedge \neg P$；

(2) $\neg Q \wedge \neg P \wedge (\neg R \vee \neg P)$；

(3) $(P \rightarrow Q \vee \neg R) \wedge \neg P \wedge Q$；

(4) $P \rightarrow (\neg P \rightarrow Q)$。

5. 设计一个盥洗室的照明电路,使分别装在卧室和盥洗室的两个开关都能控制照明。

6. 设计十字路口的自动控制线路,要求传感器中计数器的内容 $C \geqslant 5$ 时亮绿灯,$C \leqslant 2$ 时亮红灯,$2 < C < 5$ 时亮黄灯。

7. 一个小型演播厅共 4 个门,每道门都有一个双态开关,要求设计出线路能在改变一个开关状态时,都能改变演播厅的亮或暗,假若厅里没有人的时候暗,有人时亮,试画出电路图(尽可能简单)。

8. 一个二进制译码器是有 n 条输入线和 2^n 条输出线的装置,且输入与输出满足：对每组输入只有一条输出值为 1,其余输出线的输出值为 0,对此译码器设计一种极小电路。

1.7　逻辑联结词的功能完备集

1.6 节与 1.1 节两节已经介绍了利用真值表定义了 9 个逻辑联结词,是否还可以定义其他联结词呢？有没有必要再定义呢？这 9 个联结词是否全是必要的呢？为了回答这些问题,考虑两个命题变元所能构成的全部真值情况(表 1.26)。

表　1.26

P	Q	1	2	3	4	5	6	7	8	9	10	11	12	13	14	15	16
1	1	1	0	1	1	1	0	1	1	1	0	0	0	0	0	0	1
1	0	1	0	1	1	0	1	1	0	0	1	1	0	0	0	1	0
0	1	1	0	1	0	1	1	0	1	0	1	0	1	0	1	0	0
0	0	1	0	0	1	1	1	0	0	1	0	1	0	1	1	0	0

从这个真值表可以看出：1 表示重言式，2 表示矛盾式，3 表示 $P \vee Q$，4 表示 $Q \rightarrow P$，5 表示 $P \rightarrow Q$，6 表示 $P \uparrow Q$，7 表示 P，8 表示 Q，9 表示 $P \leftrightarrow Q$，10 表示 $P \nabla Q$，11 表示 $\neg Q$，12 表示 $\neg P$，13 表示 $P \downarrow Q$，14 表示 $Q \overset{\cdot}{\longrightarrow} P$，15 表示 $P \overset{\cdot}{\longrightarrow} Q$，16 表示 $P \wedge Q$，因此除了上述 9 个二值逻辑联结词以外既无必要又不可能再定义出新的逻辑联结词来。又根据已经得到的基本等价式知道 $\leftrightarrow$ 可用 $\neg$ 和 $\wedge$ 来表出，$\rightarrow$ 可用 $\neg$，$\vee$ 来表示，$\uparrow$ 可用 $\neg$，$\wedge$；$\downarrow$ 可用 $\neg$，$\vee$；$\overset{\cdot}{\longrightarrow}$ 可用 $\neg$，$\rightarrow$；$\wedge$ 可用 $\neg \vee$ 来表示，于是对于任意命题公式都可以用 $\neg$，$\vee$ 构成的命题公式来表示，对偶地也可以用 $\neg$，$\wedge$ 构成的命题公式来表示。但是从 $\neg$，$\vee$（或 $\neg$，$\wedge$）中再删去一个联结词则命题公式不能只用 $\neg$，或只用 $\vee$，或只用 $\wedge$ 等价地表示出来。

定义 1.29　E 是若干个逻辑联结词的集合，如果任一命题公式都可以由 E 中的联结词构造的公式等价地表示，且删去 E 的任一联结词 X 后，至少有一个命题公式不能由 $E-\{X\}$ 中的联结词构造的公式等价地表示，则称 E 为一个最小联结词组或功能完备集。

例如 $\{\neg, \vee\}$，$\{\neg, \wedge\}$，$\{\uparrow\}$，$\{\downarrow\}$ 都是功能完备集。$\{\wedge, \vee\}$，$\{\neg\}$ 不是功能完备集，因为重言式是一个命题公式，它不能用只含 $\neg$ 或只含 $\wedge$，$\vee$ 的等价式表示。

于是，作为功能完备集来考虑，就不需要同时讨论 9 个二值逻辑联结词。寻求最小逻辑联结词组不只是理论性问题的需要，更重要的是工程设计与实践的需要，例如在设计电路时，就希望用较少的电子元件，因为这样既能达到目的，又能在经济上获得更高的效益。

1-7　习　　题

1. 证明 $\{\neg, \rightarrow\}$ 是功能完备集。

2. 证明 $\{\neg, \overset{\cdot}{\longrightarrow}\}$ 是功能完备集。

3. 证明 $\{\rightarrow\}$ 不是功能完备集。

4. 证明 $\{\overline{\vee}, \neg\}$ 不是功能完备集。

5. $\{\leftrightarrow, \neg\}$ 是功能完备集吗？

6. 将(1) $\neg(P \overline{\vee} Q)$；

　　(2) $P \overline{\vee} Q \overline{\vee} R$；

　　(3) $(P \overline{\vee} Q) \rightarrow R$；

　　(4) $(P \rightarrow Q) \overline{\vee} (Q \rightarrow P)$。

在功能完备集 $\{\neg, \vee\}$ 上表示出来。

7. 写一个计算机程序，产生最多出现 5 个 $\uparrow$（或 $\downarrow$）的 2 个命题变元的所有逻辑表达式。

8. 要设计由一个灯泡和 3 个开关 A、B、C 组成的电路,要求在且仅在下述 4 种情况下灯亮。

(1) C 的扳键向上,A、B 的扳键向下;

(2) A 的扳键向上,B、C 的扳键向下;

(3) B、C 的扳键向上,A 的扳键向下;

(4) A、B 的扳键向上,C 的扳键向下。

设 F 为 1 表示灯亮,P,Q,R 分别表示 A、B、C 的扳键向上。

(1) 求 F 的主析取范式;

(2) 在联结词完备集 $\{\neg,\wedge\}$ 上构造 F;

(3) 在联结词完备集 $\{\leftrightarrow,\rightarrow,\neg\}$ 上构造 F。

命题逻辑小结

熟练运用真值表和基本等价式与基本蕴涵式是掌握命题演算、推理过程、求主合取范式和主析取范式的基础;要求能灵活正确地使用推理规则 P,T 和 CP;特别注意反证法可以从前提集演绎出结论来;要求善于将自然语言符号化,使推理过程简单、正确。要克服翻译的困难,应反复练习,欲在计算机上实现还需要继续学习研究。

第2章
一阶谓词逻辑

学习要求：了解命题逻辑的局限性及引入一阶谓词逻辑的必要性；了解谓词与命题的关系，掌握量词、辖域、变元的约束与谓词合式公式等概念；认识谓词公式的等价、蕴涵与命题公式的等价、蕴涵的异同；掌握谓词逻辑推理理论、前束范式；明确高阶谓词的含义。

在命题逻辑中，主要是研究命题与命题之间的逻辑关系，其组成单位是原子命题，而该命题是以一个完整的陈述句为单位的，是不可分解成更小的单位的（如主语、谓语等），即命题仅是一句具有真假意义的话，而对这句话的结构和成分是不考虑的，此时，仅仅对原子命题之间的联结关系加以研究，而它不可能揭示原子命题内部的特征。因此，命题逻辑的推理中存在很大的局限性，如要表达"某两个原子公式之间有某些共同的特点"或者是要表达"两个原子公式的内部结构之间的联系"等事实是不可能的。此外，有些简单的论断也不能用命题逻辑来推论，而且，用这样简单的手段也不能将很多思维过程在命题逻辑中表示出来。

著名的苏格拉底三段论：

所有的人都是要死的，苏格拉底是人，所以苏格拉底是要死的。显然，上述三个命题之间有着密切的关系，当前两个命题为真时，第三个命题必定为真。换言之，设 P、Q、R 分别表示所述命题，则有 R 应该是 P、Q 的逻辑结果，即 $P,Q \Rightarrow R$。根据逻辑蕴涵关系，命题公式 $P \wedge Q \rightarrow R$ 应为永真式，也即在任何解释下，公式的取值都为真，但实际上并不如此，$P \wedge Q \rightarrow R$ 有指派 1,1,0 使公式取值为 0，故公式 $P \wedge Q \rightarrow R$ 不是重言式，即 $P \wedge Q \Rightarrow R$ 不能成立。所以用命题逻辑已无法正确地描述上述情况了。

以上这些原因都促使着人们对命题的内部关系进行深入的研究。谓词逻辑正是为了这样的目的对原子命题做进一步分解而形成的研究领域。

2.1 基本概念

例如原子命题：陶行知是教育家，孔子是教育家，是两个不同的命题，因为他们涉及两个不同的人（客体），是不同的主语，但却有着相同的谓语"是教育家"。又如人都是要死的，苏格拉底是要死的，这两个不同的原子命题也涉及不同的客体（所有的人，苏格拉底），但却有着相同的谓语"是要死的"。小王比小李和小白高，其中小王、小李、小白都是客体，"……比……高"是谓语。还可以举出许多类似的例子来。因此将原子命题剖析以后，可以看出原子命题中的**客体**是独立存在的具体事物或抽象概念，**谓语**能刻画原子命题中客体的性质或描述客体间的关系。今后用小写英文字母或小写英文字母后跟数字表示客体，大写英文字

母或单词表示谓语,例如

$T(x)$:x 是教师。

$M(x)$:x 是人。

mortal(y):y 是要死的。

taller(y,z):y 比 z 高。

between(x,y,z):x 在 y 和 z 之间。

前三个例子只涉及一个客体,为一元谓词,第四个例子涉及两个客体,为二元谓词,第五个例子涉及三个客体,为三元谓词。

定义 2.1　设 D 为客体的非空集合,定义域为 $D^n = \overbrace{D \times D \times \cdots \times D}^{n}$,值域为{真,假}的 n 元函数称为简单 n 元命题函数或 n 元谓词,记为谓词(客体变元1,$\cdots$,客体变元n)。

其中称 D 为个体域(或论域)。

若谓词(命题函数)的符号为 A,客体变元 i 的符号为 x_i,则 n 元谓词可以表示为 $A(x_1, \cdots, x_n)$。当 x_i 取定 D 中的元素 a_i 后,$A(a_1, \cdots, a_n)$ 就不再含客体变元了,因此它是一个命题。例如 M(苏格拉底)、taller(小王,小李)就是命题,但 $M(y)$,taller(u,v)就不是命题,而是命题函数,因为它们分别含有客体变元 y,u 和 v。不含客体变元的谓词即 0 元谓词是命题。因此命题是谓词的特殊情况。除此以外,还应注意:

(1) 谓词中客体变元的排列次序是非常重要的。如 taller(小王,小李)表示小王比小李高,而 taller(小李,小王)表示小李比小王高。

(2) 根据讨论的问题应事先确定好 n 元谓词的个体域 D。也可以将全部个体域的并集作为 D,此时无须对 D 加以说明和指定。全部个体域的并集称为全总个体域。

(3) 同一 n 元谓词的客体变元取值于不同的个体域时,所得命题的真假值可以不同。如 $M(x)$:x 是人,若个体域为{学生},则 $M(x)$ 为永真式,若个体域为{计算机},则 $M(x)$ 是永假式,若为全总个体域,则 $M(x)$ 是一个可满足公式。

定义 2.2　由有限个简单命题函数和逻辑联结词 $\neg$,$\wedge$,$\vee$,$\rightarrow$,$\leftrightarrow$ 组合而成的带括号的符号串是复合命题函数。

如 $M(x)$:x 是人,mortal(x):x 是要死的人,则复合命题函数 $M(x) \rightarrow$ mortal(x):若 x 是人则 x 是要死的。又如 $R(\pi)$:π 是一个实数,$B(\pi,3,4)$:π 在 3 与 4 之间,则 $R(\pi) \wedge B(\pi,3,4)$:π 是在 3 与 4 之间的实数。令 $G(x,y)$:x 大于 y,则复合命题函数

$$G(xy,0) \leftrightarrow (G(x,0) \wedge G(y,0)) \vee (G(0,x) \wedge G(0,y))$$

表示 xy 大于 0 当且仅当 x 和 y 都大于 0 或 x 和 y 都小于 0。

例 2.1　将下列命题用零元谓词符号化。

(1) C++ 和 Java 都是计算机高级程序语言。

(2) 如果奔腾Ⅱ比奔腾Ⅴ性能好,那么奔腾Ⅱ比奔腾Ⅵ性能好。

(3) If Zhangming is higher than Limin and Limin is higher than Zhaoliang, then Zhangming is higher than Zhaoliang.

(4) 那位戴眼镜的用功的大学生在看这本大而厚的《离散数学》参考书。

解　(1) $F(x)$:x 是计算机高级程序语言;　a:C++;　　b:Java;

则命题符号化为:$F(a) \wedge F(b)$。

(2) $L(x,y)$：x 比 y 性能好；　a：奔腾Ⅱ；　b：奔腾Ⅴ；　c：奔腾Ⅵ；

则命题符号化为：$L(a,b) \to L(a,c)$。

(3) $H(x,y)$：x is higher than y；a：Zhangming；b：Limin；c：Zhaoliang；

则命题符号化为：$(H(a,b) \wedge H(b,c)) \to H(a,c)$。

(4) $F(x)$：x 是大学生；$G(x)$：x 是用功的；$H(x)$：x 戴着眼镜；

$I(y)$：y 是参考书；$J(y)$：y 是《离散数学》；$K(y)$：y 是大的；$L(y)$：y 是厚的；

$M(x,y)$：x 在看 y；a：那位；b：这本。

则命题可符号化为：　$(F(a) \wedge G(a) \wedge H(a)) \wedge (I(b) \wedge J(b) \wedge K(b) \wedge L(b)) \wedge M(a,b)$。

$$\neg(M(x) \to \text{mortal}(x)) \Leftrightarrow \neg(\neg M(x) \vee \text{mortal}(x))$$
$$\Leftrightarrow M(x) \wedge \neg\text{mortal}(x)$$

$\neg(M(x) \to \text{mortal}(x))$ 表示"x 是人则 x 是要死的"的否定，$M(x) \wedge \neg\text{mortal}(x)$ 表示"x 是不死的人"，这样的等价与日常生活中理解的否定很不一致，原因在于 x 是人，实际是"任何人"、"所有的人"、"每一个人"，再进行否定时，对"任何"、"所有"等也应该加以考虑，但是这一点在谓词概念中还没有表现清楚，然而在日常生活中经常遇到"所有的"、"任何"、"每个"、"凡"、"所有的"、"一切"、"有（些）"、"存在"、"至少有一个"等说法涉及个体域的全部元素或部分元素。故有必要引入量词的概念。

定义 2.3　"任意 x"（或"所有 x"，"每一 x"）记为 $\forall x$，称 $\forall$ 为全称量词；"存在 x"（或"有 x"）记为 $\exists x$，称 $\exists$ 为存在量词。

"所有的"之否定是"不是所有的"，即"存在"故 $\neg(\forall x)$ 可表示为 $\exists x$，因此

$\neg(\forall x(M(x) \to \text{mortal}(x))) \Leftrightarrow \exists x(M(x) \wedge \neg\text{mortal}(x))$ 这表明"凡人是要死的"之否定为"有人是不死的"，因而与通常的理解相一致。

例 2.2　符号化下面的语句。

(1) 所有的大学生都会说英语。

(2) 有的大学生会说英语。

解　考虑个体域 D 为所有大学生组成的集合；$F(x)$：x 会说英语。则

(1) 符号化为 $\forall x F(x)$，$x \in D$；(2) 符号化为 $\exists x F(x)$，$x \in D$。

如果采用全总个体域，(1)若仍用 $\forall x F(x)$ 符号化，则表示宇宙间一切事物都会说英语，这与原命题的含义大相径庭，前者是真命题，后者则是假命题。

因此，对选取个体域为全总个体域的情况下，必须加入一个限定词来说明个体的具体范围，以便解决这类问题。

在全总个体域的情况下，以上两命题可等价地叙述如下。

(1) 对所有个体而言，如果他（她）是大学生，则他（她）会说英语；

(2) 存在着个体，他（她）是大学生并且会说英语。

这里引入一个表示个体词所具有的特性的谓词，简称为**特性谓词**。

例如，设 $M(x)$ 表示 x 是大学生。则(1)可以符号化为 $\forall x(M(x) \to F(x))$；(2)可以符号化为 $\exists x(M(x) \wedge F(x))$。其中 $M(x)$ 是特性谓词，表示了个体 x 的特性。

另外，特性谓词在加入时选用的形式不是随意的，如(1)若符号化为 $\forall x(M(x) \wedge F(x))$，则表示的是"任意一个个体，是大学生并且会说英语"，则是错误的。

为了避免出错，规定特性谓词加入断言的二条规则：

（1）对全称量词,刻画其对应个体域的特性谓词作为蕴含式的前件加入。

（2）对存在量词,刻画其对应个体域的特性谓词作为合取式的合取项加入。

例 2.3　将下列命题符号化。

（1）好人自有好报。

（2）有会说话的机器人。

（3）没有免费的午餐。

（4）在北京工作的人未必都是北京人。

（5）没有不犯错误的人。

（6）不是一切人都一样高。

（7）尽管有些人是努力的,但是未必一切人都努力。

解　在本题中没有指定个体域,故取个体域为全总个体域。

（1）设 $F(x)$：x 是好人；$G(x)$：x 会有好报,则命题符号化为：$\forall x(F(x)\rightarrow G(x))$。

（2）设 $F(x)$：x 是机器人；$G(x)$：x 是会说话的,则命题符号化为：$\exists x(F(x) \land G(x))$。

（3）设 $M(x)$：x 是午餐；$F(x)$：x 是免费的,则命题符号化为：$\neg \exists x(M(x) \land F(x))$。这句话可做如下叙述,"所有的午餐都不是免费的",故命题可符号化为：$\forall x(M(x)\rightarrow \neg F(x))$。因为在含义上这句话和题目的是一样的,所以可以看出,$\neg \exists x(M(x) \land F(x))$ 和 $\forall x(M(x)\rightarrow \neg F(x))$ 是等价的,后面还将给出具体的证明。

（4）设 $F(x)$：x 在北京工作；$G(x)$：x 是北京人,则命题符号化为：$\neg \forall x(F(x)\rightarrow G(x))$。这句话也可做如下叙述,"存在着在北京工作的非北京人",故可符号化为：$\exists x(F(x) \land \neg G(x))$。因为在含义上这句话和题目是一样的。所以可以看出,$\neg \forall x(F(x)\rightarrow G(x))$ 和 $\exists x(F(x) \land \neg G(x))$ 是等价的,后面也将给出具体的证明。

（5）设 $M(x)$：x 为人,$F(x)$：x 犯错误,则命题符号化为：$\neg(\exists x(M(x) \land \neg F(x)))$（或为：$\forall x(M(x)\rightarrow F(x))$）。

（6）设 $H(x)$：x 是人。$A(x,y)$：x 与 y 一样高。则命题可表示为 $\neg(\forall x)(\forall y)(H(x) \land H(y)\rightarrow A(x,y))$ 或 $(\exists x)(\exists y)(H(x) \land H(y) \land \neg A(x,y))$。

（7）设 $M(x)$：x 是人,$B(x)$：x 是努力的,符号化得谓词公式为 $\exists x(M(x) \land B(x)) \land \neg(\forall x(M(x)\rightarrow B(x)))$。

注意：在含有量词的命题进行符号化时,有必要指出以下几点。

（1）如果事先没有给出个体域,应以全总个体域作为个体域。

（2）即使不是选取全总个体域,也要考虑是否需要加入特性谓词,并且当需要加入时,要根据其前面的量词选取适当加入形式。如例 2.3 中选取全体人类的集合为个体域,仍然需要加入适当的特性谓词。

（3）当在选取不同的个体域时,命题符号化的形式也可能是不一样的。

（4）个体域和谓词含义确定之后,n 元谓词要转化为命题至少需要 n 个量词。

（5）当个体域为有限集时,如 $D=\{a_1,a_2,\cdots,a_n\}$,对任意谓词 $A(x)$ 都有：
① $\forall x A(x)\Leftrightarrow A(a_1) \land A(a_2) \land \cdots \land A(a_n)$；② $\exists x A(x)\Leftrightarrow A(a_1) \lor A(a_2) \lor \cdots \lor A(a_n)$。

（6）多个量词同时出现时,不能随意颠倒它们的顺序,否则将可能会改变原命题的含义。

例如，"对任意的 x，存在着 y，使得 $x+y=6$"。取个体域为实数集，符号化为：

$\forall x \exists y H(x,y)$，其中 $H(x,y)$ 表示"$x+y=6$"，显然这是一个真命题。

如果将量词的顺序颠倒，即为 $\exists y \forall x H(x,y)$，则其含义就变为"存在着 y，对于任意的 x，都有 $x+y=6$"，这就和原来的语句背道而驰，根本找不到这样的 y，所以成了假命题。

例 2.4 将极限定义 $\lim_{x \to a} f(x) = \beta$ 符号化。

解 $\lim_{x \to a} f(x) = \beta$ 的定义为：对任何的实数 $\varepsilon > 0$，必存在一个实数 $\delta > 0$，使得对所有的 x，如果 $|x-\alpha| < \delta$，则必有 $|f(x)-\beta| < \varepsilon$。

设 $P(x,y)$：x 大于 y；取定个体域为实数集 $\mathbf{R}$。则 $\lim_{x \to a} f(x) = \beta$ 符号化为：$\forall \varepsilon (P(\varepsilon, 0) \to \exists \delta (P(\delta, 0) \wedge \forall x(P(\delta, |x-\alpha|) \to P(\varepsilon, |f(x)-\beta|))))$。其中 $|x|$ 表示实数 x 的绝对值。

2-1 习　题

1. 将下列命题用 0 元谓词表示出来。

(1) 他不是工人，而是田径运动员。

(2) 小白非常聪明和美丽。

(3) 这是一架电子琴。

(4) 中国东临太平洋，北与俄罗斯接壤。

(5) 小王比小李高，小李比小白高，故小王比小白高。

2. 将下列命题用谓词表示出来。

(1) 每个有理数是实数，但并非每个实数都是有理数，有些实数是有理数。

(2) 直线 a 和 b 平行当且仅当 a 与 b 不相交。

(3) 所有老师和有些学生总是准时到达教室。

(4) 无论是大人还是小孩都对宇航感兴趣。

(5) 除非所有的人都病倒了，这个会是要开的。

(6) 其中有些书是世界名著。

(7) 任何整数不是合数就是质数。

(8) 任何整数不是整数就是负数。

3. 判断上题中 (1)，(2)，(7)，(8) 的真假性。

4. 设个体域为 $\{a,b,c\}$，试消去下列命题中的量词。

(1) $\forall x R(x) \wedge \exists x S(x)$。

(2) $\forall x (R(x) \to Q(x))$。

(3) $\forall x (\neg R(x)) \vee \forall x R(x)$。

5. 求下列命题的真值。

(1) 个体域 $D = \{-2, 3, 6\}$，P：3 大于 2，$Q(x)$：x 小于或等于 3，$R(x)$：x 大于 5，a：5，$\forall x (P \to Q(x)) \vee R(a)$。

(2) 个体域 $D\{2\}$，$P(x)$：x 大于 3，$Q(x)$：x 等于 4，$\exists x(P(x) \to Q(x))$。

6. 下列表达式是命题还是命题函数？

(1) $\forall x (P(x) \vee R(x)) \wedge R$。

(2) $\forall x(P(x)\vee Q(x)\wedge\exists xR(x))$。

(3) $\exists x(P(x)\leftrightarrow Q)\vee R(x)$。

7. 将下列语句符号化。

(1) 矩阵 $\boldsymbol{A}$ 是一个有 20 行 30 列的整数组，$\boldsymbol{A}$ 的所有元素都是非负整数，有些元素是 0。若元素 a_{ij} 和 a_{ik} 的 $j<k$，则 a_{ij} 排在 a_{ik} 之前，若 a_{ij} 和 a_{kl} 的 $i<k$，则 a_{ij} 排在 a_{kl} 之前。

(2) $f_1(x),\cdots,f_n(x),\cdots$ 是函数序列，$f(x)$ 为一个函数，对任 $\varepsilon>0,x_0\in(a,b)$ 都存在正整数 $\mathbf{N}$ 使 $n>\mathbf{N}$ 时有

$$|f(x_0-f_n(x_0))|<\varepsilon$$

则称函数序列 $\{f_n(x)\}$ 在区间 (a,b) 内收敛于 $f(x)$。

(3) $\{f_n(x)\}$ 是一个函数序列，$f(x)$ 为一个函数，对任意 $\varepsilon>0$ 都存在正整数 $\mathbf{N}$ 使 $n>\mathbf{N}$ 时，对所有 $x\in(a,b)$ 有

$$|f(x)-f_n(x)|<\varepsilon$$

则称 $\{f_n(x)\}$ 在区间 (a,b) 内一致收敛于 $f(x)$。

2.2　谓词合式公式与客体变元的约束

有了简单命题函数、复合命题函数、量词等概念，注意到个体域——论域的说明，就能广泛深入地描述日常生活中遇到的许多事物了，并建立一阶逻辑。为了能够进行谓词演算和推理，还需要给出一些符号和概念。

(1) 常元符号：用小写英文字母或小写英文字母带若干个数字如 $a,b,c,\cdots,a_1,b_{72},\cdots$ 来表示常元。当论域 D 给定后，常元是 D 中的元素。

(2) 客体变元符号：用小写英文字母 u,v,x,y,z 等或它们带上数字来表示客体变元，当给定论域 D 后，客体变元符号就可以用 D 中的任意元素来替换了。

(3) 函数符号：用小写英文字母 f,g,h，希腊字母 φ,ψ 等或它们带上数字来表示函数，当论域 D 给定后，函数 $\varphi(x_1,x_2,\cdots,x_n)$ 是 D^n 到 D 的一个函数。

(4) 谓词符号：用大写英文字母或它们带上数字或者是英语单词来表示谓词，当论域 D 给定后，n 元谓词是 D^n 到 $\{$真,假$\}$ 的函数。

定义 2.4　一阶谓词逻辑中的"项"递归地定义如下。

(1) 常元符号是项。

(2) 变元符号是项。

(3) 若 $f(x_1,x_2,\cdots,x_n)$ 是 n 元函数，$t_1,t_2,\cdots,t_n$ 是项，则 $f(t_1,t_2,\cdots,t_n)$ 是项。

(4) 只有有限次使用(1)～(3)生成的符号串才是项。

定义 2.5　若 $P(x_1,x_2,\cdots,x_n)$ 是 n 元谓词，$t_1,t_2,\cdots,t_n$ 是项，则 $P(t_1,t_2,\cdots,t_n)$ 称为原子。

定义 2.6　一阶谓词逻辑中的谓词合式公式 wff 递归地定义如下。

(1) 原子是(合式)公式。

(2) 若 A,B 是公式，则 $(\neg A),(A\wedge B),(A\vee B),(A\rightarrow B),(A\leftrightarrow B)$ 是公式。

(3) 若 A 是公式，x 是 A 中出现的任一变元，则 $\forall xA,\exists xA$ 是公式。

(4) 只有有限次使用(1)～(3)生成的符号串才是公式。

定义 2.7 谓词公式 X 是谓词公式 A 的一部分,则称 X 为 A 的 **子公式**。若子公式为 $\forall x P(x)$ 或 $\exists x P(x)$,则称 x 为指导(或作用)变元,$P(x)$ 为相应量词的 **作用域** 或 **辖域**。在辖域中 x 的所有出现称为 x 在公式 A 中的 **约束出现**(即 x 为相应量词的指导变元所约束)。A 中不是约束出现的其他变元称为 **自由变元**。

定义 2.8 在谓词公式中某变元至少有一次约束出现,则称该变元为 **约束变元**。若某变元至少有一次自由出现,则称它为 **自由变元**。

例 2.5 指出下列各公式的指导变元、辖域、约束变元与自由变元。

(1) $\forall x(P(x) \rightarrow \exists y R(x,y))$。

(2) $\forall x \forall y(P(x,y) \vee Q(y,z)) \wedge \exists x P(x,y)$。

(3) $\forall x(P(x) \wedge \exists x Q(x,z) \rightarrow \exists y R(x,y)) \vee Q(x,z)$。

解 (1) x 是指导变元,相应的辖域为 $P(x) \rightarrow \exists y R(x,y)$,又 y 也是指导变元,相应的辖域为 $R(x,y)$。在辖域 $R(x,y)$ 中 x 为自由出现,y 为约束出现,在辖域 $P(x) \rightarrow \exists y R(x,y)$ 中 x 为约束出现,y 仍为约束出现,故 x,y 为约束变元。

(2) x,y 都是指导变元,$\forall x \forall y$ 的辖域都是 $P(x,y) \vee Q(y,z)$,x,y 为约束出现,z 为自由出现,$\exists x$ 的辖域为 $P(x,y)$,x 为约束出现,y 为自由出现,在整个公式中 x 至少有一次约束出现,y 至少有一次约束出现,又至少有一次自由出现,z 至少有一次自由出现,故 x,y 为约束变元,y,z 为自由变元。

(3) x,y 是指导变元,$\forall x$ 辖域为 $P(x) \wedge \exists x Q(x,z) \rightarrow \exists y R(x,y)$,$\exists x$ 的辖域为 $Q(x,z)$,$\exists y$ 的辖域为 $R(x,y)$,x 约束出现两次,自由出现一次,y 自由出现一次,约束出现一次,z 自由出现一次,故 x 和 y 既是约束变元,又是自由变元,z 是自由变元。

自由变元有时会在量词的辖域中出现,但它不受相应量词的指导变元约束,所以将自由变元看做谓词公式的变元,当谓词公式中没有自由变元时就是一个命题,若出现一个自由变元就是一元谓词,出现 n 个自由变元就是 n 元谓词。一般的 n 元谓词 $P(x_1, x_2, \cdots, x_n)$ 若有 k 个变元为约束变元时,就为一个 $n-k$ 元谓词。例如 $\exists x \forall y P(x,y,z)$ 是一元谓词,$\forall w Q(x,z,w)$ 是二元谓词。

由定义 2.8 和例 2.5 可知,在一个谓词合式公式中,变元既可以是约束出现,又可以是自由出现,因而该变元既是约束变元又是自由变元,这就会引起混淆,为了避免变元的约束与自由同时出现,采用下列规则。

换名规则:对约束变元进行换名,即将量词辖域中出现的该变元和指导变元更换为另一变元符号,公式的其余部分不变,更新的变元符号必须为辖域中未出现的。

代入规则:对自由变元用与原公式中所有变元符号不同的变元符号去代替,代替时必须在公式中该自由变元出现的每一处都进行代入。

经换名或代入后,公式的意义未改变。

例 2.6 例 2.5 中的(2)可通过换名:y 换为 u 得

$$\forall x \forall u(P(x,u) \vee Q(u,z)) \wedge \exists x P(x,y)$$ 或经过代入:u 代以 y 得

$$\forall x \forall y(P(x,y) \vee Q(y,z)) \wedge \exists x P(x,u)$$

(3) 经过换名:x 换为 u 得

$$\forall u(P(u) \wedge \exists u Q(u,z) \rightarrow \exists y R(u,y)) \vee Q(x,z)$$

经过代入:y 代以 x 得

$$\forall x(P(x) \wedge \exists x Q(x,z) \rightarrow \exists y R(x,y) \vee Q(u,z)$$

根据上述例子可知：换名规则和代入规则之间的共同点是不能改变原有的约束关系，而不同点是：

(1) 施行的对象不同：换名规则是对约束变元施行，代入规则是对自由变元施行。

(2) 施行的范围不同：换名规则可以只对公式中的一个量词及其辖域内施行，即只对公式的一个子公式施行；而代入规则必须对整个公式中同一个自由变元的所有自由出现同时施行，即必须对整个公式施行。

(3) 施行后的结果不同：换名后，公式含义不变，因为约束变元只改名为另一个个体变元，约束关系不变，约束变元不能改名为个体常量；代入后，不仅可以用另一个个体变元进行代入，并且也可用个体常量去代入，从而使公式由具有普遍意义变为仅对该个体常量有意义，即公式的含义改变了。

定义 2.9　谓词公式 A 的论域为 D，根据 D 和 A 中的常元符号，函数符号和谓词符号按下列规则做的一组指派称为 A 的一个解释(或赋值)。

(1) 每一常元符号指定 D 的一个元素。

(2) 每一函数(n 元)指定 D^n 到 D 的一个函数。

(3) 每一 n 元谓词指定 D^n 到 {真,假}的一个函数。

今后将谓词公式中的自由变元看做常元。

于是，若对公式 A 给定了一个解释 I，则 A 在 I 下可以计算其真值。但是需要注意：

$\forall x P(x)$ 的真值为 1 当且仅当对论域 D 的每个元素 x，$P(x)$ 都取值为 1；$\exists x P(x)$ 的真值为 0 当且仅当对 D 的每个元素 x，$P(x)$ 都取值为 0。

例 2.7　设谓词公式 $A = \forall y(P(y) \wedge Q(y,a))$，
$$B = \exists x(P(f(x)) \wedge Q(x,f(a)))(它们不含自由变元)$$
解释给定为：$D = \{2,3\}$，$a=2$，

$f(2)$	$f(3)$	$P(2)$	$P(3)$	$Q(2,2)$	$Q(2,3)$	$Q(3,2)$	$Q(3,3)$
3	2	0	1	1	1	1	1

则 $A = (P(2) \wedge Q(2,2)) \wedge (P(3) \wedge Q(3,2)) = (0 \wedge 1) \wedge (1 \wedge 1) = 0$，

$B = (P(f(2)) \wedge Q(2,f(2))) \vee (P(f(3)) \wedge Q(3,f(2)))$
$= (P(3) \wedge Q(2,3)) \vee (P(2) \wedge Q(3,3))$
$= (1 \wedge 1) \vee (0 \wedge 1) = 1$。

例 2.8　$A = \forall x \exists y P(x,y)$。此公式中不含函数符号和常量。现定义解释 I_1 如下：$D_1 = \{1,2\}$

$P(1,1)$	$P(1,2)$	$P(2,1)$	$P(2,2)$
1	0	1	0

因为对于 D_1 的所有元素 x 存在 y(即 $x=1$ 时 $y=1$；$x=2$ 时 $y=1$)使 $P(x,y)=1$，故 A 的真值为 1(注意：在 D_1 上可以得到 2^2 个解释)。定义解释 I_2 如下：$D_2 = \{1,2,3\}$

$P(1,1)$	$P(1,2)$	$P(1,3)$	$P(2,1)$	$P(2,2)$	$P(2,3)$	$P(3,1)$	$P(3,2)$	$P(3,3)$
1	0	1	0	0	1	0	1	0

虽然 $x=1$ 时有 $y=1$(或 $y=3$)使 $P(x,y)=1$；$x=2$ 有 $y=3$ 使 $P(x,y)=1$,但 $x=3$ 时没有 y 使 $P(x,y)$ 取值为 1；而 $x=1$ 时有 $y=2,x=2$ 时有 $y=1$(或 $y=2$),$x=3$ 时有 $y=1$(或 2 或 3)使 $P(x,y)=0$,故 A 在解释 I_2 下的真值为 0。

例 2.9 $A=\forall x(P(x)\rightarrow Q(f(x),a))$ 定义解释 I 如下：$D=\{1,2\}$

a	$f(1)$	$f(2)$	$P(1)$	$P(2)$	$Q(1,1)$	$Q(1,2)$	$Q(2,1)$	$Q(2,2)$
1	1	2	0	1	1	1	1	0

$x=1$ 时 $P(1)\rightarrow Q(f(1),1)$ 为 $0\rightarrow Q(1,1)$,故此时 $P(x)\rightarrow Q(f(x),a)$ 取值为 1；又 $x=2$ 时 $P(2)\rightarrow Q(f(2),1)$ 为 $1\rightarrow Q(2,1)$ 即 $1\rightarrow1$,故 $P(x)\rightarrow Q(f(x),a)$ 取值为 1。故 A 的真值在解释 I 下为 1。

2-2 习　题

1. 指出下列谓词合式公式的指导变元、量词的辖域、约束变元与自由变元。

(1) $\forall xP(x)\rightarrow P(y)$。

(2) $\forall xP(x)\wedge Q(x)\rightarrow\forall xP(x)\wedge Q(x)$。

(3) $(\forall xP(x)\wedge\exists yQ(y))\vee(\forall xR(x,y)\rightarrow Q(2))$。

(4) $\exists x\exists y(P(x,y)\wedge Q(2))$。

2. 设论域为 $\{0,1,2\}$,试消去下列公式中的量词。

(1) $\forall xA(x)\wedge\exists xB(x)$。

(2) $\forall x(A(x)\rightarrow B(x))$。

(3) $\forall x(\neg A(x))\vee\forall xA(x)$。

3. 对下列公式中的约束变元进行换名。

(1) $\forall x\exists y(P(x,z)\rightarrow Q(y))\leftrightarrow S(x,y)$；

(2) $\forall x(P(x)\rightarrow R(x)\vee Q(x))\wedge\exists xR(x)\rightarrow\exists zS(x,z)$。

4. 对下列公式中的自由变元进行代入。

(1) $\forall yP(x,y)\wedge\exists zQ(x,z)\vee\forall xR(x,y)$；

(2) $\exists yA(x,y)\rightarrow\forall xB(x,z)\wedge\exists x\forall zC(x,y,z)$。

5. 对第 3 题中公式的自由变元进行代入,对第 4 题中公式的约束变元进行换名。

6. 在指定的解释下,求各式的真值。

(1) $A=\forall x(P(x)\vee Q(x)),P(x)$：$x=1,Q(x)$：$x=2$ 论域为 $\{1,2\}$。

(2) $A=\exists x(P(x)\rightarrow Q(x)\wedge T,P(x)$：$x>2,Q(x)$：$x=0$ 论域为 $\{1\}$。

(3) $A=P(a,f(b))\wedge P(b,f(a))$,

　　$B=\forall x\exists yP(y,x)$,

　　$C=\exists y\forall xP(y,x)$,

　　$E=\forall x\forall y(P(x,y)\rightarrow P(f(x),f(y)))$,

a	b	$f(2)$	$f(3)$	$P(2,2)$	$P(2,3)$	$P(3,2)$	$P(3,3)$
3	2	3	2	0	0	1	1

论域为{2,3}。

7. 给定公式 $\exists xP(x) \to \forall xP(x)$：

(1) 当 D 为论域单元集时，证明公式在解释下的真值必为1。

(2) 当 $D = \{a,b\}$ 时，找出一个解释 I 使该公式真值为0。

8. 设论域 D 只含两个元素，在某个解释下，已知 $\exists x(P(x) \land Q(x))$，$\exists y(P(y) \land Q(y))$ 的真值为1，能否断言 $\exists z(P(z) \land Q(z))$ 真值为1？又能否断言 $\forall z(P(z) \land Q(z))$ 的真值为1？为什么？

2.3　谓词公式的等价与蕴涵

2.2节已给出了谓词公式解释的定义，而谓词公式经过解释后就成为命题，能够确定其真值为真还是假，因此，可以讨论谓词公式的等价与蕴涵。

定义 2.10　设谓词公式 A 和 B 有相同的论域 D，若对 A 和 B 的任一解释下所得命题的真值都相同，则称 A 和 B 在 D 上等价，记为 $A \overset{D}{\Leftrightarrow} B$。如果不产生混淆的话，也可记为 $A \Leftrightarrow B$。

定义 2.11　设谓词公式 A 的论域为 D。若在对 A 的任一解释下，A 的真值为真(1)，则 A 在 D 上是永真(有效)的；若论域 D 也是任意的，则称 A 为永真(重言)式。若在对 A 的任一解释下，A 的真值为假(0)，则称 A 在 D 上是永假的；若论域 D 也是任意的，则称 A 为不可满足公式(永假式)。

定义 2.12　设谓词公式 A 的论域为 D，若至少有一个解释使 A 取值1，则称 A 为可满足公式。

由此定义可知重言式是可满足公式。

又由定义 2.10 易知 $A \Leftrightarrow B$ 当且仅当 $A \leftrightarrow B$ 为重言式。

定义 2.13　设 D 为谓词公式 A 和 B 的论域，若在 A 和 B 的任一解释下，由 A 所得的命题真值为1时，由 B 所得命题的真值也是1，则称 A 蕴涵 B，记为 $A \overset{D}{\Rightarrow} B$。

故 $A \overset{D}{\Rightarrow} B$ 当且仅当在 D 上 $A \to B$ 为重言式。

由于谓词公式在解释下变为命题，而在前一章已经指明，在命题逻辑中，任一重言式里同一命题变元用一个合式公式替换后所得结果仍然是重言式，因此命题逻辑中的基本等价式和基本蕴涵式可以推广到谓词逻辑中使用。

例如 $\forall x(P(x) \to Q(x)) \Leftrightarrow \forall x(\neg P(x) \lor Q(x))$，

$\quad \neg(\forall xP(x) \lor \exists yR(x,y)) \Leftrightarrow \neg(\forall xP(x)) \land \neg(\exists yR(x,y))$，

$\quad \exists xA(x) \land \neg(\exists xA(x)) \Leftrightarrow F$，

$\quad \exists xA(x) \lor \neg(\exists xA(x)) \Leftrightarrow T$

但是，应该注意：含有量词的公式和不含量词的公式两者的否定是有区别的，也需要考察量词和其他逻辑联结词的关系。例如，设论域为人的集合。$P(x)$：x 来校上课，则 $\neg P(x)$：x 没有来上课。$\forall xP(x)$：所有的人来校上课，而 $\neg(\forall xP(x))$：不是所有的人来

校上课,其意思也是有人没有来校上课,符号化就是 $\exists x(\neg P(x))$;反之 $\exists x(\neg P(x))$:有人没有来校上课,其意思就是不是所有的人来校上课,符号化就是 $\neg(\forall xP(x))$,因此 $\neg(\forall xP(x))$ $\Leftrightarrow \exists x(\neg P(x))$。

定理 2.1 量词与否定联结词之间的关系为:

$\neg(\forall xP(x)) \Leftrightarrow \exists x(\neg P(x))$;

$\neg(\exists xP(x)) \Leftrightarrow \forall x(\neg P(x))$

证明 若解释 I 使 $\neg(\exists xP(x))$ 的取值为1;则 I 使 $\exists xP(x)$ 的取值为0,故对任意 $x \in D(D$ 为论域$)P(x) \Leftrightarrow F$,即对任意 $x \in D$,$\neg P(x) \Leftrightarrow T$,这表明 I 使 $\forall x(\neg P(x))$ 的取值为1。

又若解释 I 使 $\neg(\exists xP(x))$ 的取值为0,则 I 使 $\exists xP(x)$ 的取值为1,即有 $x_0 \in D$ 使 $P(x_0) = 1$,故有 $x_0 \in D$ 使 $\neg P(x_0) = 0$,即解释 I 使 $\forall x(\neg P(x))$ 的取值为0。

根据定义 2.10 $\neg(\exists xP(x)) \Leftrightarrow \forall x(\neg P(x))$。

同理可证另一式。

这个定理说明,当否定一个谓词公式时,可以把量词 $\forall$ 和 $\exists$(视为对偶的)互换,并把原来量词的辖域中公式换为其否定。

定理 2.2 量词辖域的扩张与收缩如下。

(1) $\forall x(P(x) \vee Q) \Leftrightarrow \forall xP(x) \vee Q$。

(2) $\forall x(P(x) \wedge Q) \Leftrightarrow \forall xP(x) \wedge Q$。

(3) $\exists x(P(x) \wedge Q) \Leftrightarrow \exists xP(x) \wedge Q$。

(4) $\exists x(P(x) \vee Q) \Leftrightarrow \exists xP(x) \vee Q$。

(5) $(Q \rightarrow \forall xP(x)) \Leftrightarrow \forall x(Q \rightarrow P(x))$。

(6) $(Q \rightarrow \exists xP(x)) \Leftrightarrow \exists x(Q \rightarrow P(x))$。

(7) $(\exists xP(x) \rightarrow Q) \Leftrightarrow \forall x(P(x) \rightarrow Q)$。

(8) $(\forall xP(x) \rightarrow Q) \Leftrightarrow \exists x(P(x) \rightarrow Q)$。

证明 (1) 设 I 是 $P(x)$ 和 Q 的一个解释。若 $\forall x(P(x) \vee Q)$ 在 I 下的取值为1,则在 I 下,对任意的 $x \in D$(论域),$P(x) \vee Q$ 的取值也为1。如果 Q 的取值为1,显然 $\forall xP(x) \vee Q$ 的取值也为1,如果 Q 的取值为0,则必有 $\forall xP(x)$ 的取值为1,即在 I 下 $\forall xP(x) \vee Q$ 的取值为1。

若 $\forall x(P(x) \vee Q)$ 在解释 I 下的取值为0,则在 I 下对任意的 $x \in D$ 有 $P(x) \vee Q$ 的取值为0。即 Q 的取值为0,且对任意 $x \in D$,$P(x)$ 的取值均为0,即 Q 的取值为0且 $\forall xP(x)$ 的取值也为0,故在 I 下 $\forall xP(x) \vee Q$ 的取值为0。

根据定义 2.10 得 $\forall x(P(x) \vee Q) \Leftrightarrow \forall xP(x) \vee Q$。

同理可证(2),(3),(4)。

现证明(5)。

$$Q \rightarrow \forall xP(x) \Leftrightarrow \neg Q \vee (\forall xP(x)) \Leftrightarrow \forall x(P(x) \vee \neg Q) \Leftrightarrow \forall x(Q \rightarrow P(x))$$

同理可证(6)。

再证明(7)。 $\exists xP(x) \rightarrow Q \Leftrightarrow \neg(\exists xP(x)) \vee Q \Leftrightarrow \forall x(\neg P(x)) \vee Q$

$$\Leftrightarrow \forall x(\neg P(x)) \vee Q \Leftrightarrow \forall x(P(x) \rightarrow Q)$$

同理可证(8)。

注意：定理 2.2 中的 Q 可以含有其他变元，只是不含量词中的相应指导变元。

定理 2.3 量词与逻辑联结词 $\vee$，$\wedge$ 有下列基本等价式。

(9) $\forall xP(x) \wedge \forall xQ(x) \Leftrightarrow \forall x(P(x) \wedge Q(x))$。

(10) $\exists xP(x) \vee \exists xQ(x) \Leftrightarrow \exists x(P(x) \vee Q(x))$。

证明 (9) 设 wff $\forall xP(x) \wedge \forall xQ(x)$ 与 $\forall x(P(x) \wedge Q(x))$ 的论域为 D，在指派 I 下：

① 若 $\forall xP(x) \wedge \forall xQ(x)$ 的真值为 1，则 $\forall xP(x)$ 和 $\forall xQ(x)$ 的真值同时为 1，即对任意 $x \in D$，$P(x)$ 与 $Q(x)$ 的真值同时为 1，i.e. 对任意 $x \in D$，$P(x) \wedge Q(x)$ 的真值为 1，i.e. $\forall x(P(x) \wedge Q(x))$ 的真值为 1。

② 若 $\forall xP(x) \wedge \forall xQ(x)$ 的真值为 0，则 $\forall xP(x)$ 与 $\forall xQ(x)$ 至少有一个为 0。

若 $\forall xP(x)$ 为 0，即 $\exists x_0 \in D$ 使得 $P(x_0)=0$，i.e. $\exists x_0 \in D$ 使得 $P(x_0) \wedge Q(x_0)=0$，i.e. $\forall x(P(x) \wedge Q(x))=0$；

若 $\forall xQ(x)$ 为 0，即 $\exists x_1 \in D$ 使得 $Q(x_1)=0$，i.e. $\exists x_1 \in D$ 使得 $P(x_1) \wedge Q(x_1)=0$，i.e. $\forall x(P(x) \wedge Q(x))=0$；

若 $\forall xP(x)$ 与 $\forall xQ(x)$ 同时为 0，即 $\exists x_2, x_3 \in D$ 使得 $P(x_2)$ 与 $Q(x_3)$ 的真值均为 0，i.e. $\exists x_2, x_3 \in D$ 使得 $P(x_2) \wedge Q(x_2)=0$（或 $P(x_3) \wedge Q(x_3)=0$）。所以，$\forall x(P(x) \wedge Q(x))$ 的真值为 0。

由①，②知在指派 I 下 $\forall xP(x) \wedge \forall xQ(x)$ 与 $\forall x(P(x) \wedge Q(x))$ 的真值相同，根据等价的定义就有 $\forall xP(x) \wedge \forall xQ(x) \Leftrightarrow \forall x(P(x) \wedge Q(x))$。

(11) 设 wff $\exists xP(x) \vee \exists xQ(x)$ 与 $\exists x(P(x) \vee Q(x))$ 的论域为 D，在指派 I 下：

① 若 $\exists xP(x) \vee \exists xQ(x)$ 的真值为 1，则 $\exists xP(x)$ 与 $\exists xQ(x)$ 至少有一个真值为 1。

若 $\exists xP(x)$ 的真值为 1，则 $\exists x_0 \in D$ 使得 $P(x_0)=1$，i.e. $\exists x_0 \in D$ 使得 $P(x_0) \vee Q(x_0)=1$，所以 $\exists x(P(x) \vee Q(x))$ 的真值为 1；

若 $\exists xQ(x)$ 的真值为 1，则 $\exists x_1 \in D$ 使得 $Q(x_1)=1$，i.e. $\exists x_1 \in D$ 使得 $P(x_1) \vee Q(x_1)=1$，所以 $\exists x(P(x) \vee Q(x))$ 的真值为 1；

若 $\exists xP(x)$ 与 $\exists xQ(x)$ 的真值同时为 1，则 $\exists x_2, x_3 \in D$ 使得 $P(x_2)=1$ 且 $Q(x_3)=1$，i.e. $\exists x_2 \in D$ 使得 $P(x_2) \vee Q(x_2)=1$（或 $P(x_3) \vee Q(x_3)=1$），所以 $\exists x(P(x) \vee Q(x))$ 的真值为 1；

所以在指派 I 下，当 $\exists xP(x) \vee \exists xQ(x)$ 为真时 $\exists x(P(x) \vee Q(x))$ 也为真。

② 若 $\exists xP(x) \vee \exists xQ(x)$ 的真值为 0，则 $\exists xP(x)$ 与 $\exists xQ(x)$ 的真值都为 0，即 $\forall x \in D$，$P(x) \vee Q(x)$ 的真值为 0，所以 $\exists x(P(x) \vee Q(x))$ 的真值为 0。

由①、②知在指派 I 下，wff $\exists xP(x) \vee \exists xQ(x)$ 与 $\exists x(P(x) \vee Q(x))$ 的真值相同，根据等价的定义即得 $\exists xP(x) \vee \exists xQ(x) \Leftrightarrow \exists x(P(x) \vee Q(x))$。

定理 2.4 量词与逻辑联结词 $\rightarrow$ 有下列基本等价式。

(12) $\exists x(P(x) \rightarrow Q(x)) \Leftrightarrow \forall xP(x) \rightarrow \exists xQ(x)$。

证明 $\exists x(P(x) \rightarrow Q(x)) \Leftrightarrow \exists x(\neg P(x) \vee Q(x)) \Leftrightarrow \exists x(\neg P(x)) \vee \exists xQ(x)$
$\Leftrightarrow \neg(\forall xP(x)) \vee \exists xQ(x) \Leftrightarrow \forall xP(x) \rightarrow \exists xQ(x)$。

定理 2.5 量词与逻辑联结词有下列基本蕴涵式。

(13) $\forall xP(x) \vee \forall xQ(x) \Rightarrow \forall x(P(x) \vee Q(x))$。

(14) $\exists x(P(x) \wedge Q(x)) \Rightarrow \exists xP(x) \wedge \exists xQ(x)$。

(15) $\forall x(P(x)\to Q(x))\Rightarrow\forall xP(x)\to\forall xQ(x)$。

(16) $\exists x(P(x)\to\forall xQ(x)\Rightarrow\forall x(P(x)\to Q(x))$。

(17) $\forall x(P(x)\leftrightarrow Q(x))\Rightarrow\forall xP(x)\leftrightarrow\forall xQ(x)$。

证明　(13) 设在解释 I 之下 $\forall xP(x)\vee\forall xQ(x)$ 的真值为 1,则对任意的 $x\in D$(论域),$P(x)$ 的真值为 1 或对任意的 $x\in D$,$Q(x)$ 的真值为 1,即对任意 $x\in D$,$P(x)\vee Q(x)$ 的真值为 1,故在 I 下 $\forall x(P(x)\vee Q(x))$ 的真值为 1,由定义 2.13 即得证(13)。

(18) 若对任意谓词公式,(13)都成立,则对谓词公式 $\neg P(x)$ 和 $\neg Q(x)$,(15)也成立,即:

$$\forall x(\neg P(x))\vee\forall x(\neg Q(x))\Rightarrow\forall x(\neg P(x)\vee\neg Q(x))$$

左边：
$$\forall x(\neg P(x))\vee\forall x(\neg Q(x))\Leftrightarrow\neg(\exists xP(x))\vee\neg(\exists xQ(x))$$
$$\Leftrightarrow\neg(\exists xP(x)\wedge\exists xQ(x))$$

右边：
$$\forall x(\neg P(x)\vee\neg Q(x))\Leftrightarrow\neg(\exists x(P(x)\wedge Q(x))),$$

故
$$\neg(\exists xP(x)\wedge\exists xQ(x))\Rightarrow\neg(\exists x(P(x)\wedge Q(x)))$$

因此由原命题和逆否命题同时为真可得

$$\exists x(P(x)\wedge Q(x))\Rightarrow\exists xP(x)\wedge\exists xQ(x)$$

(19) 若在解释 I 下 $\forall x(P(x)\to Q(x))$ 为真,即对任意 $x\in D$(D 为论域),$P(x)\to Q(x)$ 为真,i.e. $\forall x\in D$,$P(x)$ 为真时 $Q(x)$ 也为真,即在 I 下 $\forall xP(x)\to\forall xQ(x)$ 为真,由定义即得

$$\forall x(P(x)\to Q(x))\Rightarrow\forall xP(x)\to\forall xQ(x)$$

(20)
$$\exists x(P(x)\to\forall xQ(x)\Leftrightarrow\neg(\exists xP(x))\vee\forall xQ(x)$$
$$\Leftrightarrow\forall x(\neg P(x))\vee\forall xQ(x)\Rightarrow\forall x(\neg P(x)\vee Q(x))\Leftrightarrow\forall x(P(x)\to Q(x))$$

(21)
$$\forall x(P(x)\leftrightarrow Q(x))\Leftrightarrow\forall x((P(x)\to Q(x))\wedge(Q(x)\to P(x)))$$
$$\Leftrightarrow\forall x(P(x)\to Q(x))\wedge\forall x(Q(x)\to P(x))$$
$$\Rightarrow(\forall xP(x)\to\forall xQ(x))\wedge(\forall xQ(x)\to\forall xP(x))$$
$$\Leftrightarrow\forall xP(x)\leftrightarrow\forall xQ(x)$$

即
$$\forall x(P(x)\leftrightarrow Q(x))\Rightarrow\forall xP(x)\leftrightarrow\forall xQ(x)$$

前面只考虑了一个量词合式公式的等价与蕴涵。对于有多个量词的公式,情况要复杂得多,已知量词在公式的次序不能随意排列,有些时候交换量词顺序还是等价的,但在多数情形下是不等价的。为了说明问题,这里只举两个量词的情况,量词更多时,可使用类似的方法讨论。

两个量词的公式有下列 8 种情况。

$\forall x\forall yA(x,y)$,　　　　　　$\forall y\forall xA(x,y)$,

$\forall x\exists yA(x,y)$,　　　　　　$\exists y\forall xA(x,y)$,

$\exists x\forall yA(x,y)$,　　　　　　$\forall y\exists xA(x,y)$,

$\exists x\exists yA(x,y)$,　　　　　　$\exists y\exists xA(x,y)$。

它们之间的等价与蕴涵关系如下面的定理所示。

定理 2.6

(1) $\forall x\forall yA(x,y)\Leftrightarrow\forall y\forall xA(x,y)$。

(2) $\exists x\exists yA(x,y)\Leftrightarrow\exists y\exists xA(x,y)$。

(3) $\forall x\forall yA(x,y)\Rightarrow\exists y\forall xA(x,y)$。

(4) $\forall y \forall x A(x,y) \Rightarrow \exists x \forall y A(x,y)$。

(5) $\exists y \forall x A(x,y) \Rightarrow \forall x \exists y A(x,y)$。

(6) $\exists x \forall y A(x,y) \Rightarrow \forall y \exists x A(x,y)$。

(7) $\forall x \exists y A(x,y) \Rightarrow \exists y \exists x A(x,y)$。

(8) $\forall y \exists x A(x,y) \Rightarrow \exists x \exists y A(x,y)$。

(9) $\forall x \forall y A(x,y) \Rightarrow \exists y \forall x A(x,y)$。

证明 用定义 2.10 类似于定理 2.1 可以证明(1)和(2)。(3)~(9)可以用定义 2.13 证明。这里给出另一种证法。例如对于(3)可以做如下证明。

$$\forall x \forall y A(x,y) \rightarrow \exists y \forall x A(x,y)$$
$$\Leftrightarrow \neg(\forall x \forall y A(x,y)) \vee \exists y \forall x A(x,y)$$
$$\Leftrightarrow \exists x \exists y(\neg A(x,y)) \vee \exists y \forall x A(x,y)$$
$$\Leftrightarrow \exists y \exists x(\neg A(x,y)) \vee \exists y \forall x A(x,y) \qquad (定理\ 2.6(2))$$
$$\Leftrightarrow \exists y(\exists x \neg A(x,y) \vee \forall x A(x,y)) \qquad (定理\ 2.3(10))$$
$$\Leftrightarrow \exists y(\neg(\forall x A(x,y)) \vee \forall x A(x,y)) \qquad (定理\ 2.1)$$
$$\Leftrightarrow \exists y(T)$$
$$\Leftrightarrow T$$

故 $\forall x \forall y A(x,y) \Rightarrow \exists y \forall x A(x,y)$

为了记忆上述等价式与蕴涵式,如图 2.1 所示。

注意:一阶谓词逻辑的重言式和不可满足公式是考虑了对所有的解释分别使该公式真值为 1 和 0,解释有依赖于论域 D。D 可能为无限集,故"所有的解释"实际上是无法具体实现的,因而一阶谓词逻辑公式的重言或不可满足的判断问题是非常困难的。直到 1936 年丘奇(Church)和图灵(Turing)才各自独立地证明了:一阶谓词逻辑的永真(永假)性的判定问题是不可解的。但是后来证明了只要公式是永真的,就有算法在有限步之内验证出该公式是永真的。

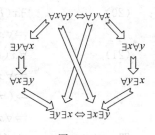

图 2.1

这里一再强调的"一阶"谓词逻辑只限于讨论客体变元的量词。如果还考虑谓词变元的量词,如 $\forall A(\forall x A(x))$,那么,由这样的公式组成的系统就是高阶谓词逻辑了,有关高阶谓词逻辑的研究可参阅数理逻辑的专著。

2-3 习   题

1. 判断下列推证是否正确。

$$\forall x(P(x) \rightarrow Q(x)) \Leftrightarrow \forall x(\neg P(x) \vee Q(x))$$
$$\Leftrightarrow \neg \exists x(P(x) \wedge \neg Q(x)) \Leftrightarrow \neg(\exists x P(x) \wedge \exists x \neg Q(x))$$
$$\Leftrightarrow \neg(\exists x P(x)) \vee \forall x Q(x) \Leftrightarrow \exists x P(x) \rightarrow \forall x Q(x)$$

2. 证明下列各式。

(1) $\forall x \forall y(P(x) \rightarrow Q(y)) \Leftrightarrow \exists x P(x) \rightarrow \forall y Q(y)$。

(2) $\exists x \exists y(P(x) \rightarrow Q(y)) \Leftrightarrow \forall x P(x) \rightarrow \exists y Q(y)$。

(3) $\exists x \exists y(P(x) \wedge Q(y)) \Rightarrow \exists x Q(x)$。

(4) $\neg(\exists y \forall x P(x,y)) \Leftrightarrow \forall y \exists x (\neg P(x,y))$。

3. 举例说明下列各蕴涵式。

(1) $\neg(\exists x A(x) \wedge B(a)) \Rightarrow \exists x A(x) \rightarrow \neg B(a)$。

(2) $\forall x(\neg A(x) \rightarrow Q(x)) \wedge \forall x(\neg Q(x)) \Rightarrow A(x)$。

(3) $\forall x(A(x) \vee B(x)) \wedge \forall x(\neg A(x)) \Rightarrow \exists x B(x)$。

(4) $\forall x(A(x) \vee B(x)) \wedge \forall x A(x) \Rightarrow \exists x(\neg B(x))$。

4. 下列各式是否成立,说明理由。

(1) $P(x) \wedge \forall x Q(x) \Rightarrow \exists x(P(x) \wedge Q(x))$。

(2) $\exists x P(x) \rightarrow \forall x Q(x) \Rightarrow \forall x(P(x) \wedge Q(x))$。

(3) $\forall x(P(x) \rightarrow Q(x)) \Rightarrow \exists x P(x) \rightarrow \forall x Q(x)$。

2.4 谓词逻辑的推理理论

在 2.3 节中已证明了谓词逻辑中的一些基本等价式和基本蕴涵式,有些公式是命题逻辑中有关公式的推广,因此,命题逻辑里的 P,T 推理规则等在谓词中也可以同样地使用。但是谓词合式公式中由于有了量词,等价和蕴涵的情况就不完全与命题逻辑相同了,故需要对量词的一些特性再做进一步的讨论,以便解决谓词逻辑的推理问题。

定义 2.14 设 x 是谓词合式公式 A 的一个客体变元,若以 y 代替 x 后不产生变元的新的约束出现,则称 $A(x)$ 关于 y 是自由的。

定理 2.7 设 x 是谓词合式公式 A 的一个客体变元,A 的论域为 D,$A(x)$ 关于 y 是自由的,则

$$\forall x A(x) \Rightarrow A(y) \tag{2.1}$$

证明 设解释 I 使 $\forall x A(x)$ 的取值为 1,则在 I 下对任意的 $x \in D$,$A(x)$ 的取值也为 1,而 $A(x)$ 关于 y 是自由的,故在 I 下对任意的 $y \in D$,$A(y)$ 的取值为 1,因此式(2.1)成立。特别地

$$\forall x A(x) \Rightarrow A(x) \tag{2.2}$$

式(2.1)和式(2.2)称为全称特定化(全称量词消去)规则,记为 US。

定理 2.8 设 x 是谓词合式公式 A 的一个客体变元,A 的论域为 D,$A(x)$ 关于 y 是自由的,则

$$\exists x A(x) \Rightarrow A(y) \tag{2.3}$$

其中,y 为 D 的某些元素。

证明 设解释 I 使 $\exists x A(x)$ 的取值为 1,如果 $A(y)$ 的取值为 0,y 是 D 的某些元素,则对任意的 $y \in D$ 有 $A(y)$ 的取值为 0(否则对任意的 $y \in D$ 有 $A(y)$ 的取值为 1,于是对 D 的某些元素 y 有 $A(y)$ 的取值为 1 了),于是 $\exists x A(x)$ 的取值为 0 了,这与假设矛盾,故必有 $A(y)$ 的取值为 1,其中 y 是 D 的某些元素,因此式(2.3)成立。

式(2.3)称为存在特定化(存在量词消去)规则,记为 ES。

定理 2.9 设 x 是谓词合式公式 A 的一个客体变元,A 的论域为 D,$A(x)$ 关于 y 是自由的,则

$$A(y) \Rightarrow \exists x A(x) \tag{2.4}$$

证明 设解释 I 使 $A(y)$ 的取值为 1，如果 $\exists x A(x)$ 的取值为 0，则对任意的 $x \in D$，在 I 下 $A(x)$ 的取值为 0（否则，若对任意的 $x \in D$，$A(x)$ 的取值为 1，则 $\exists x A(x)$ 的取值为 1 了），故 $y \in D$ 时在 I 下 $A(y)$ 的取值为 0，这与假设矛盾，故 $\exists x A(x)$ 的取值为 1，因而式 (2.4) 成立。

式 (2.4) 称为存在推广（存在量词引入）规则，记为 EG。

定理 2.10 设 x 是谓词合式公式 A 和 B 的客体变元，A 和 B 的论域为 D，且 x 非 B 的自由变元，则

$$B \to A(x) \Rightarrow B \to \forall x A(x) \tag{2.5}$$

证明 设解释 I 使 $B \to A(x)$ 的取值为 1，则在 I 下对任意的 $x \in D$，$B \to A(x)$ 的取值为 1，又已知 x 不是 B 的自由变元，据定理 2.2 的 (5) 式知

$$\forall x (B \to A(x)) \Leftrightarrow B \to \forall x A(x)$$

因此 $B \to \forall x A(x)$ 的取值为 1，故式 (2.5) 成立。

特别地，重言式 T 不以 x 为自由变元，故

$$T \to A(x) \Rightarrow T \to \forall x A(x)$$

即

$$\neg T \lor A(x) \Rightarrow \neg T \lor \forall x A(x)$$

即

$$F \lor A(x) \Rightarrow F \lor \forall x A(x)$$

即

$$A(x) \Rightarrow \forall x A(x) \tag{2.6}$$

式 (2.6) 称为全称推广（全称量词引入）规则，记为 UG。

US，ES 实质上是在 $A(x)$ 关于 y 自由的条件下用蕴涵式去掉量词，UG，EG 是在 $A(x)$ 关于 y 自由或 x 非 B 的自由变元的假定条件下用蕴涵式加上量词，这样的推理规则使谓词逻辑的推理简化和精确化。

得到这些规则后，在谓词逻辑的推理中就可以使用 P，T，US，ES，UG，EG 和 CP 规则了。

但是使用 US，ES，UG，EG 规则时必须注意到应满足的条件；在使用 CP 规则时，如果所要证明的结论其前件含自由变元，则对该前件绝对不能使用 UG 规则，因为定理 2.10 要求使用 UG 规则时，变元不能为自由变元。

关于谓词合式公式集 S 演绎出（或逻辑蕴涵）一个谓词合式公式的定义与命题逻辑中的定义是相同的，这里就不再给出定义了。

下面给出几个推理证明的实际例子。

例 2.10 证明：人都是要死的，苏格拉底是人，所以苏格拉底是要死的。

证明 引入谓词如下。

$M(x)$：x 是人，$\text{mortal}(x)$：x 是要死的，a：苏格拉底。于是著名的三段论符号化（翻译）如下。

$$\forall x (M(x) \to \text{mortal}(x)) \land M(a) \Rightarrow \text{mortal}(a)$$

现证明上面的蕴涵式：

(1) $\forall x (M(x) \to \text{mortal}(x))$ P

(2) $M(a) \to \text{mortal}(a)$ US(1)

(3) $M(a)$ P

(4) mortal(a)　　　　　　　　　　　T(2),(3)I

例 2.11　下面的证明正确吗？为什么？

(1) $\exists y \forall x A(x,y)$　　　　　　　　P

(2) $\forall x A(x,b)$　　　　　　　　　ES(1)

(3) $\forall x(\exists y A(x,y))$　　　　　　EG(2)

(4) $\forall x \exists y A(x,y)$

故 $\exists y \forall x A(x,y) \Rightarrow \forall x \exists y A(x,y)$。

解　这样的推论是不正确的,因为错误在于(2)⇒(3),其中 $A(x,b)$ 关于 b 不是自由的,违反定理 2.9 的条件而引用 EG 规则是不允许的。

例 2.12　证明下列蕴涵式

$$\forall x(P(x) \vee Q(x)) \Rightarrow \forall x P(x) \vee \exists x Q(x)$$

证明　当然可以使用蕴涵式的定义来加以证明,但往往比较麻烦,故利用推理规则来进行演绎。

(1) $\neg(\forall x P(x) \vee \exists x Q(x))$　　　　P(附加前提)

(2) $\neg(\forall x P(x)) \wedge \neg(\exists x Q(x))$　　　T(1)E

(3) $\neg(\forall x P(x))$　　　　　　　　T(2)I

(4) $\exists x(\neg P(x))$　　　　　　　　T(3)E

(5) $\neg(\exists x Q(x))$　　　　　　　　T(2)I

(6) $\forall x(\neg Q(x))$　　　　　　　　T(5)E

(7) $\neg P(a)$　　　　　　　　　　　ES(4)

(8) $\neg Q(a)$　　　　　　　　　　　US(6)

(9) $\neg P(a) \wedge \neg Q(a)$　　　　　　T(7)(8)I

(10) $\neg(P(a) \vee Q(a))$　　　　　　T(9)E

(11) $\forall x(P(x) \vee Q(x))$　　　　　P

(12) $P(a) \vee Q(a)$　　　　　　　　US(1)

(13) F　　　　　　　　　　　　　T(10)(12)E

(14) $\forall x P(x) \vee \exists x Q(x)$　　　　定理 2.10

这个题目如果使用 CP 规则证明可以更简单一些,现证明如下。首先将原来的问题改为 $\forall x(P(x) \vee Q(x)) \Rightarrow \neg(\forall x P(x)) \rightarrow \exists x Q(x)$。

证明　(1) $\neg(\forall x P(x))$　　　　　　P(附加前提)

　　　　(2) $\exists x(\neg P(x))$　　　　　　T(1)E

　　　　(3) $\neg P(a)$　　　　　　　　ES(2)

　　　　(4) $\forall x(P(x) \vee Q(x))$　　　P

　　　　(5) $P(a) \vee Q(a)$　　　　　　ES(4)

　　　　(6) $Q(a)$　　　　　　　　　T(3),(5)I

　　　　(7) $\exists x Q(x)$　　　　　　　EG(6)

　　　　(8) $\neg(\forall x P(x)) \rightarrow \exists x Q(x)$　　CP

例 2.13　每一个出席会议的代表都是经理且是女性。有一些代表是有代表性的人。

所以,有一些具有代表性的女性代表。

解 命题符号化,个体域取全总个体域。$F(x)$:x 是参加会议的代表;$G(x)$:x 是经理;$H(x)$:x 是女性;$R(x)$:x 是有代表性的人。

前提:$\forall x(F(x) \rightarrow G(x) \wedge H(x))$,$\exists x(F(x) \wedge R(x))$

结论:$\exists x(F(x) \wedge R(x) \wedge H(x))$

证明(1) $\exists x(F(x) \wedge R(x))$ P

    (2) $F(c) \wedge R(c)$ T(1)ES

    (3) $\forall x(F(x) \rightarrow G(x) \wedge H(x))$ P

    (4) $F(c) \rightarrow G(c) \wedge H(c)$ T(3)US

    (5) $F(c)$ T(2)E

    (6) $G(c) \wedge H(c)$ T(4)(5)E

    (7) $H(c)$ T(6)E

    (8) $F(c) \wedge R(c) \wedge H(c)$ T(2)(7)E

    (9) $\exists x(F(x) \wedge R(x) \wedge H(x))$ T(9)EG

需要指出的是,在这个证明过程中,作为前提的既有含有存在量词的公式,又含有任意量词的公式,在应用规则消去量词的时候,即应用 ES、US 的时候,应该先应用 ES,即先引入含有存在量词的公式,否则会出错。

例 2.14 任何人违反了交通规则都要处以罚款,如果没有罚款,就没有违反交通规则。

解 论域为人、规则、钱的集合,$C(x)$:x 是交通规则,$P(z)$:z 是罚款,$A(x,y)$:x 违反了 y,$B(y,z)$:对 y 处以 z。则问题符号化为:$\forall x(\exists y(A(x,y) \wedge C(y)) \rightarrow \exists z(P(z) \wedge B(x,z)))$ $\Rightarrow \neg(\exists z P(z)) \rightarrow \forall x \forall y(A(x,y) \rightarrow \neg C(y))$ 由于结论为条件式,故用 CP 规则推理。

    (1) $\neg(\exists z P(z))$ P(附加前提)

    (2) $\forall z(\neg P(z))$ T(1)E

    (3) $\neg P(a)$ US(2)

    (4) $\forall x(\exists y(A(x,y) \wedge C(y)) \rightarrow \exists z(P(z) \wedge B(x,z)))$ P

    (5) $\exists y(A(b,y) \wedge C(y)) \rightarrow \exists z(P(z) \wedge B(b,z))$ US(4)

    (6) $\neg(\exists y(A(b,y) \wedge C(y))) \vee \exists z(P(z) \wedge B(b,z))$ T(5)E

    (7) $\neg P(a) \vee \neg B(b,a)$ T(3)I

    (8) $\neg(P(a) \wedge B(b,a))$ T(7)E

    (9) $\neg(\exists z(P(z) \wedge B(b,z)))$ EG(8)

    (10) $\neg(\exists y(A(b,y) \wedge C(y)))$ T(6)(9)I

    (11) $\forall y(\neg A(b,y) \vee \neg C(y))$ T(10)E

    (12) $\forall y(A(b,y) \rightarrow \neg C(y))$ T(11)E

    (13) $\forall x \forall y(A(x,y) \rightarrow \neg C(y))$ UG(12)

注意:对于多个量词的公式使用 US,ES,UG,EG 时,特定化的变元一定要和约束变元完全区别开来,同时 ES 规则指定的元素和 US 指定的元素也应注意表示其间的关系,如果 ES 指定在前 US 指定在后,可采用同一符号,反之,如果 US 指定在前,ES 指定在后时,ES 指定的元素符号必须与 US 指定的有区别。

2-4 习 题

1. 指明下列推理步骤是否正确。

(1) ① $\forall x P(x) \to Q(x)$,   P
     ② $P(x) \to Q(x)$;   US(1)

(2) ① $\forall x P(x) \to Q(x)$,   P
     ② $P(y) \to Q(x)$;   US(1)

(3) ① $\forall x(P(x) \lor Q(x))$,   P
     ② $P(a) \lor Q(b)$;   US(1)

(4) ① $\forall x(P(x)) \lor \exists x(Q(x) \land R(x))$, P
     ② $P(a) \lor \exists x(Q(x) \land R(x))$;   US(1)

(5) ① $P(x) \to Q(x)$;   P
     ② $\exists x P(x) \to Q(x)$;   EG(1)

(6) ① $P(a) \to Q(b)$,   P
     ② $\exists x(P(x) \to Q(x))$;   EG(1)

(7) ① $P(a) \land \exists x(P(a) \land Q(x))$,   P
     ② $\exists x(P(x) \land \exists x(P(x) \land Q(x)))$; EG(1)

(8) ① $\forall x(P(x) \to Q(x))$,   P
     ② $P(y) \to Q(y)$,   US(1)
     ③ $\exists x P(x)$,   P
     ④ $P(y)$,   ES(3)
     ⑤ $Q(y)$,   T(2)(4)I
     ⑥ $\exists x Q(x)$;   EG(5)

(9) ① $\forall x \exists y P(x,y)$,   P
     ② $\exists y P(z,y)$,   US(1)
     ③ $P(z,w)$,   ES(2)
     ④ $\forall x P(x,w)$,   UG(3)
     ⑤ $\exists y \forall x P(x,y)$。   EG(4)

2. 证明下列各式。

(1) $\exists x(P(x) \to Q(x)) \Rightarrow \forall x P(x) \to \forall x Q(x)$。

(2) $\forall x P(x) \to \forall x Q(x) \Rightarrow \forall x(P(x) \to Q(x))$。

(3) $\forall x(P(x) \to Q(x)), \forall x(R(x) \to \neg Q(x)) \Rightarrow \forall x(R(x) \to \neg P(x))$。

(4) $\forall x(P(x) \to (Q(y) \land R(x))), \exists x(P(x)) \Rightarrow Q(y) \land \exists x(P(x) \land R(x))$。

(5) $\forall x(P(x) \to Q(x)) \Rightarrow \forall x(\exists y(P(x) \land R(x,y)) \to \exists y(Q(y) \land R(x,y)))$。

(6) $\exists x(P(x)) \to \forall x(P(x) \lor Q(x) \to R(x))$,
     $\exists x(P(x)), \exists x Q(x) \Rightarrow \exists x \exists y(R(x,y) \land R(y))$。

3. 结论 C 能从下面所给前提推演出来吗?

(1) $\exists x(P(x)\wedge Q(x))$, 　　　　　　　C：$\forall xP(x)$；

(2) $\forall x(P(x)\rightarrow Q(x))$,$\exists y\,P(y)$, 　　　C：$\exists zQ(z)$；

(3) $\exists xP(x)$,$\exists xQ(x)$, 　　　　　　C：$\exists x(P(x)\wedge Q(x))$；

(4) $\forall x(P(x)\rightarrow Q(x))$,$\neg Q(a)$, 　　　C：$\forall x(\neg P(x))$。

4. 符号化下列语句,推证其结论。

(1) 每个学术会议的成员是专家,有些成员是年轻人,所以有的成员是年轻专家。

(2) 任何鸵鸟都不会飞,所有的雌鸵鸟是鸵鸟,故雌鸵鸟都不会飞。

(3) 每个大学生不是文科生就是理工科生,有些大学生是优秀生,小丁不是理工科生,但是他是优秀生,则当小丁是大学生时,小丁是文科生。

(4) 有些人喜欢所有的花,但是人们不喜欢杂草,那么花不是杂草。

(5) 每个喜欢步行的人不喜欢坐汽车。每个人或者喜欢坐汽车或者喜欢骑自行车。有的人不喜欢骑自行车,因而有的人不喜步行。

2.5　前束范式

在命题逻辑中,为了讨论命题公式的等价性、永真性或永假性,常常将公式等价变换为主合取范式或主析取范式,谓词逻辑中也希望有规范形式以便研究等价性、永真性或永假性,特别是有了量词,复杂性将大大增加,因而规范形式的研究就更加必要了。和命题一样可以讨论谓词的句节等概念。

一个原子谓词公式或原子谓词公式的前面加上符号“¬”称为句节,句节的析取式称为子句。例如 $P(x,y)$,$\neg Q(z,w)$,$\neg R(x)$,$S(x,f(x))$ 都是句节,$\neg P(x,y)\vee\neg Q(z,w)$,$\neg R(x)\vee S(a,f(x))$ 等都是子句。

定义 2.15　谓词公式 A 具有下列形状

$$Q_1x_1Q_2x_2\cdots Q_nx_nG \tag{2.7}$$

其中,Q_ix_i 表示 $\forall x_i$ 或 $\exists x_i$($i=1,2,\cdots,n$),公式 G 是不含量词的谓词公式,则称(2.7)为 A 的前束范式。

例 2.15　$\forall x\,\forall yP(x,y,z)$ 和 $\forall x\,\forall y\,\exists z(P(x,y)\rightarrow Q(x,z))$ 是前束范式。

定义 2.16　如果在公式 A 的前束范式(2.7)中 G 是合(析)取范式,则称式(2.7)为前束合(析)取范式。

定理 2.11　任何一个谓词公式都有一个与它等价的前束范式。

用下列算法可以通过等价变换求得一个谓词公式的等价前束范式。

第一步：用 $A\leftrightarrow B\Leftrightarrow(A\rightarrow B)\wedge(B\rightarrow A)$,$A\rightarrow B\Leftrightarrow\neg A\vee B$ 替换公式中的联结词“↔”和“→”(如果需要的话)。

第二步：用德·摩根律或本章2.3节的定理2.1将联结词“¬”置于原子面前。

第三步：如果需要的话,将约束变元进行换名。

第四步：用定理2.1～定理2.3将所有的量词放在公式的左边,即得等价的前束范式。

例 2.16　将

(1) $\forall x P(x) \rightarrow \exists x Q(x)$；

(2) $\forall x\,\forall y(\exists z(P(x,z)\wedge(P(y,z))\rightarrow\exists uQ(x,y,u))$；

(3) $\forall x(\forall yP(x)\vee\forall zQ(z,y)\rightarrow\neg(\forall yR(x,y)))$；

(4) $\neg(\forall x(\exists yP(x,y)\rightarrow\exists x\,\forall y(Q(x,y)\wedge\forall y(P(y,x)\rightarrow Q(x,y)))))$

化为前束范式。

解　(1) $\forall x P(x) \rightarrow \exists x Q(x) \Leftrightarrow \neg(\forall x P(x))\vee\exists xQ(x)$

$\Leftrightarrow\exists x(\neg P(x))\vee\exists xQ(x)\Leftrightarrow\exists x(\neg P(x)\vee Q(x))$。

(2) $\forall x\,\forall y(\exists z(P(x,z)\wedge(P(y,z))\rightarrow\exists uQ(x,y,u))$

$\Leftrightarrow\forall x\,\forall y(\neg(\exists z(P(x,z)\wedge P(y,z)))\vee\exists uQ(x,y,u))$

$\Leftrightarrow\forall x\,\forall y(\forall z(\neg P(x,z)\vee P(y,z))\vee\exists uQ(x,y,u))$

$\Leftrightarrow\forall x\,\forall y\,\forall z\,\exists u(\neg P(y,z)\vee\neg P(y,z)\vee Q(x,y,u))$。

(3) $\forall x(\forall yP(x)\vee\forall zQ(z,y)\rightarrow\neg(\forall yR(x,y)))$

$\Leftrightarrow\forall x(P(x)\vee\forall zQ(z,y)\rightarrow\neg(\forall yR(x,y))$　　（去掉多余的$\forall y$）

$\Leftrightarrow\forall x(\neg P(x)\vee\forall zQ(z,y))\vee\exists y(\neg R(x,y))$

$\Leftrightarrow\forall x((\neg P(x)\wedge\exists z(\neg Q(z,y)))\vee\exists y(\neg R(x,y))$

$\Leftrightarrow\forall x(\exists z(\neg P(x)\wedge\neg Q(z,y)))\vee\exists u(\neg R(x,u))$（换名,扩张辖域）

$\Leftrightarrow\forall x\,\exists z\,\exists u((\neg P(x)\wedge\neg Q(z,y))\vee\neg R(x,u))$

$\Leftrightarrow\forall x\,\exists z\,\exists u((\neg P(x)\vee\neg R(x,y))\wedge(\neg Q(z,y)\vee\neg R(x,u)))$。

(4) $\neg(\forall x(\exists yP(x,y)\rightarrow\exists x\,\forall y(Q(x,y)\wedge\forall y(P(y,x)\rightarrow Q(x,y)))))$

$\Leftrightarrow\neg(\forall x(\neg\exists y(P(x,y)\vee\exists x\,\forall y(Q(x,y)\wedge\forall y(\neg P(y,x)\vee Q(x,y)))))$

$\Leftrightarrow\exists x(\exists y(P(x,y)\wedge\forall x\,\exists y(\neg Q(x,y)\vee\exists y(P(y,x)\wedge\neg Q(x,y))))$

$\Leftrightarrow\exists x(\exists y(P(x,y)\wedge\forall x\,\exists y(\neg Q(x,y)\vee\exists u(P(u,x)\wedge\neg Q(x,u))))$　　　　(2.8)

$\Leftrightarrow\exists x(\exists y(P(x,y)\wedge\forall v\,\exists w(\neg Q(v,w)\vee\exists u(P(u,v)\wedge\neg Q(v,u))))$　　　　(2.9)

$\Leftrightarrow\exists x\,\exists y\,\forall v\,\exists w\,\exists u(P(x,y)\wedge(\neg Q(v,w)\vee(P(u,v)\wedge\neg Q(v,u))))$

$\Leftrightarrow\exists x\,\exists y\,\forall v\,\exists w\,\exists u(P(x,y)\wedge(\neg Q(v,w)\vee P(u,v))\wedge(\neg Q(v,w)\vee\neg Q(v,u)))$。

注意：(4)最后已化为等价的前束合取范式。式(2.8)和式(2.9)处是先将最内层括号里的约束变元换名为u,再将次内层括号里的约束变元换名为v,w。

从这个例子可以看出,一个谓词合式公式等价为一个前束合取范式时,可能出现许多量词,有的是全称量词,有的是存在量词,量词次序又是必须重视不能随意变动的因而使谓词合式公式的讨论相当麻烦,为了便于讨论,有一种不含存在量词的前束合取范式,称为斯柯伦范式,机器定理证明中的消解(或称归结)原理就建立在这种范式上。

2-5　习　　题

将下列公式化为等价的前束范式。

(1) $\neg(\forall xP(x)\rightarrow\exists yP(y))$。

(2) $\neg(\forall xP(x)\rightarrow\exists y\,\forall zQ(y,z))$。

(3) $\forall x\,\forall y(\exists zP(x,y,z)\wedge(\exists u\,Q(x,u)\rightarrow\exists vQ(y,v)))$。

(4) $\forall x(\neg E(x,0) \to (\exists y(E(y,g(x)) \wedge \forall z(E(z,g(x)) \to E(y,z)))))$。

一阶谓词逻辑小结

　　掌握谓词公式与命题公式间的关系，应特别注意变元的特性、量词、谓词公式的蕴涵与等价，以便正确、迅速地将谓词公式化为前束范式；还应真正了解谓词公式的推理规则，善于将语句符号化，并正确推理，为以后学习或应用打下良好的基础。

第2篇

集合与关系

集合论是现代各科数学的基础。它的起源可以追溯到 16 世纪末期，为了追寻微积分的坚实基础，开始时，人们仅进行了有关数集的研究。1876—1883 年德国数学家康托儿（George Cantor, 1845—1918）的一系列有关集合论的文章，对任意元素的集合进行了深入的探讨，提出了关于基数、序数、超穷数和良序集等理论，奠定了集合论深厚的基础，19 世纪 90 年代后逐渐为数学家们所采用，成为分析数学、代数和几何的有力工具。

随着集合论的发展以及对它与数学哲学密切联系所做的讨论，在 1900 年前后出现了各种悖论，使集合的发展一度陷入僵滞的局面。1904—1908 年，策墨罗（Zermelo）列出了第一个集合论的公理系统，它的公理使数学哲学中产生的一些矛盾基本上得到了统一，在此基础上以后就逐渐形成了公理化集合论和抽象集合论。到了 20 世纪 60 年代，科恩（P. L. Cohen）用强制方法得到了关于连续统与选择公理的独立成果之后涌现了大量的研究成果。同时期，美国数学家扎德（L. A. Zadeh）提出了模糊（Fuzzy）集理论，而 20 世纪 80 年代波兰数学家帕拉克（Z. Pawlak）提出了粗糙集（Rough）理论，这两种理论区别于以注的古典集合论，是一种新的集合理论，并受到学术界的重视。

现在，集合论已经成为了内容充实、实用广泛的一门学科，在近代数学中占据了重要的地位，它的观点已渗透到古典分析、泛函、概率、函数论、信息论、排队论等现代数学的各个分支中，正在影响着整个数学科学。集合论在计算机科学中也具有十分广泛的应用，计算机科学领域中的大多数基本概念和理论几乎均采用集合论的有关术语来描述和论证，成为计算机科学工作者不可缺少的理论基础知识。集合论在形式语言、自动机、人工智能、数据库、语言学等领域都有着重要的应用。

本篇介绍集合论的基础知识，主要内容包括集合及其运算、性质、序偶、关系、映射、函数、基数等。

第3章 集合及其运算

3.1 集合的概念及其表示

1. 集合的概念

集合是不能精确定义的基本数学概念。一般地说,把具有某种共同性质的许多事物汇集成一个整体,就形成了一个集合。构成这个集合的每一个事物称为这个集合的一个成员(或一个元素),构成集合的这些成员可以是具体的东西,也可以是抽象的东西。例如:计算机专业开设的课程、图书馆的藏书、全国的高等学校、自然数的全体、程序设计语言 C 的基本字符的全体等均分别构成一个集合。通常用大写的英文字母表示集合的名称,用小写的英文字母表示元素。若元素 a 属于集合 A 记作 $a \in A$,读做"a 属于 A"。否则,若 a 不属于 A,就记为 $a \notin A$,读做"a 不属于 A"。一个集合,若其组成集合的元素个数是有限的,则称做"有限集",否则就称做"无限集"。

集合的表示方法通常有两种:一种是枚举法又称穷举法,它是将集合中的元素全部列出来,元素之间用逗号","隔开,并用花括号"{ }"在两边括起来,表示这些元素构成一个整体。

例 3.1 $A = \{a, b, c, d\}$;自然数集 $N = \{0, 1, 2, 3, \cdots\}$;
$D = \{$桌子,台灯,钢笔,计算机,扫描仪,打印机,绘图仪$\}$;$E = \{a, a^2, a^3, \cdots\}$。

集合的另一种表示方法叫做谓词法又叫描述法,它是利用一项规则,指出属于一个集合的元素共同具有的属性,以便决定某一事物是否属于该集合的方法。设 x 为某类对象的一般表示,$P(x)$ 为关于 x 的一个命题,用 $\{x \mid P(x)\}$ 表示"使 $P(x)$ 成立的对象 x 所组成的集合",其中竖线"$|$"前写的是对象的一般表示,右边写出的是对象应满足(具有)的属性。

例 3.2 全体正奇数集合表示为 $S_1 = \{x \mid x$ 是正奇数$\}$,所有偶自然数集合可表示为 $E = \{m \mid 2 \mid m$ 且 $m \in N\}$ 其中 $2 \mid m$ 表示 2 能整除 m。

$[0, 1]$ 上的所有连续函数集合表示为 $C_{[0,1]} = \{f(x) \mid f(x)$ 在 $[0, 1]$ 上连续$\}$。

集合的元素也可以是集合。例如 $S = \{a, \{1, 2\}, p, \{q\}\}$,如图 3.1 所示。

但必须注意:$q \in \{q\}$,而 $q \notin S$,同理 $1 \in \{1, 2\}$,$\{1, 2\} \in S$,而 $1 \notin S$。

两个集合相等是按下述原理定义的。外延性原理:两个集合相等,当且仅当两个集合有相同的元素。两个集合 A, B 相等,记

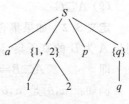

图　3.1

作 $A=B$，两个集合不相等，记作 $A\neq B$。

集合中元素的顺序并不十分重要。例如，$\{1,2,4\}=\{1,4,2\}=\{4,2,1\}$，即集合中的元素是无次序的。集合中的元素也是彼此不相同的，凡是相同的元素，均可认为是同一个元素，并可将相同的元素合并成一个元素。例如，$\{1,2,4\}=\{1,2,2,4\}$。集合的表示不是唯一的。例如，$\{x\mid x^2-3x+2=0\}$、$\{x\mid x\in Z\wedge 1\leqslant x\leqslant 2\}$ 和 $\{1,2\}$ 均表示同一集合。

再例如：A＝{BASIC,PASCAL,C++,VB}＝{ PASCAL,VB,BASIC,C++}，

$$\{\{1,2\},4\}\neq\{1,2,4\}, \quad \{1,3,5,\cdots\}=\{x\mid x\ \text{是正奇数}\}。$$

集合中的元素可以是任何事物（如例 3.1）。不含任何元素的集合称为空集，记为 $\varnothing$。例如，方程 $x^2+1=0$ 的实根的集合是空集。

2. 集合与集合间的关系

定义 3.1　设 A,B 是任意两个集合，如果 A 中的每一个元素都是 B 的元素，则称 A 是 B 的子集，或 A 包含于 B 内，或 B 包含 A。记作 $A\subseteq B$，或 $B\supseteq A$。

即　　　　　　　　$$A\subseteq B\Leftrightarrow\forall x(x\in A\rightarrow x\in B)$$

可等价地表示为 $A\subseteq B\Leftrightarrow\forall x(x\notin B\rightarrow x\notin A)$。

例 3.3　设 **N** 为自然数集合，**Q** 为一切有理数组成的集合，**R** 为全体实数集合，**C** 为全体复数集合，则 $\mathbf{N}\subseteq\mathbf{Q}\subseteq\mathbf{R}\subseteq\mathbf{C}$

$$\{1\}\subseteq\mathbf{N}, \quad \{1,1.2,9.9\}\subseteq\mathbf{Q}, \quad \{\sqrt{2},\pi\}\subseteq\mathbf{R}$$

如果 A 不是 B 的子集，则记为 $A\not\subseteq B$（读做 A 不包含在 B 内），显然

$$A\not\subseteq B\Leftrightarrow\exists x((x\in A)\wedge(x\notin B))$$

集合间的包含关系"$\subseteq$"具有下述性质。

(1) 自反性：$A\subseteq A$。

(2) 传递性：$(A\subseteq B)\wedge(B\subseteq C)\Rightarrow(A\subseteq C)$。

证明　采用逻辑演绎的方法证明。

(1) $A\subseteq B$　　　　　　　　　　　　P

(2) $\forall x((x\in A)\rightarrow(x\in B))$　　　　T(1)E

(3) $(a\in A)\rightarrow(a\in B)$　　　　　　US(2)

(4) $B\subseteq C$　　　　　　　　　　　　P

(5) $\forall x((x\in B)\rightarrow(x\in C))$　　　　T(4)E

(6) $(a\in B)\rightarrow(a\in C)$　　　　　　US(5)

(7) $(a\in A)\rightarrow(a\in C)$　　　　　　T(3)(6)I

(8) $\forall x((x\in A)\rightarrow(x\in C))$　　　　UG(8)

(9) $A\subseteq C$　　　　　　　　　　　　T(8)E

定义 3.2　如果集合 A 的每一元素都属于集合 B，而集合 B 中至少有一元素不属于 A，则称 A 为 B 的真子集，记作 $A\subset B$。

即　　　　　　$$A\subset B\Leftrightarrow\forall x((x\in A)\rightarrow(x\in B))\wedge\exists x((x\in B)\wedge(x\notin A))$$

例如：$\{a,b\}$ 是 $\{a,b,c\}$ 的真子集；**N** 是 **Z** 的真子集，**Z** 是 **Q** 的真子集，**Q** 是 **R** 的真子集；**R** 是 **C** 的真子集。

注意符号"$\in$"和"$\subseteq$"在概念上的区别，"$\in$"表示元素与集合间的"属于"关系，"$\subseteq$"表示

集合间的"包含"关系。

定理 3.1 集合 $A=B$ 的充分必要条件是 $A \subseteq B$ 且 $B \subseteq A$(外延性原则)。

证明 必要性,即证 $A=B \Rightarrow (A \subseteq B) \wedge (B \subseteq A)$。

$$A=B \Rightarrow (\forall x((x \in A) \to (x \in B))) \wedge (\forall x((x \in B) \to (x \in A)))$$
$$\Leftrightarrow (A \subseteq B) \wedge (B \subseteq A)$$

充分性,即证 $(A \subseteq B) \wedge (B \subseteq A) \Rightarrow A=B$。

$$A \neq B \Rightarrow \exists x((x \in A) \wedge (x \notin B)) \Leftrightarrow A \not\subseteq B \quad \text{所以}(A \not\subseteq B) \wedge (A \subseteq B) \Leftrightarrow F$$

或 $\quad A \neq B \Rightarrow \exists x((x \in B) \wedge (x \notin A)) \Leftrightarrow B \not\subseteq A \quad \text{所以}(B \not\subseteq A) \wedge (B \subseteq A) \Leftrightarrow F \quad \#$

定理 3.2 对于任一集合 A,$\varnothing \subseteq A$,且空集是唯一的。

证明 假设 $\varnothing \subseteq A$ 为假,则至少存在一个元素 x,使 $x \in \varnothing$ 且 $x \notin A$,因为空集 $\varnothing$ 不包含任何元素,所以这是不可能的。

设 $\varnothing'$ 与 $\varnothing$ 都是空集,由上述可知,$\varnothing' \subseteq \varnothing$ 且 $\varnothing \subseteq \varnothing'$,根据定理 3.1 知 $\varnothing'=\varnothing$,所以,空集是唯一的。

注意:$\varnothing \neq \{\varnothing\}$,$\varnothing = \{x \mid P(x) \wedge \neg P(x) \quad P(x)$ 是任一谓词$\}$。

例 3.4 设 $A=\{2,3\}$,B 为方程 $x^2-5x+6=0$ 的根组成的集合,则 $A=B$。

定理 3.1 指出了一个重要原则:要证明两个集合相等,只要证明每一个集合中的任意一个元素均是另一集合的元素。这种证明是靠逻辑推理理论,而不是靠直观。证明两个集合相等是应该掌握的内容。

定义 3.3 在一定范围内,如果所有集合均为某一集合的子集,则称该集合为全集,记作 E。对于任一 $x \in A$,因 $A \subseteq E$,所以 $x \in E$

也即 $\qquad\qquad\qquad \forall x(x \in E) \quad$ 恒为真

故 $\qquad\qquad\qquad E=\{x \mid P(x) \vee \neg P(x)\}$,$P(x)$ 为任一谓词

注意:全集的概念相当于论域,只包含与讨论有关的所有对象,并不一定包含一切对象与事物。例如:在初等数论中,全体整数组成了全集;方程 $x^2+1=0$ 的解集合在全集为实数集时为空集,而全集为复数集时解集合就不再是空集了,此时解集合为 $\{i,-i\}$,$i^2=-1$。

3. 幂集

定义 3.4 给定集合 A,由集合 A 的所有子集为元素组成的集合称为集合 A 的幂集。记为 $\mathcal{P}(A)$(或记为 2^A)。即 $\mathcal{P}(A)=\{X \mid X \subseteq A\}$。

例 3.5 $A=\{0,1,2\}$,则 $\mathcal{P}(A)=\{\varnothing,\{0\},\{1\},\{2\},\{0,1\},\{0,2\},\{1,2\},\{0,1,2\}\}$;

$\qquad \mathcal{P}(\varnothing)=\{\varnothing\}$;$\mathcal{P}(\{a\})=\{\varnothing,\{a\}\}$;$\mathcal{P}(\{\varnothing\})=\{\varnothing,\{\varnothing\}\}$。

定理 3.3 设 $A=\{a_1,a_2,\cdots,a_n\}$,则 $|\mathcal{P}(A)|=2^n$。

其中:$|\mathcal{P}(A)|$ 表示集合 $\mathcal{P}(A)$ 中元素的个数。

证明 集合 A 的 $m(m=0,1,2,\cdots,n)$ 个元素组成的子集个数为从 n 个元素中取 m 个元素的组合数,即 C_n^m,故 $\mathcal{P}(A)$ 的元素个数为

$$|\mathcal{P}(A)|=C_n^0+C_n^1+\cdots+C_n^n=\sum_{m=0}^{n} C_n^m = 2^n$$

4. 集合的数码表示

在中学学习集合时,特别强调了集合中元素的无序性,但是,为了用计算机表示集合及

其幂集,需要对集合中的元素规定次序,即给集合中的元素附上排列指标,以指明一个元素关于集合中其他元素的位置。如 $A_2=\{计算机,打印机\}$ 是两个元素的集合,令"计算机"为集合 A_2 的第一个元素,"打印机"为集合 A_2 的第二个元素。改记为 $A_2=\{x_1,x_2\}$,则 $\mathcal{P}(A_2)$ 的 4 个元素可记为,$\varnothing=S_{00}$,$\{x_1\}=S_{10}$,$\{x_2\}=S_{01}$,$\{x_1,x_2\}=S_{11}$,其中 S 的下标从左到右分别记为第一位、第二位,它们的取值是 1 还是 0 由第一个和第二个元素是否在该子集中出现来决定,如果第 i 个元素出现在该子集中,那么 S 下标的第 i 位取值为 1,否则取值为 $0(i=0,1)$。即令 $J=\{00,01,10,11\}=\{i|i$ 是二位二进制数,$00\leqslant i\leqslant 11\}$,则 $\mathcal{P}(A_2)=\{S_i|i\in J\}$。类似地,三个元素集合 $A_3=\{x_1,x_2,x_3\}$ 的幂集 $\mathcal{P}(A_3)=\{S_i|i\in J,J=\{i|i$ 二进制数,$000\leqslant i\leqslant 111\}\}$,因此,$S_{010}=\{x_2\}$,$S_{101}=\{x_1,x_3\}$。上述幂集中的元素表示法实际上是一种编码,可以推广到 n 个元素的集合 A_n 的幂集上,$\mathcal{P}(A_n)$ 的 2^n 个元素可以表示为

$$S_i,i\in J=\{i\mid i \text{ 是二进制数},\overbrace{0\,0\cdots 0}^{n}\leqslant i\leqslant \overbrace{1\,1\cdots 1}^{n}\}$$

如果 $A_6=\{x_1,x_2,x_3,x_4,x_5,x_6\}$,$\mathcal{P}(A_6)$ 的 2^6 个元素记为 $S_0,S_1,\cdots,S_{2^6-1}$,此时 S 的下标是十进制整数,如何求出 S_7,S_{12} 是由 A_6 的哪些元素组成的子集呢?将下标转换为二进制的整数,不足 6 位的在左边补入需要个数的零,使之成为 6 位的二进制整数,由排列的 6 位二进制整数推断出含有哪些元素。凡第 i 位为 0,表示 x_i 不在此子集中,凡第 i 位为 1 表示 x_i 在此子集中,故 $B_7=B_{111}=B_{000111}=\{x_4,x_5,x_6\}$,$B_{12}=B_{001100}=\{x_3,x_4\}$。这种方法可以推广到一般情况,即将十进制整数转换为二进制整数,在左边补入需要个数的零使之成为 n 位的二进制数,若第 i 位为 0,表示 x_i 不在此子集中,若第 i 位为 1 表示 x_i 在此子集中。

子集的这种编码法,不仅给出了一个子集含哪些元素的判别方法,还可以用计算机表示集合、储存集合以供使用。

3-1 习　　题

1. 集合 $A=\{1,\{2\},3,4\}$,$B=\{a,b,\{c\}\}$,判定下列各题的正误。

(1) $\{1\}\in A$;　　(2) $\{c\}\in B$;　　(3) $\{1,\{2\},4\}\subseteq A$;　　(4) $\{a,b,c\}\subseteq B$;

(5) $\{2\}\subseteq A$;　　(6) $\{c\}\subseteq B$;　　(7) $\varnothing\subset A$;　　(8) $\varnothing\subseteq\{\{2\}\}\subseteq A$;

(9) $\{\varnothing\}\subseteq B$;　　(10) $\varnothing\in\{\{2\},3\}$。

2. 确定下列集合的幂集。

(1) $A=\{a,\{b\}\}$;　(2) $B=\{1,\{2,3\}\}$;

(3) $C=\{\varnothing,a,\{b\}\}$　(4) $D=\mathcal{P}(\varnothing)=\{\varnothing\}$。

3.2　集合的基本运算

集合的运算,就是以集合为对象,按照确定的规则得到另外一些新集合的过程。给定集合 A,B,可以通过集合的并($\bigcup$)、交($\bigcap$)、相对补($-$)、绝对补($^-$)和对称差($\oplus$)等运算产生新的集合。

1. 集合并($\bigcup$)运算

定义 3.5　设 A,B 为任意两个集合,所有属于集合 A 或属于集合 B 的元素组成的集

合,称为集合 A 和 B 的并集。记作 $A \cup B$

$$A \cup B = \{x \mid (x \in A) \lor (x \in B)\}$$

并集的文氏(英国数学家 Johan Wenn(1834—1883))图(图 3.2)。

例 3.6　设 $A = \{1,2,3,4\}, B = \{2,4,5,6\}$ 则 $A \cup B = \{1,2,3,4,5,6\}$。

由集合并运算的定义知,并运算具有如下性质。

定理 3.4　设 A, B, C 为任意三个集合,则

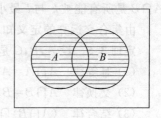

图　3.2

(1) 幂等律　$A \cup A = A$。

(2) 交换律　$A \cup B = B \cup A$。

(3) 结合律　$(A \cup B) \cup C = A \cup (B \cup C)$。

(4) 同一律　$A \cup \varnothing = A$。

(5) 零律　$A \cup E = E$。

(6) $A \subseteq A \cup B, B \subseteq A \cup B$。

(7) $A \cup B = B \Leftrightarrow A \subseteq B$。

证明　性质(1),(2),(4),(5),(6)由定义 3.5 立即可以得到。

(3)的证明:

$$
\begin{aligned}
(A \cup B) \cup C &= \{x \mid x \in (A \cup B) \cup C\} \\
&= \{x \mid (x \in A \cup B) \lor (x \in B)\} \\
&= \{x \mid ((x \in A) \lor (x \in B)) \lor (x \in B)\} \\
&= \{x \mid (x \in A) \lor ((x \in B) \lor (x \in C))\} \\
&= \{x \mid (x \in A) \lor (x \in B \cup C)\} \\
&= \{x \mid x \in A \cup (B \cup C)\} = A \cup (B \cup C)
\end{aligned}
$$

(7)的证明:必要性证明　$\forall x(x \in A) \Rightarrow \forall x(x \in A \cup B) \overset{A \cup B = B}{\Longleftrightarrow} \forall x(x \in B)$ 所以 $A \subseteq B$。

充分性证明　由(6)知 $B \subseteq A \cup B$,现证明 $A \cup B \subseteq B$

$$\forall x(x \in A \cup B) \overset{A \subseteq B}{\Longleftrightarrow} \forall x(x \in B)$$

所以有 $A \cup B = B$。

例 3.7　设 $A \subseteq B, C \subseteq D$,则 $A \cup C \subseteq B \cup D$。

证明　$A \cup C = \{x \mid x \in A \cup C\} = \{x \mid (x \in A) \lor (x \in C)\} \overset{A \subseteq B, C \subseteq D}{\Rightarrow} \{x \mid (x \in B) \lor (x \in D)\}$

$$= \{x \mid x \in B \cup D\} = B \cup D$$

即 $A \cup C \subseteq B \cup D$ 成立。

因为集合的并运算满足结合律,对 n 个集合 $A_1, A_2, \cdots, A_n$ 的并集 $A_1 \cup A_2 \cup \cdots \cup A_n$ 定义为至少属于 $A_1, A_2, \cdots, A_n$ 之一的那些元素构成的集合。$A_1 \cup A_2 \cup \cdots \cup A_n$ 通常缩写成 $\bigcup_{i=1}^{n} A_i$。

$$A_1 \cup A_2 \cup \cdots \cup A_n \cup \cdots = \bigcup_{n=1}^{\infty} A_n = \{x \mid \exists n \in \mathbf{N}, x \in A_n\}$$ 其中 $\mathbf{N}$ 是自然数集合。

一般地,$\bigcup_{k \in I} A_k = \{x \mid \exists k \in I, x \in A_k\}$。

2. 集合的交(∩)运算

定义 3.6　设任意两个集合 A 和 B,由集合 A 和 B 的共同元素组成的集合,称为集合

A 和 B 的交集,记作 $A\cap B$。$A\cap B=\{x\mid(x\in A)\wedge(x\in B)\}$(图 3.3)。

例 3.8 设 $A=\{a,b,c,d,e\}$,$B=\{a,c,e,f\}$ 则 $A\cap B=\{a,c,e\}$。

例 3.9 设 $A=\{X\text{ 高等学校的本科学生}\}$,$B=\{X\text{ 高等学校计算机专业的学生}\}$,则
$$A\cap B=\{X\text{ 高等学校计算机专业的本科学生}\}$$

例 3.10 设 A 是所有能被 k 整除的整数集合,B 是所有能被 l 整除的整数集合,则 $A\cap B$ 是所有能被 k 与 l 最小公倍数整除的整数集合。

由集合交运算的定义知,集合交运算具有如下性质。

定理 3.5 设 A,B,C 是任意三个集合,则

(1) 幂等律　$A\cap A=A$;

(2) 交换律　$A\cap B=B\cap A$;

(3) 结合律　$(A\cap B)\cap C=A\cap(B\cap C)$;

(4) 零律　$\varnothing\cap A=\varnothing$;

(5) 同一律　$E\cap A=A$;

(6) $A\cap B\subseteq A,A\cap B\subseteq B$;

(7) $A\cap B=A\Leftrightarrow A\subseteq B$。

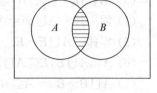

图 3.3

证明 根据定义 3.6,性质(1),(2),(4),(5),(6)立即可以得到。

性质(3)的证明:

$$
\begin{aligned}
(A\cap B)\cap C&=\{x\mid x\in(A\cap B)\cap C\}=\{x\mid(x\in A\cap B)\wedge(x\in C)\}\\
&=\{x\mid((x\in A)\wedge(x\in B))\wedge(x\in C)\}\\
&=\{x\mid(x\in A)\wedge((x\in B)\wedge(x\in C))\}\\
&=\{x\mid(x\in A)\wedge(x\in B\cap C)\}\\
&=\{x\mid x\in A\cap(B\cap C)\}=A\cap(B\cap C)
\end{aligned}
$$

性质(7)的证明:

必要性的证明: $\forall x(x\in A)\overset{A\cap B=A}{\Longleftrightarrow}\forall x(x\in A\cap B)\Rightarrow\forall x(x\in B)$ 即得 $A\cap B=A\Rightarrow$ $A\subseteq B$。

充分性的证明:由性质(6)知 $A\cap B\subseteq A$,现证 $A\subseteq A\cap B$。

下面采用逻辑演绎推理法。

(1) $\forall x(x\in A)$ 　　　　　　　　　P(附加前提)

(2) $a\in A$ 　　　　　　　　　　　　US(1)

(3) $A\subseteq B$ 　　　　　　　　　　　P

(4) $\forall x((x\in A)\to(x\in B))$ 　　　　T(3)E

(5) $(a\in A)\to(a\in B)$ 　　　　　　US(4)

(6) $a\in B$ 　　　　　　　　　　　　T(2,5)I

(7) $(a\in A)\wedge(a\in B)$ 　　　　　　T(2,6)I

(8) $\forall x((x\in A)\wedge(x\in B))$ 　　　UG(7)

(9) $\forall x(x\in A\cap B)$ 　　　　　　　T(8)E

(10) $A\subseteq A\cap B$ 　　　　　　　　CP

若集合 A,B 没有共同的元素,则可记为 $A\cap B=\varnothing$,这时称 A,B 不相交。

由于集合的交运算具有结合律,同样可以定义 n 个集合 $A_1,A_2,\cdots,A_n$ 的交集,也可以定义集序列 $A_1,A_2,\cdots,A_n,\cdots$ 的交集,分别记为

$$A_1 \bigcap A_2 \bigcap \cdots \bigcap A_n = \bigcap_{i=1}^{n} A_i = \{x \mid i \in \{1,2,\cdots,n\}, x \in A_i\}$$

$$A_1 \bigcap A_2 \bigcap \cdots \bigcap A_n \bigcap \cdots = \bigcap_{n=1}^{\infty} A_n = \{x \mid n \in \{1,2,\cdots,n,\cdots\}, x \in A_n\}$$

一般地,集合族 $\{A_k\}_{k \in I}$ 中各集的交记成 $\bigcap_{k \in I} A_k$ 其定义为

$$\bigcap_{k \in I} A_k = \{x \mid \forall l \in I, x \in A_l\}$$

若序列 $A_1,A_2,\cdots,A_n,\cdots$ 中的任意两集合 $A_i,A_j(i \neq j)$ 不相交,则称 $A_1,A_2,\cdots,A_n,\cdots$ 是两两不相交的集序列。

3. 交运算与并运算之间的联系

定理 3.6 (分配律) 设 A,B,C 为任意三个集合,则

(1) $A \bigcap (B \bigcup C) = (A \bigcap B) \bigcup (A \bigcap C)$。

(2) $A \bigcup (B \bigcap C) = (A \bigcup B) \bigcap (A \bigcup C)$。

证明 (1) $A \bigcap (B \bigcup C) = \{x \mid x \in A \bigcap (B \bigcup C)\} = \{x \mid (x \in A) \wedge (x \in B \bigcup C)\}$
$$= \{x \mid (x \in A) \wedge ((x \in B) \vee (x \in C))\}$$
$$= \{x \mid ((x \in A) \wedge (x \in B)) \vee ((x \in A) \wedge (x \in C))\}$$
$$= \{x \mid (x \in A \bigcap B) \vee (x \in A \bigcap C)\}$$
$$= \{x \mid x \in (A \bigcap B) \bigcup (A \bigcap C)\} = (A \bigcap B) \bigcup (A \bigcap C)$$

当然可以仿照(1)的证明方法证明(2)的成立,现在采用(1)来证明(2),注意到 $A \subseteq A \bigcup B, A \bigcap C \subseteq A$,由(1)可得

$$(A \bigcup B) \bigcap (A \bigcup C) = ((A \bigcup B) \bigcap A) \bigcup ((A \bigcup B) \bigcap C)$$
$$= A \bigcup (A \bigcap C) \bigcup (B \bigcap C) = A \bigcup (B \bigcap C)$$

同理可以利用(2)证得(1)成立(读者自行完成),于是(1)成立 $\Leftrightarrow$ (2)的成立。

定理 3.7 (吸收律) 设 A,B 为任意两个集合,则

(1) $A \bigcup (A \bigcap B) = A$。

(2) $A \bigcap (A \bigcup B) = A$。

证明 由分配律可得

(1) $A \bigcup (A \bigcap B) = (A \bigcap E) \bigcup (A \bigcap B) = A \bigcap (E \bigcup B) = A \bigcap E = A$。

(2) $A \bigcap (A \bigcup B) = (A \bigcup \varnothing) \bigcap (A \bigcup B) = A \bigcup (\varnothing \bigcap B) = A \bigcup \varnothing = A$。

4. 集合的补运算

定义 3.7 设 A,B 为任意两个集合,由属于 A 而不属于 B 的一切元素构成的集合,称为 A 与 B 的差运算(又称 B 对于 A 的补运算,或相对补),记为 $A-B,A-B$ 称为 A 与 B 的差集(或 B 对于 A 的补集)(图 3.4(a))。

$$A-B = \{x \mid (x \in A) \wedge (x \notin B)\} = \{x \mid (x \in A) \wedge \neg(x \in B)\}$$

若 $A=E$,对任意集合 B 关于 E 的补集 $E-B$,称为集合 B 的绝对补,记作 $\bar{B}$(或 $-B$)(图 3.4(b))。

$$\overline{B} = E - B = \{x \mid (x \in E) \land (x \notin B)\}$$

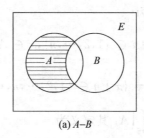
(a) $A-B$

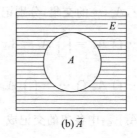
(b) $\overline{A}$

图 3.4

例 3.11 设 $A = \{1,2,3,4,5\}, B = \{1,2,4,7,9\}$，则 $A - B = \{3,5\}$。

例 3.12 设 $E = \{X$ 高校计算机专业学生$\}, A = \{X$ 高校计算机专业本科学生$\}$，则 $\overline{A} = \{X$ 高校计算机专业研究生$\}$。

由集合补运算的定义知，补(差)集合有如下性质。

定理 3.8 设 A, B, C 为任意三个集合，则

(1) 对合律 $\overline{\overline{A}} = A$。

(2) $\overline{E} = \varnothing$。

(3) $\overline{\varnothing} = E$。

(4) 排中律 $A \cup \overline{A} = E$。

(5) 矛盾律 $A \cap \overline{A} = \varnothing$。

(6) (德·摩根定理)：

① $\overline{A \cup B} = \overline{A} \cap \overline{B}$；② $\overline{A \cap B} = \overline{A} \cup \overline{B}$。

(7) ① $A - B = A \cap \overline{B}$；② $A - B = A - (A \cap B)$。

(8) $A \cap (B - C) = (A \cap B) - (A \cap C)$。

(9) 若 $A \subseteq B$，当且仅当 ① $\overline{B} \subseteq \overline{A}$；② $(B - A) \cup A = B$。

证明 由补运算的定义立即可得性质(1)~(5)。

(6)的证明：

① $\overline{A \cup B} = \{x \mid x \in \overline{A \cup B}\} = \{x \mid x \notin A \cup B\} = \{x \mid (x \notin A) \land (x \notin B)\}$
$\qquad = \{x \mid (x \in \overline{A}) \land (x \in \overline{B})\} = \{x \mid x \in \overline{A} \cap \overline{B}\} = \overline{A} \cap \overline{B}$

②的证法与①类似，请读者自行证明。

(7)的证明：

① $A - B = \{x \mid (x \in A) \land (x \notin B)\} = \{x \mid (x \in A) \land (x \in \overline{B})\} = \{x \mid x \in A \cap \overline{B}\} = A \cap \overline{B}$；

② $A - (A \cap B) = A \cap \overline{A \cap B} = A \cap (\overline{A} \cup \overline{B}) = (A \cap \overline{A}) \cup (A \cap \overline{B}) = A \cap \overline{B} = A - B$。

(8)的证明：

$(A \cap B) - (A \cap C) = (A \cap B) \cap \overline{(A \cap C)} = (A \cap B) \cap (\overline{A} \cup \overline{C})$
$\qquad = (A \cap B \cap \overline{A}) \cup (A \cap B \cap \overline{C}) = A \cap B \cap \overline{C} = A \cap (B - C)$。

(9)的证明：

证明①

必要性 $\forall x(x \in \overline{B}) \Rightarrow \forall x(x \notin B) \overset{A \subseteq B}{\Longrightarrow} \forall x(x \notin A) \Rightarrow \forall x(x \in \overline{A})$ 即 $\overline{B} \subseteq \overline{A}$；

充分性 $\forall x(x\in A)\Rightarrow \forall x(x\notin \overline{A})\overset{\overline{B}\subseteq \overline{A}}{\Rightarrow}\forall x(x\notin \overline{B})\Rightarrow \forall x(x\in B)$ 即 $A\subseteq B$。

证明②

必要性 $(B-A)\cup A=(B\cap \overline{A})\cup A=(B\cup A)\cap (\overline{A}\cup A)=B\cup A\overset{A\subseteq B}{=}B$；

充分性 $A\subseteq A\cup (B-A)=(B-A)\cup A=B$。 #

5. 集合的对称差运算

定义 3.8 设 A,B 为任意两集合，由"属于 A 而不属于 B"或"属于 B 而不属于 A"的一切元素构成的集合，称为 A,B 的对称差，记作 $A\oplus B$（图3.5）。

$A\oplus B=(A-B)\cup (B-A)=\{x\,|\,(x\in A)\overline{\vee}(x\in B)\}=\{x\,|\,((x\in A)\vee (x\in B))\wedge (x\notin A\cap B)\}$对称差运算的性质如下。

定理 3.9 设 A,B,C 为任意三个集合，则

(1) $A\oplus B=B\oplus A$。

(2) $A\oplus \varnothing =A$。

(3) $A\oplus A=\varnothing$。

(4) $A\oplus B=(A\cap \overline{B})\cup (\overline{A}\cap B)$。

(5) $(A\oplus B)\oplus C=A\oplus (B\oplus C)$。

(6) 交关于对称差的分配律 $A\cap (B\oplus C)=(A\cap B)\oplus (A\cap C)$。

(7) 若 $A\oplus B=A\oplus C$，则 $B=C$。

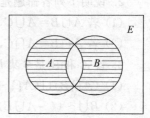

图 3.5 $A\oplus B$

证明

由对称差的定义立即可得(1)，(2)，(3)，(4)的证明。

(5)的证明

$$
\begin{aligned}
(A\oplus B)\oplus C&=((A\cap \overline{B})\cup (\overline{A}\cap B))\oplus C\\
&=(\overline{(A\cap \overline{B})\cup (\overline{A}\cap B)}\cap C)\cup (((A\cap \overline{B})\cup (\overline{A}\cap B))\cap \overline{C})\\
&=((\overline{A}\cup B)\cap (A\cup \overline{B})\cap C)\cup (A\cap \overline{B}\cap \overline{C})\cup (\overline{A}\cap B\cap \overline{C})\\
&=(A\cap B\cap C)\cup (\overline{A}\cap B\cap \overline{C})\cup (A\cap \overline{B}\cap \overline{C})\cup (\overline{A}\cap \overline{B}\cap C)
\end{aligned}
$$

$$
\begin{aligned}
A\oplus (B\oplus C)&=A\oplus ((B\cap \overline{C})\cup (\overline{B}\cap C))\\
&=(A\cap \overline{((B\cap \overline{C})\cup (\overline{B}\cap C))})\cup (\overline{A}\cap ((B\cap \overline{C})\cup (\overline{B}\cap C)))\\
&=(A\cap (\overline{B}\cup C)\cap (B\cup \overline{C}))\cup ((\overline{A}\cap B\cap \overline{C})\cup (\overline{A}\cap \overline{B}\cap C))\\
&=(A\cap B\cap C)\cup (A\cap \overline{B}\cap \overline{C})\cup (\overline{A}\cap B\cap \overline{C})\cup (\overline{A}\cup \overline{B}\cap C)
\end{aligned}
$$

所以 $(A\oplus B)\oplus C=A\oplus (B\oplus C)$。

(6)的证明

$$
\begin{aligned}
(A\cap B)\oplus (A\cap C)&=((A\cap B)\cap \overline{(A\cap C)})\cup (\overline{(A\cap B)}\cap (A\cap C))\\
&=((A\cap B)\cap (\overline{A}\cup \overline{C}))\cup ((\overline{A}\cup \overline{B})\cap (A\cap C))\\
&=(A\cap B\cap \overline{C})\cup (A\cap \overline{B}\cap C)\\
&=A\cap ((B\cap \overline{C})\cup (\overline{B}\cap C))\\
&=A\cap (B\oplus C)
\end{aligned}
$$

(7)的证明

$$(A \oplus B) = (A \oplus C) \Rightarrow A \oplus (A \oplus B) = A \oplus (A \oplus C) \Rightarrow (A \oplus A) \oplus B = (A \oplus A) \oplus C$$
$$\Rightarrow \varnothing \oplus B = \varnothing \oplus C \Rightarrow B = C$$

从对称差定义或文氏图容易看出

$$A \bigcup B = (A \bigcap \bar{B}) \bigcup (\bar{A} \bigcap B) \bigcup (A \bigcap B) = (A \oplus B) \bigcup (A \bigcap B),$$
$$A \oplus B = (A \bigcup B) - (A \bigcap B)。$$

3-2 习　　题

1. 设全集合 $E = \{a, b, c, d, e\}$，$A = \{a, d\}$，$B = \{a, b, e\}$，$C = \{b, d\}$，求下列集合。

(1) $A \bigcap \sim B$；(2) $(A \bigcap B) \bigcup \sim C$；(3) $\sim A \bigcup (B - C)$；(4) $\mathcal{P}(A) \bigcap \mathcal{P}(B)$。

2. 说明下列各命题是否为真及为什么。

(1) 若 $A \bigcup B = A \bigcup C$，则 $B = C$。

(2) 若 $A \bigcap B = A \bigcap C$，则 $B = C$。

3. 设 A 和 B 是全集 E 的子集，利用运算律证明：

(1) $(A \bigcap B) \bigcup (A \bigcap \sim B) = A$。

(2) $B \bigcup \sim ((\sim A \bigcup B) \bigcap A) = E$。

4. 设 A, B, C 是三个任意集合，求证：

(1) $(A \bigcup B) \bigcap (B \bigcup C) \bigcap (C \bigcup A) = (A \bigcap B) \bigcup (B \bigcap C) \bigcup (C \bigcap A)$。

(2) $(A \bigcup B) \bigcap (B \bigcup C) \bigcap (C \bigcup A) = (A \bigcap B) \bigcup (\sim A \bigcap B \bigcap C) \bigcup (A \bigcap \sim B \bigcap C)$。

5. 利用 $A - B = A \bigcap \sim B$ 与吸收律及其他运算律，证明

$$((A \bigcup B \bigcup C) \bigcap (A \bigcup B)) - ((A \bigcup (B - C)) \bigcap A) = \sim A \bigcap B$$

3.3　集合中元素的计数

1. 两个基本原理

加法原理：若一个事件以 m 种方式出现(这些方式构成集合 A)，另一个事件以 n 种方式出现(这些方式构成集合 B)，这两个事件完成一件即能达到目的(构成集合 $A \bigcup B$)，则达到目的的方式数为 $m + n$。

例 3.13　假设从城市 A 到城市 B 有铁路两条、公路三条、航线一条，那么按加法原理，从城市 A 到城市 B 有 $2 + 3 + 1 = 6$ 种走法。

乘法原理：若一个事件以 m 种方式出现(这些方式构成集合 A)，另一个事件以 n 种方式出现(这些方式构成集合 B)，这两个事件同时完成才能达到目的(构成集合 $A \bigcap B$)，则达到目的的方式数为 mn。

例 3.14　一位学生想从图书馆借离散数学和 C♯ 语言书各一本，书架上有三种不同作者的离散数学书，有两种不同作者的 C♯ 语言书，那么这位学生共有 $3 \times 2 = 6$ 种不同的选法。

2. 排列、组合

中学里已学过的计数公式是排列组合公式。从 n 个元素的集合中每次取 m 个的排列和组合的公式分别为

$$P_n^m = n(n-1)\cdots(n-m+1) = \frac{n!}{(n-m)!}, \quad C_n^m = \frac{P_n^m}{m!} = \frac{n!}{m!(n-m)!}$$

对排列 P_n^m：若 $m=n$ 时称为全排列，$m<n$ 时称为选排列。排列和组合的最基本的恒等式有：

$$P_n^m = m!C_n^m, \quad C_n^m = C_n^{n-m}, \quad C_n^m = C_{n-1}^m + C_{n-1}^{m-1}$$

例 3.15 将 computer 的字母全部取出进行全排列，其中 c 不在第一位，r 不在末位，问共有多少种排法？

解 computer 字母的全排列数为 $P_8^8 = 8!$，其中 c 排在第一位的排法共有 $7!$ 种，r 排在末位的排法共有 $7!$，除去这些不合要求的排法，还有 $8! - (7! + 7!) = 30\,240$ 种，然而这还不是答案，因为 c 在第一位的 $7!$ 种排法中 r 可能排至末位的 $7!$ 中 c 可能排在第一位，即 c 在第一位，r 在末位的排法被减去了两次，实际上应该只减一次，故把不应该减的加回去才能得到正确的答案。所求的答案为

$$P_8^8 - 2P_7^7 + P_6^6 = 30\,960(种)$$

这种分析问题的方法称为"多退少补法"，这种思想在"包含排斥原理"中还要用到。

例 3.16 将 $1,2,3$ 三个数字排成 2 行 3 列的矩阵，要求同行和同列上都没有相同的数字，问这样的数字矩阵有多少（实际上这就是集合 $\{1,2,3\}$ 到自身上的一些双射或置换，这些双射不允许一个元素以自身为像）？

解 先排矩阵的第一行共有 $P_3^3 = 3! = 6$ 种排法，如果不管题目的要求，第二行也有 6 种排法，由乘法原理知共有 $6\times 6 = 36$ 种矩阵。这些矩阵包含了有一列数字相同的情况，有两列因而就有三列数字相同的情况，按题目要求这些矩阵都应该除去，这些矩阵的个数可如下计算：一列数字相同其余两列数字不同的矩阵数有 $C_3^1 C_3^1 P_2^2$ 种；有两列数字相同从而就有三列数字相同的矩阵数有 $3! = 6$ 个，因此所求的矩阵个数为

$$P_3^3 \times P_3^3 - C_3^1 C_3^1 P_2^2 - P_3^3 = 12$$

P_n^m 与 C_n^m 是从 n 个元素中任意取 m 个元素（不重复抽取）的排列与组合，但是有些实际问题需要在 n 个元素中重复抽取若干个元素来排列，如用 $0,1,2,3,4,5,6,7,8,9$ 这 10 个数字来编制代码，每个号码就可以重复使用某个数字。一般地，从 n 个元素的集合中抽取 m 个元素，允许重复的排列数为 n^m。实际上可以设想有 m 个位子，每个位子都可以放上 n 个元素中的任意一个，允许重复，由乘法原理即知有 $\overbrace{n\times n\times\cdots\times n}^{m} = n^m$ 种排法。

例 3.17 在一幅数字图像中，若每个像素点用 8 位二进制进行编码，问每个点有多少种不同的取值？

解 每个像素点用 8 位二进制进行编码可分为 8 个步骤：选择第 1 位，选择第 2 位，$\cdots$，选择第 8 位，每一位上有 2 种选择，故根据乘法原理，8 位编码共有 $2^8 = 256$ 种取值。

例 3.18 考试时有 25 个正确或错误的问题，学生也可能不作答，问有多少种不同的考试结果？

解　对每一问题的回答有三种情况：正确、错误和不作答，因而考试结果共有 3^{25} 个。

关于重复组合数 H_n^m 的计算问题。先从一个实例来研究它的计算公式，从 $\{1,2,3\}$ 中每次取出两个（允许重复抽取）的组合按自然数顺序写出来（即枚举）为

$$11,12,13,22,23,33 \tag{a}$$

现将各种组合分别加上 01，就得到

$$12,13,14,23,24,34 \tag{b}$$

（b）中的 6 个组合恰好是从 $\{1,2,3,4\}$ 中任取两个元素不重复的组合情况。反之从（b）中的组合中分别减去 01 即得（a），说明（a）与（b）存在 1-1 对应的关系（双射），因而从三个相异元素中任取两个的重复组合数可化为从 4 个相异元素中任取两个不重复的组合数来计算，即 $H_3^2 = C_{3+(2-1)}^2 = C_4^2 = 6$ 得到。一般地计算 H_n^m 仿照上面的讨论，即从 $\{1,2,\cdots,n\}$ 中任取 m 个允许重复的每一个组合，将其元素分别加上 $0,1,2,\cdots,m-1$ 即变成从 $\{1,2,\cdots,n,n+1,\cdots,n+(m-1)\}$ 中任取 m 个不重复的组合，故 $H_n^m = C_{n+m-1}^m$。

例 3.19　求成自然序的 4 位数码个数。

解　4 位数码是从 $\{0,1,2,3,4,5,6,7,8,9\}$ 中选 4 个数字组成，数字可以重复使用，由于规定自然顺序，故只有一种排法，因而变为 10 个相异元素中任取 4 个允许重复的组合问题，所求个数为 $H_{10}^4 = C_{10+(4-1)}^4 = C_{13}^4 = 715$。

关于环状排列问题，由于环状排列旋转后仍是同一种排列，故可以令其中任一个元素固定位置，不让它移动，其余 $n-1$ 个元素任意排列，因而 n 个相异元素的环状排列数为 $(n-1)!$，它恰好为 n 个相异元素的全排列数 $n!$ 被 n 除的结果，这种想法可以推广到不尽相异元素的排列情形。

例 3.20　8 位朋友围圆桌而坐，若座位不编号有多少种坐法？座位编号又有多少种坐法？

座位不编号为环状排列问题，有

$$7! = 5040 \text{ 种坐法}$$

座位编号为非环状排列问题，故有

$$8! = 40\,320 \text{ 种坐法}$$

例 3.21　5 颗红珠、3 颗白珠穿在一个项链上，有多少种方法？

解　如果只穿在一条线上就是不尽相异元素的全排列问题。排列数为 $\dfrac{8!}{5!3!} = 56$。现在项链上是环状排列问题，因而穿法为 $\dfrac{56}{8} = 7$ 种。

3. 容斥原理

设集合 $A = \{a_1,a_2,\cdots,a_n\}$，它含有 n 个元素，可以说集合 A 的基数是 n，记作 Card $A = n$。基数是表示集合中所含元素多少的量。如果集合 A 的基数是 n，可记为 $|A| = n$，这时称 A 为有穷集，显然空集的基数是 0，即 $|\varnothing| = 0$。如果 A 不是有穷集，则称 A 为无穷集。

容斥原理也称包含与排斥原理或逐步淘汰原则，它也是"多退少补"计数思想的应用。

定理 3.10　（容斥原理）设 A,B 为有限集，则

$$|A \cup B| = |A| + |B| - |A \cap B|$$

证明 ① 当 A,B 不相交,即 $A\cap B=\varnothing$ 时,$|A\cup B|=|A|+|B|$;

② 当 $A\cap B\neq\varnothing$ 时

$$|A|=|A\cap\bar{B}|+|A\cap B|,\quad |B|=|B\cap\bar{A}|+|A\cap B|$$

所以 $$|A|+|B|=|A\cap\bar{B}|+|\bar{A}\cap B|+2|A\cap B|$$

但是 $$|A\cap\bar{B}|+|\bar{A}\cap B|+|A\cap B|=|A\cup B|$$

因此 $$|A\cup B|=|A|+|B|-|A\cap B|$$

定理 3.11 设 A,B 是有限集合,则 $|A\oplus B|=|A|+|B|-2|A\cap B|$。

证明

$$
\begin{aligned}
|A\oplus B| &= |(A\cup B)-(A\cap B)| \\
&= |A\cup B|-|A\cap B|=(|A|+|B|-|A\cap B|)-|A\cap B| \\
&= |A|+|B|-2|A\cap B|
\end{aligned}
$$

例 3.22 假设某班有 40 名同学,其中语文成绩为优的有 20 名,数学成绩为优的有 18 名,又知有 10 名学生语文和数学成绩均是优,问两门课都不优的学生有几名?

解 设该 40 名学生组成集合 Y,$|Y|=40$,其中语文成绩为优的学生集合设为 W,$|W|=20$;数学成绩为优的学生集合设为 S,$|S|=18$。$|W\cap S|=10$,又因为 $Y=(W\cup S)\cup(\bar{W}\cap\bar{S})$

所以 $$|Y|=|W\cup S|+|\bar{W}\cap\bar{S}|=40$$

即 $|\bar{W}\cap\bar{S}|=40-|W\cup S|=40-(|W|+|S|-|W\cap S|)=40-(20+18-10)=12$

因此,两门课都不优的学生有 12 名。

这个例子的计算过程中用到了容斥原理。一般令有限集 A 的元素具有 m 种不同的性质 $P_1,P_2,\cdots,P_m$。A 中具有性质 P_i 的元素组成子集记为 A_i,$i=1,2,\cdots,m$;$A_i\cap A_j(i\neq j)$ 表示 A 中同时具有性质 P_i 和 P_j 的元素组成的子集;$A_i\cap A_j\cap A_k(i\neq j\neq k)$ 表示 A 中同时具有性质 P_i,P_j,P_k 的元素组成的子集;$\cdots$;$A_1\cap A_2\cap\cdots\cap A_m$ 表示 A 中同时具有性质 $P_1,P_2,\cdots,P_m$ 的元素组成的子集。$\bar{A}_i$ 表示 A 中不具有性质 P_i 的元素组成的子集。那么包含排斥原理可以叙述为

定理 3.12 (容斥原理的推广)A 中不具有性质 $P_1,P_2,\cdots,P_m$ 的元素数是

$$
|\bar{A}_1\cap\bar{A}_2\cap\cdots\cap\bar{A}_m|=|A|-\sum_{i=1}^m|A_i|+\sum_{1\leqslant i<j\leqslant m}|A_i\cap A_j|
$$
$$
-\sum_{1\leqslant i<j<k\leqslant m}|A_i\cap A_j\cap A_k|+\cdots+(-1)^m|A_1\cap A_2\cap\cdots\cap A_m|
$$

注意: 上式右边共 $1+C_m^1+C_m^2+\cdots+C_m^m=2^m$ 项。

证明 等式左边是 A 中不具有性质 $P_1,P_2,\cdots,P_m$ 的元素数。下面要证明:对于 A 中的任何元素 a,如果它不具有这 m 条性质,那么它对等式右边的贡献是 1;如果 a 至少具有这 m 条性质中的一条,那么它对等式右边的贡献是 0。

设 a 不具有性质 $P_1,P_2,\cdots,P_m$,那么 $a\notin A_i$,$i=1,2,\cdots,m$。对任何整数 i 和 j,$1\leqslant i<j\leqslant m$,都有 $a\notin A_i\cap A_j$。对任何整数 i,j 和 k,$1\leqslant i<j<k\leqslant m$,都有 $a\notin A_i\cap A_j\cap A_k,\cdots,a\notin A_1\cap A_2\cap\cdots\cap A_m$。但是 $a\in A$,所以在等式右边的计数中它的贡献是:$1-0+0-0+\cdots+(-1)^m\cdot 0=1$。

设 a 具有这 m 条性质中的 k 条性质,$1\leqslant k\leqslant m$,则 a 对 $|A|$ 的贡献是 1;对 $\sum_{i=1}^m|A_i|$

的贡献是 $C_k^1 = k$；对 $\sum\limits_{1 \leqslant i < j \leqslant m} |A_i \cap A_j|$ 的贡献是 C_k^2；…；对 $|A_1 \cap A_2 \cap \cdots \cap A_m|$ 的贡献是 C_k^m，所以 a 对等式右边计数的总贡献是：

$$1 - C_k^1 + C_k^2 - \cdots + (-1)^m C_k^m \quad (k \leqslant m)$$

$$= C_k^0 - C_k^1 + C_k^2 - \cdots + (-1)^k C_k^k = \sum_{j=0}^{k} (-1)^j C_k^j = (1-1)^k = 0 \quad \#$$

推论 3.1 A 中至少具有 m 个性质之一的元素个数为

$$|A_1 \cup A_2 \cup \cdots \cup A_m|$$

$$= \sum_{i=1}^{m} |A_i| - \sum_{1 \leqslant i < j \leqslant m} |A_i \cap A_j|$$

$$+ \sum_{1 \leqslant i < j < k \leqslant m} |A_i \cap A_j \cap A_k| - \cdots + (-1)^{m-1} |A_1 \cap A_2 \cap \cdots \cap A_m|$$

证明   因为 $A_1 \cup A_2 \cup \cdots \cup A_m = A - (\overline{A_1 \cup A_2 \cup \cdots \cup A_m}) = A - (\overline{A_1} \cap \overline{A_2} \cap \cdots \cap \overline{A_m})$
所以

$$|A_1 \cup A_2 \cup \cdots \cup A_m|$$

$$= |A| - |\overline{A_1} \cap \overline{A_2} \cap \cdots \cap \overline{A_m}|$$

$$= \sum_{i=1}^{m} |A_i| - \sum_{1 \leqslant i < j \leqslant m} |A_i \cap A_j|$$

$$+ \sum_{1 \leqslant i < j < k \leqslant m} |A_i \cap A_j \cap A_k| - \cdots + (-1)^{m-1} |A_1 \cap A_2 \cap \cdots \cap A_m|$$

例 3.23   试求不超过 1000 的自然数中能被 2 或 3 或 5 整除的数的个数。

解   设 $A = \{1, 2, \cdots, 1000\}$，这是研究对象的集合，在 A 上定义性质 P_1, P_2, P_3。对任意 $n \in A$，若 n 具有性质 $P_1(P_2, P_3)$ 当且仅当 $2 \mid n (3 \mid n, 5 \mid n)$。令 A_i 为 A 中具有性质 P_i 的数组成的子集 $(i = 1, 2, 3)$，则

$$A_1 = \{2, 4, 6, \cdots, 1000\} = \{2k \mid k = 1, 2, \cdots, 500\};$$

$$A_2 = \{3, 6, 9, \cdots, 999\} = \left\{3k \mid k = 1, 2, \cdots, \left[\frac{1000}{3}\right]\right\};$$

$$A_3 = \{5, 10, 15, \cdots, 1000\} = \left\{5k \mid k = 1, 2, \cdots, \left[\frac{1000}{5}\right]\right\}.$$

于是，$|A_1| = \left[\dfrac{1000}{2}\right] = 500, |A_2| = \left[\dfrac{1000}{3}\right] = 333, |A_3| = \left[\dfrac{1000}{5}\right] = 200$。

而 $|A_1 \cap A_2| = \left|\left\{6k \mid k = 1, 2, \cdots, \left[\dfrac{1000}{6}\right]\right\}\right| = \left[\dfrac{1000}{6}\right] = 166$；

$$|A_1 \cap A_3| = \left|\left\{10k \mid k = 1, 2, \cdots, \left[\frac{1000}{10}\right]\right\}\right| = \left[\frac{1000}{10}\right] = 100;$$

$$|A_2 \cap A_3| = \left|\left\{15k \mid k = 1, 2, \cdots, \left[\frac{1000}{15}\right]\right\}\right| = \left[\frac{1000}{15}\right] = 66;$$

$$|A_1 \cap A_2 \cap A_3| = \left|\left\{30k \mid k = 1, 2, \cdots, \left[\frac{1000}{30}\right]\right\}\right| = \left[\frac{1000}{30}\right] = 33.$$

由定理 3.3 的推论 3.1 知

$$|A_1 \cup A_2 \cup A_3| = (500 + 333 + 200) - (166 + 100 + 66) + 33$$

$$= 1033 - 332 + 33 = 734$$

所以,不超过 1000 的自然数中,至少能被 2,3,5 之一整除的数共有 734 个。

例 3.24 某汽车工厂装配了 30 辆汽车,可供选择的设备是收录机、空调器、防盗器,30 辆汽车中有 15 辆汽车装有收录机,8 辆装有空调器,8 辆装有防盗器,三种设备都具有的汽车有 3 辆,问这三种设备都没有的汽车有几辆?

解 设 A_1, A_2, A_3 分别表示具有收录机、空调器、防盗器的汽车的集合。由题设知

$$|A_1|=15, \quad |A_2|=8, \quad |A_3|=8, \quad |A_1 \bigcap A_2 \bigcap A_3|=3$$

由定理 3.12 的推论 3.1 知

$$|A_1 \bigcup A_2 \bigcup A_3| = 15+8+8-(|A_1 \bigcap A_2|+|A_1 \bigcap A_3|+|A_2 \bigcap A_3|)+3$$
$$= 34-(|A_1 \bigcap A_2|+|A_1 \bigcap A_3|+|A_2 \bigcap A_3|)$$

$$|A_1 \bigcap A_2| \geqslant |A_1 \bigcap A_2 \bigcap A_3|=3,$$
$$|A_1 \bigcap A_3| \geqslant |A_1 \bigcap A_2 \bigcap A_3|=3,$$
$$|A_2 \bigcap A_3| \geqslant |A_1 \bigcap A_2 \bigcap A_3|=3,$$

所以,$|A_1 \bigcup A_2 \bigcup A_3| \leqslant 34-(3+3+3)=25$,

故 $|\overline{A}_1 \bigcap \overline{A}_2 \bigcap \overline{A}_3|=|A|-|A_1 \bigcup A_2 \bigcup A_3| \geqslant 30-25=5$,

即三种设备都没有的汽车至少有 5 辆。

4. 鸽巢原理

定理 3.13 若有 $n+1$ 只鸽子住进 n 个鸽巢,则有一个鸽巢至少住进 2 只鸽子。鸽巢原理又称为抽屉原理。

证明 假设每个鸽巢至多住进 1 只鸽子,则 n 个鸽巢至多住进 n 只鸽子,这与有 $n+1$ 只鸽子矛盾。故存在一个鸽巢至少住进 2 只鸽子。

注意:(1) 鸽巢原理仅提供了存在性证明。

(2) 使用鸽巢原理,必须能够正确识别鸽子(对象)和鸽巢(某类要求的特征),并且能够计算出鸽子数和鸽巢数。

例 3.25 抽屉里有 3 双手套,问从中至少取多少只,才能保证配成一双?

解 将手套看成鸽子,3 双手套的数量 3 看成是 3 个鸽巢,按照同型手套飞入同一个鸽巢的原则,根据鸽巢原理,需要 4 只手套即可。因此,至少取 4 只,才能保证配成一双。

例 3.26 设 1 到 10 中任意选出 6 个数,那么其中有两个数的和是 11。

解 构造 5 个不同的集合 $A_1=\{1,10\}, A_2=\{2,9\}, A_3=\{3,8\}, A_4=\{4,7\}, A_5=\{5,6\}$ 作为鸽巢,选出的 6 个数为鸽子,根据鸽巢原理,所选出的 6 个数中一定有两个数属于同一个集合,这两个数的和为 11。

下面是鸽巢原理的推广。

定理 3.14 若有 n 只鸽子住进 $m(n>m)$ 个鸽巢,则存在一个鸽巢至少住进 $[(n-1)/m]$ $+1$ 只鸽子。这里,$[x]$ 表示小于等于 x 的最大整数。

例 3.27 如果一个图书馆里有 30 本离散数学书,共有 1203 页,那么必然有一本离散数学书至少有 401 页。

解 设页是鸽子,离散数学书是鸽巢,把每页分配到它所出现的离散数学书中,根据定理 3.5,则存在一本离散数学书(鸽巢)至少有 $[(1203-1)/30]+1=401$ 页(鸽子)。

3-3　习　题

1. 求从 1 到 1000 的整数中不能被 5、6 和 8 中任何一个数整除的整数个数。

2. 在一个班级 50 个学生中，有 26 人在第一次考试中得到 A，21 人在第二次考试中得到 A，假如有 17 人两次考试都没有得到 A，问有多少学生在两次考试中都得到 A？

3. 某教研室有 30 名老师，可供他们选修的第二外语是日语、法语、德语。已知有 15 人进修日语，8 人选修法语，6 人选修德语，而且其中 3 人选修三门外语，希望知道至少有多少人一门也没有选修。

4. 一教师每周上 7 次课，证明这位教师至少有一天要上两次课（除星期天）。

5. 把 5 个顶点放到边长为 2 的正方形中，则其中至少有两个点的距离小于等于 $\sqrt{2}$。

6. 写一个程序：输入两个正整数 n 和 r，如果 $r \leqslant n$，那么返回从 n 个对象中每次取 r 个的排列数和组合数。

集合及其运算小结

本章主要介绍了集合的基本概念及其表示；集合的基本运算主要包括并（∪）、交（∩）、相对补（－）、绝对补（~）和对称差（⊕）等运算，要求掌握集合的运算及运算性质；集合中元素的计数，特别是运用容斥原理和鸽巢原理解决实际问题。

第 4章

二元关系

在现实世界中,事物不是孤立的,事物之间都有联系,单值依赖联系是事物之间联系中比较简单的,比如说日常生活中事物的成对出现,而这种成对出现的事物具有一定的顺序,例如,前、后;上、下;大、小;左、右;父、子;高、矮等。通过这种联系研究事物的运动规律或状态变化。世界是复杂的,运动也是复杂的,事物之间的联系形式是各种各样的,不仅有单值依赖关系,还有多值依赖关系。"关系"这个概念就提供了一种描述事物多值依赖的数学工具。这样,集合、映射关系等概念是描述自然现象及其相互联系的有力工具,为建立系统的、技术过程的数学模型提供了描述工具和研究方法。映射是关系的一种特例。

关系理论不仅在各个数学领域有很大的作用,而且还广泛地应用于计算机科学技术,例如计算机程序的输入、输出关系;数据库的数据特性关系;计算机语言的字符关系等,它也是数据结构、情报检索、数据库、算法分析、计算机理论等计算机学科很好的数学工具。另外,划分等价类的思想也可用于求网络的最小生成树等图的算法中。

本章将通过笛卡儿积给出关系的数学定义,特别给出关系的几种等价定义和常用性质、二元关系的运算,特别研究了计算机科学中具有重要应用的关系闭包运算、等价关系和偏序关系。等价关系和偏序关系不仅在计算机科学中是极为重要的,而且在数学中也是极为重要的。

4.1 集合的笛卡儿积

1. 序偶

定义 4.1 由两个元素 x 和 y(允许 $x=y$)按一定的顺序排列成的二元组叫做有序对(也称序偶),记作$<x,y>$。其中 x 是它的第一元素,y 是它的第二元素。

上述例子可表示为$<$前,后$>$;$<$上,下$>$;$<$大,小$>$;$<$左,右$>$;$<$父,子$>$;$<$高,矮$>$等。平面直角坐标系中点的坐标就是有序对,如$<1,-1>$,$<-1,1>$,$<1,1>$,$<2,0>$,$\cdots$代表着不同的点。

一般来说序偶具有以下特点。

(1) 定义 4.1 序偶可以看成是两个具有固定次序的客体组成的有序对,常常用它来表达两个客体之间的关系,它与一般集合不同的是序偶具有确定的次序。在集合中$\{a,b\}=\{b,a\}$,但对序偶$<a,b>\neq<b,a>$(这里 $a\neq b$)。

(2) 两个序偶相等,$<x,y>=<u,v>$,当且仅当 $x=u,y=v$。

(3) 序偶$<a,b>$中两个元素不一定来自同一集合，它们可以代表不同类型的事物。如a代表操作码，b代表地址码，则序偶$<a,b>$代表一条单地址指令；当然也可以用b代表操作码，a代表地址码，则序偶$<a,b>$也代表一条单地址指令。上述约定一经确定，序偶的次序就不能再变化了。

在实际问题中，有时会用到有序 3 元组，有序 4 元组，…，有序 n 元组。

定义 4.2   一个有序 n 元组 $(n \geqslant 3)$ 是一个序偶，其中第一个元素是一个有序 $n-1$ 元组，第二个元素是一个客体。一个有序 n 元组记作 $<x_1, x_2, \cdots, x_n>$，

即 $<x_1, x_2, \cdots, x_n> = <<x_1, x_2, \cdots, x_{n-1}>, x_n>$。

由序偶相等的定义，$<<x,y>,z> = <<u,v>,w>$ 当且仅当 $<x,y> = <u,v>$，$z = w$，也即

$x = u, y = v, z = w$。应该注意的是：当 $x \neq y$ 时，$<x,y,z> \neq <y,x,z>$。$<<x,y>,z> \neq <x,<y,z>>$，因为 $<x,<y,z>>$ 不是三元组。

$<<x_1, x_2, \cdots, x_{n-1}>, x_n> = <<y_1, y_2, \cdots, y_{n-1}>, y_n>$

$\Leftrightarrow (x_1 = y_1) \wedge (x_2 = y_2) \wedge (x_{n-1} = y_{n-1}) \wedge (x_n = y_n)$。

2. 笛卡儿积

定义 4.3   设 A, B 为任意两个集合，称集合 $A \times B = \{<x,y> \mid (x \in A) \wedge (y \in B)\}$ 为 A, B 的笛卡儿积。

注意：(1) $A \times B$ 与 A, B 的次序有关，一般地，$A \times B \neq B \times A$，即交换律不成立。

(2) 若 $A \subseteq S, B \subseteq S$ 则 $A \cup B, A \cap B, A - B, A \oplus B, \overline{A}$ 都是 S 的子集，但是 $A \times B \not\subseteq S$。

(3) 对于任意集合 A，有 $A \times \varnothing = \varnothing \times A = \varnothing$。

(4) 笛卡儿积不满足结合律，即 $(A \times B) \times C \neq A \times (B \times C)$。

实际上，当 $A \neq \varnothing, B \neq \varnothing, C \neq \varnothing$ 时，

$(A \times B) \times C = \{<<a,b>,c> \mid (a \in A) \wedge (b \in B) \wedge (c \in C)\}$

$A \times (B \times C) = \{<a,<b,c>> \mid (a \in A) \wedge (b \in B) \wedge (c \in C)\}$

按有序对相等的定义知，笛卡儿积的结合律不成立。

根据笛卡儿积中元素相等的定义，可知，$A \times B \times C$ 和 $A \times (B \times C)$，$A \times (B \times C)$ 是彼此不相等的集合，但是为了方便起见，通常约定一般笛卡儿积从左到右加括号，即 $(((A \times B) \times C) \times D)$。在这个约定下，省去括号而简写为 $A \times B \times C \times D$。

例 4.1   设 $A = \{1, 2, 3\}, B = \{a, b\}, C = \{0\}, D = \varnothing$，则

$A \times B = \{<1,a>, <1,b>, <2,a>, <2,b>, <3,a>, <3,b>\}$；

$B \times A = \{<a,1>, <a,2>, <a,3>, <b,1>, <b,2>, <b,3>\}$；

$A \times C = \{<1,0>, <2,0>, <3,0>\}$；

$C \times A = \{<0,1>, <0,2>, <0,3>\}$；

$A \times D = \varnothing, B \times D = \varnothing$。

笛卡儿积运算的性质如下：

定理 4.1   设 A, B, C 为任意三个集合，则笛卡儿积运算对集合的并、交、差运算分别满足分配律，即

(1) $A \times (B \cup C) = (A \times B) \cup (A \times C)$；

(2) $(A \cup B) \times C = (A \times C) \cup (B \times C)$;

(3) $A \times (B \cap C) = (A \times B) \cap (A \times C)$;

(4) $(A \cap B) \times C = (A \times C) \cap (B \times C)$;

(5) $A \times (B - C) = (A \times B) - (A \times C)$;

(6) $(A - B) \times C = (A \times C) - (B \times C)$。

证明 用命题演算的方法证明。

(1)的证明：对于任意$<x, y>$

$$<x, y> \in A \times (B \cup C) \Leftrightarrow (x \in A) \wedge (y \in B \cup C)$$
$$\Leftrightarrow (x \in A) \wedge ((y \in B) \vee (y \in C))$$
$$\Leftrightarrow ((x \in A) \wedge (y \in B)) \vee ((x \in A) \wedge (y \in C))$$
$$\Leftrightarrow ((<x, y> \in A \times B)) \vee (<x, y> \in A \times C)$$
$$\Leftrightarrow <x, y> \in (A \times B) \cup (A \times C)$$

所以，$A \times (B \cup C) = (A \times B) \cup (A \times C)$。

(2)的证明与(1)类似，请读者自行完成。

(3)的证明：对于任意$<x, y>$

$$<x, y> \in A \times (B \cap C) \Leftrightarrow (x \in A) \wedge (y \in B \cap C)$$
$$\Leftrightarrow (x \in A) \wedge ((y \in B) \wedge (y \in C))$$
$$\Leftrightarrow ((x \in A) \wedge (y \in B)) \wedge ((x \in A) \wedge (y \in C))$$
$$\Leftrightarrow ((<x, y> \in A \times B)) \wedge (<x, y> \in A \times C)$$
$$\Leftrightarrow <x, y> \in (A \times B) \cap (A \times C)$$

所以，$A \times (B \cap C) = (A \times B) \cap (A \times C)$。

(4)的证明与(3)类似，请读者自行完成。

(5)的证明：对于任意$<x, y>$

$$<x, y> \in A \times (B - C) \Leftrightarrow (x \in A) \wedge (y \in B - C)$$
$$\Leftrightarrow (x \in A) \wedge ((y \in B) \wedge (y \notin C))$$
$$\Leftrightarrow ((x \in A) \wedge (y \in B)) \wedge ((x \in A) \wedge (y \notin C))$$
$$\Leftrightarrow ((<x, y> \in A \times B)) \wedge (<x, y> \notin A \times C)$$
$$\Leftrightarrow <x, y> \in (A \times B) - (A \times C)$$

所以，$A \times (B - C) = (A \times B) - (A \times C)$。

(6)的证明与(5)类似，请读者自行完成。

定理 4.2 设 A, B, C 为任意三个集合，$C \neq \varnothing$，则

(1) $A \subseteq B$ 的充要条件是 $A \times C \subseteq B \times C$；

(2) $A \subseteq B$ 的充要条件是 $C \times A \subseteq C \times B$。

证明 (1)的证明：

必要性：即证 $A \subseteq B \Rightarrow A \times C \subseteq B \times C$

任意$<x, y>$

$$<x, y> \in A \times C \Leftrightarrow (x \in A) \wedge (y \in C) \Rightarrow (x \in B) \wedge (y \in C) \Leftrightarrow <x, y> \in B \times C$$

所以，$A \times C \subseteq B \times C$。

充分性：即证 $A \times C \subseteq B \times C \Rightarrow A \subseteq B$

$$\forall x \in A, \quad c \in C$$

$$<x,c> \in A \times C \Rightarrow <x,c> \in B \times C \Rightarrow (x \in B) \wedge (c \in C)$$

所以，$A \subseteq B$。

同理可以证明(2)。

定理 4.3　设 A,B,C,D 为 4 个非空集合，则

$A \times B \subseteq C \times D$ 当且仅当 $A \subseteq C, B \subseteq D$。

证明　必要性，即证明 $A \times B \subseteq C \times D \Rightarrow A \subseteq C, B \subseteq D$

$$\forall a \in A, \forall b \in B$$

$$<a,b> \in A \times B \Rightarrow <a,b> \in C \times D \Rightarrow (a \in C) \wedge (b \in D)$$

所以，$A \subseteq C, B \subseteq D$。

充分性，即证明 $A \subseteq C, B \subseteq D \Rightarrow A \times B \subseteq C \times D$

对于任意 $<a,b>$

$$<a,b> \in A \times B \Leftrightarrow (a \in A) \wedge (b \in B) \Rightarrow (a \in C) \wedge (b \in D) \Leftrightarrow <a,b> \in C \times D$$

所以，$A \times B \subseteq C \times D$。

定义 4.4　设 $A_1,A_2,\cdots,A_n$ 是集合($n \geq 2$)，它们的 n 阶笛卡儿积，记作

$A_1 \times A_2 \times \cdots \times A_n$，其中

$A_1 \times A_2 \times \cdots \times A_n = \{<x_1,x_2,\cdots,x_n> | (x_1 \in A_1) \wedge (x_2 \in A_2) \wedge \cdots \wedge (x_n \in A_n)\}$

当 $A_1 = A_2 = \cdots = A_n$ 时，它们的笛卡儿积简记为 A^n。

例如：设 $A = \{a,b\}$，则

$A^3 = \{<a,a,a>, <a,a,b>, <a,b,a>,$

$\qquad <a,b,b>, <b,b,b>, <b,b,a>, <b,a,b>, <b,a,a>\}$。

4-1 习　题

1. 已知集合 $A = \{a, b, \{a,b\}\}, B = \{1, 2\}$，求笛卡儿积 $A \times B, B \times A, B \times B, B^3$。

2. 设 $A = \{x, y\}$，求集合 $P(A) \times A$。

3. 设 A、B、C、D 是任意集合，判断下列命题是否正确？

(1) $A \times B = A \times C \Rightarrow B = C$；

(2) $(A - B) \times C = (A \times C - B \times C)$；

(3) 存在集合 A 使得 $A \subseteq A \times A$。

4. 设任意三个集合 A、B、C，求证

(1) $A \times (B \cup C) = (A \times B) \cup (A \times C)$；(2) $(B \cup C) \times A = (B \times A) \cup (C \times A)$。

5. (1) 设 A、B、C、D 为任意集合，证明 $(A \times C) \cup (B \times D) \subseteq (A \cup B) \times (C \cup D)$ 成立。

(2) 设 A、B 为任意集合，证明：若 $A \times A = B \times B$，则 $A = B$。

6. 设 A,B 是任意有限集合，编写程序求 A 和 B 的笛卡儿乘积。并用 $A = \{a,b,c,d\}$，$B = \{1,2,3,4,5\}$ 验证结果。

4.2 二元关系

1. 二元关系的基本概念

所谓二元关系就是在集合中两个元素之间的某种相关性。例如 A,B,C 三人进行一种比赛,如果任何两个人之间都要比赛一场,那么总共要比赛三场,假设这三场比赛的结果是: B 胜 A,A 胜 C,B 胜 C,把这个结果记为 $\{<B,A>,<A,C>,<B,C>\}$,其中 $<x,y>$ 表示 x 胜 y。它表示了集合 $\{A,B,C\}$ 中元素之间的一种胜负关系。再如,A,B,C 三个人和 $\alpha,\beta,\gamma,\delta$ 4 项工作,已知 A 可做 α 和 δ 工作,B 可做 δ 工作,C 可做 α 和 β 工作,那么人和工作之间的对应关系可以记作

$$R = \{<A,\alpha>,<A,\beta>,<B,\delta>,<C,\alpha>,<C,\beta>\}$$

这是人的集合 $\{A,B,C\}$ 到工作集合 $\{\alpha,\beta,\gamma,\delta\}$ 之间的关系。

定义 4.5 任一序偶的集合确定了一个二元关系 R,R 中的任一序偶 $<x,y>$ 可记作 $<x,y> \in R$ 或 xRy。不在 R 中的任一序偶 $<x,y>$ 可记作 $<x,y> \notin R$ 或 $x\cancel{R}y$。

定义 4.6 设 A,B 为集合,$A \times B$ 的任意子集所定义的二元关系 R,称做从 A 到 B 的二元关系。当 $A=B$ 时,R 称做 A 上的二元关系。

即 $R \subseteq A \times B$,$R = \{<x,y> \mid x \in A_1 \subseteq A, y \in B_1 \subseteq B\}$。

称 A_1 为二元关系 R 的前域(定义域),记为 $A_1 = \text{dom}R = \{x \mid \exists y \in B, <x,y> \in R\}$;

称 B_1 为二元关系 R 的值域,记为 $B_1 = \text{range}R = \{y \mid \exists x \in A, <x,y> \in R\}$;

R 的前域和值域一起称做 R 的域,记作 $\text{FLD} = \text{dom}R \cup \text{range}R$。

从关系的定义可以看出:$\text{dom}R \subseteq A$,$\text{range}R \subseteq B$。

今后把 $A \times B$ 的两个平凡子集 $A \times B$ 和 $\varnothing$ 分别称做 A 到 B 的全关系和空关系,其中 $E_A = \{<x,y> \mid (x \in A) \wedge (y \in A)\} = A \times A$。称 $I_A = \{<x,x> \mid x \in A\}$ 为恒等关系。

但是注意到:$R \subseteq A \times B \subseteq (A \cup B) \times (A \cup B) = Z \times Z$(这里 $Z = A \cup B$),因此任一关系总可以限定在某一集合上进行讨论。

如果 $|A|=n$,那么 $|A \times A| = n^2$,$A \times A$ 的子集有 2^{n^2} 个,每一个子集代表一个 A 上的关系,所以 A 上共有 2^{n^2} 个不同的二元关系。例如 $A = \{0,1,2\}$,则 A 上可以定义 $2^{3^2} = 512$ 个不同的关系。

例 4.2 设 $A = \{1,2\}$,$B = \{2,3,4\}$,$R = \{<1,2>,<1,4>,<2,2>\}$,则 $\text{dom}R = \{1,2\}$,$\text{range}R = \{2,4\}$。即 $1R2,1R4,2R2$,但 $1\cancel{R}3,2\cancel{R}3,2\cancel{R}4$。

例 4.3 设 **R** 表示实数集,$R_1 = \{<x,y> \mid xy \geqslant 1\}$,$R_2 = \{<x,y> \mid x^2 + y^2 \leqslant 9\}$,$R_3 = \{<x,y> \mid y^2 \leqslant x\}$ 是 **R** × **R** 的三个子集,它们所代表的关系如下。

双曲线 $xy = 1$ 在第一、三象限的点的横坐标与纵坐标符合关系 R_1。

圆心在坐标原点,半径为 3 的圆内和圆上的点的横坐标与纵坐标符合关系 R_2。

抛物线 $y^2 = x$ 上和线的外侧之点的横坐标与纵坐标符合关系 R_3。

例 4.4 设 $A=\{2,3,4\}$，$B=\{2,3,4,5,6\}$，$R=\{<x,y>|x\in A,y\in B,x\ 整除\ y\}$，则
$R=\{<2,2>,<2,4>,<2,6>,<3,3>,<3,6>,<4,4>\}$。
$S=\{<x,y>|x\in A,y\in B,x>y+2\}=\varnothing$。

2. 二元关系的表示

1) 关系的矩阵表示

设给定两个集合 $A=\{a_1,a_2,\cdots,a_m\}$ 和 $B=\{b_1,b_2,\cdots,b_n\}$，R 为从 A 到 B 的二元关系，则对应于关系 R 有一个关系矩阵 $\boldsymbol{M}_R=[r_{ij}]_{m\times n}$，其中

$$r_{ij}=\begin{cases}1,&<a_i,b_j>\in R\\0,&<a_i,b_j>\notin R\end{cases}\qquad(i=1,2,\cdots,m;j=1,2,\cdots,n)$$

例 4.5 设 $A=\{1,2,3,4\}$，写出集合 A 上大于关系"$>$"的关系矩阵。

解 $>=\{<2,1>,<3,1>,<3,2>,<4,1>,<4,2>,<4,3>\}$，
故

$$\boldsymbol{M}_>=\begin{pmatrix}0&0&0&0\\1&0&0&0\\1&1&0&0\\1&1&1&0\end{pmatrix}$$

例 4.4 中的 R 关系矩阵为

$$\boldsymbol{M}_R=\begin{pmatrix}1&0&1&0&1\\0&1&0&0&1\\0&0&1&0&0\end{pmatrix}$$

2) 关系的图形表示

设 $A=\{a_1,a_2,\cdots,a_m\}$，$B=\{b_1,b_2,\cdots,b_n\}$，$R\subseteq A\times B$。在平面上用"$\circ$"或"$\cdot$"分别标出 A,B 中元素的点(称为结点)。如果 $<a_i,b_j>\in R$，则自结点 a_i 至结点 b_j 作一条有向弧，箭头指向 b_j，如果 $<a_i,b_j>\notin R$，则结点 a_i 与 b_j 之间没有弧线连接，采用这种方法连接起来的图称为 R 的关系图。

例如，例 4.4 中 R 的关系图如图 4.1 所示。

例 4.6 设 $A=\{1,2,3,4\}$，$R\subseteq A\times A$，$R=\{<1,1>,<1,3>,<2,3>,<4,4>\}$，$R$ 的关系图如图 4.2 所示。

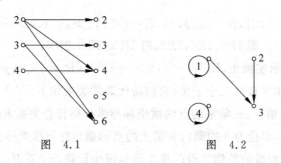

图 4.1   图 4.2

注意：关系图中点的位置、弧线的长短可以任意。

3. 关系的运算

1) 关系的并、交、补、差、对称差和包含运算

因为两个集合的笛卡儿积的子集是二元关系,故二元关系就有并、交、补、差、对称差和包含等运算。如 R,S 是集合 A 上的两个二元关系,$<x,y>\in R\cup S$ 表示 $<x,y>\in R$ 或 $<x,y>\in S$;$<x,y>\in R\cap S$ 表示 $<x,y>\in R$ 且 $<x,y>\in S$,$x\bar{R}y$ 表示 $x\dot{R}y$,$<x,y>\in R-S$ 表示 $<x,y>\in R$ 且 $<x,y>\notin S$。

例 4.7 设 $A=\{1,2,3,4\}$,若 $H=\left\{<x,y>\mid\dfrac{x-y}{2}\text{是整数}\right\}$,$S=\left\{<x,y>\mid\dfrac{x-y}{3}\text{是整数}\right\}$。求 $H\cup S,H\cap S,\bar{H},S-H,H-S,S\oplus H$。

解:$H=\{<1,1>,<1,3>,<2,2>,<2,4>,<3,3>,<3,1>,<4,4>,<4,2>\}$;
$S=\{<1,1>,<1,4>,<2,2>,<3,3>,<4,1>,<4,4>\}$。
$H\cup S=\{<1,1>,<1,3>,<2,2>,<2,4>,<3,3>,<3,1>,<4,4>,<4,2>,$
$<4,1>,<1,4>\}$;
$H\cap S=\{<1,1>,<2,2>,<3,3>,<4,4>\}$;
$\bar{H}=A\times A-H=\{<1,2>,<2,1>,<2,3>,<3,2>,<3,4>,<4,3>,<1,4>,<4,1>\}$;
$S-H=S=\{<4,1>,<1,4>\}$;$H-S=\{<1,3>,<2,4>,<3,1>,<4,2>\}$;
$S\oplus H=\{<1,3>,<1,4>,<2,4>,<3,1>,<4,1>,<4,2>\}$。

定理 4.4 若 R 和 S 是从集合 A 到集合 B 的两个关系,则 R、S 的并、交、补、差仍是 A 到 B 的关系。

证明 因为 $R\subseteq A\times B,S\subseteq A\times B$
故 $R\cup S\subseteq A\times B,R\cap S\subseteq A\times B,\bar{S}=A\times B-S\subseteq A\times B,R-S=R\cap\bar{S}\subseteq A\times B$。

2) 关系的复合运算

在日常生活中,如果关系 R 表示:a 是 b 的兄弟,关系 S 表示:b 是 c 的父亲,这时会得出关系 T:a 是 c 的叔叔或伯伯,称关系 T 是由关系 R 和 S 复合而得到的新关系;又如关系 R_1 表示:a 是 b 的父亲,关系 S_1 表示:b 是 c 的父亲,则得出关系 T_1:a 是 c 的祖父,关系 T_1 是由关系 R_1 和 S_1 复合而得到的新关系。

定义 4.7 设 $R\subseteq A\times B,S\subseteq B\times C$ 是两个二元关系,称 A 到 C 的关系 $R\circ S$ 为 R 与 S 的复合关系,表示为
$$R\circ S=\{<a,c>\mid(a\in A)\wedge(c\in C)\wedge\exists b((b\in B)\wedge(<a,b>\in R)\wedge(<b,c>)\in S)\}$$
从 R 和 S 求 $R\circ S$ 称为关系的合成运算。

当 $A=B$ 时,规定 $R^0=I_A,R^1=R,\cdots,R^{n+1}=R^n\circ R,(n$ 为自然数$)$。

例 4.8 设 $A=\{a,b\},B=\{1,2,3,4\},C=\{5,6,7\}$,
$R=\{<a,1>,<a,2>,<b,3>\},S=\{<2,6>,<3,7>,<4,5>\}$。

则 $R\circ S=\{<a,6>,<b,7>\},S\circ R=\varnothing$。

R 与 S 的关系图如图 4.3 所示,$R\circ S$ 关系图的有向边为图 4.3 中的实线弧。

例 4.9 设 $A=\{1,2,3,4\}$,A 上的关系 $R=\{<1,1>,$

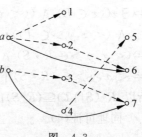

图 4.3

$<1,2>,<2,4>\}, S=\{<1,4>,<2,3>,<2,4>,<3,2>\}$，求 $R \circ S, S \circ R, R^2, R^3$。

解　$R \circ S=\{<1,4>,<1,3>\}, S \circ R=\{<3,4>\}$，

$R^2=R \circ R=\{<1,1>,<1,2>,<1,4>\}$，

$R^3=R^2 \circ R=\{<1,1>,<1,2>,<1,4>\}$。

由此可知，$R \circ S \neq S \circ R$，即复合关系是不可交换的，但是复合关系满足结合律。

定理 4.5　设 $R \subseteq A \times B, S \subseteq B \times C, T \subseteq C \times D$，则 $(R \circ S) \circ T=R \circ (S \circ T)$。

证明　$<x,y> \in (R \circ S) \circ T \Leftrightarrow \exists c((c \in C) \wedge (<x,c> \in R \circ S) \wedge (<c,y> \in T))$

$\Leftrightarrow \exists c((c \in C) \wedge \exists b((b \in B) \wedge (<x,b> \in R)$

$\wedge (<b,c> \in S) \wedge (<c,y> \in T))$

$\Leftrightarrow \exists b((b \in B) \wedge (<x,b> \in R) \wedge \exists c((c \in C)$

$\wedge (<b,c> \in S) \wedge (<c,y> \in T)))$

$\Leftrightarrow \exists b((b \in B) \wedge (<x,b> \in R) \wedge (<b,y> \in S \circ T))$

$\Leftrightarrow <x,y> \in R \circ (S \circ T)$

所以，$(R \circ S) \circ T=R \circ (S \circ T)$。

推论 4.1　设 m,n 为非负整数，则 $R^m \circ R^n=R^{m+n}, (R^m)^n=R^{mn}$。

定理 4.6　设 $R \subseteq A \times B, S \subseteq B \times C, T \subseteq B \times C, U \subseteq C \times D$，则有

(1) $R \circ (S \cup T)=(R \circ S) \cup (R \circ T)$；

(2) $(S \cup T) \circ U=(S \circ U) \cup (T \circ U)$；

(3) $R \circ (S \cap T) \subseteq (R \circ S) \cap (R \circ T)$；

(4) $(S \cap T) \circ U \subseteq (S \circ U) \cap (T \circ U)$。

证明　(1)的证明，任取 $<x,y>$。

$<x,y> \in R \circ (S \cup T) \Leftrightarrow \exists z((z \in B) \wedge (<x,z> \in R) \wedge (<z,y> \in (S \cup T)))$

$\Leftrightarrow \exists z((z \in B) \wedge (<x,z> \in R) \wedge ((<z,y> \in S) \vee (<z,y> \in T)))$

$\Leftrightarrow \exists z((z \in B) \wedge ((<x,z> \in R) \wedge (<z,y> \in S)) \vee ((<x,z> \in R)$

$\wedge (<z,y> \in T)))$

$\Leftrightarrow (<x,y> \in R \circ S) \vee (<x,y> \in R \circ T)$

$\Leftrightarrow <x,y> \in (R \circ S) \cup R \circ T$

所以，$R \circ (S \cup T)=(R \circ S) \cup (R \circ T)$。

同理可证(2)。

(3)的证明，任取 $<x,y>$

$<x,y> \in R \circ (S \cap T) \Leftrightarrow \exists z((z \in B) \wedge (<x,z> \in R) \wedge (<z,y> \in (S \cap T)))$

$\Leftrightarrow \exists z((z \in B) \wedge ((<x,z> \in R) \wedge (<z,y> \in S) \wedge (<z,y> \in T)))$

$\Rightarrow \exists z((z \in B) \wedge ((<x,z> \in R) \wedge (<z,y> \in S) \wedge (<x,z> \in R)$

$\wedge (<z,y> \in T)))$

$\Leftrightarrow (<x,y> \in R \circ S) \wedge (<x,y> \in R \circ T)$

$\Leftrightarrow <x,y> \in (R \circ S) \cap (R \circ T)$

所以，$R \circ (S \cap T) \subseteq (R \circ S) \cap (R \circ T)$。

同理可证(4)。

例 4.10 试说明下面的包含关系不一定成立。

(1) $(R \circ S) \bigcap (R \circ T) \subseteq R \circ (S \bigcap T)$;

(2) $(S \circ U) \bigcap (T \circ U) \subseteq (S \bigcap T) \circ U$。

解 设 $A = \{1,2,3\}, B = \{1,2\}, C = \{2,3\}, D = \{4\}$，关系 R, S, T, U 分别为：$R = \{<2,2>,<2,1>\}, S = \{<1,2>,<2,3>\}, T = \{<2,2>,<1,3>\}, U = \{<2,4>, <3,4>\}$，则有 $(S \bigcap T) = \varnothing$，从而

(1) $R \circ (S \bigcap T) = R \circ \varnothing = \varnothing$，又 $R \circ S = \{<2,3>,<2,2>\}, R \circ T = \{<2,2>,<2,3>\}$，即有 $(R \circ S) \bigcap (R \circ T) = \{<2,3>,<2,2>\}$。这说明 $(R \circ S) \bigcap (R \circ T) \not\subseteq R \circ (S \bigcap T)$，即 $(R \circ S) \bigcap (R \circ T) \subseteq R \circ (S \bigcap T)$ 不一定成立。

(2) 同样地，$(S \bigcap T) \circ U = \varnothing \circ U = \varnothing$。但是因为 $S \circ U = \{<1,4>,<2,4>\}, T \circ U = \{<1,4>,<2,4>\}$，所以有 $(S \circ U) \bigcap (T \circ U) = \{<1,4>,<2,4>\}$。即 $(S \circ U) \bigcap (T \circ U) \subseteq (S \bigcap T) \circ U$ 不一定成立。

说明：

(1) 如果说明某事实一定成立，则一定加以证明；

(2) 如果说明某事实一定不成立，则一定加以证明；

(3) 如果说明某一事实不一定成立，则可举一反例加以说明。

现在讨论复合关系的关系矩阵的求法。

设 $A = \{a_1, a_2, \cdots, a_m\}, B = \{b_1, b_2, \cdots, b_n\}, C = \{c_1, c_2, \cdots, c_p\}$

$$R \subseteq A \times B, \quad S \subseteq B \times C$$

$$M_R = (r_{ij})_{m \times n}, \quad r_{ij} = \begin{cases} 1, & <a_i, b_j> \in R \\ 0, & <a_i, b_j> \notin R \end{cases}$$

$$M_S = (s_{jk})_{n \times p}, \quad s_{ij} = \begin{cases} 1, & <b_j, c_k> \in S \\ 0, & <b_j, c_k> \notin S \end{cases}$$

复合关系 $R \circ S$ 的关系矩阵 $M_{R \circ S}$ 构造如下。

如果 $<a_i, c_k> \in R \circ S$，必然存在 $b_j \in B$ 使 $(<a_i, b_j> \in R) \wedge (<b_j, c_k> \in S)$，则 M_R 中 $r_{ij} = 1$ 且 M_S 中 $s_{jk} = 1$，故只要 M_R 的第 i 行，M_S 的第 k 列中至少有一个这样的 j 使 $r_{ij} = 1$ 且 $s_{jk} = 1$，则在 $M_{R \circ S}$ 的第 i 行 k 列位置上记 1，否则记 0。如此考察 $i = 1, 2, \cdots, m, k = 1, 2, \cdots, p$，即确定了 $M_{R \circ S}$ 中的元素。即

$M_{R \circ S} = M_R \cdot M_S = (d_{ik})_{m \times p}$，其中 $d_{ik} = \bigvee\limits_{j=1}^{n} (r_{ij} \wedge s_{jk})$

"$\vee$"表示逻辑加：$1 \vee 1 = 1, 1 \vee 0 = 1, 0 \vee 1 = 1, 0 \vee 0 = 0$。

"$\wedge$"表示逻辑乘：$1 \wedge 1 = 1, 1 \wedge 0 = 0, 0 \wedge 1 = 0, 0 \wedge 0 = 0$。

如例 4.8：

$$M_R = \begin{pmatrix} 1 & 1 & 0 & 0 \\ 0 & 0 & 1 & 0 \end{pmatrix}, \quad M_S = \begin{pmatrix} 0 & 0 & 0 \\ 0 & 1 & 0 \\ 0 & 0 & 1 \\ 1 & 0 & 0 \end{pmatrix}, \quad 则 M_{R \circ S} = \begin{pmatrix} 0 & 1 & 0 \\ 0 & 0 & 1 \end{pmatrix}$$

3) 关系的逆运算

定义 4.8　给定二元关系 $R \subseteq A \times B$,则 $\{<y,x> | <x,y> \in R\} \subseteq B \times A$ 称为 R 的逆关系,记为 R^c 或 R^{-1}。

例 4.11　设 $R = \{<x,y> | (x \in \mathbf{N}) \wedge (y \in \mathbf{N}) \wedge (y = x+1)\}$ 是自然数集 $\mathbf{N}$ 上的二元关系,则

$$R^c = \{<y,x> | (y \in \mathbf{N}) \wedge (x \in \mathbf{N}) \wedge (y = x+1)\}$$
$$= \{<1,0>, <2,1>, <3,2>, \cdots, <x+1,x>, \cdots\}$$

关系 R 的逆关系 R^c 的关系图恰好是关系 R 的关系图中,将有向弧的方向反置;R^c 的关系矩阵恰好是 $\boldsymbol{M}_R$ 的转置矩阵。

关系逆运算的主要性质如下:

定理 4.7　设 R,S 都是 A 到 B 的二元关系,则下列各式成立。

(1) $(R^c)^c = R$;　　　　　　　　(2) $(R \cup S)^c = R^c \cup S^c$;

(3) $(R \cap S)^c = R^c \cap S^c$;　　　　(4) $(A \times B)^c = B \times A$;

(5) $\bar{R} = (A \times B) - R$;　　　　　(6) $(\bar{R})^c = \overline{R^c}$;

(7) $(R-S)^c = R^c - S^c$。

证明　(1) $<x,y> \in (R^c)^c \Leftrightarrow <y,x> \in R^c \Leftrightarrow <x,y> \in R$,故得证 $(R^c)^c = R$。

(2) $<x,y> \in (R \cup S)^c \Leftrightarrow <y,x> \in R \cup S \Leftrightarrow (<y,x> \in R) \vee (<y,x> \in S)$
$\Leftrightarrow (<x,y> \in R^c) \vee (<x,y> \in S^c) \Leftrightarrow <x,y> \in R^c \cup S^c$,

故得证 $(R \cup S)^c = R^c \cup S^c$。

同理可证(3)。

(4) $<x,y> \in (A \times B)^c \Leftrightarrow <y,x> \in A \times B \Leftrightarrow <x,y> \in B \times A$,故得证 $(A \times B)^c = B \times A$。

(5) 由补的定义立即得证。

(6) $<x,y> \in (\bar{R})^c \Leftrightarrow <y,x> \in \bar{R} \Leftrightarrow <y,x> \notin R \Leftrightarrow <x,y> \notin R^c \Leftrightarrow <x,y> \in \overline{R^c}$ 即得证 $(\bar{R})^c = \overline{R^c}$。

(7) $<x,y> \in (R-S)^c \Leftrightarrow <y,x> \in R-S \Leftrightarrow (<y,x> \in R) \wedge (<y,x> \notin S)$
$\Leftrightarrow (<y,x> \in R) \wedge (<y,x> \in \bar{S}) \Leftrightarrow (<x,y> \in R^c) \wedge (<x,y> \in (\bar{S})^c)$
$\Leftrightarrow (<x,y> \in R^c) \wedge (<x,y> \in \overline{S^c}) \Leftrightarrow <x,y> \in R^c - S^c$

即得证 $(R-S)^c = R^c - S^c$。

或者 $(R-S)^c = (R \cap \bar{S})^c = R^c \cap (\bar{S})^c = R^c \cap \overline{S^c} = R^c - S^c$。

定理 4.8　设 R 是 A 到 B 的二元关系,S 是 B 到 C 的二元关系,则 $(R \circ S)^c = S^c \circ R^c$。

证明　$<x,y> \in (R \circ S)^c \Leftrightarrow <y,x> \in R \circ S \Leftrightarrow \exists b(b \in B) \wedge (<y,b> \in R) \wedge (<b,x> \in S)$
$\Leftrightarrow \exists b(b \in B) \wedge (<b,y> \in R^c) \wedge (<x,b> \in S^c) \Leftrightarrow <x,y> \in S^c \circ R^c$

即得证 $(R \circ S)^c = S^c \circ R^c$。

4. 关系的性质

通过上述讨论,已经看到在集合 X 上可以定义很多不同的关系,但真正有实际意义的

只是其中的一小部分,它们一般都是有着某些性质的关系,下面讨论集合 X 上的二元关系 R 的一些特殊性质。

1) 关系性质的概念

设 R 是 X 上的二元关系,R 的主要性质有以下 5 种:自反性、对称性、传递性、反自反性和反对称性。

定义 4.9 设 R 为定义在集合 X 上的二元关系。

(1) 如果对于任意 $x\in X$,都有 $<x,x>\in R$,则称 X 上的二元关系 R 具有**自反性**。

即 R 在 X 上是自反的 $\Leftrightarrow \forall x((x\in X)\rightarrow<x,x>\in R)$。

(2) 如果对于任意 $x,y\in X$,当 $<x,y>\in R$ 时,就有 $<y,x>\in R$,则称集合 X 上的二元关系 R 具有**对称性**。

即 R 在 X 上是对称的 $\Leftrightarrow \forall x\forall y((x\in X)\wedge(y\in X)\wedge(<x,y>\in R)\rightarrow(<y,x>\in R))$。

(3) 如果对任意 $x,y,z\in X$,当 $<x,y>\in R$,$<y,z>\in R$ 时,就有 $<x,z>\in R$,则称 R 在 X 上具有**传递性**。

即 R 在 X 上是传递的 $\Leftrightarrow$

$$\forall x\forall y\forall z((x\in X)\wedge(y\in X)\wedge(<z\in X>)$$
$$\wedge(<x,y>\in R)\wedge(<y,z>\in R)\rightarrow(<x,z>\in R))。$$

(4) 如果对于任意的 $x\in X$,都有 $<x,x>\notin R$,则称集合 X 上的二元关系 R 具有**反自反性**。

即 R 在 X 上是反自反的 $\Leftrightarrow \forall x((x\in X)\rightarrow(<x,x>\notin R))$。

(5) 如果对任意的 $x,y\in X$,当 $<x,y>\in R$,$<y,x>\in R$ 必有 $x=y$,则称 R 在 X 上具有**反对称性**。

即 R 在 X 上是反对称的 $\Leftrightarrow$

$$\forall x\forall y((x\in X)\wedge(y\in X)\wedge(<x,y>\in R)\wedge(<y,x>\in R)\rightarrow(x=y))$$

反对称的定义也可以表示为

$$\forall x\forall y((x\in X)\wedge(y\in X)\wedge(<x,y>\in R)\wedge(x\neq y)\rightarrow(<y,x>\notin R))$$

事实上:

$$(<x,y>\in R)\wedge(<y,x>\in R)\rightarrow(x=y)$$
$$\Leftrightarrow\neg(x=y)\rightarrow\neg((<x,y>\in R)\wedge(<y,x>\in R))$$
$$\Leftrightarrow(x=y)\vee\neg(<x,y>\in R)\vee\neg(<y,x>\in R)$$
$$\Leftrightarrow\neg((x\neq y)\wedge(<x,y>\in R))\vee(<y,x>\notin R)$$
$$\Leftrightarrow(<x,y\in R>)\wedge(x\neq y)\rightarrow(<y,x>\notin R)$$

例 4.12 设 A 为任意集合。

(1) A 上的恒等关系 I_A 具有自反性、对称性和传递性,但不具有反自反性。

(2) 实数集合 **R** 上的小于等于关系"$\leqslant$"具有自反性、反对称性和传递性,但不具有对称性。

(3) 平面三角形上的全等关系"$\cong$"具有自反性、对称性、传递性,但不具有反自反性。

(4) 设 A 是人的集合,R 是 A 上的二元关系,$<x,y>\in R$,当且仅当 x 是 y 的祖先,显

然祖先关系 R 是传递的。

(5) 平面三角形上的相似关系"～"具有对称性、自反性、传递性。

例 4.13 设 $A=\{1,2\}$，A 上的关系 $R=\{<1,2>\}$，$S=\{<1,1>,<1,2>\}$，则 R 具有反自反性；S 既不具有自反性，也不具有反自反性。

又如，数的大于关系，日常生活中的父子关系等都是反自反的关系。

例 4.14 设 $A=\{2,3,5,7\}$，$R=\left\{<x,y>\left|\dfrac{x-y}{2}\text{是整数}\right.\right\}$，则 R 在 A 上是自反和对称的、传递的。

证明 $\forall x\in A$ 由于 $\dfrac{x-x}{2}=0$，所以 $<x,x>\in R$，故 R 是自反的。

又设 $x,y\in A$，如果 $<x,y>\in R$，即 $\dfrac{x-y}{2}$ 是整数，则 $\dfrac{y-x}{2}$ 也必是整数，即 $<y,x>\in R$，因此，R 是对称的。R 是传递的请读者自行证明。

例 4.15 设 $A=\{1,2,3\}$，$R_1=\{<1,2>,<2,2>\}$，$R_2=\{<1,2>\}$，

$R_3=\{<1,2>,<2,3>,<1,3>,<2,1>\}$，$R_4=\{<1,1>,<1,2>,<3,2>,<2,3>,<3,3>\}$，

$R_5=I_A=\{<1,1>,<2,2>,<3,3>\}$，则

(1) R_1 和 R_2 是传递的。

(2) 对于 R_3，因为 $<1,2>\in R_3$，$<2,1>\in R_3$，但 $<1,1>\notin R_3$，$(<2,2>\notin R_3)$，故 R_3 不是传递的。

(3) 对于 R_4 由于 $2\in A$，但 $<2,2>\notin R_4$ 故 R_4 不是自反的，又 $1\in A$，而 $<1,1>\in R_4$，故 R_4 不是反自反的，因此 R_4 既不是自反的也不是反自反的。

(4) R_5 在 A 上既是对称的又是反对称的。

例 4.16 设兄弟三人组成一个集合 $A=\{a,b,c\}$，在 A 上的兄弟关系 R 的性质如表 4.1 所示。

表 4.1

关系 ＼ 性质	自反性	对称性	传递性	反自反性	反对称性
兄弟关系	否	是	否	是	否

注意：兄弟关系不具有自反性，是因为自己与自己不构成兄弟关系。

兄弟关系不具有传递性，是因为如果 $<a,b>\in R$，由对称性知 $<b,a>\in R$，但 $<a,a>\notin R$；兄弟关系不具有反对称性，是因为 $<a,b>\in R$ 且 $<b,a>\in R$，但 $a\neq b$。

例 4.17 设集合 $A=\{1,2,3,4\}$，A 上的二元关系。

$R=\{<1,1>,<1,3>,<2,2>,<3,3>,<3,1>,<3,4>,<4,3>,<4,4>\}$，讨论 R 的性质。

解 讨论结果如表 4.2 所示。

表 4.2

性质 关系	自反性	对称性	传递性	反自反性	反对称性
R	是	是	否	否	否

注意：关系 R 不具有传递性，是因为 $<1,3>\in R$，$<3,4>\in R$，但是 $<1,4>\notin R$。

关系 R 不具有反自反性，是因为 $<1,1>\in R$。

关系 R 不具有反对称性，是因为 $<1,3>\in R$，$<3,1>\in R$，但 $1\neq3$。

2）关系性质判定

设 R 是集合 A 上的关系。

(1) R 是自反关系的充要条件是 $I_A\subseteq R$。

(2) R 是反自反关系的充要条件是 $I_A\cap R=\varnothing$。

(3) R 是对称关系的充要条件是 $R^{-1}=R$。

(4) R 是 A 上反对称关系的充要条件是 $R\cap R^{-1}\subseteq I_A$。

(5) R 是传递关系的充要条件是 $R\cdot R\subseteq R$。

证明 (3)先证充分性：当 $R^{-1}=R$，则 R 是对称的。对任意的 $x,y\in A$，$<x,y>\in R$，则 $<y,x>\in R^{-1}$，因为 $R^{-1}=R$，所以 $<y,x>\in R$，因此 R 是对称的。

再证必要性：当 R 是对称的，则 $R^{-1}=R$。对任意的 $<x,y>\in R^{-1}$，则 $<y,x>\in R$，因为 R 是对称的，所以 $<x,y>\in R$，因此 $R^{-1}\subseteq R$；另一方面，对任意的 $<x,y>\in R$，因为 R 是对称的，所以 $<y,x>\in R$，因此 $<x,y>\in R^{-1}$，故 $R\subseteq R^{-1}$。综上所述 $R=R^{-1}$。

(5)先证必要性：若 R 是传递的，则 $R\cdot R\subseteq R$。对任意的 $<x,y>\in R\cdot R$，则存在 z，$<x,z>\in R$ 且 $<z,y>\in R$，因为 R 是传递的，所以 $<x,y>\in R$，即 $R\cdot R\subseteq R$。

再证充分性：若 $R\cdot R\subseteq R$，则 R 是传递的。设 $<x,y>\in R$，$<y,z>\in R$，则 $<x,z>\in R\cdot R$，因为 $R\cdot R\subseteq R$，所以 $<x,z>\in R$，即 R 是传递关系。

其余结论可以类似证明。

3）关系性质在关系图及关系矩阵中的特征（表4.3）

表 4.3

R 性质 R 表示	自反性	对称性	传递性	反自反性	反对称性
集合表示	$I_A\subseteq R$	$R=R^c$	$R\cdot R\subseteq R$	$R\cap I_A=\varnothing$	$R\cap R^c\subseteq I_A$
矩阵表示	主对角线元素全是1	矩阵为对称矩阵	在 M_R^2 中1所在位置，在 M_R 中相应位置也为1	主对角线元素全是0	如果 $r_{ij}=1$ 且 $i\neq j$ 则 $r_{ji}=0$
图表示	每个结点都有环	如果两个结点之间有边，一定是一对方向相反的边	如果结点 x_i 到 x_j 之间有边，x_j 到 x_k 之间有边，则 x_i 到 x_k 之间也有边	每个结点都无环	如果两个结点之间有边，一点是一条单向边

传递关系的特征比较复杂，不易从关系矩阵和关系图中直接判断。

设 R_1,R_2 是 A 上的关系,它们具有某些性质。在经过并、交、相对补、求逆、合成等运算后所得到的新的关系是否还具有原来的性质呢?结果总结如表 4.4 所示,表中 √ 表示经过某种运算后仍保持原来的性质,× 表示经过某种运算后不保持原来的性质。

表　4.4

	自反性	反自反性	对称性	反对称性	传递性
R^c	√	√	√	√	√
$R_1 \cap R_2$	√	√	√	√	√
$R_1 \cup R_2$	√	√	√	×	×
$R_1 - R_2$	×	√	√	√	×
$R_1 \cdot R_2$	√	×	×	×	×

对于保持性质的运算都可以经过命题演算的方法给出一般的证明,对于不保持性质的运算都可以举出反例。下面仅给出若干个证明的实例,其余留给读者思考。

(1) 设 R_1,R_2 为 A 上的对称关系,证明 $R_1 \cap R_2$ 也是 A 上的对称关系。

证明　对任意的 $<x,y>$,$<x,y> \in R_1 \cap R_2 \Leftrightarrow <x,y> \in R_1 \wedge <x,y> \in R_2$,因为 R_1,R_2 对称的,所以 $<y,x> \in R_1 \wedge <y,x> \in R_2 \Leftrightarrow <y,x> \in R_1 \cap R_2$,所以 $R_1 \cap R_2$ 是对称的。

(2) 设 R_1,R_2 是 A 上的传递关系,则 R_1^c,$R_1 \cap R_2$ 也是 A 上的传递关系。

证明　设 $<x,y> \in R_1^c$,$<y,z> \in R_1^c$,则 $<z,y> \in R_1$,$<y,x> \in R_1$,而 R_1 具有传递性,所以 $<z,x> \in R_1$,由逆的定义,则 $<x,z> \in R_1^c$,即 R_1^c 具有传递性。

设 $<x,y> \in R_1 \cap R_2 \wedge <y,z> \in R_1 \cap R_2 \Leftrightarrow <x,y> \in R_1 \wedge <x,y> \in R_2 \wedge <y,z> \in R_1 \wedge <y,z> \in R_2 \Leftrightarrow (<x,y> \in R_1 \wedge <y,z> \in R_1) \wedge (<x,y> \in R_2 \wedge <y,z> \in R_2)$,因为 R_1,R_2 是传递的,所以 $<x,z> \in R_1 \wedge <x,z> \in R_2 \Leftrightarrow <x,z> \in R_1 \cap R_2$,即 $R_1 \cap R_2$ 具有传递性。

需要注意,当 R_1、R_2 均是传递的,但 $R_1 \cup R_2$ 未必是传递的。例如,$R_1 = \{<y,z>\}$,$R_2 = \{<x,y>\}$,则 R_1,R_2 均是传递的,但 $R_1 \cup R_2 = \{<x,y>,<y,z>\}$ 不是传递的。

(3) 设 R_1 和 R_2 是 A 上的反对称关系,则 R_1^c,$R_1 \cap R_2$ 也是 A 的反对称关系。

证明　① 对任意的 $x,y \in A$,设 $<x,y> \in R_1^c$ 且 $<y,x> \in R_1^c$。由逆的定义,则有 $<y,x> \in R_1$ 且 $<x,y> \in R_1$,因为 R_1 是反对称的,所以 $x=y$。即 R_1^c 具有反对称性。

② 对任意的 $x,y \in A$,设 $<x,y> \in R_1 \cap R_2$ 且 $<y,x> \in R_1 \cap R_2$,则 $<x,y> \in R_1$ 且 $<y,x> \in R_1$,因为 R_1 是反对称的,所以 $x=y$。因此,$R_1 \cap R_2$ 也是反对称的。

需要注意,设 R_1,R_2 是 A 上的反对称的关系,则 $R_1 \cup R_2$ 不一定是 A 上的反对称关系。例如,$A = \{x,y\}$,$R_1 = \{<x,y>\}$,$R_2 = \{<y,x>\}$ 都是 A 上的反对称关系,但 $R_1 \cup R_2 = \{<x,y>,<y,x>\}$ 不是 A 上反对称的关系。

5. 关系的闭包运算

上面的例子告诉我们,集合上的二元关系可能具有一种或多种性质,如整数集上的整除关系,实数集上的"≤"关系都同时具有自反性、反对称性和传递性,但实数集上的"<"关系

就不具有自反性。自然想到能否通过一定的方法使这个关系具有自反性呢？一般来说，是否有方法使给定的关系具有所希望的性质呢？本节就来研究这个问题。

1) 闭包的定义

定义 4.10 设 R 是集合 A 上的二元关系，如果有另一个关系 R' 满足下列条件。

(1) R' 是自反的(或对称的，或传递的)。

(2) $R \subseteq R'$。

(3) 若还有 A 上的二元关系 R'' 也符合条件(1)和(2)，则必有 $R' \subseteq R''$，则分别称 R' 为 R 的自反闭包、对称闭包和传递闭包，分别记为 $r(R),s(R),t(R)$。

由闭包定义可知，R' 是包含 R 且具有自反性或对称性或传递性的最小关系。

2) 关系 R 的闭包求法

定理 4.9 设 R 是集合 A 上的二元关系，则

(1) R 是自反的当且仅当 $r(R)=R$。

(2) R 是对称的当且仅当 $s(R)=R$。

(3) R 是传递的当且仅当 $t(R)=R$。

证明 (1)必要性证明，

若 R 是自反的，令 $R'=R$ 则 R' 是自反的且 $R \subseteq R'$。对任意 R''，若 R'' 是自反的且 $R'' \supseteq R$ 则有 $R'' \supseteq R'(=R)$。故 $R'=R$ 就是 R 的自反闭包，即 $r(R)=R$。

充分性的证明，若 $r(R)=R$，则由 $r(R)$ 具有自反性知 R 是自反关系。

同理可证(2)，(3)。

定理 4.10 设 R 是集合 A 上的二元关系，则

(1) $r(R)=R \cup I_A$。

(2) $s(R)=R \cup R^c$。

(3) $t(R)=R \cup R^2 \cup R^3 \cup \cdots \cup = \bigcup_{i=1}^{\infty} R^i \triangleq R^+$。

证明 (1) 令 $R'=R \cup I_A$，显然 $R' \supseteq R$，$\forall x \in A \Rightarrow <x,x> \in I_A \subseteq R \cup I_A=R'$，所以，$R'$ 具有自反性。设 R'' 包含 R 且具有自反性的任一关系，即 $R'' \supseteq R$ 且 $R'' \supseteq I_A$，因此 $R'' \supseteq R \cup I_A=R'$，由定义即知 $r(R)=R \cup I_A$。

(2) 令 $R'=R \cup R^c$，显然 $R' \supseteq R$，现证 R' 具有对称性，事实上：任意 $x,y \in A$

$$(<x,y> \in R'=R \cup R^c) \Leftrightarrow (<x,y> \in R) \vee (<x,y> \in R^c)$$

$$\Leftrightarrow (<y,x> \in R^c) \vee (<y,x> \in R)$$

$$\Leftrightarrow (<y,x> \in R \cup R^c=R')$$

设 R'' 是包含 R 且具有对称性的关系，现证 $R'' \supseteq R'$，事实上：对任意 $<x,y> \in R'$

$$<x,y> \in R'=R \cup R^c \Leftrightarrow (<x,y> \in R) \vee (<x,y> \in R^c)$$

$$\Leftrightarrow (<x,y> \in R) \vee (<y,x> \in R)$$

$$\overset{R'' \supseteq R}{\Rightarrow} (<x,y> \in R'') \vee (<y,x> \in R'') \overset{R''对称}{\Leftrightarrow} <x,y> \in R''$$

所以，$s(R)=R \cup R^c$。

(3) 为证明 $\bigcup_{i=1}^{\infty} R^i = t(R)$，① 证明 $\bigcup_{i=1}^{\infty} R^i \subseteq t(R)$。

对任意自然数 i 用数学归纳法证明 $R^i \subseteq t(R)$。

当 $i=1$ 时，由传递闭包的定义即知 $R \subseteq t(R)$。

假设 $i=k$ 时，$R^k \subseteq t(R)$ 成立。

当 $i=k+1$ 时，

$$<x,y> \in R^{k+1} = R^{k+1} \circ R \Leftrightarrow \exists z((z \in A) \wedge (<x,z> \in R^{k+1}) \wedge (<z,y> \in R))$$

$$\Rightarrow \exists z((z \in A) \wedge (<x,z> \in t(R)) \wedge (<z,y> \in t(R))) \xRightarrow{t(R)\text{传递性}} <x,y> \in t(R)$$

即说明 $R^{k+1} \subseteq t(R)$。由归纳原理知，任意自然数 i，$R^i \subseteq t(R)$，因此 $\bigcup\limits_{i=1}^{\infty} R^i \subseteq t(R)$。

② $t(R) \subseteq \bigcup\limits_{i=1}^{\infty} R^i$。

因为 $R \subseteq \bigcup\limits_{i=1}^{\infty} R^i$，现证明 $\bigcup\limits_{i=1}^{\infty} R^i$ 具有传递性，对任意 $<x,y>$，$<y,z>$

$$\left(<x,y> \in \bigcup\limits_{i=1}^{\infty} R^i\right) \wedge \left(<y,z> \in \bigcup\limits_{i=1}^{\infty} R^i\right)$$

$$\Rightarrow \exists m \exists n((m \in N) \wedge (n \in N) \wedge (<x,y> \in R^m) \wedge (<y,z> \in R^n))$$

$$\Rightarrow <x,z> \in R^m \circ R^n = R^{m+n} \subseteq \bigcup\limits_{i=1}^{\infty} R^i$$

$\bigcup\limits_{i=1}^{\infty} R^i$ 具有传递性，而 $t(R)$ 是包含 R 具有传递性的最小关系，所以，$t(R) \subseteq \bigcup\limits_{i=1}^{\infty} R^i$。

由①和②即知 $t(R) = \bigcup\limits_{i=1}^{\infty} R^i \hat{=} R^+$。

定理 4.11　设 R 是集合 A 上的二元关系，$|A|=n$，则存在正整数 k，$k \leqslant n$ 使得 $t(R) = R \cup R^2 \cup \cdots \cup R^k$。

证明　$R^+ = t(R) = \bigcup\limits_{i=1}^{\infty} R^i$。

对任意 $x,y \in A$，若 $<x,y> \in R^+$，故存在最小正整数 k 使 $<x,y> \in R^k$，即存在 A 的元素序列 $a_1,a_2,\cdots,a_{k-1}$ 使 $<x,a_1> \in R$，$<a_1,a_2> \in R$，$\cdots$，$<a_{k-1},y> \in R$。

若 $k>n$，则 $a_1,a_2,\cdots,a_{k-1},y$ 这 k 个元素中至少有两个相同，即有

① 某个 $i \leqslant k-1$ 使 $a_i=y$，于是有 $<x,a_1> \in R$，$<a_1,a_2> \in R$，$\cdots$，$<a_{i-1},y> \in R$ 故 $<x,y> \in R^i$，且 $i<k$；

② 某 $i<j$，$i,j \leqslant k$ 使 $a_i=a_j$，于是有

$<x,a_1> \in R$，$\cdots$，$<a_{i-1},a_i> \in R$，$<a_i,a_{j+1}> \in R$，$\cdots$，$<a_{k-1},y> \in R$。因此，$<x,a_i> \in R^i$，$<a_i,y> \in R^{k-j}$，即 $<x,y> \in R^{i+k-j}$，而 $i+k-j=k-(j-i)<k$。

无论是①还是②都与 $<x,y> \in R^k$ 时 k 的最小性矛盾，所以 $k \leqslant n$。

即 $<x,y> \in R^+$ 时，必有 $k \leqslant n$，$<x,y> \in R^k$，故 $R^+ = t(R) = \bigcup\limits_{i=1}^{k} R^i$，$k \leqslant n$。

例 4.18　设 $A=\{1,2,3,4,5\}$，A 上的关系 $R=\{<1,2>,<2,1>,<2,4>,<3,4>,<3,5>\}$，求 R 的自反闭包、对称闭包和传递闭包。

解 $r(R)=R \cup I_A=\{<1,1>,<1,2>,<2,1>,<2,2>,<2,4>,<3,3>,$
$<3,4>,<3,5>,<4,4>,<5,5>\}$;

$s(R)=R \cup R^{-1}=\{<1,2>,<2,1>,<2,4>,<3,4>,<4,2>,<4,3>,<3,5>,$
$<5,3>\}$;

$R^2=RR=\{<1,2>,<2,1>,<2,4>,<3,4>,<3,5>\} \circ \{<1,2>,<2,1>,$
$<2,4>,<3,4>,<3,5>\}$

$\quad =\{<1,1>,<1,4>,<2,2>\}$,

$R^3=R^2R=\{<1,1>,<1,4>,<2,2>\} \circ \{<1,2>,<2,1>,<2,4>,<3,4>,<3,5>\}$

$\quad =\{<1,2>,<2,1>,<2,4>\}$,

$R^4=R^3R=\{<1,2>,<2,1>,<2,4>\} \circ \{<1,2>,<2,1>,<2,4>,<3,4>,<3,5>\}$

$\quad =\{<1,1>,<1,4>,<2,2>\}=R^2$,

同理 $R^5=R^4R=R^2R=R^3$。

由定理 4.11,则得 R 的传递闭包为 $t(R)=R \cup R^2 \cup R^3 \cup R^4 \cup R^5=R \cup R^2 \cup R^3=\{<1,$
$1>,<1,2>,<1,4>,<2,1>,<2,2>,<2,4>,<3,4>,<3,5>\}$。

例 4.19 利用关系图和关系矩阵求例 4.18 中的关系 R 的自反闭包、对称闭包、传递闭包。

解 作出 R 的关系图如图 4.4(a)所示。(1) 因为自反闭包有自反性,则在其关系图上表现为每个结点有自回路。即要加入 $<1,1>,<2,2>,<3,3>,<4,4>,<5,5>$。对应自反闭包 $r(R)$ 的关系图如图 4.4(b)所示。

(2) 因为对称闭包 $s(R)$ 的任何两个不同结点间要么没有边,要有就是双向两条边,因此 $s(R)$ 的关系图中须把两结点之间的单向边,变为双向两条边,即要加入 $<4,2>$,
$<4,3>,<5,3>$。对称闭包的关系图如图 4.4(c)所示。

(3) 因为传递闭包的关系图中,当一结点 x 可到达到另一结点 y 时,若这两个结点 x,y 之间应有直达边。1 能到达 1,2,4,则 R 中应有 $<1,1>,<1,2>,<1,4>$。$<1,2>$ 在 R 中存在,此时只需要添加 $<1,1>,<1,4>$。2 能到达 2,4,则 R 中应有 $<2,2>,<2,4>$。
$<2,4>$ 在 R 中存在,此时只需要添加 $<2,2>$。3 能到达 4,5,则 R 中应有 $<3,4>$,
$<3,5>$。$<3,4>,<3,5>$ 在 R 中已存在,此时不需要添加边。这些边加入后才成为 $t(R)$。对关系图如图 4.4(c)所示。

关系图和关系矩阵如表 4.5 所示。

表 4.5

	关 系 图	关 系 矩 阵
自反闭包	使得每个结点均有自回路	使对角线元素 $R_{ii}=1$
对称闭包	在 R 中两点间只有一条边的情况下,再添一条反向边,使两点间或是 0 条边,或是两条边,原来两点间没有边不能添加	若矩阵中元素 $r_{ij}=1$,则使 $r_{ji}=1$,使矩阵变为对称矩阵
传递闭包	在 R 中如结点 x 可间接到达另一结点 y 时,则 x 与 y 应添有向边。其中包括如 x 能间接达到自身,则必须添加从 x 到 x 的环	无明显特征

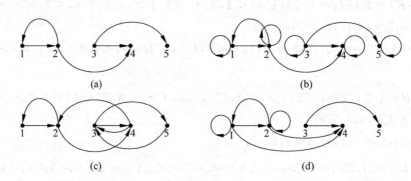

图　4.4

$$\boldsymbol{M}_R = \begin{bmatrix} 0 & 1 & 0 & 0 & 0 \\ 1 & 0 & 0 & 1 & 0 \\ 0 & 0 & 0 & 1 & 1 \\ 0 & 0 & 0 & 0 & 0 \\ 0 & 0 & 0 & 0 & 0 \end{bmatrix}$$

做出 R 的关系矩阵如下。

(1) 因为 $r(R)=R \cup I_A$，所以 $\boldsymbol{M}_{r(R)}=\boldsymbol{M}_R \vee \boldsymbol{M}_{I_A}$

$$\boldsymbol{M}_{r(R)} = \boldsymbol{M}_R \vee \boldsymbol{M}_{I_A} = \begin{bmatrix} 0 & 1 & 0 & 0 & 0 \\ 1 & 0 & 0 & 1 & 0 \\ 0 & 0 & 0 & 1 & 1 \\ 0 & 0 & 0 & 0 & 0 \\ 0 & 0 & 0 & 0 & 0 \end{bmatrix} \vee \begin{bmatrix} 1 & 0 & 0 & 0 & 0 \\ 0 & 1 & 0 & 0 & 0 \\ 0 & 0 & 1 & 0 & 0 \\ 0 & 0 & 0 & 1 & 0 \\ 0 & 0 & 0 & 0 & 1 \end{bmatrix} = \begin{bmatrix} 1 & 1 & 0 & 0 & 0 \\ 1 & 1 & 0 & 1 & 0 \\ 0 & 0 & 1 & 1 & 1 \\ 0 & 0 & 0 & 1 & 0 \\ 0 & 0 & 0 & 0 & 1 \end{bmatrix}$$

(2) 因为 $s(R)=R \cup R^{-1}$，所以 $\boldsymbol{M}_{s(R)}=\boldsymbol{M}_R \vee \boldsymbol{M}_{R^{-1}}=\boldsymbol{M}_R \vee \boldsymbol{M}_R^T$

$$\boldsymbol{M}_{s(R)} = \boldsymbol{M}_R \vee \boldsymbol{M}_R^T = \begin{bmatrix} 0 & 1 & 0 & 0 & 0 \\ 1 & 0 & 0 & 1 & 0 \\ 0 & 0 & 0 & 1 & 1 \\ 0 & 0 & 0 & 0 & 0 \\ 0 & 0 & 0 & 0 & 0 \end{bmatrix} \vee \begin{bmatrix} 0 & 1 & 0 & 0 & 0 \\ 1 & 0 & 0 & 0 & 0 \\ 0 & 0 & 0 & 0 & 0 \\ 0 & 1 & 1 & 0 & 0 \\ 0 & 0 & 1 & 0 & 0 \end{bmatrix} = \begin{bmatrix} 0 & 1 & 0 & 0 & 0 \\ 1 & 0 & 0 & 1 & 0 \\ 0 & 0 & 0 & 1 & 1 \\ 0 & 1 & 1 & 0 & 0 \\ 0 & 0 & 1 & 0 & 0 \end{bmatrix}$$

(3) A 有 5 个元素，$t(R)=\bigcup_{i=1}^{5} R^i=R \cup R^2 \cup \cdots \cup R^5$，所以，$\boldsymbol{M}_{t(R)}=\boldsymbol{M}_R \vee \boldsymbol{M}_R^2 \vee \boldsymbol{M}_R^3 \vee$ $\boldsymbol{M}_R^4 \vee \boldsymbol{M}_R^5 = \boldsymbol{M}_R \vee \boldsymbol{M}_R^2 \vee \boldsymbol{M}_R^3 \vee \boldsymbol{M}_R^4 \vee \boldsymbol{M}_R^5$

$$\boldsymbol{M}_R^2 = \boldsymbol{M}_R \circ \boldsymbol{M}_R = \begin{bmatrix} 0 & 1 & 0 & 0 & 0 \\ 1 & 0 & 0 & 1 & 0 \\ 0 & 0 & 0 & 1 & 1 \\ 0 & 0 & 0 & 0 & 0 \\ 0 & 0 & 0 & 0 & 0 \end{bmatrix} \circ \begin{bmatrix} 0 & 1 & 0 & 0 & 0 \\ 1 & 0 & 0 & 1 & 0 \\ 0 & 0 & 0 & 1 & 1 \\ 0 & 0 & 0 & 0 & 0 \\ 0 & 0 & 0 & 0 & 0 \end{bmatrix} = \begin{bmatrix} 1 & 0 & 0 & 1 & 0 \\ 0 & 1 & 0 & 0 & 0 \\ 0 & 0 & 0 & 0 & 0 \\ 0 & 0 & 0 & 0 & 0 \\ 0 & 0 & 0 & 0 & 0 \end{bmatrix}$$

$$\boldsymbol{M}_R^3 = \boldsymbol{M}_R \circ \boldsymbol{M}_R^2 = \begin{bmatrix} 0 & 1 & 0 & 0 & 0 \\ 1 & 0 & 0 & 1 & 0 \\ 0 & 0 & 0 & 1 & 1 \\ 0 & 0 & 0 & 0 & 0 \\ 0 & 0 & 0 & 0 & 0 \end{bmatrix} \circ \begin{bmatrix} 1 & 0 & 0 & 1 & 0 \\ 0 & 1 & 0 & 0 & 0 \\ 0 & 0 & 0 & 0 & 0 \\ 0 & 0 & 0 & 0 & 0 \\ 0 & 0 & 0 & 0 & 0 \end{bmatrix} = \begin{bmatrix} 0 & 1 & 0 & 0 & 0 \\ 1 & 0 & 0 & 1 & 0 \\ 0 & 0 & 0 & 0 & 0 \\ 0 & 0 & 0 & 0 & 0 \\ 0 & 0 & 0 & 0 & 0 \end{bmatrix}$$

$$\boldsymbol{M}_R^4 = \boldsymbol{M}_R \circ \boldsymbol{M}_R^3 = \begin{bmatrix} 0 & 1 & 0 & 0 & 0 \\ 1 & 0 & 0 & 1 & 0 \\ 0 & 0 & 0 & 1 & 1 \\ 0 & 0 & 0 & 0 & 0 \\ 0 & 0 & 0 & 0 & 0 \end{bmatrix} \circ \begin{bmatrix} 0 & 1 & 0 & 0 & 0 \\ 1 & 0 & 0 & 1 & 0 \\ 0 & 0 & 0 & 0 & 0 \\ 0 & 0 & 0 & 0 & 0 \\ 0 & 0 & 0 & 0 & 0 \end{bmatrix} = \begin{bmatrix} 1 & 0 & 0 & 1 & 0 \\ 0 & 1 & 0 & 0 & 0 \\ 0 & 0 & 0 & 0 & 0 \\ 0 & 0 & 0 & 0 & 0 \\ 0 & 0 & 0 & 0 & 0 \end{bmatrix} = \boldsymbol{M}_R^2$$

$$\boldsymbol{M}_R^5 = \boldsymbol{M}_R \circ \boldsymbol{M}_R^4 = \boldsymbol{M}_R \circ \boldsymbol{M}_R^2 = \boldsymbol{M}_R^3$$

$$\boldsymbol{M}_{t(R)} = \boldsymbol{M}_R \vee \boldsymbol{M}_R^2 \vee \boldsymbol{M}_R^3 \vee \boldsymbol{M}_R^4 \vee \boldsymbol{M}_R^5 = \boldsymbol{M}_R \vee \boldsymbol{M}_R^2 \vee \boldsymbol{M}_R^3 = \begin{bmatrix} 1 & 1 & 0 & 1 & 0 \\ 1 & 1 & 0 & 1 & 0 \\ 0 & 0 & 0 & 1 & 1 \\ 0 & 0 & 0 & 0 & 0 \\ 0 & 0 & 0 & 0 & 0 \end{bmatrix}$$

当集合的元素较多时,利用关系矩阵计算传递闭包是很烦琐的,为此,1962 年 Warshall 提出"Warshall 算法"。

传递闭包的 Warshall 算法:

前面已经看到按复合关系定义求 R^i 是麻烦的,即使对有限集合采用定理 4.11 的方法仍是比较麻烦的,特别当有限集合元素比较多时计算量是很大的。1962 年 Warshall 提出了一个求 R^+ 的有效计算方法:设 R 是 n 个元素集合上的二元关系,$\boldsymbol{M}_R$ 是 R 的关系矩阵。

第一步:置新矩阵 $\boldsymbol{M}$,$\boldsymbol{M} \leftarrow \boldsymbol{M}_R$;

第二步:置 i,$i \leftarrow 1$;

第三步:对 $j(1 \leqslant j \leqslant n)$,若 $\boldsymbol{M}$ 的第 j 行 i 列处为 1,则对 $k=1,2,\cdots,n$ 做如下计算。

将 $\boldsymbol{M}$ 的第 j 行第 k 列元素与第 i 行第 k 列元素进行逻辑加,然后将结果送到第 j 行 k 列处,即 $\boldsymbol{M}[j,k] \leftarrow \boldsymbol{M}[j,k] \vee \boldsymbol{M}[i,k]$;

第四步:$i \leftarrow i+1$;

第五步:若 $i \leqslant n$,转到第三步,否则停止。

Warshall 算法为计算机解决集合分类问题奠定了基础。

例 4.20 设 $A=\{1,2,3,4,5\}$,$R=\{<1,1>,<1,2>,<2,4>,<3,5>,<4,2>\}$,用 Warshall 方法求 R^+。

解 $\boldsymbol{M}_R = \begin{bmatrix} 1 & 1 & 0 & 0 & 0 \\ 0 & 0 & 0 & 1 & 0 \\ 0 & 0 & 0 & 0 & 1 \\ 0 & 1 & 0 & 0 & 0 \\ 0 & 0 & 0 & 0 & 0 \end{bmatrix}$,$\boldsymbol{M} \leftarrow \boldsymbol{M}_R$

$i \leftarrow 1$。$i=1$ 时,$\boldsymbol{M}$ 的第一列中只有 $\boldsymbol{M}[1,1]=1$,将 $\boldsymbol{M}$ 的第一行上元素与其本身做逻辑和,然后把结果送到第一行,得:

$$M = \begin{pmatrix} 1 & 1 & 0 & 0 & 0 \\ 0 & 0 & 0 & 1 & 0 \\ 0 & 0 & 0 & 0 & 1 \\ 0 & 1 & 0 & 0 & 0 \\ 0 & 0 & 0 & 0 & 0 \end{pmatrix}$$

$i \leftarrow 1+1$。$i=2$ 时,M 的第二列中有两个 1,即 $M[1,2]=M[4,2]=1$,分别将 M 的第一行和第四行与第二行对应元素做逻辑和,将结果分别送到第一行和第四行,得

$$M = \begin{pmatrix} 1 & 1 & 0 & 1 & 0 \\ 0 & 0 & 0 & 1 & 0 \\ 0 & 0 & 0 & 0 & 1 \\ 0 & 1 & 0 & 1 & 0 \\ 0 & 0 & 0 & 0 & 0 \end{pmatrix}$$

$i \leftarrow 2+1$。$i=3$ 时,M 的第三列全为 0,M 不变。

$i \leftarrow 3+1$。$i=4$ 时,M 的第四列中有三个 1,即 $M[1,4]=M[2,4]=M[4,4]=1$,分别将 M 的第一行、第二行、第四行与第四行对应元素做逻辑和,将结果分别送到 M 的第一行、第二行、第四行得:

$$M = \begin{pmatrix} 1 & 1 & 0 & 1 & 0 \\ 0 & 1 & 0 & 1 & 0 \\ 0 & 0 & 0 & 0 & 1 \\ 0 & 1 & 0 & 1 & 0 \\ 0 & 0 & 0 & 0 & 0 \end{pmatrix}$$

$i \leftarrow 4+1$。$i=5$ 时,$M[3,5]=1$,将 M 的第三行与第五行对应元素做逻辑和送到 M 的第三行,由于这里第五行全为 0,故 M 不变。

$i \leftarrow 5+1$,这时 $i=6>5$,停止。即得

$$M_{R^+} = \begin{pmatrix} 1 & 1 & 0 & 1 & 0 \\ 0 & 1 & 0 & 1 & 0 \\ 0 & 0 & 0 & 0 & 1 \\ 0 & 1 & 0 & 1 & 0 \\ 0 & 0 & 0 & 0 & 0 \end{pmatrix}$$

故 $R^+ = \{<1,1>,<1,2>,<1,4>,<2,2>,<2,4>,<3,5>,<4,2>,<4,4>\}$。

3) 闭包的复合

关系 R 的自反(对称,传递)闭包还可以进一步复合而成自反(对称,传递)等闭包,它们之间有如下定理。

定理 4.12 设 R_1,R_2 是集合 A 上的两个二元关系,且 $R_1 \subseteq R_2$,则

(1) $r(R_1) \subseteq r(R_2)$; (2) $s(R_1) \subseteq s(R_2)$; (3) $t(R_1) \subseteq t(R_2)$。

证明 (1) $r(R_1)=R_1 \cup I_A \subseteq R_2 \cup I_A=r(R_2)$,即 $r(R_1) \subseteq r(R_2)$。

(2) 因为 $R_1 \subseteq R_2$,所以 $R_1^c \subseteq R_2^c$,则有 $s(R_1)=R_1 \cup R_1^c \subseteq R_2 \cup R_2^c=s(R_2)$ 即 $s(R_1) \subseteq s(R_2)$。

(3) 任意 $<x,y> \in t(R_1)=\bigcup_{i=1}^{\infty} R_1^i$,则存在正整数 s,使得 $<x,y> \in R_1^s$,因此存在 e_1,

$e_2,\cdots,e_{s-1}\in A$，使得$<x,e_1>\in R_1,<e_1,e_2>\in R_1,\cdots,<e_{s-1},y>\in R_1$，由$R_1\subseteq R_2$，则有

$<x,e_1>\in R_2,<e_1,e_2>\in R_2,\cdots,<e_{s-1},y>\in R_2$，即$<x,y>\in R_2^s$，所以$<x,y>\in\bigcup_{i=1}^{\infty}R_2^i$
$=t(R_2)$，这说明$t(R_1)\subseteq t(R_2)$。

定理 4.13 设 R 是集合 A 上的二元关系。

(1) 若 R 是自反的，则 $s(R),t(R)$ 是自反的。

(2) 若 R 是对称的，则 $r(R),t(R)$ 是对称的。

(3) 若 R 是传递的，则 $r(R)$ 是传递的。

证明 (1) 因为 R 是自反的，所以 $\forall x\in A,<x,x>\in R$，由自反闭包和传递闭包的定义知，$R\subseteq s(R)$ 且 $R\subseteq t(R)$，因此 $<x,x>\in s(R)$，$<x,x>\in t(R)$。故 $s(R)$ 和 $t(R)$ 是自反的。

(2) 首先证明 $r(R)$ 是对称的。

$\forall x,y\in A$，若 $<x,y>\in r(R)=R\cup I_A$，即 $<x,y>\in R$ 或 $<x,y>\in I_A$

① 若 $<x,y>\in R$，由 R 的对称性知 $<y,x>\in R$，又因为 $R\subseteq r(R)$，有 $<y,x>\in r(R)$，所以 $r(R)$ 是对称的；

② 若 $<x,y>\in I_A$，则 $x=y$，由于 $r(R)$ 是自反闭包，所以 $<y,x>\in r(R)$；由①,②知：若 $<x,y>\in r(R)$ 就有 $<y,x>\in r(R)$，所以 $r(R)$ 是对称的。

再证明 $t(R)$ 是对称的

$\forall x,y\in A$，若 $<x,y>\in t(R)=\bigcup_{i=1}^{\infty}R^i$，则 $\exists s$ 使得 $<x,y>\in R^s$，即存在 $e_1,e_2,\cdots,e_{s-1}$ 使得 $<x,e_1>\in R,<e_1,e_2>\in R,\cdots,<e_{s-2},e_{s-1}>\in R,<e_{s-1},y>\in R$，由 R 的对称性知，

$<y,e_{s-1}>\in R,<e_{s-1},e_{s-2}>\in R,\cdots,<e_2,e_1>\in R,<e_1,x>\in R$，即 $<y,x>\in R^s\subseteq\bigcup_{i=1}^{\infty}R^i$，所以 $<y,x>\in\bigcup_{i=1}^{\infty}R^i=t(R)$，说明 $t(R)$ 具有对称性。

(3) $\forall a,b,c\in A$，若 $<a,b>\in r(R)=R\cup I_A,<b,c>\in r(R)=R\cup I_A$。

① 若 $<a,b>\in R,<b,c>\in R$，由 R 的传递性知 $<a,c>\in R\subseteq r(R)$，即 $<a,c>\in r(R)$，所以 $r(R)$ 具有传递性。

② 若 $<a,b>\in R,<b,c>\in I_A$，有 $b=c$，即 $<a,c>\in R\subseteq r(R)$，所以 $r(R)$ 具有传递性。

③ $<a,b>\in I_A,<b,c>\in R$，有 $a=b$，即 $<a,c>\in R\subseteq r(R)$，所以 $r(R)$ 具有传递性。

④ $<a,b>\in I_A,<b,c>\in I_A$，有 $a=b=c$，即 $<a,c>\in R\subseteq r(R)$，所以 $r(R)$ 具有传递性。

综上所述，$r(R)$ 具有传递性。

定理 4.14 设 X 是集合，R 是 X 上的二元关系，则

(1) $rs(R)=sr(R)$。

(2) $rt(R)=tr(R)$。

(3) $st(R)\subseteq ts(R)$。

证明 令 I_X 表示 X 上的恒等关系。

(1) $sr(R)=s(I_X\cup R)=(I_X\cup R)\cup(I_X\cup R)^c=(I_X\cup R)\cup(I_X^c\cup R^c)$

$$= I_X \bigcup R \bigcup R^c = I_X \bigcup s(R) = r(s(R)) = rs(R)$$

$$(2) \quad tr(R) = t(I_X \bigcup R) = \bigcup_{i=1}^{\infty} (I_X \bigcup R)^i = \bigcup_{i=1}^{\infty} \left(I_X \bigcup \bigcup_{j=1}^{i} R^j \right) = I_X \bigcup \bigcup_{i=1}^{\infty} \bigcup_{j=1}^{i} R^j$$

$$= I_X \bigcup \bigcup_{i=1}^{\infty} R^i = I_X \bigcup t(R) = rt(R)$$

(3) 因为 $R \subseteq s(R)$，由定理 4.12 知 $t(R) \subseteq ts(R)$，$st(R) \subseteq sts(R)$，再由定理 4.13 知 $ts(R)$ 具有对称性，所以 $sts(R) = ts(R)$，即 $st(R) \subseteq ts(R)$。

4-2 习　　题

1. 列出从集合 $A = \{1, 2, 3\}$ 到集合 $B = \{a\}$ 的所有二元关系。

2. 用 L 和 D 分别表示集合 $A = \{1, 2, 3, 4, 8, 9\}$ 上的普通的大于等于关系和整除关系，即 $L = \{<x, y> | (x \geqslant y) \wedge (x, y \in A)\}$，$D = \{<x, y> | (x \text{ 整除 } y) \wedge (x, y \in A)\}$，试列出 L, D 和 $L \bigcap D, L \bigcup D, L - D$ 中的所有有序对。

3. 已知 $X = \{a, b, c\}$，$Y = \{a, d\}$，求 $X \bigcup Y$ 上的全域关系和恒等关系。

4. 设 $P = \{<1, 2>, <1, 4>, <2, 3>, <4, 4>\}$ 和 $Q = \{<1, 2>, <2, 3>, <4, 2>\}$，求 $P \bigcap Q, P \bigcup Q, \text{dom} P, \text{ran} P, \text{dom} Q, \text{ran} Q, \text{dom}(P \bigcup Q), \text{ran}(P \bigcup Q)$。

5. 设 R_1 和 R_2 都是从集合 A 到集合 B 的二元关系，证明：

(1) $\text{dom}(R_1 \bigcup R_2) = \text{dom} R_1 \bigcup \text{dom} R_2$；　(2) $\text{ran}(R_1 \bigcap R_2) \subseteq \text{ran} R_1 \bigcap \text{ran} R_2$

6. 设 $A = \{0, 1, 2, 4, 6, 8\}$，$B = \{1, 2, 3\}$，用列举法表示下列 A 到 B 的关系，并给出关系图及关系矩阵：

(1) $R_1 = \{<x, y> | x \in A \bigcap B \wedge y \in A \bigcap B\} \subseteq A \times B$；

(2) $R_2 = \{<x, y> | x \in A \wedge y \in B \wedge x + y = 5\} \subseteq A \times B$；

(3) $R_3 = \{<x, y> | x \in A \wedge y \in A \wedge (\exists k)(x = k * y \wedge k \in N \wedge k < 2)\} \subseteq A \times A$；

(4) $R_4 = \{<x, y> | x \in A \wedge y \in B \wedge x \text{ 和 } y \text{ 互素}\} \subseteq A \times B$。

7. 若集合 A, B 的元数分别为 $|A| = m$，$|B| = n$，试问从 A 到 B 有多少种不同的二元关系？

8. 编写一个求关系的定义域、值域、域的程序。

9. 设集合 $\{1, 2, 3, 4\}$ 上的二元关系 R_1 和 R_2 为 $R_1 = \{<1, 1>, <1, 2>, <3, 3>, <4, 3>\}$，$R_2 = \{<1, 4>, <2, 3>, <2, 4>, <3, 2>\}$，试求 $R_1 \cdot R_2, R_2 \cdot R_1, R_1^2$ 和 R_2^2。

10. 设 R_1 为从集合 A 到集合 B 的二元关系，R_2 为从集合 B 到集合 C 的二元关系，试求 $\text{dom}(R_1 \cdot R_2)$、$\text{ran}(R_1 \cdot R_2)$ 与集合 A、B、C。

11. 设 $A = \{1, 2, 3\}$ 上的关系 $R_1 = \{<i, j> | i - j \text{ 是偶数或 } i = 2 * j \text{ 或 } i = j - 1\}$，$R_2 = \{<i, j> | i = j + 2\}$：

(1) 利用定义求 $R_1, R_2, R_1 \cdot R_2, R_1 \cdot R_2 \cdot R_1, R_1^{-1}$；

(2) 利用矩阵求解 $R_1 \cdot R_2, R_1 \cdot R_2 \cdot R_1, R_1^{-1}$，给出对应的关系矩阵；

(3) 给出 $R_1, R_2, R_1 \cdot R_2, R_1 \cdot R_2 \cdot R_1, R_1^{-1}$ 的关系图。

12. 设 $A = \{1, 2, 3, 4, 5\}$，$R = \{<1, 2>, <2, 3>, <3, 1>, <4, 5>, <5, 4>\}$，试

找出最小的正整数 m 和 n，使 $m<n$ 且 $R^m=R^n$。

13. 集合 $A=\{1, 2, 3, 4, 5\}$ 上的关系 $R=\{<1, 1>, <1, 3>, <1, 4>, <2, 3>,$ $<2, 5>, <4, 5>, <5, 3>, <5, 4>\}$，求 $M_{R^n}, n\in N$。

14. 设 A, B 是集合，R, S 是 A 到 B 的关系，证明：

(1) $(R-S)^{-1}=R^{-1}-S^{-1}$；

(2) $(A\times B)^{-1}=B\times A$；

(3) $\varnothing^{-1}=\varnothing$；

(4) $R\subseteq S \Leftrightarrow R^{-1}\subseteq S^{-1}$。

15. 设计算法实现关系的合成运算。

16. 设 $R1, R2, R3, R4$ 都是整数集上的关系，且 $xR1y \Leftrightarrow x\cdot y>0$，$xR2y \Leftrightarrow |x-y|=1$，$xR3y \Leftrightarrow x-y=5$，用 Y(yes) 和 N(no) 填写下表。

关系	自反的	反自反的	对称的	反对称的	传递的
R1					
R2					
R3					

17. 设整数集 I 中，任意两个元素 x, y 之间有关系 R，$xRy \Leftrightarrow x(x-1)=y(y-1)$，问 R 是否具有自反性、反自反性、对称性、反对称性和传递性？

18. 设集合 $A=\{0, 1, 2, 4\}$ 的关系 $R=\{<x, y>\}(x\cdot y\in A)$，

(1) 画出 R 的关系图；

(2) R 是否具有自反性、反自反性、对称性、反对称性和传递性？

19. 设 R 为非空有限集合 A 上的二元关系，如果 R 是反对称的，则 $R\cap R^{-1}$ 的关系矩阵 $M_{R\cap R^{-1}}$ 中最多能有几个元素为 1？

20. 设集合 $A=\{1, 2, 3\}$，求：

(1) 在其上定义一个既不是自反的也不是反自反的关系；

(2) 在其上定义一个既不是对称的也不是反对称的关系；

(3) 在其上定义一个既是对称的也是反对称的关系；

(4) 在其上定义一个是传递的关系。

21. 设 R_1 和 R_2 是集合 A 上的任意关系，试证明或用反例推翻下列论断：

(1) 若 R_1 和 R_2 都是自反的，则 $R_1\cdot R_2$ 也是自反的；

(2) 若 R_1 和 R_2 都是对称的，则 $R_1\cdot R_2$ 也是对称的；

(3) 若 R_1 和 R_2 都是反对称的，则 $R_1\cdot R_2$ 也是反对称的；

(4) 若 R_1 和 R_2 都是传递的，则 $R_1\cdot R_2$ 也是传递的。

22. 编写程序判断某关系 R 是否具有自反性、对称性、传递性。

23. 设 $R_1=\{<a, b>, <b, c>\}$，$R_2=\{<a, a>, <a, b>, <b, c>, <c, a>\}$ 都是集合 $A=\{a, b, c\}$ 上的二元关系，求出各自的自反闭包、对称闭包和传递闭包（用有序对形式给出），并给出各闭包的关系矩阵和关系图。

24. 已知集合 $\{1, 2, 3\}$ 上的关系 R，$R=\{<1, 2>, <2, 1>, <3, 2>, <3, 3>\}$，求下列关系的关系矩阵，(1)$r(R)$，(2)$s(R)$，(3)$t(R)$，(4)$rs(R)$，(5)$sr(R)$。

25. 设 R_1, R_2 为集合 A 上的关系,证明:

(1) $r(R_1 \bigcup R_2) = r(R_1) \bigcup r(R_2)$;

(2) $s(R_1 \bigcup R_2) = s(R_1) \bigcup s(R_2)$;

(3) $t(R_1) \bigcup t(R_2) \subseteq t(R_1 \bigcup R_2)$。

26. 给出一个二元关系 R 使 $st(R) \neq ts(R)$。

27. 证明:设 R 为集合 A 上的二元关系,则 $rt(R) = tr(R)$。

28. 编写程序实现 Warshall 算法求关系 R 的传递闭包。

4.3 等价关系与集合的划分

在对集合的研究中,有时需要将一个集合分成若干个子集加以讨论。

1. 集合的划分

定义 4.11 设集合 $A \neq \varnothing$,$S = \{A_1, A_2, \cdots, A_m\}$,其中 $A_1, A_2, \cdots, A_m$ 都是 A 的非空子集,若(1)当 $i \neq j, i, j = 1, 2, \cdots, m$ 时,$A_i \bigcap A_j = \varnothing$;(2)$\bigcup\limits_{i=1}^{m} A_i = A$。

则称 S 为 A 的一个划分(分类,分划)。

例如,$A = \{a, b, c\}$,考虑下列子集:

$P = \{\{a\}, \{b, c\}\}, Q = \{\{a, b, c\}\}, R = \{\{a\}, \{b\}, \{c\}\}, S = \{\{a, b\}, \{b, c\}\}, T = \{\{a\}, \{a, c\}\}$

由定义 4.11 知,P, Q, R 都是集合 A 的划分,而 S, T 不是集合 A 的划分。分划 Q 中的元素是由集合 A 的全部元素组成的一个分块(A 的子集),则称 Q 为集合 A 的最小划分。分划 R 是由集合 A 中每个元素构成一个单元素分块(A 的子集)组成的分划,称 R 为集合 A 的最大分划。

需要注意:集合的分划不是唯一的,但已知一个集合却很容易构造出一种划分。

定义 4.12 设 $A = \{A_1, A_2, \cdots, A_m\}$ 与 $B = \{B_1, B_2, \cdots, B_n\}$ 是集合 X 的两个不同的划分,称 $S = \{A_i \bigcap B_j \mid (A_i \in A) \wedge (B_j \in B) \wedge (A_i \bigcap B_j \neq \varnothing, i = 1, 2, \cdots, m; j = 1, 2, \cdots, n)\}$ 为 A 与 B 的交叉划分。

例如,设 X 表示所有生物的集合。$A = \{A_1, A_2\}$,其中 A_1 表示所有植物的集合,A_2 表示所有动物的集合,则 A 是集合 X 的一种分划;$B = \{B_1, B_2\}$,其中 B_1 表示史前生物,B_2 表示史后生物,则 B 也是集合 X 的一种划分。

A, B 的交叉划分 $S = \{A_1 \bigcap B_1, A_1 \bigcap B_2, A_2 \bigcap B_1, A_2 \bigcap B_2\}$,其中 $A_1 \bigcap B_1$ 表示史前植物,$A_1 \bigcap B_2$ 表示史后植物,$A_2 \bigcap B_1$ 表示史前动物,$A_2 \bigcap B_2$ 表示史后动物。

定理 4.15 设 $A = \{A_1, A_2, \cdots, A_m\}$ 与 $B = \{B_1, B_2, \cdots, B_n\}$ 是集合 X 的两个不同的划分,则 A, B 的交叉划分是集合 X 的一种划分。

证明 A, B 的交叉划分

$$S = \{A_1 \bigcap B_1, A_1 \bigcap B_2, \cdots, A_1 \bigcap B_n,$$
$$A_2 \bigcap B_1, A_2 \bigcap B_2, \cdots, A_2 \bigcap B_n, \cdots,$$
$$A_m \bigcap B_1, A_m \bigcap B_2, \cdots, A_m \bigcap B_n\}$$

(1) S 中任意两个元素都不相交

任取 S 中两个元素 $A_i \cap B_h$，$A_j \cap B_k$，$(A_i \cap B_h) \cap (A_j \cap B_k)$ 有以下三种情况。

① 若 $i \neq j, h = k$，因为 $A_i \cap A_j = \varnothing$，所以

$$(A_i \cap B_h) \cap (A_j \cap B_k) = \varnothing \cap B_h \cap B_k = \varnothing$$

② 若 $i = j, h \neq k$，因为 $B_h \cap B_k = \varnothing$，所以

$$(A_i \cap B_h) \cap (A_j \cap B_k) = \varnothing \cap A_i \cap A_j = \varnothing$$

③ 若 $i \neq j, h \neq k$，因为 $A_i \cap A_j = \varnothing, B_h \cap B_k = \varnothing$，所以

$$(A_i \cap B_h) \cap (A_j \cap B_k) = \varnothing \cap \varnothing = \varnothing$$

综上所述，在交叉划分中，任取两元素，其交为

$$(A_i \cap B_h) \cap (A_j \cap B_k) = \varnothing$$

(2) 交叉划分中所有元素的并等于 X

$$(A_1 \cap B_1) \cup (A_1 \cap B_2) \cup \cdots \cup (A_1 \cap B_n) \cup$$
$$(A_2 \cap B_1) \cup (A_2 \cap B_2) \cup \cdots \cup (A_2 \cap B_n) \cup \cdots \cup$$
$$(A_m \cap B_1) \cup (A_m \cap B_2) \cup \cdots \cup (A_m \cap B_n)$$
$$= (A_1 \cap (B_1 \cup B_2 \cup \cdots \cup B_n)) \cup (A_2 \cap (B_1 \cup B_2 \cup \cdots \cup B_n))$$
$$\cup \cdots \cup (A_m \cup (B_1 \cup B_2 \cup \cdots \cup B_n))$$
$$= (A_1 \cap X) \cup (A_2 \cap X) \cup \cdots \cup (A_m \cup X)$$
$$= (A_1 \cup A_2 \cup \cdots \cup A_m) \cap X = X \cap X = X$$

定义 4.13 给定集合 X 的任意两个划分 $A = \{A_1, A_2, \cdots, A_m\}$ 与 $B = \{B_1, B_2, \cdots, B_n\}$，若对每个 A_i 均有 B_j 使得 $A_i \subseteq B_j$，则称划分 A 为划分 B 的加细。

定理 4.16 任何两种划分的交叉划分都是原各划分的一种加细。

由交叉划分的定义和集合交的性质，容易证明定理成立。

2. 等价关系与等价类

定义 4.14 设集合 A 上的二元关系 R，同时具有自反性、对称性和传递性，则称 R 是 A 上的等价关系。

例 4.21 设 $\mathbf{Z}$ 为整数集，k 是 $\mathbf{Z}$ 中任意固定的正整数，定义 $\mathbf{Z}$ 上的二元关系 R 为：任意 $a, b \in \mathbf{Z}$，$<a,b> \in R$ 的充要条件是 a, b 被 k 除余数相同，即 k 整除 $a - b$，也即 $a - b = kq$，其中 $q \in \mathbf{Z}$。即 $R = \{<a,b> \mid (a \in \mathbf{Z}) \wedge (c \in \mathbf{Z})(q \in \mathbf{Z}) \wedge (a - b = kq)\}$，则 R 是 $\mathbf{Z}$ 上的等价关系。

证明 (1) R 是 $\mathbf{Z}$ 上自反关系。$\forall a \in \mathbf{Z}$，因为 $a - a = k \cdot 0, 0 \in \mathbf{Z}$，所以 $<a,a> \in R$。

(2) R 是 $\mathbf{Z}$ 上对称关系。如果 $<a,b> \in R$，则 $a - b = kq (q \in \mathbf{Z})$，故 $b - a = k(-q)$ $(-q \in \mathbf{Z})$，于是 $<b,a> \in R$。

(3) R 是 $\mathbf{Z}$ 上传递关系。如果 $<a,b> \in R$ 且 $<b,c> \in R$，则 $a - b = kq_1, b - c = kq_2$，(其中 $q_1, q_2 \in \mathbf{Z}$)，故 $a - c = (a - b) + (b - c) = k(q_1 + q_2), (q_1 + q_2 \in \mathbf{Z})$，因此，$<a,c> \in R$。

所以，R 是 $\mathbf{Z}$ 上的等价关系，称为 $\mathbf{Z}$ 上的模 k 等价关系。

例 4.22 设 $A = \{0, 1, 2, 3, 5, 6, 8\}$，$R$ 为 $\mathbf{Z}$ 上的模 3 等价关系，则
$$R = \{<0,0>, <1,1>, <2,2>, <3,3>, <5,5>, <6,6>,$$
$$<8,8>, <0,3>, <3,0>, <0,6>, <6,0>, <2,5>,$$
$$<5,2>, <2,8>, <8,2>, <3,6>, <6,3>, <5,8>, <8,5>\},$$

R 的关系图见图 4.5。

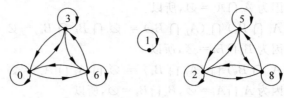

图　4.5

定义 4.15　设 R 是集合 A 上的等价关系，$A \neq \varnothing$，对每一个 $a \in A$，A 的子集
$$\{x \mid (x \in A) \wedge (<a,x> \in R)\}$$
称为 R 的一个等价类。记为 $[a]_R$，称为由元素 a 产生的 R 等价类。在不引起混淆时简记为 $[a]$。

由于等价关系是自反的，显然 $a \in [a]$，故等价类是 A 的非空子集。

例 4.23　当 $k=3$ 时，例 3.1 中的模 3 的等价关系的等价类有：
$[0] = \{\cdots, -6, -3, 0, 3, 6, \cdots\}$，
$[1] = \{\cdots, -5, -2, 1, 4, 7, \cdots\}$，
$[2] = \{\cdots, -4, -1, 2, 5, 8, \cdots\}$。

在例 4.22 中模 3 的等价类有：
$[0] = \{0,3,6\}$，$[1] = \{1\}$，$[2] = \{2,5,8\}$。显然，$[0] = [3] = [6]$，$[2] = [5] = [8]$。

定理 4.17　设 R 是集合 A 上的等价关系，则 (1) 对任意 $a,b \in A$，或者 $[a] = [b]$ 或者 $[a] \cap [b] = \varnothing$；(2) $\bigcup\limits_{a \in A} [a] = A$。

证明　若 $A = \varnothing$，则 R 为空关系，决定的等价类也是 $\varnothing$，结论显然成立。下面设 $A \neq \varnothing$。

(1) 任意给定 $a,b \in A$，若 $[a] \cap [b] = \varnothing$，则已得证。若 $[a] \cap [b] \neq \varnothing$，则存在 A 的元素 $x \in [a] \cap [b]$，于是 $x \in [a]$ 且 $x \in [b]$，故有 xRa 且 xRb，R 是对称的，故 aRx 且 xRb，又 R 是传递的，故 aRb。因此，任一 $y \in [a]$ 必有 yRa，而 aRb，故 yRb，即 $y \in [b]$，因此得到 $[a] \subseteq [b]$。同理可证 $[b] \subseteq [a]$。

(2) $\bigcup\limits_{a \in A} [a] = A$ 显然。

定理 4.18　设 R 是集合 A 上的等价关系，对于 $a,b \in A$，则
$$aRb \text{ 当且仅当 } [a]_R = [b]_R$$

证明　必要性。若 aRb，任意 $c \in [a]_R$，则
$$aRc \Rightarrow cRa \, (R \text{ 的对称性}) \Rightarrow cRb \, (\text{已知 } aRb \text{ 和 } R \text{ 的传递性}) \Rightarrow c \in [b]_R$$
所以，$[a]_R \subseteq [b]_R$。

反之，若任意 $c \in [b]_R$，则
$$bRc \Rightarrow cRb \, (R \text{ 的对称性}) \Rightarrow cRa \, (\text{已知 } aRb，\text{由 } R \text{ 的对称性有 } bRa，\text{结合 } R \text{ 的传递性}) \Rightarrow$$
$c \in [a]_R$，所以，$[b]_R \subseteq [a]_R$。即有 $[a]_R = [b]_R$。

充分性。若 $[a]_R = [b]_R$，因为 $a \in [a]_R \Rightarrow a \in [b]_R \Rightarrow aRb$。

定义 4.16　设 R 为集合 X 上的等价关系，称等价类集合 $\{[a]_R \mid a \in X\}$ 为 X 关于 R 的商集，记作 X/R。

例如，例 4.23 中的商集 $Z/R = \{[0]_R, [1]_R, [2]_R\}$。

注意到定理 4.17 和定理 4.18 的结论,有

定理 4.19 集合 X 上的等价关系 R,决定了 X 的一个划分,该划分就是商集 X/R。

证明 设 R 为集合 A 上的等价关系,a 为集合 A 中的某固定元素,把与 a 有等价关系的元素放在一起构成一个子集,该子集就是有 a 产生的等价类 $[a]_R$,所有这样的子集就构成商集 X/R。

下面证明商集 X/R 就是 X 的一个划分。

(1) 在 $X/R=\{[x]_R \mid x\in X\}$ 中,$\bigcup_{x\in X}[x]_R=X$。

(2) $\forall x\in X$,由于 R 具有自反性,必有 xRx,即 $x\in[x]_R$,因此,$[x]_R$ 非空。

(3) A 的每个元素只能属于一个块。

反证,若 $a\in[b]_R,a\in[c]_R$,且 $[b]_R\neq[c]_R$,则 bRa,cRa,由对称性可知,aRc,再由传递性知,bRc,由定理 4.18 必有 $[b]_R=[c]_R$,这与题设矛盾。

故 X/R 是 X 上的一个划分。

定理 4.20 集合 X 上的一个划分确定 X 中元素间的一种等价关系。

证明 设 $S=\{S_1,S_2,\cdots,S_m\}$ 是集合 X 的一个划分,定义 X 上一个关系 $R=\{<a,b>\mid a,b$ 同属于一个分块$\}$,下面证明 R 是 X 上的一个等价关系。

(1) R 是自反的。$\forall a\in X$ 因为 a 与 a 在同一分块中,所以 $<a,a>\in R$。

(2) R 是对称的。若 $<a,b>\in R$,即 a,b 在同一分块中,所以 b,a 也在同一分块中,即 $<b,a>\in R$。

(3) R 是传递的。若 $<a,b>\in R,<b,c>\in R$,即 a,b 在同一块,b,c 也在同一块,由于 $S_i\bigcap S_j=\varnothing,i\neq j,i,j=1,2,\cdots,m$,所以 a,c 也在同一块内,即 $<a,c>\in R$。

由 R 的定义知,S 就是 X/R。

从定理的证明,可看出由集合 A 上的一个划分 $\pi=\{A_1,A_2,\cdots,A_n\}$,可以确定一个与其对应的 A 上的等价关系 R 就是 $A_1\times A_1\bigcup A_2\times A_2\bigcup\cdots\bigcup A_n\times A_n$。

例 4.24 设集合 $A=\{1,2,3,4,5\}$,有一个划分 $\pi=\{\{1,5\},\{2\},\{3,4\}\}$,试由划分 π 确定 A 上的一个等价关系 R。

解 依据定理可设 $R=\{1,5\}\times\{1,5\}\bigcup\{2\}\times\{2\}\bigcup\{3,4\}\times\{3,4\}$
$=\{<1,1>,<1,5>,<5,1>,<5,5>,<2,2>,<3,3>,<3,4>,<4,3>,<4,4>\}$

4-3 习 题

1. 设 R_1 与 R_2 都是集合 X 上的等价关系,则 $R_1=R_2$ 当且仅当 $X/R_1=X/R_2$。

2. 设 $X=\{a,b,c,d,e\}$,试求划分 $S=\{\{a,b\},\{c\},\{d,e\}\}$ 确定的等价关系。

3. R_1 和 R_2 都是集合 A 上的等价关系,试判断下列 A 上的二元关系是不是 A 上的等价关系。若不是,请给出反例。
(1)A^2-R_1;(2)R_1-R_2;(3)$r(R_1-R_2)$;(4)$R_1\cdot R_2$;(5)$R_1\bigcup R_2$。

4. R 是整数集合 I 上的关系,$R=\{<x,y>\mid x^2=y^2\}$:
(1) 证明 R 是等价关系;(2)确定 R 的等价数。

5. 设 R 是集合 A 上的对称关系和传递关系,求证:若对每一个元素 $a\in A$,存在一个元素 $b\in A$,使 $<a,b>\in R$,则 R 是等价关系。

4.4　相容关系与集合的覆盖

定理 4.19、定理 4.20 说明了集合的划分与等价关系是紧密相关的,但等价关系的传递性是一个较麻烦的问题,在实际问题中往往有些关系不具有传递性,例如朋友关系、父子关系等就不具有传递性,又如关系数据库中考虑元组运算时还要排除传递性。本节介绍一种应用广泛的新的关系——相容关系。

1. 集合的覆盖

定义 4.17　设 X 是非空集合,$S = \{S_1, S_2, \cdots, S_m\}$,其中 S_i 都是 X 的非空子集,如果 $\bigcup\limits_{i=1}^{m} S_i = X$,则称 S 是集合 X 的一个覆盖。

例 4.25　设 $X = \{1, 2, 3, 4, 5\}$,则 $S_1 = \{\{1\}, \{2, 3\}, \{2, 4, 5\}\}$,$S_2 = \{\{1\}, \{3, 4\}, \{2, 4, 5\}\}$ 等都是集合 X 的覆盖。

注意：*覆盖不是划分,而划分一定是覆盖。*

2. 相容关系与相容类

定义 4.18　设 R 为集合 X 上的二元关系,如果 R 具有自反性和对称性,则称 R 为 X 上的相容关系。

例 4.26　设 $X = \{\text{boy}, \text{girl}, \text{computer}, \text{artificial}, \text{intelligence}\}$,

$$R = \{<x, y> \mid x, y \in X \text{ 且 } x, y \text{ 至少有一个相同的字母}\}$$

则 R 是 X 上的相容关系。

证明　简记 X 中的元素依次为 $1, 2, 3, 4, 5$,则

$$\begin{aligned}
R = \{ & <1,1>, <2,2>, <3,3>, <4,4>, <5,5>, <1,3>, \\
& <3,1>, <2,3>, <3,2>, <2,4>, <4,2>, <3,4>, <4,3>, \\
& <2,5>, <5,2>, <3,5>, <5,3>, <4,5>, <5,4> \}
\end{aligned}$$

R 的关系矩阵如下:

$$\boldsymbol{M}_R = \begin{pmatrix} 1 & 0 & 1 & 0 & 0 \\ 0 & 1 & 1 & 1 & 1 \\ 1 & 1 & 1 & 1 & 1 \\ 0 & 1 & 1 & 1 & 1 \\ 0 & 1 & 1 & 1 & 1 \end{pmatrix}$$

$\boldsymbol{M}_R$ 的左主对角线上全是 1 并且关于左主对角线是对称的,可见关系 R 是相容关系。

根据相容关系的关系矩阵共同特征,为了减少储存量,并使书写简化,可采用梯子形状(图 4.6)标出左主对角线以下元素,也可以反映出相容关系的关系矩阵。

由于 R 的关系图上每一点都有指向自身的弧,可以略去不画,R 又具有对称性,因此两点之间如果有一点指向另一点的弧,必有方向相反的另一弧存在,此时就简化为一条无箭头的边,故相容关系的简化关系图就表现为无自身回路的五向图,见图 4.7。

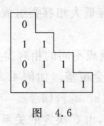

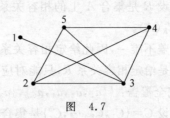

图 4.6   图 4.7

定义 4.19 设 R 是集合 X 上的相容关系,C 是 X 的非空子集,如果 $\forall a,b \in C$ 都有 aRb,则称 C 是由 R 产生的相容类。

例如,例 4.26 中的相容关系 R 产生的相容类为:

$$\{1\},\{2,3,4,5\},\{2,3\},\{3,4\},\{4,5\},\{2,4,5\} \text{ 等}$$

易知,$X=\{1\}\bigcup\{2,3,4,5\}$,$X=\{1\}\bigcup\{2,4,5\}\bigcup\{3,4\}$。

可见 $\{\{1\},\{2,3,4,5\}\}$ 和 $\{\{1\},\{2,4,5\},\{3,4\}\}$ 等都是集合 X 的覆盖,因此由 R 产生的覆盖并不唯一,反过来可知,几个不同的覆盖可以决定一个相容关系。

另外,相容类 $\{2,3\}$,$\{2,4,5\}$,$\{3,4\}$ 等还可以加入与类中元素符合相容关系的其他元素构成新的相容类,如,$\{2,3\}$ 可以加入元素 4 或 5;$\{2,4,5\}$ 可以加入元素 3;$\{3,4\}$ 可以加入元素 2 或 5。但是 C 的相容类 $\{1,3\}$,$\{2,3,4,5\}$ 就不能再添加元素构成新的相容类了。

定义 4.20 设 R 是集合 X 上的相容关系,C 是由 R 产生的相容类,如果 C 不能真包含在其他任何相容类中,则称 C 为 R 的最大相容类。记为 $C_{R,\max}$。

我们知道,关系图中两点 x,y 之间右边相联,表明 xRy,而最大相容类中的每两点都有边相联,其他点均不与这些点有边相联,因此,最大相容类中的元素在关系图中形成一个点或者一条边或者一个最大完全多边形。所谓完全多边形就是其每个顶点都与其他顶点连接的多边形。

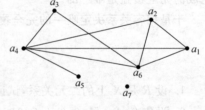

图 4.8

例 4.27 设给定的相容关系图为图 4.8,求它的最大相容类。

解 最大相容类为

$$\{a_1,a_2,a_4,a_6\},\{a_3,a_4,a_6\},\{a_4,a_5\},\{a_7\}$$

定理 4.21 设 R 是有限集合 A 上的相容关系,C 是一个相容类,则存在一个最大相容类 $C_{R,\max}$,使得 $C \subseteq C_{R,\max}$。

证明 设 $A=\{a_1,a_2,\cdots,a_n\}$,构造相容类序列

$$C_0 \subset C_1 \subset C_2 \subset \cdots, \text{其中} C_0 = C$$

且 $C_{i+1}=C_i \bigcup \{a_j\}$,其中 j 是满足 $a_j \notin C_i$,a_j 与 C_i 中各元素都有相容关系的最小足标元素。

由于 A 中元素个数 $|A|=n$,所以至多经过 $n-|C|$ 步,就使这个过程终止,而此序列的最后一个相容类就是包含相容类 C 的最大相容类。

A 中任一元素 a,它可以组成相容类 $\{a\}$,从定理 4.21 可知,$\{a\}$ 必包含在一个最大相容类 $C_{R,\max}$ 之中,因此所有最大相容类组成的集合必是 A 的覆盖。

定义 4.21　设 R 是集合 A 上的相容关系，R 的所有最大相容类组成的集合称为 A 的完全覆盖，记作 $C_R(A)$。

集合 A 的覆盖不唯一，因此给定相容关系 R，可以做成不同的相容类集合，它们都是集合 A 的覆盖。但是给定相容关系 R，只能对应唯一的完全覆盖。如例 4.27 中 A 上的相容关系，有唯一的完全覆盖：$\{\{a_1,a_2,a_4,a_6\},\{a_3,a_4,a_6\},\{a_4,a_5\},\{a_7\}\}$。

定理 4.22　设 $C=\{C_1,C_2,\cdots,C_r\}$ 是集合 A 的覆盖，由 C 决定的关系

$$R=(C_{1\times}C_1)\bigcup(C_{2\times}C_2)\bigcup\cdots\bigcup(C_{r\times}C_r)\text{ 是 }A\text{ 的一个相容关系。}$$

证明　(1) R 的自反性。因为 $A=C_1\bigcup C_2\bigcup\cdots\bigcup C_r$，故对任一 $a\in A$，必有 i 使 $a\in C_i$，则 $<a,a>\in C_{i\times}C_i\subseteq R$。

(2) $\forall x,y\in A$，若 $<x,y>\in R$，由 $R=(C_{1\times}C_1)\bigcup(C_{2\times}C_2)\bigcup\cdots\bigcup(C_{r\times}C_r)$ 知，$\exists C_i$ 使 $<x,y>\in C_{i\times}C_i(i=1,2,\cdots,r)$，即 $x,y\in C_i$，则 $<y,x>\in C_{i\times}C_i\subseteq R$，即 R 是对称的。因此，R 是 A 上的相容关系。

注意：不同的覆盖可确定相同的相容关系。例如，设 $A=\{1,2,3,4\}$，集合 $\{\{1,2,3\},\{3,4\}\}$ 和 $\{\{1,2\},\{2,3\},\{1,3\},\{3,4\}\}$ 都是 A 的覆盖，但它们可以产生相同的相容关系。

$$R=\{<1,1>,<1,2>,<2,1>,<2,2>,<2,3>,<3,2>,$$
$$<1,3>,<3,1>,<3,3>,<4,4>,<3,4>,<4,3>\}$$

根据上面的讨论可知，由集合 A 的一个相容关系可以得出若干个不同的覆盖，它们都可以增加与相容类中所有元素都符合相容关系的元素，从而构成最大相容类，而最大相容类组成的完全覆盖是唯一的。

于是相容关系决定唯一的完全覆盖，完全覆盖决定唯一的相容关系。

4-4　习　　题

1. 设 R 是 X 上的二元关系，试证明 $R=I_X\bigcup R\bigcup R^{-1}$ 是 X 上的相容关系。
2. 设集合 $A=\{1,2,3,4,5,6\}$，$R=\{<1,1>,<1,2>,<1,3>,<2,1>,<2,2>,<2,3>,<2,4>,<2,5>,<3,1>,<3,2>,<3,3>,<3,4>,<4,2>,<4,3>,<4,4>,<4,5>,<5,2>,<5,4>,<5,5>,<6,6>\}$，证明 R 是 A 上的相容关系，给出 R 的关系矩阵和简化关系图，求 R 的最大相容类。

4.5　偏序关系

1. 偏序关系和拟序关系

在一个集合上，常常要考虑元素的次序关系，次序是元素群体的重要特征，是建立在元素间的关系基础上的。其中偏序关系就是一类很重要的次序关系。

定义 4.22　设 R 是非空集合 A 上的关系，若 R 具有自反性、反对称性和传递性，则称 R 是 A 上的**偏序关系**（Partial Order Relation），或称**半序关系**，常把偏序关系 R 记作 $\leq$，若 $<a,b>\in\leq$，则记作 $a\leq b$，读作"a 小于等于 b"。有序对 $<A,\leq>$ 称为**偏序集**（Partially Ordered Set）。

我们指出：这里的"小于或等于"不是指普通数的大小关系的≤，而是指偏序关系中的顺序性。x"小于或等于"y表示：x排在y的前边，即$x < y$或$x = y$。

例 4.28 证明整数集合I中的"小于或等于"关系R是偏序关系。

证明 （1）对于任意的$x \in I$，有$x \leq x$，即$<x, x> \in R$，所以R具有自反性。

（2）若$<x, y> \in R$且$<y, x> \in R$，即$x \leq y$且$y \leq x$，则$x = y$，所以R具有反对称性。

（3）若$<x, y> \in R$且$<y, z> \in R$，即$x \leq y$且$y \leq z$，则$x \leq z$，即$<x, z> \in R$，故R具有传递性。

综上所述，整数集合I中的"小于或等于"关系是偏序关系。$<I, R>$构成偏序集。

例 4.29 给定集合$A = \{2, 3, 4, 6, 8\}$，令关系R是集合A上的关系，$R = \{<2, 2>, <2, 4>, <2, 6>, <2, 8>, <3, 3>, <3, 6>, <4, 4>, <4, 8>, <6, 6>, <8, 8>\}$，证明$R$是偏序关系。

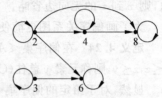

图 4.9

证明 利用关系图的特点来证明，根据关系R画出的关系图如图 4.9 所示。

（1）每个结点均有环，故R具有自反性；

（2）每两个不同结点间最多有一条边，故R具有反对称性；

（3）2 间接地通到 8，2 到 8 直接有边。所以R有传递性，故R是偏序关系。

定义 4.23 设R是非空集合A上的关系，若R具有反自反性、传递性，则称R是A上的**拟序关系**（Quasi-ordering relation），记该关系R为$<$。若$<a, b> \in R$，可记作$a < b$，读作"a 小于 b"。

注意：这里的"小于"不是指普通数的大小关系的$<$，而是指拟序的"小于"。x"小于"y的含义是：依照这个顺序，x排在y的前边。

例 4.30 $A = \{1, 2, 3\}$，R是A上的整除关系，$R = \{<1, 1>, <1, 2>, <1, 3>, <2, 2>, <3, 3>\}$，显然$R$是偏序关系，$A$中元素有以下关系：$1 < 2$，$1 < 3$；$1 = 1$，$2 = 2$，$3 = 3$；2 和 3 不可比。

例 4.31 集合A的幂集$P(A)$上的关系"$\subset$"是拟序关系。

证明 （1）对$\forall X \in P(A)$，有$X \not\subset X$，所以$\subset$具有反自反性。

（2）设$X, Y, Z \in P(A)$，若$X \subset Y$，$Y \subset Z$，则有$X \subset Z$，因此$\subset$具有传递性。

故$\subset$是$P(A)$上的拟序关系。

定理 4.23 设R是集合A上的拟序关系，则R是反对称性。

证明 设R不是反对称的。则至少存在两个元素$x, y \in A$，$x \neq y$，且$<x, y> \in R$，$<y, x> \in R$，因为R是传递的，所以$<x, x> \in R$，$<y, y> \in R$。这与R是反自反的特性相矛盾，因此R具有反对称性。

从该定理，很容易得出以下结论。

（1）由反自反性和传递性可以推出反对称性。

（2）拟序关系具有反自反性、反对称性和传递性。

（3）拟序和偏序的区别在于反自反性和自反性上，它们均具有反对称性和传递性。

（4）若R是偏序关系，则$R - I_A$是拟序关系；若R是拟序关系，则$R \cup I_A$是偏序关系。即偏序是拟序的扩充，拟序是偏序的缩减。

2. 哈斯图

对于描述偏序集的关系图,可以按如下规则进行简化。

(1) 偏序关系具有自反性,所以所有结点的环均省略,只用一个结点表示 A。

(2) 偏序关系具有反对称性,即两结点间的边为单向的,所以可以省略所有边上的箭头,适当排列 A 中元素的位置,如 $x \leq y$,则 x 画在 y 的下方。即每条边都向上画,并略去箭头。

(3) 偏序关系具有传递性,即若 $x \leq y, y \leq z$,则必有 $x \leq z$,因此 x 到 y 有边,y 到 z 有边,则 x 到 z 的无向边省略。

为了画偏序关系图更简便,哈斯(Hasse)根据盖住概念给出了一种画法——哈斯图。

定义 4.24   在偏序集 $<A, \leq>$ 中,若 $x, y \in A, x \leq y, x \neq y$,并且没有其他元素 z 满足 $x \leq z, z \leq y$,则称元素 y **盖住**(Overlay)元素 x。并且记 $COVA = \{<x,y> | x,y \in A, y\ 盖住\ x\}$。

显然,对于给定的偏序集 $<A, \leq>$,元素之间的"盖住"关系是唯一的,可以利用这一特性画出偏序集的关系图,即哈斯图。画法步骤如下。

(1) 用小圆圈表示元素;

(2) 若 y 盖住 x,则把表示 y 的小圆圈画在表示 x 的小圆圈之上,并在两个小圆圈之间连一条边,由于所有边的箭头向上,因此略去箭头。

根据盖住关系,画出的哈斯图把表示偏序关系 $\leq$ 的传递性的连线都省略了,具体说,若 $<x,y> \in COVA, <y,z> \in COVA$,即 $x \leq y, y \leq z$,显然必有 $x \leq z$。

例 4.32   画出下列偏序集的哈斯图。

(1) 设 $<A, \leq>$ 是偏序集,其中 $A = \{2,3,4,6,8\}$,$\leq = \{<2,2>, <2,4>, <2,6>, <2,8>, <3,3>, <3,6>, <4,4>, <4,8>, <6,6>, <8,8>\}$。

解   根据偏序关系 $\leq$,画出的关系图,根据 $COVA$,画出哈斯图,如图 4.10 所示。
$$COVA = \{<2,4>, <2,6>, <3,6>, <4,8>\}$$

(2) 设 $<A, \subseteq>$ 是偏序集,$A = \{a,b,c\}$。

解 $P(A) = \{\varnothing, \{a\}, \{b\}, \{c\}, \{a,b\}, \{a,c\}, \{b,c\}, \{a,b,c\}\}$

包含关系 $\subseteq = \{<\varnothing, \varnothing>, <\varnothing, \{a\}>, <\varnothing, \{b\}>, <\varnothing, \{c\}>, <\varnothing, \{a,b\}>, <\varnothing, \{a,c\}>, <\varnothing, \{b,c\}>, <\varnothing, \{a,b,c\}>, <\{a\}, \{a\}>, <\{a\}, \{a,b\}>, <\{a\}, \{a,c\}>, <\{a\}, \{a,b,c\}>, <\{b\}, \{b\}>, <\{b\}, \{a,b\}>, <\{b\}, \{b,c\}>, <\{b\}, \{a,b,c\}>, <\{c\}, \{c\}>, <\{c\}, \{a,c\}>, <\{c\}, \{b,c\}>, <\{c\}, \{a,b,c\}>, <\{a,b\}, \{a,b\}>, <\{a,b\}, \{a,b,c\}>, <\{a,c\}, \{a,c\}>, <\{a,c\}, \{a,b,c\}>, <\{b,c\}, \{a,b,c\}>, <\{b,c\}, \{b,c\}>, <\{a,b,c\}, \{a,b,c\}>\}$

$COVA = \{<\varnothing, \{a\}>, <\varnothing, \{b\}>, <\varnothing, \{c\}>, <\{a\}, \{a,b\}>, <\{a\}, \{a,c\}>, <\{b\}, \{a,b\}>, <\{b\}, \{b,c\}>, <\{c\}, \{a,c\}>, <\{c\}, \{b,c\}>, <\{a,b\}, \{a,b,c\}>, <\{a,c\}, \{a,b,c\}>, <\{b,c\}, \{a,b,c\}>\}$,作出哈斯图如图 4.11 所示。

应该指出,不同定义的偏序关系可有相同的哈斯图,这将在代数结构中进一步研究。从哈斯图中,可以看到偏序集 $<A, \leq>$ 中的各个元素处于不同层次的位置,下面讨论偏序集中的特殊元素,它们是讨论次序关系所必需的,而且在代数系统中扮演着重要的角色。

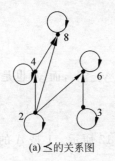
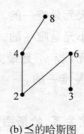
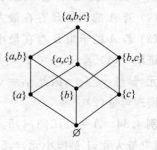

(a) ≼的关系图　　　　(b) ≼的哈斯图

图　4.10　　　　　　　　　　　　图　4.11

定义 4.25　设$<A,\leq>$是偏序集,集合$B\subseteq A$。

(1) 如果存在$b\in B$,使得对任意的$x\in B$,均有$x\leq b$,则称b为B的**最大元**(Greatest Element)。

(2) 如果存在元素$a\in B$,使得对任意的$x\in B$,均有$a\leq x$,则称a为B的**最小元**(Smallest Element)。

(3) 如果存在元素$b\in B$,使得对任意的$x\in B$,若$b\leq x$,则$x=b$,称b为B的**极大元**(Maximal Element)。

(4) 如果存在元素$a\in B$,使得对任意的$x\in B$,若$x\leq a$,则$x=a$称a为B的**极小元**(Minimal Element)。

(5) 如果存在$m\in A$,使得对任意的$x\in B$,则$x\leq m$,那么称m为B的**上界**(Upper Bound)。

(6) 如果存在$l\in A$,使得对任意的$x\in B$,则$l\leq x$,那么称l为B的**下界**(Lower Bound)。

(7) 令$C=\{b\,|\,b$为B的上界$\}$,则称C的最小元为B的**最小上界**或**上确界**(Least Supper Bound)。

(8) 令$D=\{a\,|\,a$为B的下界$\}$,则称D的最大元为B的**最大下界**或**下确界**(Greatest Supper Bound)。

注意:

① B的最大(或最小)元是B中的元素,它大于(或小于)B中其他每个元素的B中的元素,它与B中其他元素都可比较;最大(最小)元可能不存在。

② B的极大(或小)元是B中的元素,它不小于(或不大于)B中其他每个元素的元素,极大(极小)元不一定与B中元素都可比,只要不存在能与它进行比较且比它大(小)的元素,它就是极大(极小)元,极大(极小)元未必是唯一的,也不一定是最大(最小)元,但若极大(极小)元唯一,则必定是最大(最小)元,孤立点既是极大元,也是极小元。

③ B的上(或下)界是A中的元素,它大于(或小于)B中每个元素的元素。

④ B的上(或下)确界是B中的上(或下)界中的最小(或大)者。

⑤ 最大(最小)元是B中极大(极小)的元素,最大(最小)元一定是B的上(下)界,同时也是B的最小上界(最大下界),但反过来不一定正确。

例 4.33 设$<A, \leq>$是偏序集。

（1）若 A 的子集 B 存在最大元 y，则最大元是唯一的。

（2）若 A 的子集 B 存在最小元 y，则最小元是唯一的。

证明 （1）若 $y_1, y_2 \in B$ 均是 B 的最大元，若 y_1 是最大元，则 $y_2 \leq y_1$，而 y_2 也是 B 的最大元，显然 $y_1 \leq y_2$，因此 $y_1 = y_2$，故最大元是唯一的。

同理可证（2）。

例 4.34 $A = \{1, 2, 3, 4, 5, 6\}$，D 是整除关系，哈斯图如图 4.12 所示。1 是 A 的最小元，没有最大元，1 是极小元，4，5，6 都是 A 的极大元。

例 4.35 集合 $X = \{2, 3, 6, 12, 24, 36\}$ 上的整除关系是偏序关系。

（1）找出 X 的最大（小）元、极大（小）元、上（下）界、上（下）确界。

（2）找出集合 $Y = \{2, 3, 6, 12\}$ 的最大（小）元、极大（小）元、上（下）界、上（下）确界。

（3）找出集合 $Z = \{3, 6, 12\}$ 的最大（小）元、极大（小）元、上（下）界、上（下）确界。

解 （1）用枚举法给出集合 X 上的整除关系如下。

$$\leq = \{<2,2><2,6>, <2,12>, <2,24>, <2,36>, <3,3>, <3,6>,$$
$$<3,12>, <3,24>, <3,36>, <6,6>, <6,12>, <6,24>, <6,36>,$$
$$<12,12>, <12,24>, <12,36>, <24,24>, <36,36>\}$$

根据关系 $\leq$ 画出的哈斯图如图 4.13 所示。2，3 位于同一最下层，所以 2，3 为极小元；24，36 位于同一最上层，所以 24，36 为极大元；因为 2 和 3，24 和 36 无关系且极小（大）元不唯一，所以无最小（大）元。位于最下（上）层元素不唯一，所以无上界、下界、上确界、下确界。

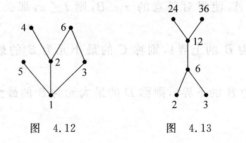

图 4.12   图 4.13

（2）（3）同理可求出 Y, Z 的最大（小）元、极大（小）元、上（下）界、上（下）确界如表 4.6 所示。

表 4.6

	极大元	极小元	最大元	最小元	上界	下界	上确界	下确界
X	24,36	2,3	无	无	无	无	无	无
Y	12	2,3	12	-1	12,24,36	无	12	无
Z	12	3	12	3	12,24,36	3	12	3

3. 全序关系和良序关系

定义 4.26 设 R 是 A 上的偏序关系，若对 $\forall x, y \in A$，$x \leq y$ 或 $y \leq x$，即两者必居其一，

则称 R 为 A 上的**全序关系**(Totally Ordered Relation),或称**线序关系**。

全序关系的实质是,R 为非空集合 A 上的偏序关系,$\forall x,y \in A$,x 与 y 都是可比的。可以将全序关系中的元素按次序排列,得 $x_1 \leq x_2 \leq \cdots \leq x_i \leq x_{i+1} \leq \cdots (i=1,2,\cdots)$,显然全序关系的哈斯图是一条线,故全序关系又称线序关系。

例 4.36 英文的 26 个字母有确定的先后次序,因而英汉词典中英文单词有一个次序。

例如,computer 在 count 的前面,而 computer 在 caw 的后面等。总之,任何两个英文单词均可确定哪个在前面,哪个在后面。一部英汉词典,是全序关系,称为词典次序。

定义 4.27 一个偏序集 $<A,\leq>$,若对于 A 的每一个非空子集都存在最小元素,则称偏序集 $<A,\leq>$ 为**良序集**(Well Ordered Set)。

例如,自然数集 **N** 和 **N** 上的小于等于"$\leq$"关系组成的偏序集是良序集。

定理 4.24 每一个良序集,一定是全序集。

证明 设 $<A,\leq>$ 是良序集,则对任意 $x,y \in A$,可以构成子集 $\{x,y\}$,必定存在最小元素,即必有 $x \leq y$ 或 $y \leq x$,因此 $<A,\leq>$ 是全序集。

定理 4.25 每一个有限全序集,一定是良序集。

证明 设有限集 $A = \{a_1, a_2, \cdots, a_n\}$,$<A,\leq>$ 是全序集,假定它不是良序集,即存在一个非空子集 $B \subseteq A$,在 B 中不存在最小元素。因为 B 是有限集合,所以一定可以找出元素 x 和 y 是无关的,但 $<A,\leq>$ 是全序集,所以对 $\forall x,y \in A$,x 与 y 必有关系,因此产生矛盾。

故 $<A,\leq>$ 是良序集。

注意:对于无限的全序集,不一定是良序集。例如,整数集合 I 上的小于等于关系 $\leq$,$<I,\leq>$ 是全序集,但不是良序集,因为无最小元素。

4-5 习 题

1. 设集合 $X = \{1,2,3,4,5\}$ 上的二元关系为:$R = \{<1,1>, <1,2>, <1,3>, <1,4>, <1,5>, <2,2>, <2,4>, <2,5>, <3,3>, <3,5>, <4,4>, <4,5>, <5,5>\}$,验证 $<A,R>$ 是偏序集,并画出哈斯图。

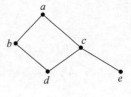

图 4.14

2. 如图 4.14 所示,为一有序集 $<A,R>$ 的哈斯图,

(1) 下列命题哪些为真?$aRb, dRa, cRd, cRb, bRc, aRa, eRa$;

(2) 给出 R 的关系图;

(3) 指出 A 的最大元、最小元(如果有的话)、极大元、极小元;

(4) 求出集合 A 的子集 $B_1 = \{c,d,e\}$,$B_2 = \{b,c,d\}$,$B_3 = \{a,c,d,e\}$ 的上界、下界、上确界、下确界(如果有的话)。

3. 填写下表(表 4.7),区分有序集 $<A,\leq>$ 的子集 B 上的最大(小)元、极大(小)元、上(下)界、上(下)确界。

表 4.7

b 是 B 的…	定义	$b \in B$ 否	存在性	唯一性
最大元素				
最小元素				
极大元素				
极小元素				
上界				
下界				
上确界				
下确界				

4. 下列集合中哪些是偏序集、拟序集、全序集、良序集？

(1) $<\rho(N),\subseteq>$；(2) $<\rho(N),\subset>$；(3) $<\rho(\{a\}),\subseteq>$；(4) $<\rho(\{\varnothing\}),\subseteq>$。

二元关系小结

　　了解二元关系定义与表示方法；熟悉掌握关系的 11 种运算,重点是掌握关系的符合运算和三种闭包运算；认清关系的性质,特别是等价关系、偏序关系和全序关系,它们的作用是今后排序分类不可忽视的。

第5章

函数

函数是一个基本的数学概念,这里把函数作为一种特殊的关系进行研究,例如,计算机中把输入/输出间的关系看成是一种函数;类似地,在开关理论、自动机理论和可计算性理论等领域中函数都有着极其广泛的应用。

学习要求:了解本章所讨论的函数是数学分析和复变函数中所讨论的单值函数概念的推广;认识和掌握一些重要的函数(如满射函数、单射函数、双射函数等);明确函数与二元关系间的联系和区别;明确函数对后继课程(如数据结构、程序语言设计、开关理论、代数结构、计算复杂性等)以及进行科学研究都是不可缺少的工具。

5.1 函数的概念

定义 5.1 设 X 和 Y 是集合,f 是一个从 X 到 Y 的关系,如果对于每一 $x \in X$,都存在唯一的 $y \in Y$,使 $<x, y> \in f$(或 xfy),则称 f 是一个从 X 到 Y 的**函数**(Function),记作 $f: X \rightarrow Y$。

注意:(1) dom $f = X$,叫做函数 f 的**定义域**(Domain)。由此可知函数定义在整个前域 X 上,而不是 X 的某个真子集上;也就是说 X 中的每个元素都必须作为 f 的序偶的第一元素出现,进而可得 $|f| = |X|$。

(2) ran $f \subseteq Y$,叫做函数 f 的**值域**(Range),值域 ran f 仍然是陪域 Y 的一部分。

(3) 由于对每一 $x \in X$,都存在唯一的 $y \in Y$,使 $f(x) = y$,即如果有 $f(x) = y_1$,$f(x) = y_2$,那么必然有 $y_1 = y_2$。

(4) $<x, y> \in f$ 通常记做 $f(x) = y$,并称 x 为函数的**自变元**,y 叫做对应于自变元 x 的函数值。

例如,设 $A = \{1, 2, 3, 4\}$,$B = \{a, b, c\}$,则从 A 到 B 的关系 $R = \{<1, a>, <2, a>, <3, b>\}$,$S = \{<1, a>, <2, b>, <3, c>, <4, d>, <1, d>\}$ 都不是 A 到 B 的函数。但从 A 到 B 的关系 $f = \{<1, a>, <2, b>, <3, a>, <4, b>\}$ 则是从 A 到 B 的函数,且 f 的定义域 dom $f = A = \{1, 2, 3, 4\}$,f 的值域 ran $f = \{a, b\}$。

由于对于 $\forall x \in X$,都存在唯一的 $y \in Y$,使 $<x, y> \in f$。所以通常的多值函数的概念是不符合这里对于函数的定义的,如 $g = \{<x^2, x> | x$ 是实数$\}$ 不是函数,而只是一种关系。

通常也把函数 f 称为**映射**(Mapping)(或**变换**(Transformation)),它把 X 的每一元素映射到(变换为)Y 的一个元素,因此 $f(x)$ 也可称为 x 的**映像**(Image),而称 x 为 $f(x)$ 的**像**

源(Source Image)。

在定义一个函数时,必须指定定义域、陪域和变换规则,变换规则必须覆盖定义域中的所有元素。

例 5.1　(1) 设 $f_1=\{<x_1,y_1>,<x_2,y_2>,<x_3,y_2>\}$, $f_2=\{<x_1,y_1>,<x_1,y_2>\}$,判断它们是否为函数。

(2) 设 $A=\{1,2,3,4\}$, $B=\{x,y,z\}$,判断从 A 到 B 的关系 R_1、R_2 和 R_3 是否为函数。其中 $R_1=\{<1,x>,<2,y>,<3,z>\}$, $R_2=\{<1,x><1,y>,<2,y>,<3,z>,<4,z>\}$, $R_3=\{<1,x>,<2,y>,<3,y>,<4,x>\}$。

解　(1) f_1 可看做 $X=\{x_1,x_2,x_3\}$ 到 $Y=\{y_1,y_2\}$ 的函数, f_2 不是函数,因为对应于 x_1 存在 y_1 和 y_2 满足 $x_1 f_2 y_1$ 和 $x_1 f_2 y_2$,与函数定义矛盾。

(2) $\mathrm{dom}R_1=\{1,2,3\}\neq A$,故 R_1 不是函数。 $\mathrm{dom}R_2=\{1,2,3,4\}=A$,但 $(1,x)$, $(1,y)\in R_2$,故 R_2 也不是函数。而 R_3 是函数。

定义 5.2　设 $f: X\rightarrow Y$, $g: W\rightarrow Z$ 为函数,若 $X=W$, $Y=Z$,且对每一 $x\in X$,有:

$f(x)=g(x)$,则称函数 f 与 g **相等**(Equation),记作 $f=g$。

由于函数是特殊的二元关系,所以函数相等的定义和关系相等的定义是一致的,它们必须有相同的定义域、陪域和序偶集合。如果两个函数 f 和 g 相等,一定满足下面两个条件。

$\mathrm{dom}f=\mathrm{dom}g$。 $\forall x\in \mathrm{dom}f=\mathrm{dom}g$,都有 $f(x)=g(x)$。

例如函数 $F(x)=\dfrac{x^2-1}{x+1}$ 和 $G(x)=x-1$ 是不相等的。因为 $\mathrm{dom}F=\{x\mid x\in R \wedge x\neq -1\}$ 而 $\mathrm{dom}G=R$,显然 $\mathrm{dom}F\neq \mathrm{dom}G$。

定义 5.3　所有从 A 到 B 的函数的集合记做 B^A,读做"B 上 A"。符号化表示为

$$B^A=\{f\mid f: A\rightarrow B\}$$

下面来讨论像这样从集合 A 到集合 B 可以定义多少个不同的函数。

设 $|A|=m$, $|B|=n$,由关系的定义, $A\times B$ 的子集都是 A 到 B 的关系,则集合 A 到集合 B 的二元关系个数是 2^{mn}。但根据函数的定义, $A\times B$ 的子集不一定是 A 到 B 的函数。

因为对 A 中 m 个元素中的任一元素 a,可在 B 的 n 个元素中任取一个元素作为 a 的像,因此 A 到 B 的函数有 n^m 个,用 B^A 表示 A 到 B 的函数全体所组成的集合,则 $|B^A|=n^m$。

例 5.2　设 $A=\{a,b\}$, $B=\{x,y,z\}$,求 B^A。

解　因为 $|A|=2$, $|B|=3$,所以 $|B^A|=3^2=9$。实际上,从 A 到 B 的 9 个函数具体如下。

$$f_1=\{<a,x>,<b,x>\}, \quad f_2=\{<a,x>,<b,y>\},$$
$$f_3=\{<a,x>,<b,z>\}; \quad f_4=\{<a,y>,<b,x>\},$$
$$f_5=\{<a,y>,<b,y>\}, \quad f_6=\{<a,y>,<b,z>\};$$
$$f_7=\{<a,z>,<b,x>\}, \quad f_8=\{<a,z>,<b,y>\},$$
$$f_9=\{<a,z>,<b,z>\};$$

也即 $B^A=\{f_1,f_2,\cdots,f_9\}$。

定义 5.4　设函数 $f: X\rightarrow Y$, $X_1\subseteq X$, $Y_1\subseteq Y$。

(1) 令 $f(X_1)=\{f(x)\mid x\in X_1\}$,称 $f(X_1)$ 为 X_1 **在 f 下的像**。特别地,当 $X_1=X$ 时称 $f(X)$ 为函数的像。

(2) 令 $f^{-1}(Y_1)=\{x\mid x\in X\land f(x)\in Y_1\}$,称 $f^{-1}(Y_1)$ 为 Y_1 在 f 下的**完全原像**。在这里要注意区别函数的值和像是两个不同的概念。函数值 $f(x)\in Y$,而像 $f(X_1)\subseteq Y$。

设 $Y_1\subseteq Y$,显然 Y_1 在 f 下的完全原像 $f^{-1}(Y_1)$ 是 X 的子集,考虑 $X_1\subseteq X$,那么 $f(X_1)\subseteq Y$。

$f(X_1)$ 的完全原像就是 $f^{-1}(f(X_1))$。一般说来 $f^{-1}(f(X_1))\ne X_1$,但是 $X_1\subseteq f^{-1}(f(X_1))$。

例如函数 $f:\{1,2,3\}\to\{0,1\}$,满足 $f(1)=f(2)=0,f(3)=1$ 令 $X_1=\{1\}$,那么有 $f^{-1}(f(X_1))=f^{-1}(f(\{1\}))=f^{-1}(\{0\})=\{1,2\}$ 这时 $X_1\subset f^{-1}(f(X_1))$。

例 5.3 设 $f:\mathbf{N}\to\mathbf{N}$,且 $f(x)=\begin{cases}x/2, & x\text{ 为偶数}\\ x+1, & x\text{ 为奇数}\end{cases}$

令 $X=\{0,1\},Y=\{2\}$,求 $f(X)$ 和 $f^{-1}(Y)$。

解 $f(X)=f(\{0,1\})=\{f(0),f(1)\}=\{0,2\},f^{-1}(Y)=f^{-1}(\{2\})=\{1,4\}$。

例 5.4 设 $g=\{<1,a>,<2,c>,<3,c>\}$ 是从 $A=\{1,2,3\}$ 到 $B=\{a,b,c,d\}$ 的一个函数。设 $S=\{1\},T=\{1,3\},U=\{a\},V=\{a,c\}$,求 $g(S),g(T),g^{-1}(U),g^{-1}(V)$。

解 $g(S)=\{a\},g(T)=\{a,c\},g^{-1}(U)=\{1\},g^{-1}(V)=\{1,2,3\}$。

5-1 习 题

1. 设 $X=\{1,2,3\},Y=\{a,b,c\}$,确定下列关系是否为从 X 到 Y 的函数。如果是,找出其定义域和值域。

(1) $\{<1,a>,<2,a>,<3,c>\}$;   (2) $\{<1,c>,<2,a>,<3,b>\}$;

(3) $\{<1,c>,<1,b>,<3,a>\}$;   (4) $\{<1,b>,<2,b>,<3,b>\}$。

2. 设 $\mathbf{I}$ 是整数集,$\mathbf{I}^+$ 是正整数集,函数 $f:\mathbf{I}\to\mathbf{I}^+$,由 $f(x)=|x|+2$ 给出,求它的值域。

3. 给定函数 f 和集合 A,B 如下,对每一组 f 和 A,B,求 A 在 f 下的像 $f(A)$ 和 B 在 f 下的完全原像 $f^{-1}(B)$。

(1) $f:N\to N\times N,f(x)=<x,x+1>,A=\{5\},B=\{<2,3>\}$;

(2) $f:N\to N,f(x)=2x+1,A=\{2,3\},B=\{1,3\}$;

(3) $f:S\to S,S=[0,1],f(x)=x/2+1/4,A=(0,1),B=[1/4,1/2]$;

(4) $f:S\to R,S=[0,+\infty),f(x)=1/(x+1),A=\{0,1/2\},B=\{1/2\}$。

4. 设 $A=\{x,y,z\},B=\{a,b\}$,求 B^A。

5.2 特殊的函数及特征函数

1. 特殊函数

本节介绍具有一定性质的特殊函数,首先介绍在函数中常要讨论的几个特殊函数:满射、单射和双射。

定义 5.5 (1) 设函数 $f:A\to B$,若对于任意的 $y\in B$,都存在 $x\in A$,使得 $f(x)=y$,则称 f 为**满射**(到上函数)(Surjection)。

(2) 设函数 $f: A \rightarrow B$，若 $a_1, a_2 \in A, a_1 \neq a_2$，必有 $f(a_1) \neq f(a_2)$，则称 f 为**单射**(Injection)(**一对一函数**(One to One Mapping)或**入射**)。

(3) 设函数 $f: A \rightarrow B$，若 f 既是满射，且是单射，则称 f 为**双射**(Bijection)(**一一对应的函数**)。

具有这些性质的函数分别叫做**满射函数**(Surjection Function)、**单射函数**(Injection Function)和**双射函数**(Bijection Function)。

由以上定义不难看出，如果 $f: A \rightarrow B$ 是满射，则 $\operatorname{ran} f = B$。如果 $f: A \rightarrow B$ 是单射，则对于 $x_1, x_2 \in A$，如果有 $f(x_1) = f(x_2)$，则一定有 $x_1 = x_2$。

例 5.5   判断下面函数是否为单射、满射、双射的，为什么？

(1) $f: \mathbf{R} \rightarrow \mathbf{R}, f(x) = -x^2 + 2x - 1$。

(2) $f: \mathbf{I}^+ \rightarrow \mathbf{R}, f(x) = \ln x, \mathbf{I}^+$ 为正整数集。

(3) $f: \mathbf{R} \rightarrow \mathbf{R}, f(x) = 11x + 3$。

(4) $f: \mathbf{R}^+ \rightarrow \mathbf{R}^+, f(x) = (x^2 + 1)/x$，其中 $\mathbf{R}^+$ 为正实数集。

解   (1) $f: \mathbf{R} \rightarrow \mathbf{R}, f(x) = -x^2 + 2x - 1$ 是开口向下的抛物线，不是单调函数，并且在 $x = 1$ 点取得极大值 0。因此它既不是单射也不是满射。

(2) $f: \mathbf{I}^+ \rightarrow \mathbf{R}, f(x) = \ln x$ 是单调上升的，因此是单射。但不是满射，因为 $\operatorname{ran} f = \{\ln 1, \ln 2, \cdots\} \subset \mathbf{R}$。

(3) $f: \mathbf{R} \rightarrow \mathbf{R}, f(x) = 2x + 1$ 是满射、单射、双射，因为它是单调函数并且 $\operatorname{ran} f = \mathbf{R}$。

(4) $f: \mathbf{R}^+ \rightarrow \mathbf{R}^+, f(x) = (x^2 + 1)/x$ 不是单射的，也不是满射，当 $x \rightarrow 0$ 时，$f(x) \rightarrow +\infty$；而当 $x \rightarrow +\infty$ 时，$f(x) \rightarrow +\infty$。在 $x = 1$ 处函数 $f(x)$ 取得极小值 $f(1) = 2$。所以该函数既不是单射也不是满射。

一般情况下，一个函数是满射和单射之间没有必然的联系，但当 $A、B$ 都是有限集时，则有如下的定理。

定理 5.1   设 X 和 Y 为有限集，若 $|X| = |Y|$，则 $f: X \rightarrow Y$ 是单射，当且仅当 f 为满射。

证明   **充分性**：若 f 为满射，根据定义必有 $Y = f(X)$，于是

$$|X| = |Y| = |f(X)| \qquad \text{①}$$

所以，f 是一个单射。若不然，则存在 $x_1, x_2 \in A$，虽然 $x_1 \neq x_2$，但 $f(x_1) = f(x_2)$，因此，$|f(X)| < |X| = |Y|$，这与①矛盾。因此，由 f 是满射可推出 f 是一个单射。

必要性：若 f 是单射，则 $|X| = |f(X)|$，因为 $|f(X)| = |Y|$，从而

$$|f(X)| = |X| \qquad \text{②}$$

所以，$f(X) = Y$。若不然，则存在 $b \in Y \wedge b \notin f(X)$，又因为 $|Y|$ 是有限的，所以这时就有 $|f(X)| < |Y| = |X|$，这与②矛盾。因此由 f 是一个单射可以推出 f 为满射。

例 5.6   (1) 称集合 A 上的恒等关系 I_A 为 A 上的**恒等函数**(Identity Function)，对所有的 $x \in A$ 都有 $I_A(x) = x$。显然，任何集合 A 上的恒等函数 $I_A: A \rightarrow A$，都是 A 上的双射函数。

(2) 若 R 为集合 A 上的等价关系，则 $\forall x \in A, \varphi(x) = [x]_R$ 是一个从 A 到商集 A/R 的满射，并称 φ 为**自然函数或正则函数**。

2. 特征函数

定义 5.6   设 U 是全集，且 $A \subseteq U$，函数 $\psi_A: U \rightarrow \{0,1\}$ 定义为

$$\psi_A(x) = \begin{cases} 1, & x \in A \\ 0, & x \notin A \end{cases}$$

称 ψ_A 为集合 A 的**特征函数**(Eigenfunction)。

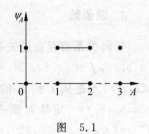

设 A 为集合,不难证明,A 的每一个子集 A' 都对应于一个特征函数,不同的子集对应于不同的特征函数。由于 A 的子集与特征函数存在这样的对应关系,可以用特征函数来标记 A 的不同的子集。特征函数建立了函数与集合间的一一对应关系,以后就可通过函数的计算去研究集合上的命题,这有利于用计算机处理集合中的问题。

图 5.1

例 5.7 设 M 是某小区的全体居民组成的集合。设 A 是未成年人集合,于是特征函数 ψ_A 的值为 1 对应于未成年人,0 对应于成年人。

例 5.8 设 $U=[0,3]$,$A=[1,2]\cup\{0,3\}$,那么 ψ_A 如图 5.1 所示。

5-2 习　题

1. 设 **N** 是自然数集,确定下列函数中哪些是双射? 哪些是满射? 哪些是单射?

(1) $f: \mathbf{N} \to \mathbf{N}, f(n) = n+1$;

(2) $f: \mathbf{N} \to \mathbf{N}, f(n) = \begin{cases} 1, & n \text{ 是奇数,} \\ 0, & n \text{ 是偶数;} \end{cases}$

(3) $f: \mathbf{N} \to \{0,1\}, f(n) = \begin{cases} 1, & n \text{ 是奇数,} \\ 0, & n \text{ 是偶数;} \end{cases}$

(4) $f: \mathbf{R} \to \mathbf{R}, f(x) = x^3 + 1$。

2. 举出分别满足下列(1)、(2)、(3)、(4)的例子。

(1) 单射但非满射。

(2) 满射但非单射。

(3) 既非单射也非满射。

(4) 既是单射也是满射。

3. (1) 设 $A = \{0,1,2,3,4\}$,f 是从 A 到 A 的函数:$f(x) = 4x \pmod 5$。试将 f 写成序偶组成的集合:问 f 是单射还是满射?

(2) 设 $A = \{0,1,2,3,4,5\}$,f 是 A 到 A 的函数,$f(x) = 4x \pmod 6$。试将 f 写成序偶组成的集合:问 f 是单射还是满射?

4. 设 $A = \{a,b\}$,$B = \{1,0\}$。构造从 A 到 B 的一切可能的函数:问其中哪些是满射? 哪些是单射? 哪些是双射?

5. 设 **N** 是自然数集,f 和 g 都是从 $\mathbf{N} \times \mathbf{N}$ 到 **N** 的函数,且 $f(x,y) = x+y$,$g(x,y) = xy$,试证明:f 和 g 是满射,但不是单射。

6. 设 $f: \mathbf{R} \times \mathbf{R} \to \mathbf{R} \times \mathbf{R}$,$f(<x,y>) = <(x+y)/2, (x-y)/2>$,证明 f 是双射。

5.3 逆函数与复合函数

1. 逆函数

任何关系都存在逆关系,但每个函数的逆关系不一定是函数。例如,$X=\{1,2,3\}$,$Y=\{a,b,c\}$,$f=\{<1,a>,<2,a>,<3,c>\}$ 是一函数。而 $f^{-1}=\{<a,1>,<a,2>,<c,3>\}$ 不是从 Y 到 X 的函数。但如果 f 是 A 到 B 的双射,那么 f 的逆关系 $\{<b,a>|<a,b>\in f\}$ 一定是 B 到 A 的函数。如在上例中,令 $f=\{<1,a>,<2,b>,<3,c>\}$,而 $f^{-1}=\{<a,1>,<b,2>,<c,3>\}$,是 B 到 A 的函数。

定理 5.2 若 $f:A\to B$ 是双射,则 f 的逆关系 f^{-1} 是 B 到 A 函数。

证明 对于任意的 $y\in B$,由于 $f:A\to B$ 是双射,即 $f:A\to B$ 是满射,则存在 $x\in A$,使得 $<x,y>\in f$,由逆关系的定义有 $<y,x>\in f^{-1}$;另一方面,若有 $<y,x>\in f^{-1}$ 且 $<y,x'>\in f^{-1}$,由逆关系的定义有 $<x,y>\in f$ 且 $<x',y>\in f$,而 $f:A\to B$ 是双射,即 $f:A\to B$ 是单射,所以 $x=x'$。综上所述可得,对于任意的 $y\in B$,存在唯一的 $x\in A$,使得 $<y,x>\in f^{-1}$,由函数的定义知,f 的逆关系 f^{-1} 是 B 到 A 函数。

于是逆函数可定义如下。

定义 5.7 设 $f:A\to B$ 是双射,则 f 的逆关系称为 f 的**逆函数**(Inverse Function),记为 $f^{-1}:B\to A$。即若 $f(a)=b$,则 $f^{-1}(b)=a$。此时又称 f 为**可逆函数**。

例 5.9 考虑如下定义的函数 $f:I\to I$;$f=\{<i,i^2>\mid i\in I\}$ 是否存在逆函数。

解 $f^{-1}=\{<i^2,i>\mid i\in I\}$,显然,$f^{-1}$ 不是从 I 到 I 的函数,这个例子说明,不能把逆函数直接定义为逆关系。

定理 5.3 若 $f:A\to B$ 是双射,则 $f^{-1}:B\to A$ 也是双射。

证明 若 $f:A\to B$ 是双射,则由定理 5.2 和定义 5.7 知 $f^{-1}:B\to A$ 是函数,要证 $f^{-1}:B\to A$ 是双射,只需先证 $f^{-1}:B\to A$ 是满射。因为 $f:A\to B$ 是函数,所以,对每一个 $a\in A$,必有 $b\in B$ 使 $b=f(a)$,从而有 $f^{-1}(b)=a$,所以 $f^{-1}:B\to A$ 是满射。

再证 $f^{-1}:B\to A$ 是单射。若 $f^{-1}(b_1)=a$,$f^{-1}(b_2)=a$,则 $f(a)=b_1$,$f(a)=b_2$。因为,$f:A\to B$ 是函数,便有 $b_1=b_2$,所以 $f^{-1}:B\to A$ 是单射。

综上所述,若 $f:A\to B$ 是双射,那么 $f^{-1}:B\to A$ 也是双射。

定理 5.4 若 $f:A\to B$ 是双射,则 $(f^{-1})^{-1}=f$。

证明留做习题。

2. 复合函数

由于函数是一种特殊的关系,下面考虑两个函数的复合关系。可以证明:设函数 $f:A\to B$,$g:B\to C$,则 A 到 C 的复合关系是一个函数,称为复合函数。定义如下。

定义 5.8 设函数 $f:A\to B$,$g:B\to C$,f 和 g 的**复合函数**(Composition Function)是一个 A 到 C 的函数,记为 $g\cdot f$。定义为:对于任一 $a\in A$,$(g\cdot f)(a)=g(f(a))$,即存在 $b\in B$,使得 $b=f(a)$,$c=g(b)$。

注意:这里采用复合函数习惯记法,为了将变元放在函数符号的右侧使 $(g\cdot f)(a)=$

$g(f(a))$,使得靠近变元的函数先作用于变元,因此,采用记号 $g \cdot f$,而不用与关系类似的记号 $f \cdot g$。

例 5.10 设 $A = \{a, b, c\}$,函数

$$f : A \to A, f = \{<a, a>, <b, c>, <c, b>\}$$
$$g : A \to A, g = \{<a, c>, <b, a>, <c, b>\}$$

则复合函数

$$g \cdot f = \{<a, c>, <b, b>, <c, a>\}$$
$$f \cdot g = \{<a, b>, <b, a>, <c, c>\} \neq g \cdot f$$

由上例可以看出,函数的复合运算与关系的复合运算一样不满足交换律。事实上,因为复合函数也是复合关系,所以函数的复合运算实质上就是关系的复合运算。因此关系复合运算所具有的性质,函数的复合运算也一样具有。下面的定理给出函数的复合运算的结合律。

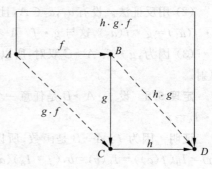

定理 5.5 设 $f : A \to B, g : B \to C, h : C \to D$,则 $(h \cdot g) \cdot f = h \cdot (g \cdot f)$。

图 5.2 是三个函数复合的示意图。

图 5.2

证明 由于 $g \cdot f$ 和 $h \cdot g$ 分别是 A 到 C 和 B 到 D 的函数,则 $h \cdot (g \cdot f)$ 和 $(h \cdot g) \cdot f$ 都是 A 到 D 的函数。下面证明,对于任意的 $x \in A$,都有 $h \cdot (g \cdot f)(x) = (h \cdot g) \cdot f(x)$。事实上,由复合函数的定义,有

$$h \cdot (g \cdot f)(x) = h((g \cdot f)(x)) = h(g(f(x)))$$
$$(h \cdot g) \cdot f(x) = (h \cdot g)(f(x)) = h(g(f(x)))$$

即 $h \cdot (g \cdot f)(x) = (h \cdot g) \cdot f(x)$。

例 5.11 设 **R** 为实数集合,对 $x \in \mathbf{R}$ 有 $f(x) = x - 1, g(x) = x^2, h(x) = 2x$,求 $g \cdot f$,$h \cdot g, h \cdot (g \cdot f)$ 和 $(h \cdot g) \cdot f$。

解 对任意 $x \in \mathbf{R}, g \cdot f(x) = g(f(x)) = g(x-1) = (x-1)^2$

$$h \cdot g(x) = h(g(x)) = h(x^2) = 2x^2$$
$$h \cdot (g \cdot f)(x) = h(g \cdot f(x)) = h((x-1)^2) = 2(x-1)^2$$
$$(h \cdot g) \cdot f(x) = (h \cdot g)(f(x)) = h \cdot g(x-1) = 2(x-1)^2$$

定理 5.6 设函数 $f : A \to B, g : B \to C$,则

(1) 若 f 和 g 都是满射,则 $g \cdot f : A \to C$ 是满射;

(2) 若 f 和 g 都是单射,则 $g \cdot f : A \to C$ 是单射;

(3) 若 f 和 g 都是双射,则 $g \cdot f : A \to C$ 是双射。

证明 (1) 对于 $c \in C$,因 g 是满射,所以存在 $b \in B$,使 $g(b) = c$。对于 $b \in B$,因 f 是满射,所以存在 $a \in A$,使 $f(a) = b$。于是 $(g \cdot f)(a) = g(f(a)) = g(b) = c$,因此 $g \cdot f$ 是满射。

(2) 对于 $a, b \in A$,若 $a \neq b, f$ 是单射,则 $f(a) \neq f(b)$。又因 g 是单射,所以 $g(f(a)) \neq g(f(b))$,于是 $g \cdot f$ 是单射。

(3) 因 f 和 g 是满射和单射,由(1)、(2)可知 $g \cdot f$ 也是满射和单射,因此 $g \cdot f$ 是双射。

至此,自然会有一个问题:定理 5.6(1),(2),(3)各自的逆定理成立吗? 用下面定理来回答这个问题。

定理 5.7 设函数 $f: A \rightarrow B, g: B \rightarrow C$,则

(1) 若 $g \cdot f: A \rightarrow C$ 是满射,则 g 是满射;

(2) 若 $g \cdot f: A \rightarrow C$ 是单射,则 f 是单射;

(3) 若 $g \cdot f: A \rightarrow C$ 双射,则 g 是满射且 f 是单射。

证明 (1) 因为,$g \cdot f: A \rightarrow C$ 是满射,所以,$\forall c \in C, \exists a \in A$,使得 $g \cdot f(a) = c$,即 $g(f(a)) = c$。又因为 $f: A \rightarrow B$ 是函数,则有 $b = f(a) \in B$,而 $g(b) = c$,因此,g 是满射。

(2) 用反证法。设有 $a_1, a_2 \in A$,且 $a_1 \neq a_2$,但 $f(a_1) = f(a_2)$,而 $g: B \rightarrow C$ 是函数,所以,$g \cdot f(a_1) = g \cdot f(a_2)$,这与 $g \cdot f: A \rightarrow C$ 是单射矛盾。故 f 是单射。

(3) 因为,$g \cdot f: A \rightarrow C$ 双射,所以,$g \cdot f$ 既是满射,又是单射,因此,g 是满射、且 f 是单射。

定理 5.8 设 $f: A \rightarrow B$ 是任意一个函数,I_A, I_B 分别为 A, B 上的恒等函数,则 $I_B \cdot f = f \cdot I_A = f$。

证明 因为 $f: A \rightarrow B$ 是函数,所以对任意 $a \in A$,存在 $b \in B$,使 $f(a) = b$,而 $(I_B \cdot f)(a) = I_B(f(a)) = I_B(b) = b$,$(f \cdot I_A)(a) = f(I_A(a)) = f(a) = b$,于是

$$I_B \cdot f = f \cdot I_A = f$$

定理 5.9 若函数 $f: A \rightarrow B$ 存在逆函数 f^{-1},则 $f^{-1} \cdot f = I_A, f \cdot f^{-1} = I_B$。

证明 (1) $f^{-1} \cdot f$ 与 I_A 的定义域相同,都是 A。

(2) 因为 f 为双射,所以 f^{-1} 也是双射。若 $f: x \rightarrow f(x)$,则 $f^{-1}(f(x)) = x$。由(1),(2)得 $f^{-1} \cdot f = I_A$,同理可证 $f \cdot f^{-1} = I_B$。

例 5.12 设 $f: \{0, 1, 2, 3,\} \rightarrow \{a, b, c, d\}$ 是双射。求 $f^{-1} \cdot f$ 和 $f \cdot f^{-1}$。

解 由定理 5.9 $f^{-1} \cdot f = I_A = \{<0, 0>, <1, 1>, <2, 2>, <3, 3>\}$;$f \cdot f^{-1} = I_B = \{<a, a>, <b, b>, <c, c>, <d, d>\}$。

定理 5.10 设函数 $g: A \rightarrow B, f: B \rightarrow C$ 都是双射,则 $(f \cdot g)^{-1} = g^{-1} \cdot f^{-1}$。

证明 由假设和定理 5.6 可知,$f \cdot g$ 是 A 到 C 的双射,所以由定理 5.3 可知,$(f \cdot g)^{-1}$ 是 C 到 A 的双射,因此,又可知 g^{-1} 是 C 到 B 的双射和 f^{-1} 是 B 到 A 的双射,所以 $g^{-1} \cdot f^{-1}$ 是 C 到 A 的双射。

下面证明,对于任何的 $c \in C$ 都有 $(f \cdot g)^{-1}(x) = g^{-1} \cdot f^{-1}(x)$。事实上 $\forall c \in C$,且 $f^{-1}(c) = b, g^{-1}(b) = a$,则有 $(g^{-1} \cdot f^{-1})(c) = g^{-1}(f^{-1}(c)) = g^{-1}(b) = a$,另一方面 $(f \cdot g)(a) = f(g(a)) = f(b) = c$,因此 $(f \cdot g)^{-1}(c) = a$。

综上可知 $(f \cdot g)^{-1} = g^{-1} \cdot f^{-1}$。

例 5.13 设 $f: \mathbf{R} \rightarrow \mathbf{R}, g: \mathbf{R} \rightarrow \mathbf{R}, f(x) = \begin{cases} x^2, & x \geq 3 \\ -2, & x < 3 \end{cases}$ $g(x) = x + 2$。求 $g \cdot f, f \cdot g$,如果 f 和 g 存在逆函数,求出它们的逆函数。

解

$$g \cdot f: \mathbf{R} \rightarrow \mathbf{R}, g \cdot f(x) = \begin{cases} x^2 + 2, & x \geq 3 \\ 0, & x < 3 \end{cases}$$

$$f \cdot g: \mathbf{R} \to \mathbf{R}, f \cdot g(x) = \begin{cases} (x+2)^2, & x \geqslant 1 \\ -2, & x < 1 \end{cases}$$

因为 $f: \mathbf{R} \to \mathbf{R}$ 不是双射的,所以不存在逆函数,而 $g: \mathbf{R} \to \mathbf{R}$ 是双射,它的逆函数 $g^{-1}: \mathbf{R} \to \mathbf{R}, g^{-1}(x) = x - 2$。

5-3 习 题

1. 设函数 $f: A \to B$ 是双射。证明 f 的逆关系 $\{<b,a> \mid <a,b> \in f\}$ 是 B 到 A 的一个函数。

2. 设 $f: \mathbf{R} \to \mathbf{R}$ 由 $f(x) = \cos x$ 来定义,试问 f 有没有逆函数? 为什么? 如果没有将如何修改 f 的定义域或值域使 f 有逆函数。

3. 考虑下述从 $\mathbf{R}$ 到 $\mathbf{R}$ 的函数: $f(x) = 2x + 5, g(x) = x + 7, h(x) = x/3, k(x) = x - 4$。试构造 $g \cdot f, f \cdot g, f \cdot f, g \cdot g, f \cdot k, g \cdot h$。

4. 设 $A = \{a, b, c\}, f = \{<a,b>, <b,a>, <c,a>\}$ 是从 A 到 A 的函数。写出有序对集合 $f \cdot f$ 和 $f \cdot f \cdot f$。

5. 设 $f: \mathbf{R} \to \mathbf{R}, f(x) = x^2 - 2, g: \mathbf{R} \to \mathbf{R}, g(x) = x + 4, h: \mathbf{R} \to \mathbf{R}, h(x) = x^3 - 1$,求解下列各题。

(1) 求 $g \cdot f, f \cdot g$。

(2) 问 $g \cdot f$ 和 $f \cdot g$ 是否为单射、满射、双射?

(3) f, g, h 中哪些函数有逆函数? 如果有,求出这些反函数。

6. 设 $f: A \to B, g: B \to C$,且 $f \cdot g: A \to C$ 是双射的。证明下列各题。

(1) $f: A \to B$ 是单射的。

(2) $g: B \to C$ 是满射的。

7. 证明定理 5.4。

5.4 集合的势与无限集合

1. 集合的势

第 3 章中曾经定义过集合的基数,是指集合中的不同元素的个数。由基数的概念,有限集合可以确切地数出元素的个数,但对于无限集合,元素的个数是没有意义的或者说不能区分不同无限集的这一特性。另一方面,对于有限集来说,如果存在一个双射 $f: A \to B$,则 $|A| = |B|$;若不存在 A 到 B 的双射,则 $|A| \neq |B|$。也就是说,根据两个有限集合是否存在双射,就可以判断两个集合基数是否相同。这个特性可以推广到无限集合。

定义 5.9 设 A, B 是集合,如果存在从 A 到 B 的双射函数,则称集合 A 和 B **等势** (Equipotent)(或称有**相同基数**),记做 $A \approx B$。如果 A 不与 B 等势,则记做 $A \not\approx B$。

通俗地说,集合的势是量度集合所含元素多少的量,集合的势越大,所含元素就越多。等势具有下面的性质:自反性、对称性和传递性,所以在集合上等势是一种等价关系。

定理 5.11 设 A, B, C 是任意集合,都有

(1) 对于任意集合 A 有，$A \approx A$。

(2) 若 $A \approx B$，则 $B \approx A$。

(3) 若 $A \approx B$，$B \approx C$，则 $A \approx C$。

证明很简单，留做课后练习。

由等势的定义，知道两个有限集等势，当且仅当这两个集合有相同的元素个数，也就是根据有限集的元素个数就能够判断两个有限集是否等势。同样由于这个原因，一个有限集决不与其真子集等势。但对于无限集合有下面一些等势集合的例子。

例 5.14　设 $N_e = \{0, 2, 4, \cdots\}$，定义函数 $f: N \to N_e$，$f(n) = 2n$。显然，f 是 N 到 N_e 的双射，所以 $N \approx N_e$。

例 5.15　求证 $(0, 1) \approx \mathbf{R}$，其中 $(0, 1) = \{x \mid x \in \mathbf{R} \wedge 0 < x < 1\}$。

解　令 $f: (0, 1) \to \mathbf{R}$，$f(x) = \tan \dfrac{(2x-1)\pi}{2}$。

易见 f 是单调递增的，即 f 是单射，且 $\operatorname{ran} f = \mathbf{R}$，即 f 是满射，从而证明了 $(0, 1) \approx \mathbf{R}$。从这两个例子可以看出，无限集合可与其真子集等势，这是无限集的一个重要特征。

定理 5.12　一个集合 A 是无限集的充分必要条件是集合 A 与它的一个真子集等势。

2. 可数集

定义 5.10　凡与自然数集合 $\mathbf{N}$ 等势的集合称为**可数集**(Countable Set)。

由例 5.14 知 $N_e = \{0, 2, 4, \cdots\}$ 是可数集，通常也把有限集和可数集通称为至多可数集。

例 5.16　求证整数集 $\mathbf{I}$ 是可数集。

证明　令 $f: \mathbf{I} \to \mathbf{N}$，$f(x) = \begin{cases} 2x, & x \geqslant 0 \\ -2x - 1, & x < 0 \end{cases}$，这个函数可用表 5.1 表示。

表　5.1

I	0	−1	1	−2	2	−3	3	⋯
N	0	1	2	3	4	5	6	⋯

显然 f 是 $\mathbf{I}$ 到 $\mathbf{N}$ 的双射函数，从而证明了 $\mathbf{I}$ 是可数集。这事实上是将 $\mathbf{I}$ 的元素排成一个序列，类似地，以后要证明一个集合 A 是可数集，只需将集合 A 的元素排成一个序列即可。

定理 5.13　集合 A 为可数集的充要条件是 A 的元素可以排列成一个序列的形式：

$$A = \{a_1, a_2, a_3, \cdots, a_n, \cdots\}$$

证明　如果 A 可以排列成上述序列的形式，那么将 A 的元素 a_n 与 n 对应，显然这是一个由 A 到自然数集 $\mathbf{N}$ 的双射，故 A 是可数集。

反之，若 A 是可数集，那么在 A 和 $\mathbf{N}$ 之间存在着一个双射 f，由 f 得到 $\mathbf{N}$ 的对应元素 a_n，即 A 可写为 $\{a_1, a_2, a_3, \cdots, a_n, \cdots\}$ 的形式。

例 5.17　证明自然数集合 $\mathbf{N}$ 的笛卡儿积 $\mathbf{N} \times \mathbf{N}$ 是可数集合。

证明　为证明 $\mathbf{N} \times \mathbf{N}$ 是可数集合，只需把 $\mathbf{N} \times \mathbf{N}$ 中的所有的元素排成一个序列，如图 5.3 所示。$\mathbf{N} \times \mathbf{N}$ 中的元素恰好是坐标平面上第一象限（含坐标轴在内）中所有具有整数坐标的点。按下图的次序可将平面上第一象限所有具有整数坐标的点排成一个序列。

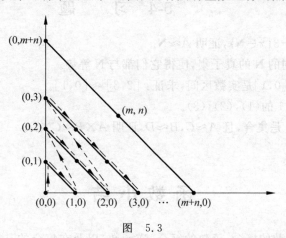

图 5.3

从$<0,0>$开始,按照图中箭头所标明的顺序,依次得到下面的序列。

$<0,0>$ $<0,1>$ $<1,0>$ $<0,2>$ $<1,1>$ $<2,0>$ …
　　0　　　　　1　　　　　2　　　　　3　　　　　4　　　　　5　　　　…

这个记数过程就是建立 $\mathbf{N} \times \mathbf{N}$ 到 $\mathbf{N}$ 的双射的过程。

为了给出这个函数的解析表达式:$f(<m,n>)=k$。首先对$<m,n>$点所在斜线下方的平面上的点进行计数,得 $1+2+\cdots+(m+n)=\dfrac{(m+n+1)(m+n)}{2}$。

然后对$<m,n>$所在的斜线上按照箭头标明的顺序位于该点之前的点进行计数是 m,因此$<m,n>$点是第$\dfrac{(m+n+1)(m+n)}{2}+m+1$个点,于是得到 $k=\dfrac{(m+n+1)(m+n)}{2}+m$。

根据上面的分析,不难给出 $\mathbf{N} \times \mathbf{N}$ 到 $\mathbf{N}$ 的双射函数 f,即 $f: \mathbf{N} \times \mathbf{N} \to \mathbf{N}$, $f(<m,n>)=$ $\dfrac{(m+n+1)(m+n)}{2}+m$,所以 $\mathbf{N} \times \mathbf{N}$ 是可数集。

定理 5.14 任何无限集合都含有可数子集。

证明 设 A 为无限集合,从 A 中取出一个元素 a_1,因为 A 是无限的,不会因为取出 a_1 而变为有限集,所以可以从 $A-\{a_1\}$ 中取元素 a_2,则 $A-\{a_1,a_2\}$ 也是无限集,所以又可以从 $A-\{a_1,a_2\}$ 中取元素 a_3,$\cdots$,如此继续下去必然可以得到 A 的可数子集。

定理 5.15 可数集的任何无限子集也是可数集。

证明 设 A 为可数集合,B 为 A 的一个无限子集,如果把 A 的元素排列为 a_1,a_2,a_3, $a_4,a_5,\cdots,a_n,\cdots$,从 a_1 开始检查序列中的元素,不断地删去不属于集合 B 的元素,并将剩下的元素下标重新标号,则得到新的一列 $a_{i_1},a_{i_2},a_{i_3},\cdots,a_{i_n}$,它也与自然数一一对应,所以 B 也是可数的。

例 5.18 求证:有理数集合 $\mathbf{Q}$ 是可数集。

证明 由例 5.17 知是可数的,在集合中删除所有 m 和 n 不是互质的序偶$<m,n>$,得到集合 $\mathbf{N} \times \mathbf{N}$ 的子集 S,S 显然是无限集合而且和有理数集合 $\mathbf{Q}$ 等势,由定理 5.15 知 S 是可数的,所以有理数集合 $\mathbf{Q}$ 是可数集。

5-4 习　　题

1. 设 $A=\{11x+3\,|\,x\in \mathbf{N}\}$，证明 $A\approx \mathbf{N}$。

2. 找出三个不同的 $\mathbf{N}$ 的真子集，使得它们都与 $\mathbf{N}$ 等势。

3. 已知 $[2,3]$ 和 $[0,1]$ 是实数区间，求证：$[2,3]\approx[0,1]$。

4. 证明定理 5.11 的 $(1),(2),(3)$。

5. 设 A,B,C,D 是集合，且 $A\approx C,B\approx D$，证明 $A\times B\approx C\times D$。

函 数 小 结

　　本章主要介绍函数的概念、函数的复合、逆函数，以及在集合的基数中的应用。函数是一个基本的数学概念，应用的范围很广，在计算机科学的理论中，如计算理论、开关理论、编译理论、数据库理论、软件工程、计算机安全保密、操作系统等都用到函数。

第3篇

代数系统篇

代数系统是在集合、关系和函数等概念基础上，研究更为复杂的对象——代数系统，研究代数系统性质和特殊的元素，代数系统与代数系统之间的关系，如代数系统的半群、群、同态与同构、环与域以及格与布尔代数等，这些概念较为复杂也较为抽象，是本课程学习中的难点，它们将集合、集合上的运算以及集合间的函数关系结合在一起进行研究学习，前面所学的内容是本篇的基础，熟练地掌握集合、关系、函数等概念和性质是理解本篇内容的关键。

现实生活中的任何信息在计算机中都表现为数，因而代表数的结构的代数系统就成为研究计算机科学的重要手段和工具，代数系统是建立在集合论基础上以代数运算为研究对象的学科。

代数结构也称抽象代数，主要研究抽象的代数系统，抽象的代数系统也是一种数学模型，可以用它表示实际世界中的离散结构。

抽象代数在计算机中有着广泛的应用，例如自动机理论、编码理论、形式语义学、代数规范、密码学等都要用到抽象代数的知识，代数结构的主要研究对象就是各种典型的抽象代数系统。

构成一个抽象代数系统有三方面的要素：集合、集合上的运算以及说明运算性质或运算之间关系的公理。

为了研究抽象的代数系统，我们会先定义一元和二元代数运算以及二元运算的性质，并通过选择不同的运算性质来规定各种抽象代数系统的定义。在此基础上再深入研究这些抽象代数系统的内在特性和应用，学习掌握相对应的有关理论知识。

第6章

代数结构

研究代数的科学常称为"近世代数"或"抽象代数"。它应用抽象的方法研究将要处理的数学对象、集合上的关系或运算,事物中的关系就是事物的结构,所以代数系统(代数)又称代数结构。

代数的概念和方法是研究计算机工程和科学的主要工具之一。例如,要构造一个现象或过程的数学模型,就需要某种数学结构,而代数结构就是最常用的数学结构之一。又如描述机器可计算的函数、研究算术计算的复杂性、刻划抽象数据结构以及作为程序设计语言的语义学基础等,都需要代数知识。

本章将介绍代数系统的概念及相关性质、运算,同时引入一些特殊的常用的代数系统及相关性。

6.1 代数系统的概念

由非空集合和该集合上的一个或多个运算所组合的系统,常称为代数系统,有时简称为代数。在研究代数系统之前,首先考察一个非空集合上运算的概念,如将有理数集合 $\mathbf{Q}$ 上的每一个数 a 的映射成它的整数部分 $[a]$;或者将 $\mathbf{Q}$ 上的每一个数 a 映射成它的相反数 $-a$,这两个映射可以称为集合 $\mathbf{Q}$ 上的一元运算;而在集合 $\mathbf{Q}$ 上,对任意两个数所进行的普通加法和乘法都是集合 $\mathbf{Q}$ 上的二元运算,也可以看做是将 $\mathbf{Q}$ 中的每两个数映射成一个数;至于对集合 $\mathbf{Q}$ 上的任意三个数 x_1, x_2, x_3,代数式 $x_1^2 + x_2^2 + x_3^2$ 和 $x_1 + x_2 + x_3$ 分别给出了 $\mathbf{Q}$ 上的两个三元运算,它们分别将 $\mathbf{Q}$ 中三个数映射成 $\mathbf{Q}$ 中的一个数。上述这些例子都有一个共同的特征,那就是其运算的结果都是在原来的集合中,称那些具有这种特征的运算是封闭的,简称闭运算。相反地,没有这种特征的运算就是不封闭的。

很容易举出不封闭运算的例子,设 $\mathbf{N}$ 是自然数集,$\mathbf{Z}$ 是整数集,普通的减法是 $\mathbf{N} \times \mathbf{N}$ 到 $\mathbf{Z}$ 的运算,但因为两个自然数相减可以不是自然数,所以减法运算不是自然数集 $\mathbf{N}$ 上的闭运算。

定义 6.1 设 A 和 B 都是非空集合,n 是一个正整数,若 Φ 是 A^n 到 B 的一个映射,则称 Φ 是 A 到 B 的一个 n 元运算。当 $B=A$ 时,称 Φ 是 A 上的 n 元运算(n-ary operation),简称 A 上的运算,并称该 n 元运算在 A 上是封闭的。

例 6.1 (1) 求一个数的倒数是非零实数集 $\mathbf{R}^*$ 上的一元运算。

(2) 非零实数集 $\mathbf{R}^*$ 上的乘法和除法都是 $\mathbf{R}^*$ 上的二元运算,而加法和减法不是。

(3) S 是一非空集合,S^S 是 S 到 S 上的所有函数的集合,则复合运算。是 S^S 上的二元运算。

（4）空间直角坐标系中求点(x,y,z)的坐标在x轴上的投影可以看做实数集 **R** 上的三元运算 $f(x,y,z)=x$，因为参加运算的是有序的 3 个实数，而结果也是实数。

通常用 ∘，•，∗，… 等表示二元运算，称为算符。若 $f: s \times s \to s$ 是集合 S 上的二元运算，对任意 $x,y \in S$，如果 x 与 y 运算的结果是 z，即 $f(x,y)=z$，可利用运算 ∘ 简记为 $x \circ y=z$。

类似于二元运算，也可以使用算符来表示 n 元运算。如 n 元运算 $f(a_1,a_2,\cdots,a_n)=b$ 可简记为

$$\circ(a_1,a_2,\cdots,a_n)=b$$

$n=1$ 时，$\circ(a_1)=b$ 是一元运算；

$n=2$ 时，$\circ(a_1,a_2)=b$ 是二元运算；

$n=3$ 时，$\circ(a_1,a_2,a_3)=b$ 是三元运算。

这些相当于前缀表示法，但对于二元运算用得较多的还是 $a_1 \circ a_2=b$，以下所涉及的 n 元运算主要是一元运算和二元运算。

若集合 $X=\{x_1,x_2,\cdots,x_n\}$ 是有限集，X 上的一元运算和二元运算也可用运算表给出。表 6.1 和表 6.2 分别是一元运算和二元运算的一般形式。

表 6.1

S_i	$\circ(S_i)$
S_1	$\circ(S_1)$
S_2	$\circ(S_2)$
...	...
S_n	$\circ(S_n)$

表 6.2

$\circ$	S_1	S_2	...	S_n
S_1	$S_1 \circ S_1$	$S_1 \circ S_2$	...	$S_1 \circ S_n$
S_2	$S_2 \circ S_1$	$S_2 \circ S_2$	...	$S_2 \circ S_n$
...	...	...		...
S_n	$S_n \circ S_1$	$S_n \circ S_2$	...	$S_n \circ S_n$

例 6.2　设集合 $S=\{0,1\}$，给出 S 的幂集 $\mathcal{P}(S)$ 上求补运算 $\sim$ 和求对称差运算 $\oplus$ 的运算表，其中全集是 S。

解　所求运算表如表 6.3 和表 6.4 所示。

表 6.3

S_i	$\sim(S_i)$
$\varnothing$	$\{0,1\}$
$\{0\}$	$\{1\}$
$\{1\}$	$\{0\}$
$\{0,1\}$	$\varnothing$

表 6.4

$\oplus$	$\varnothing$	$\{0\}$	$\{1\}$	$\{0,1\}$
$\varnothing$	$\varnothing$	$\{0\}$	$\{1\}$	$\{0,1\}$
$\{0\}$	$\{0\}$	$\varnothing$	$\{0,1\}$	$\{1\}$
$\{1\}$	$\{1\}$	$\{0,1\}$	$\varnothing$	$\{0\}$
$\{0,1\}$	$\{0,1\}$	$\{1\}$	$\{0\}$	$\varnothing$

定义 6.2　一个非空集合 A 连同若干个定义在该集合上的运算 $f_1,f_2,\cdots,f_k$ 所组成的系统称为一个代数系统（Algebraic System）。记作 $<A,f_1,f_2,\cdots,f_k>$。

如果对集合 S，由 S 的幂集 $\mathcal{P}(S)$ 以及该幂集上的运算"$\cup$"、"$\cap$"、"$\sim$"组成一个代数系统 $<\mathcal{P}(S),\cup,\cap,\sim>$，$S_1 \in \mathcal{P}(S)$，$S_1$ 的补集 $\sim S_1=S-S_1$ 也常记为 $\overline{S_1}$。又如整数集 **Z** 以及 **Z** 上的普通加法"$+$"组成一个系统 $<\mathbf{Z},+>$。值得注意的是，虽然代数系统有许多不同的形式，但它们可能有一些共同的运算。

例如，考察上述代数系统 $<\mathbf{Z},+>$。很明显，在这个代数系统中，关于加法运算具有以

下二个运算规律,即对于任意的 $x,y,z \in \mathbf{Z}$,有

(1) $x+y=y+x$; (交换律)

(2) $(x+y)+z=x+(y+z)$。(结合律)

又如,设 S 是集合,$\mathcal{P}(S)$ 是 S 的幂集,则代数系统 $<\mathcal{P}(S),\bigcup>$ 和 $<\mathcal{P}(S),\bigcap>$ 中的 $\bigcup$、$\bigcap$ 都适合交换律、结合律,即它们与 $<\mathbf{Z},+>$ 有类似的运算性质。

6.2 代数系统的运算及其性质

对给定的集合,可以任意地在这个集合上规定运算使它成为代数系统。但我们所研究的是其运算有某些性质的代数系统。在前面考察几个具体的代数系统时,已经涉及所熟悉的运算的某些性质。这一节,主要讨论一般二元运算的一些性质。

定义 6.3 设 $*$ 是定义在集合 S 上的二元运算,如果对于任意的 $x,y \in S$,都有 $x*y=y*x$,则称二元运算 $*$ 是可交换的或称运算 $*$ 满足交换律(Commutative Law)。

例 6.3 设 $\mathbf{Z}$ 是整数集,$\triangle$,$\☆$ 分别是 $\mathbf{Z}$ 上的二元运算,其定义为:对任意的 $a,b \in \mathbf{Z}$,$a\triangle b=ab-a-b$,$a\☆b=ab-a+b$,问 $\mathbf{Z}$ 上的运算 $\triangle$,$\☆$ 分别是否可交换?

解 因为 $a\triangle b=ab-a-b=ba-b-a=b\triangle a$ 对 $\mathbf{Z}$ 中任意元素 a,b 成立,所以运算 $\triangle$ 是可以交换的。

又因为对 $\mathbf{Z}$ 中的数 $0,1$,$0\☆1=0\times1-0+1=1$,$1\☆0=1\times0-1+0=-1$,所以,$0\☆1 \neq 1\☆0$,从而运算 $\☆$ 是不可交换的。

定义 6.4 设 $*$ 是定义在集合 S 上的二元运算,如果对于 S 上中的任意元素 x,y,z 都有,$(x*y)*z=x*(y*z)$,则称二元运算 $*$ 是可以结合的或称运算 $*$ 满足结合律(Associative Law)。

例 6.4 设 $\mathbf{Q}$ 是有理数集合,$\circ$,$*$ 分别是 $\mathbf{Q}$ 上的二元运算,其定义为:对于任意的 $a,b \in \mathbf{Q}$,$a\circ b=a$,$a*b=a-2b$,证明运算 $\circ$ 是可结合的并说明运算 $*$ 不满足结合律。

证明:因为对任意的 $a,b,c \in \mathbf{Q}$,

$$(a \circ b) \circ c = a \circ c = a$$
$$a \circ (b \circ c) = a \circ b = a$$

所以 $(a\circ b)\circ c= a\circ(b\circ c)$,即得运算 $\circ$ 是可以结合的。

又因为对 $\mathbf{Q}$ 中的元 $0,1$

$$(0*0)*1 = 0*1 = 0-2 = -2$$
$$0*(0*1) = 0*(-2) = 0-2\times(-2) = 4$$

所以,$(0*0)*1 \neq 0*(0*1)$,从而运算 $*$ 不满足结合律。

对于满足结合律的二元运算,在一个只有该种运算的表达式中,可以去掉标记运算顺序的括号。例如,实数集上的加法运算是可结合的,所以表达式 $(x+y)+(u+v)$ 可简写为 $x+y+u+v$。

若 $<S,\circ>$ 是代数系统,其中 $\circ$ 是 S 上的二元运算且满足结合律,n 是正整数,$a \in S$,那么,$\underbrace{a\circ a\circ a\circ \cdots \circ a}$ 是 S 中的一个元素,称其为 a 的 n 次幂,记为 a^n。

关于 a 的幂,用数学归纳法不难证明以下公式:

$$a^m \circ a^n = a^{m+n}; \quad (a^m)^n = a^{mn}$$

其中 m,n 为正整数。

定义 6.5 设 $\circ$，$*$ 是定义在集合 S 上的两个二元运算，如果对于任意的 $x,y,z\in S$，都有 $x\circ(y*z)=(x\circ y)*(x\circ z)$

$$(y*z)\circ x=(y\circ x)*(z\circ x)$$

则称运算 $\circ$ 对运算 $*$ 是可分配的，也称 $\circ$ 对运算 $*$ 满足（适合）分配律（Distributive Law）。

例 6.5 设集合 $A=\{0,1\}$，在 A 上定义两个二元运算 $\circ$ 和 $*$ 如表 6.5 和表 6.6 所示。试问运算 $*$ 对运算 $\circ$ 和运算 $\circ$ 对运算 $*$ 分别是否是可分配的？

表 6.5

$\circ$	0	1
0	0	1
1	1	0

表 6.6

$*$	0	1
0	0	0
1	0	1

解 容易验证运算 $*$ 对运算 $\circ$ 是可分配的，但运算 $\circ$ 对运算 $*$ 是不满足分配律的。因

$$1\circ(0*1)=1\circ 1=1 \quad 而 \quad (1\circ 0)*(1\circ 1)=1*0=0$$

所以，$\circ$ 对 $*$ 不满足分配律。

定义 6.6 设 $\circ$ 和 $*$ 是集合 S 上的两个可交换的二元运算，如果对任意 $x,y\in S$ 的都有

$$x*(x\circ y)=x \quad x\circ(x*y)=x$$

则称运算 $\circ$ 和 $*$ 满足吸收律（Absorptive Law）。

例 6.6 设 $\mathcal{P}(S)$ 是集合 S 上的幂集，集合的并"$\bigcup$"和交"$\bigcap$"是 $\mathcal{P}(S)$ 上的两个二元运算，验证运算 $\bigcap$ 和运算 $\bigcup$ 满足吸收律。

解 对任意 $A,B\in\mathcal{P}(S)$，由集合相等及 $\bigcap$ 和 $\bigcup$ 的定义可得

$$A\bigcup(A\bigcap B)=A \quad A\bigcap(A\bigcup B)=A$$

因此，$\bigcup$ 和 $\bigcap$ 满足吸收律。

定义 6.7 设 $*$ 是集合 S 上的二元运算，如果对于任意的 $x\in S$，都有 $x*x=x$，则称运算 $*$ 是等幂的，或称运算 $*$ 满足幂等律（Idempotent Law）。

例 6.7 设 $\mathbf{Z}$ 是整数集，在 $\mathbf{Z}$ 上定义两个二元运算 $\circ$ 和 $*$，对于任意 $x,y\in\mathbf{Z}$，$x\circ y=\max(x,y)$；$x*y=\min(x,y)$ 验证运算 $*$ 和 $\circ$ 都是幂等的。

解 对于任意的 $x\in\mathbf{Z}$，有

$$x\circ x=\max(x,x)=x; \quad x*x=\min(x,x)=x$$

因此运算 $*$ 和运算 $\circ$ 都是等幂的。

定义 6.8 设 $\circ$ 是定义在集合 S 上的一个二元运算，如果有一个元素 $e_l\in S$，使得对于任意元素 $x\in S$ 都有 $e_l\circ x=x$ 则称 e_l 为 S 中关于运算 $\circ$ 的左幺元（Left Identity）；如果有一个元素 $e_r\in S$，使对于任意的元 $x\in S$ 都有 $x\circ e_r=x$，则称 e_r 为 S 中关于运算 $\circ$ 的右幺元（Right Identity）；如果 S 中有一个元素 e，它既是左幺元又是右幺元，则称 e 是 S 中关于运算 $\circ$ 的幺元（Identity）。

在整数集 $\mathbf{Z}$ 中加法的幺元是 0，乘法的幺元是 1；设 S 是集合，在 S 的幂集 $\mathcal{P}(S)$ 中，运算 $\bigcup$ 的幺元是 $\varnothing$，运算 $\bigcap$ 的幺元是 S。

对给定的集合和运算，有些存在幺元，有些不存在幺元。

例如，$\mathbf{R}^*$ 是非零的实数的集合，$\circ$ 是 $\mathbf{R}^*$ 上如下定义的二元运算，对任意的元素 $a,b\in\mathbf{R}^*$，$a\circ b=b$ 则 $\mathbf{R}^*$ 中不存右幺元；但对任意的 $a\in\mathbf{R}^*$ 对所有的 $b\in\mathbf{R}^*$ 都有 $a\circ b=b$。

所以,$\mathbf{R}^*$ 的任一元素 a 都是运算。的左幺元,$\mathbf{R}^*$ 中的运算。有无穷多左幺元,没有右幺元和幺元。

又如,在偶数集合中,普通乘法运算没有左幺元、右幺元和幺元。

定理 6.1 设 * 是定义在集合 S 上的二元运算,e_l 和 e_r 分别是 S 中关于运算 * 的左幺元和右幺元,则有 $e_l=e_r=e$,且 e 为 S 上关于运算 * 的唯一的幺元。

证明: 因为 e_l 和 e_r 分别是 S 中关于运算 * 的左幺元和右幺元,所以 $e_l=e_l*e_r=e_r$。

把 $e_l=e_r$ 记为 e,假设 S 中存在 e_1,则有 $e_1=e*e_1=e$。

所以,e 是 S 中关于运算 * 的唯一幺元。

定义 6.9 设 * 是定义在集合 S 上的一个二元运算,如果有一个元素 $\theta_l\in S$,使得对于任意的元素 $x\in A$ 都有 $\theta_l*x=\theta_l$,则称 θ_l 为 S 中关于运算 * 的左零元;如果有一元素 $\theta_r\in S$,对于任意的元素 $x\in S$ 都有 $x*\theta_r=\theta_r$,则称 θ_r 为 S 中关于运算 * 的右零元;如果 S 中有一元素 θ,它既是左零元又是右零元,则称 θ 为 S 中关于运算 * 的零元(Zero Element)。

例如,整数集 $\mathbf{Z}$ 上普通乘法的零元是 0,加法没有零元;S 是集合,在 S 的幂集 $\mathcal{P}(S)$ 中,运算 $\bigcup$ 的零元是 S,运算 $\bigcap$ 的零元是 $\varnothing$,在非零的实数集 $\mathbf{R}^*$ 上定义运算 *,使对于任意的元素 $a,b\in\mathbf{R}^*$,有 $a*b=a$。

那么,$\mathbf{R}^*$ 的任何元素都是运算 * 的左零元,而 $\mathbf{R}^*$ 中运算 * 没有右零元,也没有零元。

定理 6.2 设。是集合 S 上的二元运算。θ_l 和 θ_r 分别是 S 中运算。左零元和右零元,则有 $\theta_l=\theta_r=\theta$ 且 θ 是 S 上关于运算。的唯一的零元。

这个定理的证明与定理 6.1 类似。

定理 6.3 设 $<S,*>$ 是一个代数系统,其中 * 是 S 上的一个二元运算,且集合 S 中的元素个数大于 1,若这个代数系统中存在幺元 e 和零元 θ,则 $e\neq\theta$。

证明 (用反证法)若 $e=\theta$,那么对于任意的 $x\in S$,必有 $x=e*x=\theta*x=\theta=e$,于是 S 中所有元素都是相同的,即 S 中只有一个元素,这与 S 中元素大于 1 矛盾。所以,$e\neq\theta$。

定义 6.10 设 $<S,*>$ 是代数系统,其中 * 是 S 上的二元运算,$e\in S$ 是 S 中运算 * 的幺元。对于 S 中的任一元素 x,如果有 S 中的元素 y_l 使 $y_l*x=e$,则称 y_l 为 x 的左逆元;若有 S 中元素 y_r 使 $x*y_r=e$,则称 y_r 为 x 的右逆元;如果有 S 中的元素 y,它既是 x 的左逆元,又是 x 右逆元,则称 y 是 x 的逆元(Inverse)。

例如,自然数集关于加法运算有幺元 0 且只有 0 有逆元,0 的逆元是 0,其他的自然数都没有加法逆元。设 $\mathbf{Z}$ 是整数集合,则 $\mathbf{Z}$ 中乘法幺元为 1,且只有 -1 和 1 有逆元,分别是 -1 和 1;$\mathbf{Z}$ 中加法的幺元是 0,关于加法,对任何整数 x,x 的逆元是它的相反数 $-x$,因为 $(-x)+x=0=x+(-x)$。

例 6.8 设集合 $A=\{a_1,a_2,a_3,a_4,a_5,a_6\}$,定义在 A 上的一个二元运算 * 如表 6.7 所示,试指出代数系统 $<A,*>$ 中各元素的左、右逆元的情况。

表 6.7

*	a_1	a_2	a_3	a_4	a_5
a_1	a_1	a_2	a_3	a_4	a_5
a_2	a_2	a_4	a_1	a_1	a_4

*	a_1	a_2	a_3	a_4	a_5
a_3	a_3	a_1	a_2	a_3	a_1
a_4	a_4	a_3	a_1	a_4	a_3
a_5	a_5	a_4	a_2	a_3	a_5

解　由表可知，a_1 是幺元，a_1 的逆元是 a_1，a_2 的左逆元和右逆元都是 a_3，即 a_2 和 a_3 互为逆元；a_4 的左逆元是 a_2，而右逆元是 a_3，a_2 有两个右逆元 a_3 和 a_4，a_5 有左逆元 a_3，但 a_5 没有右逆元。

一般地，对给定的集合和其上的一个二元运算来说，左逆元、右逆元、逆元和幺元、零元不同，如果幺元和零元存在，一定是唯一的，而左逆元、右逆元、逆元是与集合中某个元素相关的，一个元素的左逆元不一定是右逆元，一个元素的左(右)逆元可以不止一个，但一个元素若有逆元则是唯一的。

定理 6.4　设 $<S, *>$ 是一个代数系统，其中 $*$ 是定义在 S 上的一个可结合的二元运算，e 是该运算的幺元，对于 $x \in S$，如果存在左逆元 y_l 和右元素和右元素 y_r，则有

$$y_l = y_r = y$$

且 y 是 x 的唯一的逆元。

证明　$y_l = y_l * e = y_l * (x * y_r) = (y_l * x) * y_r = e * y_r = y_r$ 令 $y_l = y_r = y$，则 y 是 x 的逆元，假设 $y_1 \in S$ 也是 x 的逆元，则有 $y_1 = y_1 * e = y_1 * (x * y) = (y_1 * x) * y = e * y = y$ 所以，y 是 x 的唯一的逆元。

由这个定理可知，对于可结合的二元运算来说，元素 x 的逆元如果存在则是唯一的，通常把 x 的唯一的逆元记为 x^{-1}。

例如，若 **N** 和 **Z** 分别表示自然数集和整数集，$\times$ 为普通乘法，则代数系统 $<\mathbf{N}, \times>$ 中只有幺元 1 有逆元，$<\mathbf{Z}, \times>$ 中只有 -1 和 1 有逆元，若 $+$ 为普通的加法，则代数系统 $<\mathbf{Z}, +>$ 中所有元素都有逆元。

例 6.9　对于代数系统 $<N_k, +_k>$，其中 k 是正整数，$N_k = \{0, 1, \cdots, k-1\}$，$+_k$ 是定义在 N_k 上的模 k 加法运算，定义如下：对任意的 $x, y \in N_k$

$$x +_k y = \begin{cases} x+y, & x+y < k; \\ x+y-k, & x+y \geqslant k. \end{cases}$$

试问是否每个元素都有逆元？

解　容易验证，$+_k$ 是一个可结合的二元运算，N_k 中关于运算 $+_k$ 的幺元是 0，N_k 中每个元素都有唯一的逆元，即 0 的逆元是 0，每个非零元 x 的逆元是 $k-x$。

定理 6.5　设 $<S, *>$ 是代数系统，其中 $*$ 是 S 上可结合的二元运算，S 有单位元 e，若 S 中的每个元有右逆元，则这个右逆元也是左逆元，从而是该元唯一的逆元。

证明　对任一元素 $a \in S$，由条件可设 $b, c \in S$，b 是 a 的右逆元，c 是 b 的右逆元。

因为 $b * (a * b) = b * e = b$，所以

$$e = b * c = (b * (a * b)) * c$$
$$= b * ((a * b) * c)$$

$$= b * (a * (b * c))$$
$$= b * (a * e) = b * a$$

因此，b 也是 a 的左逆元。

从而由定理 6.4 知，b 是 a 的唯一逆元，由 $a \in S$ 的任意性知定理成立。

若 $<S, \circ>$ 是代数系统，其中。是有限非空集合 S 上的二元运算，那么该运算的部分性质可以从运算表直接看出，例如：

（1）当且仅当运算表中每个元素都属于 S 中，运算。具有封闭性。

（2）当且仅当运算表关于主对角线对称时，运算。具有可交换性。

（3）当且仅当运算表的主对角线上的元素与它所在行（列）的表头相同时，运算。具有幂等性。

（4）S 关于运算。有幺元 e，当且仅当表头 e 所在的列与左边一列相同且表中左边一列 e 所在的行与表头一行相同。

（5）S 关于运算。有零元 θ，当且仅当表头 θ 所在的列和表中左边一列 θ 所在的行都是 θ。

（6）设 S 关于运算。有幺元，当且仅当位于 a 所在的行与 b 所在的列交叉点上的元素以及 b 所在的行与 a 所在的列交叉点上的元素都是幺元时，a 与 b 互逆元。

代数系统 $<S, \circ>$ 中的一个元素是否有左逆元或右逆元也可从运算表中观察出来，但运算是否满足结合律在运算表上一般不易直接观察出来。

6.3 半群与含幺半群

半群及含幺元群是特殊的代数系统，在计算机科学领域中，如形式语言、自动机理论等方面，它们已得到了卓有成效的应用。

定义 6.11 设 $<S, *>$ 是一个代数系统，$*$ 是 S 上的一个二元运算，如果运算 $*$ 是可结合的，即对任意的 $x, y, z \in S$，都有 $(x * y) * z = x * (y * z)$，则称代数系统 $<S, *>$ 为半群(Semigroup)。

半群中的二元运算也叫乘法，运算的结果也叫积。

由定义易得，$<\mathbf{N}, +>$，$<\mathbf{N}, \times>$ 是半群，其中 $\mathbf{N}$ 是自然数集，"$+$"，"$\times$"分别是普通的加法和乘法。A 是任一集合，$\mathcal{P}(A)$ 是 A 的幂集，则 $<\mathcal{P}(A), \bigcup>$，$<\mathcal{P}(A), \bigcap>$ 都是半群。

例 6.10 设 $S = \{a, b, c\}$，S 上的一个二元运算。的定义如表 6.8 所示，验证 $<S, \circ>$ 是半群。

表 6.8

$\circ$	a	b	c
a	a	b	c
b	a	b	c
c	a	b	c

解　由表 6.8 知运算。在 S 上是封闭的而且对任意 $x_1, x_2 \in S$ 有 $x_1 \circ x_2 = x_2$，所以 $<S, \circ>$ 是代数系统，且 a, b, c 都是左幺元。

从而对任意的 $x, y, z \in S$ 都有 $x \circ (y \circ z) = x \circ z = z = y \circ z = (x \circ y) \circ z$。因此，运算。是可结合的，所以 $<S, \circ>$ 是半群。

例 6.11　设 k 是一个非负整数，集合定义为 $S_k = \{x \mid x$ 是整数且 $x \geqslant k\}$，那么，$<S_k, +>$ 是半群，其中 + 是普通的加法运算。

解　因为 k 是非负整数，易知运算 + 在 S_k 上是封闭的，而且普通加法运算是可结合的，所以 $<S_k, +>$ 是半群。

易知，代数系统 $<\mathbf{Z}, ->$，$<\mathbf{R}-\{0\}, />$ 都不是半群，这里"−"和"/"分别是普通的减法和除法。

定理 6.6　设 $<S, *>$ 是半群，B 是 S 的非空子集，且二元运算 $*$ 在 B 上封闭的，即对任意的 $a, b \in B$ 有 $a * b \in B$。那么，$<B, *>$ 也是半群。通常称 $<B, *>$ 是 $<S, *>$ 的子半群（Sub-semigroup）。

证明　因为运算 $*$ 在 S 上是可以结合的，而 B 是 S 的非空子集且 $*$ 在 B 上是封闭的，所以 $*$ 在 B 上也是可结合的，因此，$<B, *>$ 是半群。

例 6.12　设・表示普通的乘法运算，那么 $<\{-1,1\}, \cdot>$，$<[-1,1], \cdot>$ 和 $<\mathbf{Z}, \cdot>$ 都是半群 $<\mathbf{R}, \cdot>$ 的子半群。

解　首先，运算・在 $\mathbf{R}$ 上是封闭的，且是可结合的，所以 $<\mathbf{R}, \cdot>$ 是半群。其次，运算・在 $\{-1,1\}, [-1,1]$ 和 $\mathbf{Z}$ 上都是封闭的，$\{-1,1\}, [-1,1]$ 和 $\mathbf{Z}$ 都是 $\mathbf{R}$ 的非空子集，由定理 6.6 可知 $<\{-1,1\}, \cdot>$、$<[-1,1], \cdot>$ 和 $<\mathbf{Z}, \cdot>$ 都是 $<\mathbf{R}, \cdot>$ 的子半群。

定义 6.12　半群 $<S, \circ>$ 中的任一元素 a 的方幂 a^n 定义为

$$a^1 = a, \quad a^{n+1} = a^n \circ a \quad (n \text{ 是大于等于 1 的整数})$$

可以证明，对于任意的 $a \in S$ 和任意正整数 m, n 都有

$$a^m \circ a^n = a^{m+n}$$

$$(a^m)^n = a^{mn}$$

若 $a^2 = a$，则称 a 为幂等元素（Idempotent Element）。

定理 6.7　设 $<S, *>$ 是半群，若 S 是一有限集，则 S 中有幂等元。

证明　因为 $<S, *>$ 是半群，对于任意 $y \in S$ 的由运算 $*$ 的封闭性可知，$y^2 = y * y \in S$，$y^3 = y^2 * y = y * y^2 \in S, \cdots$，因为 S 是有限集，所以必定存在正整数 i, j 使得 $j > i$ 且 $y^i = y^j$ 记 $m = j - i$，则有 $y^i = y^m * y^i$ 从而对任意 $n > i$，$y^n = y^i * y^{n-i} = y^m * y^i * y^{n-i} = y^m * y^n$ 因为，$m \geqslant 1$，所以总可以找到 $k > 1$，使得 $k m \geqslant i$ 对于 S 中的元素 y^{km}，就有 $y^{km} = y^m * y^{km} = y^m * y^m * y^{km} = y^{2m} * y^{km} = y^{2m} * (y^m * y^{km}) = \cdots = y^{km} * y^{km}$。所以 $a = y^{km}$ 是 S 中的幂等元。

定义 6.13　若半群 $<S, \circ>$ 的运算。满足交换律，则称 $<S, \circ>$ 是一个可交换半群。

在可交换半群 $<S, \circ>$ 中，有 $(a \circ b) = a^n \circ b^n$ 其中 n 是正整数，$a, b \in S$。

定义 6.14　含有幺元的半群称为含幺半群或独异点（Monoid）。

例如，代数系统 $<\mathbf{R}, \cdot>$ 是含幺半群，其中 $\mathbf{R}$ 是实数集，・是普通乘法，这是因为 $<\mathbf{R}, \cdot>$ 是半群，且 1 是 $\mathbf{R}$ 关于运算・的幺元。

另外代数系统$<\{-1,1\},\cdot>$，$<[-1,1],\cdot>$，和$<\mathbf{Z},\cdot>$都是具有幺元1的半群。因此它们都是含幺半群。

设集合$A=\{1,2,3,\cdots\}$则$<A,+>$是半群但不含幺元。所以它不是含幺半群。

例 6.13 设Σ是非空有限字母表，Σ^*是Σ中的有限个字母组成的符号串的集合，符号串中字母的个数m叫做这个符号串的长度，当$m=0$时用符号$\wedge$表示，叫做空串。在Σ^*上定义连接运算"$\circ$"，$\alpha,\beta\in\Sigma^*$，则$\alpha\circ\beta=\alpha\beta$。如，若$\alpha=\mathrm{SEMI},\beta=\mathrm{GROUP},\alpha\circ\beta=\mathrm{SEMIGROUP}$。

代数系统$<\Sigma^*,\circ>$是含幺半群，且幺元是$\wedge$。

定理 6.8 设S是至少有两个元的有限集且$<S,*>$是一个含幺半群，则在关于运算$*$的运算表中任何两行或两列都是不相同的。

证明 设S中的关于运算$*$的幺元是e。因为对于任意$a,b\in S$的且$a\neq b$时，总有

$$e*a=a\neq b=e*b \qquad a*e=a\neq b=b*e$$

所以在运算$*$表中不可能有两行和两列是相同的。

定理 6.9 设$<S,\circ>$是含幺半群，对于任意的$x,y\in S$，当x,y均有逆元时，有

(1) $(x^{-1})^{-1}=x$。

(2) $x\circ y$有逆元，且$(x\circ y)^{-1}=y^{-1}\circ x^{-1}$。

证明 (1) 因x^{-1}是x的逆元，所以$x^{-1}\circ x=x\circ x^{-1}=e$，从而由逆元的定义及唯一性得$(x^{-1})^{-1}=x$。

(2) 因为$(x\circ y)\circ(y^{-1}\circ x^{-1})=x\circ(y\circ y^{-1})\circ x^{-1}$
$$=x\circ e\circ x^{-1}=x\circ x^{-1}=e$$

同理可证$(y^{-1}\circ x^{-1})\circ(x\circ y)=e$

所以，由逆元的定义及唯一性得$(x\circ y)^{-1}=y^{-1}\circ x^{-1}$。

例 6.14 设$\mathbf{Z}$是整数集合，m是任意正整数，Z_m是由模m的同余类组成的集合，在Z_m上分别定义两个二元运算$+_m$和$\times_m$如下。

对任意的$[i],[j]\in Z_m$ $\qquad [i]+_m[j]=[(i+j)(\mathrm{mod}\ m)]$

$$[i]\times_m[j]=[(i\times j)(\mathrm{mod}\ m)]$$

试证明$m>1$时，在这两个二元运算的运算表中任何两行或两列都不相同。

证明 考察非空集合Z_m上二元运算$+_m$和$\times_m$。

(1) 由运算$+_m$和$\times_m$的定义易得，运算$+_m$和$\times_m$在Z_m上都是封闭的且都是可结合的，所以，$<Z_m,+_m>$，$<Z_m,\times_m>$都是半群。

(2) 因为$[0]+_m[i]=[i]=[i]+_m[0]$，所以$[0]$是$<Z_m,+_m>$中的幺元；因为$[1]\times_m[i]=[i]=[i]\times_m[1]$，所以$[1]$是$<Z_m,\times_m>$中的幺元。

由上知，代数系统$<Z_m,+_m>$，$<Z_m,\times_m>$都是含幺半群。从而由定理6.8知，Z_m中的两个运算$+_m,\times_m$的运算表的任何两行或两列都是不相同的。

表6.9和表6.10分别给出$m=4$时，"$+_4$"和"$\times_4$"的运算表，在这两个运算表中没有两行或两列时相同的。

表　6.9

$+_4$	[0]	[1]	[2]	[3]
[0]	[0]	[1]	[2]	[3]
[1]	[1]	[2]	[3]	[0]
[2]	[2]	[3]	[0]	[1]
[3]	[3]	[0]	[1]	[2]

表　6.10

$\times_4$	[0]	[1]	[2]	[3]
[0]	[0]	[0]	[0]	[0]
[1]	[0]	[1]	[2]	[3]
[2]	[0]	[2]	[0]	[2]
[3]	[0]	[3]	[2]	[1]

定义 6.15　设 $<M,\circ>$ 是含幺半群 $<S,\circ>$ 的子半群,且 $<S,\circ>$ 的幺元 $e_s\in M$,则 $<M,\circ>$ 称为 $<S,\circ>$ 的子含幺半群。

由定义可得,子含幺半群也是含幺半群。

例 6.15　代数系统 $<\{1\},\vee>$,$<\{0,1\},\vee>$ 中运算"$\vee$"如表 6.11 所示。

表　6.11

$\vee$	0	1
0	0	1
1	1	1

易得 $<\{0,1\},\vee>$ 是含幺半群且幺元为 0;$<\{1\},\vee>$ 是 $<\{0,1\},\vee>$ 的子半群且有幺元 1,从而 $<\{1\},\vee>$ 是含幺半群,但不是 $<\{0,1\},\vee>$ 的子含幺半群。

证明　设 $<S,\circ>$ 是可换含幺半群且幺元为 e,$M=\{x\,|\,x\in S$ 且 $x^2=x\}$,因为 $e^2=e$ 所以 $e\in M$ 又因为对任意 $a,b\in M$,有

$$(a\cdot b)\circ(a\cdot b)=a\cdot(b\circ a)\circ b=(a\circ a)\circ(b\circ b)=a\cdot b$$

所以 $a\cdot b\in M$ 从而运算。在 M 上是封闭的,故 $<M,\circ>$ 是 $<S,\circ>$ 的子含幺半群。

如 $<\mathbf{Z},\times>$ 是含幺半群,$\mathbf{Z}$ 中所有幂等元的集合为 $M=\{-1,0,1\}$,所以 $<M,\times>$ 是 $<\mathbf{Z},\times>$ 的子含幺半群。

6.4　群与子群

群是一种较为简单的代数系统,只有一个二元运算。当然这一运算还应满足一定的条件。正是由于这些条件使我们能够利用这种运算系统去描述事物的对称性和其他特性。群的理论在数学和包括计算机科学在内的其他学科的许多分支中发挥了重要的作用,本节主要介绍群与子群的一些基本知识。

定义 6.16　设 $<G,\circ>$ 是一个代数系统,其中 G 是非空集合,。是 G 上的一个二元运算,如果

(1) 运算。是封闭的。

(2) 运算。是可结合的。

(3) $<G,\circ>$ 中有幺元 e。

(4) 对每个元素 $a\in G,G$ 中存在 a 的逆元 a^{-1}。

则称 $<G,\circ>$ 是一个群(Group)或简称 G 是群。

由定义可得群一定是含幺半群,反之不一定成立。

例 6.16 若集合 $G=\{g\}$,定义二元运算。为 $g\circ g=g$,则 $<G,\circ>$ 是半群。事实上,由运算。的定义可得,$<G,\circ>$ 适合群定义的条件(1),(2),又 g 是 $<G,\circ>$ 的幺元,$g\in G$ 的逆元是 g,所以 $<G,\circ>$ 是群。

例 6.17 有理数集 **Q** 关于普通加法构成群 $<\mathbf{Q},+>$,幺元是 $0,a\in \mathbf{Q},a$ 的逆元是 $-a$;类似地若 **Z** 是整数集,则 $<\mathbf{Z},+>$ 是群;但 $<\mathbf{Z},\times>$ 是只含幺元的半群而不是群。

例 6.18 设 $G=\{a,b,c\}$,二元运算"。"由表 6.12 给出,则 $<G,\circ>$ 是一个群。

表 6.12

$\circ$	a	b	c
a	a	b	c
b	b	c	a
c	c	a	b

事实上,a 运算在 G 上是封闭的,a 是单位元,$b^{-1}=c,c^{-1}=b$,但结合律是否成立不易从表上看出,验证适合结合律比较麻烦,需要验证 $3^3=27$ 次。但是,由于第一行、第一列分别与表头的行列相同,故有 $a\circ x=x\circ a=x$,对任意的 $x\in G$ 成立。这样,验证结合律的三个元中只要出现 a,则必然是可结合的。因此,只要对不包含 a 的任意三个元验证可结合性即可,因而只需验证 $2^3=8$ 次。这里,只验证一个,其余留做练习。

$$(c\circ b)\circ c=a\circ c=c$$
$$c\circ (b\circ c)=c\circ a=c$$

因此,$<G,\circ>$ 是一个群。

定义 6.17 设 $<G,\circ>$ 是一个群,如果 G 是有限集,则称 $<G,\circ>$ 是有限群(Finite Group),G 中的元素个数称为 G 的阶(Order)记为 $|G|$,如果 G 是无限集,则称 $<G,\circ>$ 为无限群(Infinite Group),也称 G 的阶为无限。

如上面例 6.16 和例 6.18 中的群都是有限群,阶数分别为 1 和 3,例 6.17 中的群 $<\mathbf{Q},+>$ 和 $<\mathbf{Z},+>$ 都是无限群。

下面是群的一些基本性质。

定理 6.10 在群 $<G,\circ>$ 中,n 个元素的连乘积,$a_1\circ a_2\circ\cdots\circ a_n$ 经任意加括号计算所得的结果相同。

证明 证明任意加括号得到的乘积都等于从左到右依次加括号计算所得的结果,即等于 $(\cdots((a_1\circ a_2)\circ a_3)\circ\cdots\circ a_{n-1})\circ a_n$。

采用数学归纳法,当 $n=2$ 时,定理显然成立。现在假设对小于或等于 k 个元素的连乘积定理成立,则对 $k+1$ 个元素的连乘 $p=a_1\circ a_2\circ\cdots\circ a_k\circ a_{k+1},(k\geqslant 2)$,对 p 任意加括号,不妨设最后时将 $(a_1\circ\cdots\circ a_i)$ 与 $(a_{i+1}\circ\cdots\circ a_{k+1})$ 相乘,下面对 i 分三种情况讨论。

(1) $i=k$,这时按归纳假设有

$$p = (a_1 \circ \cdots \circ a_k) \circ a_{k+1} = (\cdots((a_1 \circ a_2) \circ a_3 \circ) \cdots \circ a_k) \circ a_{k+1}$$

(2) $i=k-1$,这时利用结合律和归纳假设可得

$$p = (a_1 \circ \cdots \circ a_{k-1}) \circ (a_k \circ a_{k+1})$$
$$= ((a_1 \circ \cdots \circ a_{k-1}) \circ a_k) \circ a_{k+1}$$
$$= (\cdots((a_1 \circ a_2) \circ a_3) \cdots \circ a_k) a_{k+1}$$

(3) $i<k-1$ 这时对 $(a_{i+1} \circ \cdots \circ a_{k+1})$ 用归纳假设,再对 p 的表达式用结合律和归纳假设,有

$$P = (a_1 \circ \cdots \circ a_i) \circ (a_{i+1} \circ \cdots \circ a_{k+1})$$
$$= (a_1 \circ \cdots \circ a_i) \circ ((a_{i+1} \circ \cdots \circ a_k) \circ a_{k+1})$$
$$= ((a_1 \circ \cdots \circ a_i) \circ (a_{i+1} \circ \cdots \circ a_k)) \circ a_{k+1}$$
$$= (\cdots((a_1 \circ a_2) \circ a_3 \circ \cdots \circ a_k)) \circ a_{k+1}$$

由数学归纳法原理知定理成立。

由这个定理知,在群中 n 个元的连乘 $a_1 \circ a_2 \circ \cdots \circ a_n$ 任意加括号进行计算所得最后结果是一样的,故可以将其简记为 $\prod\limits_{i=1}^{n} a_i$ 而不致误解。特别当 $a_1 = a_2 = \cdots = a_n = a$ 时可表示为 a^n。

由定理 6.10 的证明知,这个定理的结论在半群中成立。

与定理 6.9 类似,有以下结论。

定理 6.11 设 $<G, \circ>$ 是群,则 G 中任意 n 个元 $a_1, a_2, \cdots, a_n$ 有 $(a_1 \circ a_2 \circ \cdots \circ a_n)^{-1} = a_n^{-1} \circ a_{n-1}^{-1} \circ \cdots \circ a_1^{-1}$,对群中任一元素 a,约定

$$a^0 = e$$
$$a^{-n} = (a^{-1})^n \quad n \text{ 为正整数}$$

容易得到以下结果。

定理 6.12 若 $<G, \circ>$ 是群,则对 G 任一元素 a 和任意整数 m, n 有

(1) $a^n \circ a^m = a^{n+m}$。

(2) $(a^n)^m = a^{nm}$。

定理 6.13 在群 $<G, \circ>$ 中成立消去律,即对 $a, b, c \in G$,

(1) 若 $a \circ b = a \circ c$,则 $b = c$。

(2) 若 $b \circ a = c \circ a$,则 $b = c$。

证明 (1) 因为 $<G, \circ>$ 是群,$a \in G$,所以,存在 a 的逆元 $a^{-1} \in G$,用 a^{-1} 从左边乘 $a \circ b = a \circ c$ 两边,可得

$$a^{-1} \circ (a \circ b) = a^{-1} \circ (a \circ c)$$
$$(a^{-1} \circ a) \circ b = (a^{-1} \circ a) \circ c$$
$$e \circ b = e \circ c$$

所以 $b = c$。

(2)的证明与(1)类似。

定理 6.14 设 $<G, \circ>$ 是一个群,则对任意的 $a, b \in G$ 有

(1) 存在唯一的元素 $x \in G$,使 $a \circ x = b$。

(2) 存在唯一的元素 $y \in G$,使 $y \circ a = b$。

证明 因为 $a \circ (a^{-1} \circ b) = (a \circ a^{-1}) \circ b = e \circ b = b$，所以至少有一个 $x = a^{-1} \circ b \in G$ 是满足 $a \circ x = b$。若 x' 是 G 中另一个满足方程 $a \circ x = b$ 的元素，则 $a \circ x' = a \circ x$。由定理 6.13 知 $x' = x = a^{-1} \circ b$。因此，$x = a^{-1} \circ b$ 是 G 中唯一满足 $a \circ x = b$ 的元素。

(2)与(1)同理可证。

定理 6.15 $<G, \circ>$ 是群，$a \in G$，则 a 是幂等元当且仅当 a 是 G 的幺元 e。

证明 因为 $e \circ e = e$，所以 e 是 G 的幂等元。

现设 $a \in G, a \neq e$，若 $a^2 = a \circ a = a$，则

$$a = e \circ a = (a^{-1} \circ a) \circ a = a^{-1} \circ (a \circ a) = a^{-1} \circ a = e$$ 与 $a \neq e$ 矛盾。

由定理 6.13 知，有限群的运算表中，设有两行(或两列)是相同的。为进一步考察群的运算表的性质，下面引进置换的概念。

定义 6.18 设 S 是一个非空集合，从 S 到 S 的一个双射称为 S 的一个置换(Permutation)。

例如 对集合 $S = \{S_1, S_2, S_3, S_4, S_5\}$，$\sigma$ 是 S 到 S 的一个映射使得 $\sigma(S_1) = S_2, \sigma(S_2) = S_4, \sigma(S_3) = S_1, \sigma(S_4) = S_3, \sigma(S_5) = S_5$，则 σ 是 S 到 S 的一个双射从而是 S 的一个置换。也可用下面括号里的对应关系表示 σ，

$$\begin{bmatrix} S_1 & S_2 & S_3 & S_4 & S_5 \\ S_2 & S_4 & S_1 & S_3 & S_5 \end{bmatrix}$$

即括号中上一行为按任何次序写出集合 S 中的全部元素，而在下一行写出上一行相应元素的象。

定理 6.16 有限群 $<G, \circ>$ 的运算表中的每一行或每一列都可由 G 中的元素经一个置换得到。

证明 设有限群 $G = \{a_1, a_2, \cdots, a_n\}$，由 G 的运算表的构造知，表中的第 i 行元素为 $a_i \circ a_1, a_i \circ a_2, \cdots, a_i \circ a_n$，且集合 $G_i = \{a_i \circ a_1, a_i \circ a_2, \cdots, a_i \circ a_n\}$ 是 G 的子集，因为 G 中消去律成立，所以当 $k \neq l$ 时，$a_i \circ a_k \neq a_i \circ a_l$，从而 $G_1 = G$。

作 G 到 G 的映射 $\sigma_i: \sigma_i(a_k) = a_i \circ a_k, k = 1, 2, \cdots, n$。则 σ_i 是 G 的一个置换，所以 $<G, \circ>$ 的运算表中的第 i 行可由 G 的元素通过置换 σ_i 得到。对列的情形类似可证。

现在介绍子群。

定义 6.19 设 $<G, \circ>$ 是一个群，S 是 G 的非空子集，如果 $<S, \circ>$ 也构成群，则称 $<S, \circ>$ 是 $<G, \circ>$ 的子群(Subgroup)。

定理 6.17 设 $<S, \circ>$ 是群 $<G, \circ>$ 的子群，则 S 的幺元就是 G 的幺元，S 中任意元 a 在 H 中的逆元 a_H^{-1} 就是 a 在 G 中的逆元 a^{-1}。

证明 设 e_H 和 e 分别是 H 和 G 的幺元，e_H^{-1} 为 e_H 在 G 中逆元，则

$$e_H = e \circ e_H = (e_H^{-1} \circ e_H) \circ e_H = e_H^{-1} \circ (e_H \circ e_H)$$
$$= e_H^{-1} \circ e_H = e$$

又因为对任意 $a \in H$，有

$$a_H^{-1} = a_H^{-1} \circ e_H = a_H^{-1} \circ e = a_H^{-1} \circ (a \circ a^{-1}) = (a_H^{-1} \circ a) \circ a^{-1} = e_H \circ a^{-1} = e \circ a^{-1} = a^{-1}$$

设 $<G, \circ>$ 是群，e 是 G 的幺元，由子群的定义可得 $\{e\}$，G 都是 G 的子群，称为 G 的平凡子群(Trivially Subgroup)。若 H 是 G 的子群且 $H \neq \{e\}$，$H \neq G$，则称 H 为 G 的真子群(Proper Subgroup)。

例 6.19 $<\mathbf{Z},+>$ 是整数加群，$Z_E=\{x\,|\,x=2n,n\in\mathbf{Z}\}$，证明$<Z_E,+>$是$<\mathbf{Z},+>$的一个子群。

证明 因为 $0\in Z_E$，所以 $Z_E\neq\varnothing$。

（1）对于任意的 $x,y\in Z_E$，可设 $x=2n_1$，$y=2n_2$，$n_1,n_2\in Z_E$，$x+y=2n_1+2n_2=2(n_1+n_2)$，$n_1+n_2\in\mathbf{Z}$，所以，$x+y\in Z_E$ 即$+$在 Z_E 上是封闭的。

（2）运算$+$在 Z_E 上可结合，从而在 Z_E 上可结合。

（3）$<\mathbf{Z},+>$的幺元 0 在 Z_E 中也是$<\mathbf{Z},+>$的幺元。

（4）对与任意 $x\in Z_E$，有 $x=2n,n\in\mathbf{Z}$，而$-x=-2n=2(-n),-n\in\mathbf{Z}$。

所以，$-x\in Z_E$ 使$-x+x=x+(-x)=0$，$-x$ 是 x 在 Z_E 中的逆元，所以$<Z_E,+>$是群，从而是$<\mathbf{Z},+>$的子群。

实际上，群的非空子集构成子群的条件可以简化如下。

定理 6.18 设$<G,\circ>$是群，S 是 G 的非空子集，则 S 关于运算$\circ$是$<G,\circ>$的子群的充分必要条件是：

（1）对任意的 $a,b\in S$，有 $a\circ b\in S$。

（2）对任意的 $a\in S$，有 $a^{-1}\in S$。

证明 必要性显然成立。

充分性：条件（1）说明运算$\circ$在 S 上是封闭的；由于 G 中的运算$\circ$是可结合的，所以 S 中运算$\circ$是可结合的；对任意 $a\in S$，由条件（2）知，$a^{-1}\in S$，再由条件（1）$e=a\circ a^{-1}\in S$，易得 e 是$<S,\circ>$的单位元，a^{-1} 是 a 在$<S,\circ>$中的逆元，所以$<S,\circ>$是群，从而是$<G,\circ>$的子群。

定理 6.19 设$<G,\circ>$是一个群，S 是 G 的非空子集，则 S 关于运算$\circ$是$<G,\circ>$的子群的充分必要条件是：对任意的 $a,b\in S$ 有 $a\circ b^{-1}\in S$。

证明 必要性易得。

充分性：任取 $a\in S$，由条件 $a\circ a^{-1}\in S$，即 $e\in S$，又因为 $e,a\in S$，所以 $a^{-1}=e\circ a^{-1}\in S$，这说明，若 $a\circ b\in S$，则 $a\circ b^{-1}\in S$，由条件可得 $a\circ b=a\circ(b^{-1})^{-1}\in S$ 根据定理 6.17，$<S,\circ>$是$<G,\circ>$的子群。

定理 6.20 设$<G,\circ>$是一个群，B 是 G 的一个有限非空子集，则 B 关于运算$\circ$是群$<G,\circ>$的子群的充分必要条件是：对任意的 $a,b\in B$ 有 $a\circ b\in B$。

证明 必要性由子群的定义可得。

充分性：设 a 是 B 中的任一元素，由条件 $a^2=a\circ a\in B$，$a^3=a^2\circ a\in B$，$\cdots$，因为 B 是有限集，所以必存在正整数 i 和 j，使 $i\neq j$，$a^i=a^j$，不妨设 $i<j$，则 $a^i=a^i\circ a^{j-i}$ 这说明 a^{j-i} 是$<G,\circ>$中的幺元，这个幺元也在子集 B 中。

如果 $j-i>1$，那么由 $a^{j-i}=a\circ a^{j-i-1}$ 知 a^{j-i-1} 是 a 的逆元且 $a^{j-i-1}\in B$。如果 $j-i=1$，那么由 $a^i=a^i\circ a$ 知 a 就是幺元且 a 的逆元就是 a。总之对任意元素 $a\in B$，有 $a^{-1}\in B$。所以由定理 6.18 知$<B,\circ>$是$<G,\circ>$的子群。

例 6.20 设$<G,\circ>$是群，$C=\{a\,|\,a\in G$ 且对任意的 $x\in G$ 有 $a\circ x=x\circ a\}$，求证$<C,\circ>$是$<G,\circ>$的一个子群。

证明 设 e 是群$<G,\circ>$的幺元，则 $e\in C$，又对任意的 $a,b\in C$ 和任意的 $x\in G$，有 $a\circ x=x\circ a,b\circ x=x\circ b$，所以 $b^{-1}\circ b\circ x\circ b^{-1}=b^{-1}\circ x\circ b\circ b^{-1},x\circ b^{-1}=b^{-1}\circ x$。从而 $(a\circ b^{-1})\circ x=a\circ(b^{-1}\circ x)=a\circ(x\circ b^{-1})=(a\circ x)\circ b^{-1}=x\circ(a\circ b^{-1})$。故 $a\circ b^{-1}\in C$。由定理 6.19 知，$<C,\circ>$

是群$<G,\circ>$的子群。这个子群称为群G的中心。

例 6.21　设$<H,\circ>$和$<K,\circ>$都是群$<G,\circ>$的子群,试证$<H\bigcap K,\circ>$也是$<G,\circ>$的子群。

证明　设e是群$<G,\circ>$的幺元,则因H,K都是G的子群,所以$e\in H,e\in K$,从而$e\in H\bigcap K$。对任意的$a,b\in H\bigcap K$,有$a,b\in H$且$a,b\in K$,由H,K都是G的子群,得$a\circ b^{-1}\in H$且$a\circ b^{-1}\in K$,所以$a\circ b^{-1}\in H\bigcap K$,故$<H\bigcap K,\circ>$是群$<G,\circ>$的子群。

例 6.22　设$<G,\circ>$是群,a是G的一个固定元,$H=\{a^n\mid n\in \mathbf{Z}\}$,则$<H,\circ>$是$<G,\circ>$的子群。

事实上,G得幺元$e=a^0\in H$,对H中的任意元a^n和a^m,$a^n\circ(a^m)^{-1}=a^n\circ a^{-m}=a^{n-m}\in H$由定理 6.19 知$<H,\circ>$是$<G,\circ>$的子群。

6.5　交换群与循环群

这一节讨论几种具体的群,这种讨论不但能加深对群的认识,而且这几种群本身在理论上和应用上都是非常重要的。

定义 6.20　如果群$<G,\circ>$中的运算$\circ$是可交换的,则称该群为交换群(Commutative Group),或称为阿贝尔(Abel)群。

例如,$<\mathbf{Z},+>$,$<\mathbf{Q},+>$,$<\mathbf{R},+>$,$<\mathbf{R}\backslash\{0\},\times>$都是交换群。

例 6.23　设集合$S=\{1,2,3,4\}$,在S上定义一个双射函数$\sigma:\sigma(1)=2,\sigma(2)=3,\sigma(3)=4,\sigma(4)=1$,并构造复合函数:对$\forall x\in S$。

$$\sigma^2(x)=\sigma\circ\sigma(x)=\sigma(\sigma(x))$$
$$\sigma^3(x)=\sigma\circ\sigma^2(x)=\sigma(\sigma^2(x))$$
$$\sigma^4(x)=\sigma\circ(\sigma^3(x))=\sigma(\sigma^3(x))$$

若用σ^0表示S上的恒等映射,即$\sigma^0(x)=x,x\in S$则有$\sigma^4(x)=\sigma^0(x)$,设$\sigma^1=\sigma$并构造集合$F=\{\sigma^0,\sigma^1,\sigma^2,\sigma^3\}$。求证,$<F,\circ>$是一个交换群。

证明　F上的运算$\circ$的运算表由表 6.13 给出。可见F上的运算$\circ$是封闭的,由$\circ$的定义可得,运算$\circ$是可结合的。σ^0是$<F,\circ>$的幺元。

表　6.13

$\circ$	σ^0	σ^1	σ^2	σ^3
σ^0	σ^0	σ^1	σ^2	σ^3
σ^1	σ^1	σ^2	σ^3	σ^0
σ^2	σ^2	σ^3	σ^0	σ^1
σ^3	σ^3	σ^0	σ^1	σ^2

σ^0的逆元是自身,σ^1和σ^3互为逆元,σ^2的逆元是它自身。由表 6.13 的对称性知,F上的运算$\circ$是可交换的,所以$<F,\circ>$是一个交换群。

例 6.24　设n是一个大于 1 的整数,G为所有n阶非奇(满秩)矩阵的集合,$\circ$表示矩阵的乘法,则$<G,\circ>$是一个不可交换群。

事实上,任意两个n阶非奇矩阵相乘后还是一个n阶非奇矩阵,所以G上的运算$\circ$是封闭的;矩阵的乘法运算是可结合的;n 阶单位矩阵 E 是 G 中的幺元;任意一个非奇的 n 阶矩阵 A 有唯一的 n 阶逆矩阵 A^{-1} 也是非奇的且 $A^{-1} \cdot A = A \cdot A^{-1} = E$,但 G 中的运算,不是可换的,因此 $<G, \circ>$ 是一个群,但不是交换群。

定理 6.21　设 $<G, \circ>$ 是一个群,则 $<G, \circ>$ 是交换群的充分必要条件是,对任意的 a,$b \in G$,有 $(a \circ b) \circ (a \circ b) = (a \circ a) \circ (b \circ b)$。

证明

必要性:设 $<G, \circ>$ 是交换群,则对任意的 $a, b \in G$ 有 $a \circ b = b \circ a$

因此 $(a \circ a) \circ (b \circ b) = a \circ (a \circ b) \circ b = a \circ (b \circ a) \circ b = (a \circ b) \circ (a \circ b)$

充分性:若对任意 $a, b \in G$,$(a \circ b) \circ (a \circ b) = (a \circ a) \circ (b \circ b)$

则 $a \circ (a \circ b) \circ b = (a \circ a) \circ (b \circ b) = (a \circ b) \circ (a \circ b) = a \circ (b \circ a) \circ b$

所以 $a^{-1} \circ (a \circ (a \circ b) \circ b) \circ b^{-1} = a^{-1} \circ (a \circ (b \circ a) \circ b) \circ b^{-1}$ 即得 $a \circ b = b \circ a$

因此,群 $<G, \circ>$ 是交换群。

例 6.25　设 $<G, \circ>$ 是群,e 是 G 的幺元,若对任意 $x \in G$,都有 $x^2 = x \circ x = e$,则 $<G, \circ>$ 是交换群。

证明　对任意的 $a, b \in G$,由条件 $a^2 = e$,$b^2 = e$ 所以,$a = a^{-1}$,$b = b^{-1}$,又 $a \circ b \in G$ 所以 $(a \circ b)^2 = e$,从而 $a \circ b = (a \circ b)^{-1} = b^{-1} \circ a^{-1} = b \circ a$,故 $<G, \circ>$ 是交换群。

定义 6.21　设 $<G, \circ>$ 是群,若 G 中存在一个元素 a,使得 G 中任意元素都是 a 的幂,即对任意的 $b \in G$ 都有整数 n 使 $b = a^n$,则称 $<G, \circ>$ 为循环群(Cyclic Group),元素 a 称为循环群 G 的生成元(Generator)。

例 6.26　$<\mathbf{Z}, +>$ 是由 1 生成的无限阶循环群。

例 6.27　设 $\mathbf{Z}$ 是整数集,m 是一正整数,Z_m 是由模 m 的剩余类组成的集合,Z_m 上的二元运算 $+_m$ 定义为:对 $[i], [j] \in Z_m$。

$$[i] +_m [j] = [(i+j)(\bmod m)]$$

则 $<Z_m, +_m>$ 是以 $[1]$ 为生成元的循环群。

证明　由例 6.14 知,$<Z_m, +_m>$ 是含幺半群,幺元为 $[0]$,又 Z_m 中,$[0]$ 的逆元是 $[0]$,$[i] \in Z_m$,$1 \leqslant i \leqslant m-1$ 时,$[i]$ 的逆元是 $[m-i]$,所以 $<Z_m, +_m>$ 是群,又任意 $[i] \in Z_m$,有 $[i] = [1]^i$,$(0 \leqslant i \leqslant m-1)$,所以 $<Z_m, +_m>$ 是以 $[1]$ 为生成元的循环群。称为模 m 的剩余类加群。

定理 6.22　任何一个循环群都是交换群。

证明　设 $<G, \circ>$ 是一个循环群,a 是它的一个生成元,那么,对任意的 $x, y \in G$,必有 $r, s \in \mathbf{Z}$ 使得 $x = a^r$,$y = a^s$,所以 $x \circ y = a^r \circ a^s = a^{r+s} = a^{s+r} = a^s \circ a^r = y \circ x$。因此,$<G, \circ>$ 是一个交换群。

对于有限循环群,有下面的结论。

定理 6.23　设 $<G, \circ>$ 是一个由元素 a 生成的循环群且是有限群,如果 G 的阶是 n,即 $|G| = n$,则 $a^n = e$ 且 $G = \{a, a^2, a^3, \cdots, a^{n-1}, a^n = e\}$ 其中 e 是 $<G, \circ>$ 的幺元,n 是使 $a^n = e$ 的最小正整数(称 n 为元素 a 的阶)。

证明　因为 G 是有限群,$a \in G$,所以,存在正整数 s 使 $a^s = e$,假设对某个正整数 m,$m < n$ 使 $a^m = e$,那么,由于 $<G, \circ>$ 是一个 a 生成的循环群,所以 G 中任何元素都能写成 a^k ($k \in \mathbf{Z}$)的形式。又 $k = mg + r$,其中 $g, r \in \mathbf{Z}$ 且 $0 \leqslant r \leqslant m-1$。这样就有 $a^k = a^{mg+r} = (a^m)^g \cdot$

$a^r = a^r$,所以 G 中每个元素都能写成 $a^r(0 \leqslant r \leqslant m-1)$ 的形式,这样 G 中最多有 m 个不同的元素,与 $m < n$ 且 $|G| = n$ 矛盾,所以 $a^m = e(0 < m < n)$ 是不可能的。

下面证明 $a, a^2, a^3, \cdots a^n$ 是互不相同的,用反证法,若 $a^i = a^j$ 其中 $1 \leqslant i < j \leqslant n$,就有 $a^{j-i} = e$ 且 $0 < j-i < n$ 上面已经证明这是不可能的。所以,$a, a^2, a^3, \cdots a^n$ 是互不相同的,又 $|G| = n$,所以,$G = \{a, a^2, a^3, \cdots, a^n\}$,因为,$e \in G$,$a^m \neq e(1 \leqslant m < n)$ 所以 $a^n = e$。

例 6.28 在模 4 的剩余类加群 $<Z_4, +_4>$ 中,试说明 $[1]$ 和 $[3]$ 都是生成元。

解 因为 $[1]^1 = [1]$,$[1]^2 = [1] +_4 [1] = [2]$,
$$[1]^3 = [1] +_4 [2] = [3], \quad [1]^4 = [1] +_4 [3] = [0]$$
所以 $[1]$ 是循环群 $<Z_4, +_4>$ 的生成元。

又因为 $[3]^1 = [3]$,$[3]^2 = [3] + [3] = [2]$
$$[3]^3 = [3] + [2] = [1], [3]^4 = [3] + [1] = [0]$$
所以,$[3]$ 也是循环群 $<Z_4, +_4>$ 的生成元。

从例 6.27 知,一个循环群的生成元可以不是唯一的。

下面讨论另一类重要的群——置换群。

对于一个具有 n 个元素的集合 S,将 S 上所有 $n!$ 个不同的置换所组成的集合记为 S_n。

定义 6.22 设 $\sigma_1, \sigma_2 \in S_n$,$S_n$ 上的二元运算。和 $*$ 使对 $\sigma_1, \sigma_2 \in S_n$,$\sigma_1 \circ \sigma_2$ 和 $\sigma_1 * \sigma_2$ 都表示对 S 的元素先做置换 σ_2 接着再做置换 σ_1 所得到的置换。二元运算。和 $*$ 分别称为左复合和右复合。

例 6.29 设 $S = \{1, 2, 3, 4\}$,S_4 中的元素
$$\sigma_1 = \begin{pmatrix} 1 & 2 & 3 & 4 \\ 1 & 4 & 2 & 3 \end{pmatrix}, \sigma_2 = \begin{pmatrix} 1 & 2 & 3 & 4 \\ 2 & 1 & 3 & 4 \end{pmatrix}, 则$$

$$\sigma_1 \circ \sigma_2 = \sigma_2 * \sigma_1 = \begin{pmatrix} 1 & 2 & 3 & 4 \\ 1 & 4 & 2 & 3 \end{pmatrix} \circ \begin{pmatrix} 1 & 2 & 3 & 4 \\ 2 & 1 & 3 & 4 \end{pmatrix} = \begin{pmatrix} 1 & 2 & 3 & 4 \\ 4 & 1 & 2 & 3 \end{pmatrix}$$

因为 σ_1, σ_2 都是 S 上的双射变换,所以它们都有逆变换并且是置换。如 σ_1 的逆置换
$$\sigma_1^{-1} = \begin{pmatrix} 1 & 2 & 3 & 4 \\ 1 & 3 & 4 & 2 \end{pmatrix}$$

易得 $\sigma_1^{-1} \circ \sigma_1 = \sigma_1 \circ \sigma_1^{-1} = \begin{pmatrix} 1 & 2 & 3 & 4 \\ 1 & 2 & 3 & 4 \end{pmatrix}$ 是使 S 中每个元素映射到自身的置换。

为确定起见,在下面只对左复合进行讨论。

定理 6.24 $<S_n, \circ>$ 是一个群,其中。是置换的左复合运算。

证明 首先证二元运算。在 S_n 上是封闭的,对任意的 $\sigma_1, \sigma_2 \in S_n$,若 $a, b \in S, a \neq b$,则因 σ_1, σ_2 都是 S 上的双射变换,所以
$$c = \sigma_2(a) \neq \sigma_2(b) = d$$
$$\sigma_1(c) \neq \sigma_2(d)$$
从而 $\sigma_1 \circ \sigma_2(a) = \sigma_1(\sigma_2(a)) = \sigma_1(c) \neq \sigma_2(d) = \sigma_1(\sigma_2(b)) = \sigma_1 \sigma_2(b)$

因而 $\sigma_1 \circ \sigma_2$ 是 S 上的单射。

对 $z \in S$,因 σ_1 是 S 上的双射变换,所以存在 $y \in S$ 使 $\sigma_1(y) = z$,又 σ_2 是 S 上的双射变换,所以存在 $x \in S$ 使 $\sigma_2(x) = y$,从而 $\sigma_1 \circ \sigma_2(x) = \sigma_1(\sigma_2(x)) = \sigma_1(y) = z$,即得 $\sigma_1 \circ \sigma_2$ 是 S 上的满射变换。故 $\sigma_1 \circ \sigma_2 \in S_n$。

其次证明二元运算。在 S_n 上是可结合的且有幺元。

对于 $\sigma_1,\sigma_2,\sigma_3\in S_n$，$x\in S$，记 $\sigma_3(x)=y$，$\sigma_2(y)=z$，$\sigma_1(z)=w$。

则，由于 $\sigma_1\circ\sigma_2(y)=\sigma_1(\sigma_2(y))=\sigma_1(z)=w$；

所以，$(\sigma_1\circ\sigma_2)\circ\sigma_3(x)=\sigma_1\circ\sigma_2(\sigma_3(x))=\sigma_1\circ\sigma_2(y)=w$；

同样地，由于 $\sigma_2\circ\sigma_3(x)=\sigma_2(\sigma_3(x))=\sigma_2(y)=z$；

所以，$\sigma_1\circ(\sigma_2\circ\sigma_3)(x)=\sigma_1(\sigma_2\circ\sigma_3(x))=\sigma_1(z)=w$；

因此，$\sigma_1\circ(\sigma_2\circ\sigma_3)=(\sigma_1\circ\sigma_2)\circ\sigma_3$。

如果将 S 中的每个元素映射成它自身的变换，记为 σ_e，则 σ_e 是双射变换，所以 $\sigma_e\in S_n$，且对于任一个元素 $\sigma\in S_n$，都有 $\sigma\circ\sigma_e=\sigma_e\circ\sigma=\sigma$，因此 S_n 中存在幺元 σ_e，称它为置换（Identical Permutation）。

最后，对于任意的 $\sigma\in S_n$，因为 σ 是 S 上的双射变换，因此它有逆变换 σ^{-1} 且 σ^{-1} 也是 S 上的双射变换，所以 $\sigma^{-1}\in S_n$，由于，σ 将 $x\in S$ 映射成 $y\in S$ 当且仅当 σ^{-1} 将 y 映射成为 x，所以 $\sigma\circ\sigma^{-1}=\sigma^{-1}\circ\sigma=\sigma_e$，$\sigma^{-1}$ 是 σ 在 $<S_n,\circ>$ 中的逆元，故 $<S_n,\circ>$ 是群。

定义 6.23 $<S_n,\circ>$ 的任何一个子群，称为集合 S 上的一个置换群（Permutation Group）。特别地，置换群 $<S_n,\circ>$ 称为 n 次对称群（Symmetrical Group）。

例 6.30 设 $S=\{1,2,3\}$ 写出 S 的对称群以及 S 上的其他置换群，并指出它们是否是循环群？是否是交换群？

解 S 的对称群为 $<S_3,\circ>$

$$S_3=\{\sigma_e,\sigma_1,\sigma_2,\sigma_3,\sigma_4,\sigma_5,\sigma_6\}$$

其中 $\sigma_e,\sigma_1,\sigma_2,\sigma_3,\sigma_4,\sigma_5,\sigma_6$ 如图 6.1 所示，S_3 上的左复合运算。如表 6.14 所示。

由表 6.14 可见，S_3 上的二元运算。不是可交换的，如

$$\sigma_1\circ\sigma_2=\sigma_5\neq\sigma_4=\sigma_2\circ\sigma_1$$

所以 $<S_3,\circ>$ 不是交换群，更不是循环群；容易得到 S 上的交换群还有 $<\{\sigma_e\},\circ>$，$<\{\sigma_e,\sigma_1\},\circ>$，$<\{\sigma_e,\sigma_2\},\circ>$，$<\{\sigma_e,\sigma_3\},\circ>$，$<\{\sigma_e,\sigma_4,\sigma_5\},\circ>$，它们都是循环群，从而都是交换群。

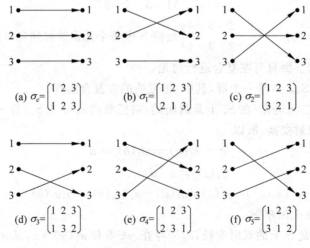

(a) $\sigma_e=\begin{pmatrix}1&2&3\\1&2&3\end{pmatrix}$　　(b) $\sigma_1=\begin{pmatrix}1&2&3\\2&1&3\end{pmatrix}$　　(c) $\sigma_2=\begin{pmatrix}1&2&3\\3&2&1\end{pmatrix}$

(d) $\sigma_3=\begin{pmatrix}1&2&3\\1&3&2\end{pmatrix}$　　(e) $\sigma_4=\begin{pmatrix}1&2&3\\2&3&1\end{pmatrix}$　　(f) $\sigma_5=\begin{pmatrix}1&2&3\\3&1&2\end{pmatrix}$

图 6.1

表 6.14

∘	σ_e	σ_1	σ_2	σ_3	σ_4	σ_5
σ_e	σ_e	σ_1	σ_2	σ_3	σ_4	σ_5
σ_1	σ_1	σ_e	σ_5	σ_4	σ_3	σ_2
σ_2	σ_2	σ_4	σ_e	σ_5	σ_1	σ_3
σ_3	σ_3	σ_5	σ_4	σ_e	σ_2	σ_1
σ_4	σ_4	σ_2	σ_3	σ_1	σ_5	σ_e
σ_5	σ_5	σ_3	σ_1	σ_2	σ_e	σ_4

6.6 陪集与拉格朗日定理

前面已经讨论了利用集合上的等价关系对集合进行划分(分解),本节研究利用子群来对群进行划分(分解),从而研究群的一些性质。

下面从推广$<\mathbf{Z},+>$中"模 m 同余"的概念开始,易知,对 $a,b\in\mathbf{Z}$,$a\equiv b(\bmod m)\Leftrightarrow m/(a-b)\Leftrightarrow a-b\in H=\{mk\,|\,k\in\mathbf{Z}\}$,因此在群$<\mathbf{Z},+>$中,$a\equiv b(\bmod m)\Leftrightarrow a-b\in H$,推广到一般的群,有如下定理。

定义 6.24 设$<H,\circ>$是群$<G,\circ>$的子群,$a,b\in G$ 如果 $b^{-1}\circ a\in H$,则称 a 与 b 有二元关系 R_L(模 H 左同余)。

即 $aR_Lb\Leftrightarrow$存在$h\in H$ 使 $a=bh$。

定理 6.25 设$<H,\circ>$是群$<G,\circ>$的子群。

则(1) R_L 是 G 上的一个等价关系。

(2) 对任意$a\in G$,$[a]=aH$,其中$[a]=\{x\,|\,x\in G,$且 $xR_La\}$是 a 所在的等价类,$aH=\{a\circ h\,|\,h\in H\}$称为 H 的左陪集(Left Coset)。

(3) $|aH|=|H|$(即 aH 与 H 之间存在双射)。

证明 (1) 设 $a,b,c\in G$,因为 G 的幺元$e\in H$,使 $a=a\circ e$,所以 aR_Lb,R_L 是自反的;若 aR_Lb,则有 $h\in H$ 使 $a=b\circ h$,从而 $b=a\circ h^{-1}$,所以 bR_La,R_L 是对称的;若 aR_Lb 且 bR_La,于是 $a=b\circ h_1$,$b=c\circ h_2$,从而有 $h_1\circ h_2\in H$ 使 $a=c\circ h_1\circ h_2$,因而 aR_Lc,R_L 是传递的。所以 R_L 是 G 上的等价关系。

(2) 由于 $x\in[a]\Leftrightarrow xR_La\Leftrightarrow\exists h\in H$ 使 $x=a\circ h\Leftrightarrow x\in aH$,所以$[a]=aH$。

(3) 容易验证映射 $f:aH\rightarrow H$,$a\circ h=h$ 是一个双射,故 $|aH|=|H|$。

推论 6.1 设 $<H,\circ>$是群$<G,\circ>$的子群,则

(1) $G=\bigcup_{a\in G}aH$。

(2) 对任意aH,bH,或者 $aH\bigcap bH=\varnothing$,或者 $aH=bH$。

(3) $aH=bH\Leftrightarrow a^{-1}\circ b\in H$,特别 $eH=H$,$aH=H$ 当且仅当 $a\in H$。

证明 由于$[a]=aH$ 是 G 的等价类,由等价类的性质知,$G=\bigcup_{a\in G}[a]=\bigcup_{a\in G}aH$,得(1)。

若 $aH\bigcap bH\neq\varnothing$,则有 $aH=bH$,得(2)。

最后,$aH=bH\Rightarrow a\circ e=b\circ h\Rightarrow a^{-1}\circ b=h^{-1}\in H$。反之,$a^{-1}\circ b=h\in H\Rightarrow b=a\circ h\in aH\Rightarrow$

$aH \cap bH \neq \varnothing \Rightarrow aH = bH$,得(3)。

群 G 表成子群 H 的互不相同的左陪集的并,叫做 G 关于子群 H 的左陪集分解。

例 6.31 设 $G = S_3 = \{\sigma_e, \sigma_1, \sigma_2, \sigma_3, \sigma_4, \sigma_5\}$ 其中

$$\sigma_e = \begin{pmatrix} 1 & 2 & 3 \\ 1 & 2 & 3 \end{pmatrix}, \quad \sigma_1 = \begin{pmatrix} 1 & 2 & 3 \\ 2 & 1 & 3 \end{pmatrix}, \quad \sigma_2 = \begin{pmatrix} 1 & 2 & 3 \\ 3 & 2 & 1 \end{pmatrix}, \quad \sigma_3 = \begin{pmatrix} 1 & 2 & 3 \\ 1 & 3 & 2 \end{pmatrix}, \quad \sigma_4 =$$

$\begin{pmatrix} 1 & 2 & 3 \\ 2 & 3 & 1 \end{pmatrix}, \sigma_5 = \begin{pmatrix} 1 & 2 & 3 \\ 3 & 1 & 2 \end{pmatrix}, H = \{\sigma_e, \sigma_1\}$ 写出 G 关于 H 的左陪集分解。

解 $\sigma_e H = H, \sigma_2 H = \{\sigma_2, \sigma_4\}, \sigma_3 H = \{\sigma_3, \sigma_5\}$,

因此,$G = H \cup \sigma_2 H \cup \sigma_3 H$。

例 6.32 设 $G = \mathbf{Q} - \{0\}$,$\cdot$ 是普通乘法,$H = \{1, -1\}$,则 $<H, \cdot>$ 是 $<G, \cdot>$ 的子群,求 G 关于 H 的左陪集分解。

解 因为 $aH = bH \Leftrightarrow a^{-1} \cdot b \in H \Leftrightarrow |a^{-1} \cdot b| = 1 \Leftrightarrow |a| = |b|$,故 $G = \bigcup\limits_{a \in \mathbf{Q}} aH$, $aH = \{a, -a\}$,$\mathbf{Q}^+$ 表示正有理数集。

与左陪集相似,可以定义 H 的右陪集。设 $<H, \circ>$ 是群 $<G, \circ>$ 的子群,在 G 上定义二元关系 R_r:

$aR_r b \Leftrightarrow \exists h \in H$,使 $a = h \circ b$

R_r 是 G 上的一个等价关系,由此得到 G 的一个划分(分解),a 所在的等价类 $\bar{a} = \{h \circ a \mid h \in H\}$ 记做 Ha 称为 H 的一个右陪集。并且 $Ha = Hb \Leftrightarrow a \circ b^{-1} \in H$。同样有 G 关于 H 的右陪集分解。如例 6.31 中 H 的右陪集有:

$$H\sigma_e = H, \quad H\sigma_2 = \{\sigma_2, \sigma_5\}, \quad H\sigma_3 = \{\sigma_3, \sigma_4\}, \quad S_3 = H\sigma_e \cup H\sigma_2 \cup H\sigma_3$$

因为 S_3 不是交换群,子群 H 的左陪集不一定是右陪集。如 $\sigma_2 H \neq H\sigma_2$。尽管如此,但发现 H 的左陪集的集合 $\{H, \sigma_2 H, \sigma_3 H\}$ 与右陪集的集合 $\{H, H\sigma_2, H\sigma_3\}$ 所含元素的个数相同,这一性质可以推广到一般情形。

定理 6.26 设 $<H, \circ>$ 是群 $<G, \circ>$ 的子群,$S_L = \{aH \mid a \in G\}$,$S_r = \{Ha \mid a \in G\}$,则存在集合 S_L 到集合 S_r 的双射(或说 S_L 与 S_r 的基数相同)。

证明 映 $f: aH \rightarrow Ha^{-1}$ 是 S_L 到 S_r 的一个双射,事实上,$aH = bH \Leftrightarrow a^{-1} \circ b \in H \Leftrightarrow (b^{-1})^{-1} \in H \Leftrightarrow Ha^{-1} = Hb^{-1}$,$f$ 是单射,任取 $Hb \in S_r$,有 $b^{-1}H \in S_L$ 使 $b^{-1}H \rightarrow Hb$,所以 f 是满射,从而 f 是双射。

定义 6.25 设 $<H, \circ>$ 是群 $<G, \circ>$ 的子群,H 在 G 中全体左(右)陪集组成的集合的基数称为 H 在 G 中的指数(Index)。记作 $[G:H]$。

例如,在例 6.31 中 $[G:H] = 3$ 在例 6.32 中 $[G:H]$ 为无限。这里主要讨论 $[G:H]$ 为有限的情形。

有限群的阶有以下重要的结果。

定理 6.27 (拉格朗日 Lagrange 定理)设 $<G, \circ>$ 是有限群,$<H, \circ>$ 是 $<G, \circ>$ 的子群,则 $|G| = [G:H] \cdot |H|$。

证明 因为 G 有限,H 在 G 中左陪集的个数必有限,于是 G 有左陪集分解为 $G = a_1 H \cup a_2 H \cup \cdots \cup a_k H$,$k = [G:H]$。由定理 6.25(3),$|a_i H| = |H|$,因此

$$|G| = \sum_{i=1}^{k} |a_i H| = k|H| = [G:H]|H|$$

推论 6.2　任何质数阶群不可能有非平凡子群。

这是因为,如果有非平凡子群,那么该子群的阶 m 必定是原来群的阶 p 的一个因子且 $m \neq 1, m \neq p$,这与原来群的阶 p 是质数相矛盾。

推论 6.3　设 $<G, \circ>$ 是 n 阶有限群,那么对于任意的 $a \in G, a$ 的阶必是 n 的因子且必有 $a^n = e$,这里 e 是群 $<G, \circ>$ 的幺元。如果 n 为质数,则 $<G, \circ>$ 必是循环群。

这是因为,由 G 中的任意元素 a 生成的循环群

$$H = \{a^i \mid i \in \mathbf{Z}\}$$

是 G 的子群。如果 H 的阶是 m,那么由定理 6.29 知 $a^m = e$ 且 a 的阶等于 m,由拉格朗日定理知,$n = mk, k \in \mathbf{Z}$,因此,a 的阶 m 是 n 的因子,且有 $a^n = a^{mk} = (a^m)^k = e^k = e$。

因为质数阶的群只有平凡子群,所以,质数阶的群必定是循环群。

例 6.33　设 $k = \{e, a, b, c\}$,在 k 上定义二元运算 $*$ 如表 6.15 所示。

表　6.15

$*$	e	a	b	c
e	e	a	b	c
a	a	e	c	b
b	b	c	e	a
c	c	b	a	e

证明 $<k, *>$ 是一个群但是不是一个循环群。

证明　由表 6.15 知,运算 $*$ 是封闭的和可以结合的。幺元是 e,每个元素的逆元是自身,所以,$<k, *>$ 是群。因为 e 是一阶元,a, b, c 都是二阶元,故 $<k, *>$ 不是循环群。$<k, *>$ 常称 Klein 四元群。

例如,设集合

$$S = \{1, 2, 3, 4\}, \quad \sigma_e = \begin{pmatrix} 1 & 2 & 3 & 4 \\ 1 & 2 & 3 & 4 \end{pmatrix}, \quad \sigma_1 = \begin{pmatrix} 1 & 2 & 3 & 4 \\ 2 & 1 & 4 & 3 \end{pmatrix},$$

$$\sigma_2 = \begin{pmatrix} 1 & 2 & 3 & 4 \\ 4 & 3 & 2 & 1 \end{pmatrix}, \quad \sigma_3 = \begin{pmatrix} 1 & 2 & 3 & 4 \\ 3 & 4 & 1 & 2 \end{pmatrix}$$

则置换群 $<\{\sigma_e, \sigma_1, \sigma_2, \sigma_3\}, \circ>$ 就是一个 Klein 四元群。

例 6.34　任何一个四阶群只可能是四阶循环群或者是 Klein 四元群。

证明　设四阶群为 $<\{e, a, b, c\}, \circ>$ 其中 e 是幺元。当四阶群中有一个四阶元素时,它就是循环群。

当四阶群中不含有四阶元素时,由推论 6.3 知 a, b, c 的阶都是 2,由群中消去律成立可得 $a \circ b = c = b \circ a, b \circ c = a = c \circ b, a \circ c = b = c \circ a$。因此,这个群是 Klein 四元群。

6.7　同态与同构

这一节将讨论代数系统的同态与同构。代数系统的同态与同构就是在两个代数系统之间存在着一种特殊的映射——保持运算的映射,它是研究两个代数系统之间关系的强有力的工具。

定义 6.26　设 $<X,\circ>$ 和 $<Y,*>$ 是两个代数系统,$\circ$ 和 $*$ 分别是 X 和 Y 上的二元运算,设 f 是从 X 到 Y 一个映射,使得对任意的 $x,y\in X$ 都有 $f(x\circ y)=f(x)*f(y)$ 则称 f 为由 $<X,\circ>$ 到 $<Y,*>$ 的一个同态映射(Homomorphism),称 $<X,\circ>$ 与 $<Y,*>$ 同态,记做 $X\sim Y$。把 $<f(X),*>$ 称为 $<X,\circ>$ 的一个同态像。其中 $f(X)=\{a\mid a=f(x),x\in X\}\subseteq Y$。

在这个定义中,如果 $<Y,*>$ 就是 $<X,\circ>$,则 f 是 X 到自身的映射。当上述条件仍然满足时,就称 f 是 $<X,\circ>$ 上的一个自同态映射(Endomorphism)。

例 6.35　设 M 是所有 n 阶实数矩阵的集合,$*$ 表示矩阵的乘法运算,则 $<M,*>$ 是一个代数系统。设 R 表示所有实数的集合,$\times$ 表示数的乘法,则 $<R,\times>$ 也是一个代数系统。定义 M 到 R 的映射 f 为:$f(A)=|A|,A\in M$ 即 f 将 n 阶矩阵 A 映射为它的行列式 $|A|$。因为 $|A|$ 是一个实数,而且当

$A,B\in M$ 时,有 $f(A*B)=|A*B|=|A|\times|B|=f(A)\times f(B)$

所以 f 是一个同态映射,$M\sim R$,且 R 是 M 的一个同态像。

例 6.36　考察代数系统 $<R,\cdot>$ 其中 R 是实数集,$\cdot$ 是普通乘法运算。如果对运算结果只感兴趣于正、负、零之间的特征区别,那么,代数系统 $<R,\cdot>$ 中运算结果的特征就可以用另一个代数系统 $<B,*>$ 的运算结果来描述,其中 $B=\{$正,负,零$\}$ 是定义在 B 上的二元运算,如表 6.16 所示。

表　6.16

$*$	正	负	零
正	正	负	零
负	负	正	零
零	零	零	零

作映射 $f\colon R\to B$ 如下。

$$f(x)=\begin{cases}正, & x>0 \\ 负, & x<0 \\ 零, & x=0\end{cases}\quad x\in R$$

经验算得,对于任意的 $x,y\in R$,有 $f(x\cdot y)=f(x)*f(y)$。因此,映射 f 是由 $<R,\cdot>$ 到 $<B,*>$ 的一个同态映射。

由例 6.36 知,在 $<R,\cdot>$ 中研究运算结果的正、负、零的特征就等于在 $<B,*>$ 中的运算特征,可以说,代数系统 $<B,*>$ 描述了 $<R,\cdot>$ 中运算结果的这些基本特征。而这正是研究两个代数系统之间是否存在同态的重要意义之一。

应该指出,由一个代数系统到另一个代数系统可能存在着多于一个的同态映射。

例 6.37　设 $f\colon R\to R$ 定义为对任意 $x\in R,f(x)=2^x$

　　　　　　$g\colon R\to R$ 定义为对任意 $x\in R,g(x)=3^x$

f,g 都是从 $<R,+>$ 到 $<R,\times>$ 的同态映射。

定义 6.27　设 f 是由 $<X,\circ>$ 到 $<Y,*>$ 的一个同态映射,如果 f 是从 X 到 Y 的一个满射,则 f 称为满同态(Epimorphism);如果 f 是从 X 到 Y 的一个单射,则 f 称为单同态(Monomorphism);如果 f 是从 X 到 Y 的一个双射,则 f 称为同构映射(Isomorphism),

并称$<X，\circ>$和$<Y，*>$是同构的(Isomorphic)。若g是$<A，\circ>$到$<A，\circ>$的同构映射，则称g为自同构映射(Automorphism)。

定理 6.28 设G是一些只有一个二元运算的代数系统的非空集合，则G中代数系统之间的同构关系是等价关系。

证明 因为任何一个代数系统$<X，\circ>$可以通过恒等映射与它自身同构，即自反性成立。关于对称性，设$<X，\circ>\cong<Y，*>$且有对应的同构映射f，因为f的逆映射是由$<Y，*>$到$<X，\circ>$的同构映射，所以$<Y，*>\cong<X，\circ>$。最后，如果f是由$<X，\circ>$到$<Y，*>$的同构映射，g是由$<Y，*>$到$<U，\Delta>$的同构映射，那么$g\circ f$就是$<X，\circ>$到$<U，\Delta>$的同构映射。因此，同构关系是等价关系。

例 6.38 设$f：\mathbf{Q}\rightarrow\mathbf{R}$定义为对任意$x\in\mathbf{Q}，f(x)=2x$，那么$f$是$<\mathbf{Q}，+>$到$<\mathbf{R}，+>$的单同态。

例 6.39 设$f：\mathbf{Z}\rightarrow Z_n$定义为对任意的$x\in\mathbf{Z}，f(x)=x(\mathrm{mod}n)$，那么，$f$是从$<\mathbf{Z}，+>$到$<Z_n，+_n>$的一个同态满射。

例 6.40 设n是确定的正整数，集合$H_n=\{x|x=kn,k\in\mathbf{Z}\}$，定义映射$f：\mathbf{Z}\rightarrow H_n$为对任意的$k\in\mathbf{Z}，f(k)=kn$。

那么，f是$<\mathbf{Z}，+>$到$<H_n，+>$的一个同构映射，所以，$\mathbf{Z}\cong H_n$。

例 6.41 设$X=\{a,b\}$，$Y=\{奇,偶\}$，$U=\{0,1\}$，二元运算$\circ，*，\Delta$如表 6.17 所示，代数系统$<Y，*>$和$<U，\Delta>$都与代数系统$<X，\circ>$同构。

表 6.17

(a) $<X，\circ>$		
$\circ$	a	b
a	a	b
b	b	a

(b) $<Y，*>$		
$*$	偶	奇
偶	偶	奇
奇	奇	偶

(c) $<U，\Delta>$		
Δ	0	1
0	0	1
1	1	0

同构是一个很重要的概念，从上例可以看到形式上不同的代数系统，如果它们同构的话，那么，就可以抽象地把它们看做是本质上相同的代数系统，所不同的只是所用的符号不同。另外由定理 6.28 知，同构是一个等价关系，从而可用同构对代数系统进行分类研究。

利用同态和同构还可由一个代数系统研究另一个代数系统。

定理 6.29 设f是代数系统$<X，\circ>$和$<Y，*>$的满同态。

(1) 若$\circ$可交换，则$*$可交换。

(2) 若$\circ$可结合，则$*$可结合。

（3）若代数系统$<X,\circ>$有幺元e，则$e'=f(e)$是$<Y,*>$的幺元。

证明　（1）因为f是$<X,\circ>$到$<Y,*>$的满同态，所以对任意的$x,y\in Y$，存在a，$b\in X$，使$f(a)=x,f(b)=y$从而由$\circ$的可交换性得

$$x*y=f(a)*f(b)=f(a\circ b)=f(b\circ a)=f(b)*f(a)=y*x$$

故$*$可交换。

（2）由条件，对任意$x,y,z\in Y$，存在$a,b,c\in X$，使$f(a)=x,f(b)=y,f(c)=z$，从而由$\circ$可结合得

$$x*(y*z)=f(a)*(f(b)*f(c))=f(a)*f(b\circ c)=f(a\circ(b\circ c))$$
$$=f(a\circ b)*f(c)=(f(a)*f(b))*f(c)=(x*y)*z$$

所以$*$是可结合的。

（3）因为e是代数系统$<X,\circ>$的幺元，f是$<X,\circ>$到$<Y,*>$的满同态，所以$e'=f(e)\in Y$，且对任意的$x\in Y$，都存在$a\in X$使$f(a)=x$从而

$$x*e'=f(a)*f(e)=f(a\circ e)=f(a)=x=f(e\circ a)=f(e)*f(a)=e'*x$$

故e'是$<Y,*>$的幺元。

定理 6.30　设f是从代数系统$<X,\circ>$到代数系统$<Y,*>$的同态映射。

（1）如果$<X,\circ>$是半群，则$<f(X),*>$是半群。

（2）如果$<X,\circ>$是含幺半群，则$<f(X),*>$是含幺半群。

（3）如果$<X,\circ>$是群，则$<f(X),*>$是群。

证明　（1）因为$<X,\circ>$是半群，$<Y,*>$是代数系统，f是由$<X,\circ>$到$<Y,*>$的同态映射，所以$f(X)\subseteq Y$。

对任意的$x,y\in f(X)$，必存在$a,b\in X$使得$f(a)=x,f(b)=y$。

因为$c=a\circ b\in \mathbf{Z}$，所以$x*y=f(a)*f(b)=f(a\circ b)=f(c)\in f(X)$。

$*$作为$f(X)$上的二元运算是封闭的。f作为$<X,\circ>$到$<f(X),*>$的同态映射是满同态，因为$\circ$可结合的，由定理 6.29 知$f(X)$上的运算$*$是可结合的，故$<f(X),*>$是半群。

（2）因$<X,\circ>$是含幺半群，所以$<X,\circ>$是半群且含有幺元e，f是$<X,\circ>$到$<Y,*>$的同态映射，由（1）知$<f(X),*>$是半群，由定理 6.29 知$e'=f(e)$是$<f(X),*>$的幺元，所以$<f(X),*>$是含幺半群。

（3）设$<X,\circ>$是群，则由（2）知$<f(X),*>$是含幺半群。又对任意$x\in X$，必有$a\in X$使$f(a)=x$因为$<X,\circ>$是群，所以a在X中有逆元a^{-1}，且$f(a^{-1})\in f(X)$，

$$\begin{cases}f(a)*f(a^{-1})=f(a\circ a^{-1})=f(e)=e'\\ f(a^{-1})*f(a)=f(a^{-1}\circ a)=f(e)=e'\end{cases}$$

所以，$f(a^{-1})$是$f(a)$的逆元。即$f(a^{-1})=(f(a))^{-1}$，因此，$<f(X),*>$是群。

推论 6.4　设f是从代数系统$<X,\circ>$到代数系统$<Y,*>$的同态满射。

（1）如果$<X,\circ>$是群，则$<Y,*>$是群。

（2）如果$<X,\circ>$是群，$<H,\circ>$是$<X,\circ>$的子群，则$<f(H),*>$是群$<Y,*>$的子群。

定理 6.31　设f是从群$<X,\circ>$到群$<Y,*>$的同态映射，$<S,*>$是$<Y,*>$的

子群,记 $H=f^{-1}(S)=\{a\,|\,a\in X \text{ 且 } f(a)\in S\}$。

则 $<H,\circ>$ 是 $<X,\circ>$ 的子群。

证明 因为 $<S,*>$ 是 $<Y,*>$ 的子群,所以,群 $<Y,*>$ 的幺元 $e'\in S$,又若 e 是 $<X,\circ>$ 的幺元,则 $f(e)=e'$,所以 $e\in H,H\neq\varnothing$。

对任意 $a,b\in H$,有 $a\circ b^{-1}\in X$ 且 $x=f(a)\in S,y=f(b)\in S$,因为 $<S,*>$ 是 $<Y,*>$ 子群,所以 $x*y^{-1}\in S$。从而

$f(a\circ b^{-1})=f(a)*f(b^{-1})=f(a)*(f(b))^{-1}=x*y^{-1}\in S$,所以

$a\circ b^{-1}\in H$,$<H,\circ>$ 是 $<X,\circ>$ 的子群。

定义 6.28 设 f 是由群 $<X,\circ>$ 到群 $<Y,*>$ 的同态映射,e' 是 Y 中的幺元。记 $\ker(f)=\{a\,|\,a\in X \text{ 且 } f(a)=e'\}$,称 $\ker(f)$ 称为同态映射 f 的核,简称 f 的同态核 (Kernel)。

若 f 是由群 $<X,\circ>$ 到群 $<Y,*>$ 的同态映射,e' 是 Y 的幺元,$S=\{e'\}$,则 $<S,*>$ 是 $<Y,*>$ 的子群,且 $\ker(f)=f^{-1}(S)$,所以定理 6.31 可得推论 6.5。

推论 6.5 设 f 是由群 $<X,\circ>$ 到群 $<Y,*>$ 的同态映射,则 f 的同态核 $\ker(f)$ 是 X 的子群。

在一般的集合上,定义了元素间的等价关系,下面在含有二元运算的代数系统中引入同余关系,并进一步讨论同态和同余关系的对应。

定义 6.29 设 $<A,\circ>$ 是一个代数系统,$\circ$ 是 A 上的一个二元运算,R 是 A 上的一个等价关系。如果当 $<x_1,x_2>,<y_1,y_2>\in R$ 时,都有 $<x_1\circ y_1,x_2\circ y_2>\in R$,则称 R 为 A 上关于 $\circ$ 的同余关系 (Congruence Relation)。由这个同余关系将 A 划分成的等价类称为同余类 (Congruence Class)。

例 6.42 恒等关系是任何一个具有一个二元运算的代数系统上的同余关系。

例 6.43 设代数系统 $<\mathbf{Z},+>$ 上的关系 E 为:$xEy\Leftrightarrow x\equiv y(\bmod m)$,$x,y\in X$ 则 E 是 $\mathbf{Z}$ 上的等价关系,现证 E 是 $<\mathbf{Z},+>$ 上的同余关系。

若 aEb,cEd 则 $a\equiv b(\bmod m),c\equiv d(\bmod m)$ 即存在 $k_1,k_2\in z$ 使 $a-b=k_1m,c-d=k_2m$,所以 $(a+c)-(b+d)=(a-b)+(c-d)=(k_1+k_2)m$,从而 $(a+c)\equiv(b+d)(\bmod m)$,即 $(a+c)E(b+d)$。

还可以证明 E 也是 $<\mathbf{Z},\cdot>$ 和 $<\mathbf{Z},->$ 上的同余关系。

例 6.44 设 $A=\{a,b,c,d\}$,在 A 上定义关系 $R=\{<a,a>,<a,b>,<b,a>,<b,b>,<c,c>,<c,d>,<d,c>,<d,d>\}$ 则 R 是 A 上的等价关系。$\circ$ 和 $*$ 分别由表 6.18 和表 6.19 所定义,它们都是 A 上的二元运算。

$<A,\circ>$ 和 $<A,*>$ 是两个代数系统。

表 6.18

$\circ$	a	b	c	d
a	a	a	d	c
b	b	a	d	a
c	c	b	a	b
d	d	d	b	a

表 6.19

*	a	b	c	d
a	a	a	d	c
b	b	a	d	a
c	c	b	a	b
d	c	d	b	a

容易验证，R 是 A 上关于运算。的同余关系，同余类为 $\{a,b\}$ 和 $\{c,d\}$。由于对 $<a,b>$，$<c,d>\in R$ 有 $<a*c,b*d>=<d,a>\notin R$。所以 R 不是 A 上关于运算 $*$ 的同余关系。

由上例可知，在 A 上定义的等价关系 R，不一定是 A 上的同余关系，这是因为同余关系必须与定义在 A 上的二元运算密切相关。

定义 6.30 设 E 是代数系统 $<X,\circ>$ 上的同余关系，在集合 X/E 上定义运算 $*$ 如下：$[x_1]*[x_2]=[x_1\circ x_2]$ 称 $<X/E,*>$ 为 $<X,\circ>$ 的商代数(Quotient Algebra)。

这里需要说明对于商集 X/E 中任意两个元素 $[x_1]$，$[x_2]$ 运算结果 $[x_1]*[x_2]$ 在 X/E 是唯一确定的，即如果 $[x_1]=[y_1]$ 和 $[x_2]=[y_2]$ 时，有 $[x_1]*[y_1]=[x_2]*[y_2]$。

事实上，由于 E 是同余关系，故有 $(x_1\circ x_2)E(y_1\circ y_2)$，从而 $[x_1\circ x_2]=[y_1\circ y_2]$ 由运算 $*$ 的定义，得 $[x_1]*[x_2]=[y_1]*[y_2]$。

也就是说，X/E 上的运算 $*$ 与。代表元的选择无关。

定理 6.32 设。是非空集合 X 上的二元运算，E 是 X 上关于。的同余关系，则存在代数系统 $<X,\circ>$ 到商代数 $<X/E,*>$ 的满同态。即 $<X/E,*>$ 是 $<X,\circ>$ 的同态像。

证明 作映射 $g_e\colon X\rightarrow X/E,g_e(x)=[x]$ $x\in X$，显然 g_e 是满射，而且，对任意 $x_1,x_2\in X,g_e(x_1\circ x_2)=[x_1\circ x_2]=[x_1]*[x_2]=g_e(x_1)*g_e(x_2)$。

由此定理可见，任何一个在其上定义了一种同余关系 E 的代数系统都以 E 所确定的商代数为同态的像，其中同态映射 g_e 叫做同余关系 E 的自然同态。因此，定理 6.32 说明对于一个代数系统 $<X,\circ>$ 中的同余关系 E，可以定义一个自然同态 g_e，反之若 f 是代数系统 $<X,\circ>$ 到 $<Y,*>$ 的同态映射，是否可对应地定义一个同余关系 E 呢？事实上，在同态映射 f 与 $<X,\circ>$ 上的同余关系之间，确实存在一定意义下的一一对应关系。

定理 6.33 设 $<X,\circ>$ 和 $<Y,*>$ 是两个具有二元运算的代数系统，f 是 $<X,\circ>$ 到 $<Y,*>$ 的同态映射，则 X 上的关系

$$E_f=\{<x,y>\mid f(x)=f(y),x,y\in X\}$$

是一个同余关系。

证明 易得，E_f 是 X 上的等价关系。

因为 f 是同态映射，所以，若 $x_1E_fy_1,x_2E_fy_2$，则

$f(x_1\circ x_2)=f(x_1)*f(x_2)=f(y_1)*f(y_2)=f(y_1\circ y_2)$，即 $(x_1\circ x_2)E_f(y_1\circ y_2)$，故 E_f 是一个同余关系。

定理 6.34 设 f 是 $<X,\circ>$ 到 $<Y,\Delta>$ 的满同态映射，则 $<X/E_f,*>$ 与 $<Y,\Delta>$ 同构。

证明 定义映射 $h\colon X/E_f\rightarrow Y$ $h([x])=f(x)$

由 E_f 的定义,若 $f(x_1) = f(x_2)$,则有 $x_1 E_f x_2$,即 $[x_1] = [x_2]$,所以 h 是映射且是单射,又因为 h 是满同态,所以 h 是满射。

又因为

$$h([x_1] * [x_2]) = h([x_1 \circ x_2]) = f(x_1 \circ x_2) = f(x_1) \Delta f(x_2) = h([x_1]) \Delta h([x_2])$$

所以,h 是一个从 $(X/E_f, *)$ 到 $\langle Y, \Delta \rangle$ 的同构映射。

此定理说明,如果 $\langle X, \circ \rangle$ 与 $\langle Y, \Delta \rangle$ 满同态,必能找到一个代数系统与 $\langle Y, \Delta \rangle$ 同构。

在图 6.2 中,给出了上述映射关系的三角形图解。

推论 6.6 若 f 是从 $\langle X, \circ \rangle$ 到 $\langle Y, \Delta \rangle$ 的同态映射,则 $\langle X/E_f, * \rangle$ 与 $\langle f(X), \Delta \rangle$ 同构,$\langle X/E_f, * \rangle$ 与 $\langle Y, \Delta \rangle$ 同态。

形象地说,一个代数系统的同态像可以看做是当抽去该系统中某些元素的次要特性的情况下,对该系统的一种粗糙描述。如果把属于同一个同余类的元素看做是没有区别的,那么原系统的性态可以用同余类之间的相互关系来描述。

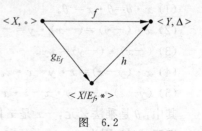

图 6.2

6.8 环与域

前面几节,已初步研究了具有一个二元运算的代数系统——半群、含幺半群、群。现在,将讨论具有两个二元运算的代数系统。对于给定的两个具有二元的代数系统 $\langle X, \Delta \rangle$ 和 $\langle X, * \rangle$,容易将它们组合成一个具有两个二元运算的代数系统 $\langle X, \Delta, * \rangle$,感兴趣的是两个二元运算 Δ 和 $*$ 之间有联系的代数系统 $\langle A, \Delta, * \rangle$ 通常把第一个运算 Δ 叫"加法",把第二个运算 $*$ 称为"乘法"。

如对整数集 $\mathbf{Z}$ 和有理数集 $\mathbf{Q}$ 以及通常数的加法和乘法,有具有两个二元运算的代数系统 $\langle \mathbf{Z}, +, \times \rangle$ 和 $\langle \mathbf{Q}, +, \times \rangle$。并且对于任意的 $a, b, c \in \mathbf{Z}$(或 $\mathbf{Q}$),都有 $a \times (b + c) = (a \times b) + (a \times c)$ 以及 $(b + c) \times a = (b \times a) + (c \times a)$,这就是二元运算"$+$"和"$\times$"的联系,也就是乘法运算对加法运算是可分配的。

定义 6.31 设 X 是非空集合,$\langle X, \Delta, * \rangle$ 是代数系统,$\Delta, *$ 都是二元运算,如果

(1) $\langle X, \Delta \rangle$ 是交换群。

(2) $\langle X, * \rangle$ 是半群。

(3) 运算 $*$ 对于运算 Δ 是可分配的。

则称 $\langle X, \Delta, * \rangle$ 是环(Ring)。环 $\langle X, \Delta, * \rangle$ 中若运算 $*$ 是可交换的,则称环 $\langle X, \Delta, * \rangle$ 为交换环(Commutative Ring)。否则称为非交换环(Noucommutative Ring)。

例 6.45 全体整数 $\mathbf{Z}$、全体有理数 $\mathbf{Q}$、全体实数 $\mathbf{R}$、全体复数 $\mathbf{C}$ 关于数的加法和乘法都分别构成环,而且都是交换环。

例 6.46 x 的整系数多项式的全体 $\mathbf{Z}[x]$,即

$$\mathbf{Z}[x] = \{f(x) = a_n x^n + a_{n-1} x^{n-1} + \cdots + a_1 x + a_0 \mid a_n, a_{n-1}, \cdots, a_0 \in \mathbf{Z}, n \text{ 是非负整数}\}$$ 且关于通常多项式的加法与乘法构成环。同样 x 的有理系数多项式集 $\mathbf{Q}[x]$;实系数多项式集 $\mathbf{R}[x]$;复系数多项式集 $\mathbf{C}[x]$ 关于通常多项式的加法和乘法都分别构成环。

例 6.47　整数集 **Z** 上的 n 阶方阵全体 $M(n,\mathbf{Z})$ 关于矩阵的加法和乘法也构成环。当 $n \geq 2$ 时,这种环是非交换环。同样有环 $M(n,\mathbf{Q}),M(n,\mathbf{R})$ 与 $M(n,\mathbf{C})$。

例 6.48　前面在同余类集 Z_m 中引进了两种运算 $+_m$ 与 $\times_m$,容易验证 $<Z_m,+_m,\times_m>$ 是一个交换环,称为模 m 的同余类环。

环中叫做加法的运算常用 $+$ 表示,叫做乘法的运算常用 $\cdot$ 表示。

定理 6.35　设 $<X,+,\cdot>$ 是一个环,则对任意的 $x,y,z \in X$,有

(1) $x \cdot \theta = \theta \cdot x = \theta$。

(2) $x \cdot (-y) = (-x) \cdot y = -(x \cdot y)$。

(3) $(-x) \cdot (-y) = xy$。

(4) $x \cdot (y-z) = x \cdot y - x \cdot z$。

(5) $(y-z) \cdot x = y \cdot x - z \cdot x$。

其中:θ 是乘法幺元,$-x$ 是 x 的加法逆元,并将 $x+(-y)=x-y$。

证明　(1) 因为 $x \cdot \theta = x \cdot (\theta + \theta) = x \cdot \theta + x \cdot \theta$,$<X,+>$ 是群,所以由加法消去律得:$x \cdot \theta = \theta$,同理可证 $\theta \cdot x = \theta$。

(2) 因为 $(-x) \cdot y + x \cdot y = (-x+x) \cdot y = \theta \cdot y = \theta$。

类似地有 $x \cdot y + (-x) \cdot y = \theta$。

所以 $(-x) \cdot y$ 是 $x \cdot y$ 的逆元,即 $(-x) \cdot y = -(x \cdot y)$。

(3) 因为 $x \cdot (-y) + (-x) \cdot (-y) = [x+(-x)] \cdot (-y) = \theta \cdot (-y) = \theta$,

$\qquad x \cdot (-y) + x \cdot y = x \cdot [(-y)+y] = x \cdot \theta = \theta$,

所以 $(-x) \cdot (-y) = x \cdot y$。

(4) $x \cdot (y-z) = x \cdot [y+(-z)] = x \cdot y + x \cdot (-z) = x \cdot y + (-x \cdot z) = x \cdot y - x \cdot z$。

(5) $(y-z) \cdot x = [y+(-z)] \cdot x = y \cdot x + (-z) \cdot x = y \cdot x + (-z \cdot x) = y \cdot x - z \cdot x$。

例 6.49　设 $<X,+,\cdot>$ 是环,任取 $x,y \in X$,计算 $(x-y)^2$ 和 $(x+y)^3$。

解　$(x-y)^2 = (x-y) \cdot (x-y) = x^2 - y \cdot x - x \cdot y - y \cdot (-y) = x^2 - y \cdot x - x \cdot y + y^2$

类似可得

$(x+y)^3 = x^3 + y \cdot x^2 + x \cdot y \cdot x + y^2 \cdot x + x^2 \cdot y + y \cdot x \cdot y + x \cdot y^2 + y^3$。

显然,若 $<X,+,\cdot>$ 是交换环,$x,y \in X$ 则

$$(x-y)^2 = x^2 - 2xy - y^2$$

$$(x+y)^3 = x^3 + 3x^2y + 3xy^2 + y^3$$

还可以根据环中乘法的性质来定义一些常见的特殊环。

定义 6.32　设 $<X,+,\cdot>$ 是环。如果 $<X,\cdot>$ 含有幺元,则称 $<X,+,\cdot>$ 是含幺环(Ring With Unity)。

如例 6.45 中,**Z**,**Q**,**R**,**C** 都是含幺环。可以证明,若 X 是含幺元 e 的环,且 X 至少有两个元,则 $e \neq \theta$,以下只讨论至少有两个元的含幺环。

例 6.50　设 A 是集合,$\mathcal{P}(A)$ 是它的幂集,如果在 $\mathcal{P}(A)$ 上定义二元运算 $+$ 和 $\cdot$ 如下,对于任意的 $X,Y \in \mathcal{P}(A)$。

$$X+Y = \{x/\ x \in S\ \text{且}\ x \in X \cup Y\ \text{且}\ x \notin X \cap Y\}, \quad X \cdot Y = X \cap Y$$

容易证明 $<\mathcal{P}(A),+,\cdot>$ 是环,因为集合运算 $\cap$ 是可交换的,$<\mathcal{P}(A),\cdot>$ 有幺元 A,所以环 $<\mathcal{P}(A),+,\cdot>$ 是含有幺元的交换环。

例 6.51 设 $X=\{2k/k\in\mathbf{Z}\}$，则 X 关于数的加法和乘法构成环，称为偶数环，它不含幺元。从而不是含幺环。

定义 6.33 设 $<X,+,\cdot>$ 是环，若 $x,y\in X,x\neq\theta,y\neq\theta$，而 $x\cdot y=\theta$，则称 x 为 X 的一个左零因子，y 为 X 的一个右零因子，环 X 的左零因子和右零因子都称为环 X 的零因子(Zero divisor)。

在某些同余类环中有零因子，如 $<Z_6,+_6,\times_6>$ 中，$[2]$ 和 $[3]$ 就是它的零因子。当 $n\geq 2$ 时，矩阵环 $M(n,\mathbf{Z})$ 有零因子，如在矩阵环 $M(2,\mathbf{Z})$ 中，取 $\boldsymbol{x}=\begin{pmatrix}1&0\\1&0\end{pmatrix}$，$\boldsymbol{y}=\begin{pmatrix}0&0\\1&1\end{pmatrix}$，则 $\boldsymbol{x}\neq 0,\boldsymbol{y}\neq 0$，但 $\boldsymbol{x}\cdot\boldsymbol{y}=\begin{pmatrix}1&0\\1&0\end{pmatrix}\cdot\begin{pmatrix}0&0\\1&1\end{pmatrix}=\begin{pmatrix}0&0\\0&0\end{pmatrix}=\theta$，所以 $\boldsymbol{x},\boldsymbol{y}$ 是 $M(2,\mathbf{Z})$ 的零因子。

定理 6.36 在交换环 $<X,+,\cdot>$ 中无零因子当且仅当 X 中乘法消去律成立，即对 $c\neq\theta$ 和 $c\cdot a=c\cdot b$，必有 $a=b$。

证明 若 X 中无零因子，并设 $c\neq\theta$ 和 $c\cdot a=c\cdot b$ 则有 $c\cdot a-c\cdot b=c\cdot(a-b)=\theta$，必有 $a-b=\theta$，所以 $a=b$。

反之，若消去律成立，设 $a\neq\theta,a\cdot b=\theta$，则 $a\cdot b=a\cdot\theta$ 消去 a 得 $b=\theta$，所以，X 中无零因子。

定义 6.34 若至少有两个元的环 $<X,+,\cdot>$ 是交换、含幺和无零因子的，则称 X 为整环(Domain)。

整数环 $<\mathbf{Z},+,\cdot>$ 是整环，$<Z_6,+_6,\times_6>$ 和 $<M(2,\mathbf{Z}),+,\cdot>$ 都不是整环。

定义 6.35 若环 $<X,+,\cdot>$ 至少含有 2 个元素且是含幺和无零因子的，并且对任意 $a\in X$，当 $a\neq\theta$ 时，a 有逆元 $a^{-1}\in X$，则称 $<X,+,\cdot>$ 为除环(Division Ring)。

若环 $<X,+,\cdot>$ 即是整环，又是除环，称 X 是域(Field)。

例如，$<\mathbf{Q},+,\cdot>$、$<\mathbf{R},+,\cdot>$、$<\mathbf{C},+,\cdot>$ 都是域，这里 $\mathbf{Q}$ 为有理数集合，$\mathbf{R}$ 为实数集合，$\mathbf{C}$ 为复数集合。但整数环 $<\mathbf{Z},+,\cdot>$ 不是域。

例 6.52 设 S 为下列集合，$+$ 和 $\cdot$ 是数的加法和乘法。

(1) $S=\{x|x=3n$ 且 $n\in\mathbf{Z}\}$。

(2) $S=\{x|x=2n+1$ 且 $n\in\mathbf{Z}\}$。

(3) $S=\{x|x\in\mathbf{Z}$ 且 $\geqslant 0\}$。

(4) $S=\{x|x=a+b\sqrt{2}$ 且 $a,b\in\mathbf{Q}\}$。

问 S 关于 $+$，$\cdot$ 能否构成整环？能否构成域？为什么？

解 (1) 不是整环也不是域，因为乘法幺元是 $1,1\notin S$。

(2) 不是整环也不是域，因为数的加法的幺元是 $0,0\notin S,S$ 不是环。

(3) S 不是环，因为除 0 外任何正整数 x 的加法逆元是 $-x$，而 $-x\notin S$。S 当然也不是整环和域。

(4) S 是整环且是域。对任意 $x_1,x_2\in S$ 有 $x_1=a_1+b_1\sqrt{2}$，$x_2=a_2+b_2\sqrt{2}$

$$x_1+x_2=(a_1+a_2)+(b_1+b_2)\sqrt{2}\in S$$
$$x_1\cdot x_2=(a_1a_2+2b_1b_2)+(a_1b_2+a_2b_1)\sqrt{2}\in S$$

S 关于 $+$ 和 $\cdot$ 是封闭的，又乘法幺元 $1=1+0\sqrt{2}\in S$。

易证$<S,+,\cdot>$是整环,且对任意$x\in S$当$x\neq 0$时,$x=a+b\sqrt{2}$,a,b不同时为0,

$$\frac{1}{x}=\frac{1}{a+b\sqrt{2}}=\frac{a-b\sqrt{2}}{a^2-2b^2}=\frac{a}{a^2-2b^2}-\frac{b}{a^2-2b^2}\sqrt{2}\in S$$

所以$<S,+,\cdot>$是域。

定理 6.37   有限整环是域。

证明   设$<X,+,\cdot>$是一个有限整环,则对$a,b,c\in X$且$c\neq\theta$,若$a\neq b$,那么,$a\cdot c\neq b\cdot c$,再由运算$\cdot$的封闭性,就有$X\cdot c=\{x\cdot c/x\in X\}=X$,对$X$的乘法幺元$e$,由$X\cdot c=X$知存在$d\in X$,使$d\cdot c=e$,故$d$是$c$的乘法逆元。

所以,有限整环$<X,+,\cdot>$是一个域。

环和域都是具有两个二元运算的代数系统。现在来讨论这种代数系统的同态问题。

定理 6.38   设$<X,+,\cdot>$和$<Y,\oplus,\odot>$都是具有两个二元运算的代数系统,如果一个从X到Y的映射f,满足如下条件。

对于任意的$x,y\in X$,有

(1) $f(x+y)=f(x)\oplus f(y)$。

(2) $f(x\cdot y)=f(x)\odot f(y)$。

则称f为由$<X,+,\cdot>$到$<Y,\oplus,\odot>$的一个同态映射,并称$<f(x),\oplus,\odot>$是$<X,+,\cdot>$的同态像。

类似于6.7节所讨论,设$<X,+,\cdot>$是一个代数系统,并且E是一个在X上关于运算$+$和$\cdot$的同余关系,即E是X上的一个等价关系,并且,若$<x_1,x_2>,<y_1,y_2>\in E$,则$<x_1+y_1,x_2+y_2>\in E$,$<x_1\cdot y_1,x_2\cdot y_2>\in E$。则$X/E$是$X$关于$E$的商集,在$X/E$上定义两个运算$\oplus$和$\odot$如下。

对$[x]$,$[y]\in X/E$ $[x]\oplus[y]=[x+y]$
$$[x]\odot[y]=[x\cdot y]$$

如果定义由X到X/E映射f: 对于$x\in X$,$f(x)=[x]$

那么,对于任意$a,b\in X$有$f(a+b)=[a+b]=[a]\oplus[b]=f(a)\oplus f(b)$
$$f(a\cdot b)=[a\cdot b]=[a]\odot[b]=f(a)\odot f(b)$$

因此,f是一个由$<X,+,\cdot>$到$<X/E,\oplus,\odot>$的同态映射,显然f是X到X/E的满射,所以$<X/E,\oplus,\odot>$是$<X,+,\cdot>$的同态像。

例 6.53   设$<\mathbf{N},+,\cdot>$是一个代数系统,$\mathbf{N}$是自然数集,$+$和$\cdot$是普通的加法和乘法,并设代数系统$<\{偶,奇\},\oplus,\odot>$,其中$\oplus,\odot$的运算表如表6.20所示。

表   6.20

(a)				(b)		
$\oplus$	**偶**	**奇**		$\odot$	**偶**	**奇**
偶	偶	奇		偶	偶	偶
奇	奇	偶		奇	偶	奇

定义$\mathbf{N}$到集合$\{偶,奇\}$的映射f如下:$f(n)=\begin{cases}偶, & 若\ n=2k,k=0,1,2,\cdots\\ 奇, & 若\ n=2k+1,k=0,1,2,\cdots\end{cases}$

容易验证 f 是由 $<\mathbf{N},+,\cdot>$ 到 $<\{偶,奇\},\oplus,\odot>$ 的同态映射，因此，由 f 是满射知，$<\{偶,奇\},\oplus,\odot>$ 是 $<\mathbf{N},+,\cdot>$ 的一个同态像。

例 6.54 设 $<\mathbf{Z},+,\cdot>$ 是整数环，E 是整数集 $\mathbf{Z}$ 上的模 m 同余关系，即

$$xEy\Leftrightarrow x\equiv y(\bmod m);\quad x,y\in\mathbf{Z}$$

则 E 是 $\mathbf{Z}$ 上的等价关系，容易证 E 是环 $<\mathbf{Z},+,\cdot>$ 上的同余关系。$\mathbf{Z}/E=\mathbf{Z}_m$，由上面的讨论知，$<\mathbf{Z}_m,+_m,\times_m>$ 是 $<\mathbf{Z},+,\cdot>$ 的同态像。

定理 6.39 任一环的同态像是一个环。

证明 设 $<X,+,\cdot>$ 是环，$<Y,\oplus,\odot>$ 是代数系统，f 是 $<X,+,\cdot>$ 到 $<Y,\oplus,\odot>$ 的同态满射。因为 $<X,+>$ 是群，f 也是 $<X,+>$ 到 $<Y,\oplus>$ 的同态满射，由定理 6.31 知，$<Y,\oplus>$ 是群且对任意 $y_1,y_2\in Y$，存在使 $x_1,x_2\in X$ 使

$$y_1=f(x_1),\quad y_2=f(x_2)$$

故 $y_1\oplus y_2=f(x_1)\oplus f(x_2)=f(x_1+x_2)=f(x_2+x_1)=f(x_2)\oplus f(x_1)=y_2\oplus y_1$

所以 $<Y,\oplus>$ 是交换群。

因为 $<X,\cdot>$ 是半群，f 也是 $<X,\cdot>$ 到 $<Y,\odot>$ 的同态满射，由定理 6.31 知 $<Y,\odot>$ 是半群。下证 $\odot$ 对 $\oplus$ 适合分配律。对于任意的 $y_1,y_2,y_3\in Y$，因为 f 是 X 到 Y 的满射，所以存在 $x_1,x_2,x_3\in X$ 使得 $f(x_i)=y_i(i=1,2,3)$

于是

$$y_1\odot(y_2\oplus y_3)=f(x_1)\odot(f(x_2)\oplus f(x_3))$$
$$=f(x_1)\odot f(x_2+x_3)=f(x_1\cdot(x_2+x_3))=f((x_1\cdot x_2)+(x_1\cdot x_3))$$
$$=f(x_1\cdot x_2)\oplus f(x_1\cdot x_3)=(f(x_1)\odot f(x_2))\oplus(f(x_1)\odot f(x_3))$$
$$=(y_1\odot y_2)\oplus(y_1\odot y_3)$$

同理可证 $(y_2\oplus y_3)\odot y_1=(y_2\odot y_1)\oplus(y_3\odot y_1)$

所以 $<Y,\oplus,\odot>$ 是环。

由定理 6.39 和例 6.54，又一次证明了 $<\mathbf{Z}_m,+_m,\times_m>$ 是环。

代数结构小结

1. 代数系统的概念

定义：设 A 和 B 都是非空集合，n 是一个正整数，则函数 $f:A^n\rightarrow B$ 称为集合 A 到 B 的一个 n 元的运算，当 $B=A$ 时，称 f 是 A 上的 n 元运算，简称 A 上的运算，n 称为运算的阶。

对于二元运算 f，"封闭"一词提示我们：在 A 上任取两个元素，经过运算 f，其结果仍在集合 A 内。

定义：一个非空集合 A 连同若干个定义在该集合上的运算 $f_1,f_2,\cdots,f_k$ 所组成的系统称为一个代数系统，记作 $<A,f_1,f_2,\cdots,f_k>$。

最常见的代数系统有半群、含幺半群、群、环和域。

2. 代数系统的运算及其性质

设代数系统 $<S,\circ,*>$，则有如下性质及算律。

交换律：$\forall x \forall y(x,y \in S \to x \circ y = y \circ x)$；

　　　　$\forall x \forall y(x,y \in S \to x * y = y * x)$。

结合律：$\forall x \forall y \forall z(x,y,z \in S \to (x \circ y) \circ z = x \circ (y \circ z))$；

　　　　$\forall x \forall y \forall z(x,y,z \in S \to (x * y) * z = x * (y * z))$。

幂等律：$\forall x(x \in S \to x \circ x = x)$；

　　　　$\forall x(x \in S \to x * x = x)$。

分配律：$\forall x \forall y \forall z(x,y,z \in S \to x \circ (y * z) = (x \circ y) * (x \circ z))$；

　　　　$\forall x \forall y \forall z(x,y,z \in S \to x * (y \circ z) = (x * y) \circ (x * z))$；

　　　　$\forall x \forall y \forall z(x,y,z \in S \to x \circ (y * z) * x = (y \circ x) * (z \circ x))$；

　　　　$\forall x \forall y \forall z(x,y,z \in S \to x \circ (y \circ z) * x = (y * x) \circ (z * x))$。

吸收律：$\forall x \forall y(x,y \in S \to x \circ (x * y) = x)$；

　　　　$\forall x \forall y(x,y \in S \to x * (x \circ y) = x)$；

　　　　$\forall x \forall y(x,y \in S \to (x * y) \circ x = x)$；

　　　　$\forall x \forall y(x,y \in S \to (x \circ y) * x = x)$。

二元运算的特异元素：

设 $\circ$ 为 S 上的二元运算，和 $\circ$ 运算相关的有

幺元 e：$\forall x \in S$ 有 $x \circ e = e \circ x = x$；

零元 θ：$\forall x \in S$ 有 $x \circ \theta = \theta \circ x = \theta$；

幂等元 x：$x \in S$ 且 $x \circ x = x$；

可逆元 x 的逆元 y：$y \in S$ 且 $x \circ y = y \circ x = e$（$x,y$ 互为逆元）。

注：幺元、零元和逆元也分左幺元、右幺元、左零元、右零元、左逆元、右逆元。

3. 半群与含幺半群（独异点）

半群：设 $<S,*>$ 是代数系统，$*$ 是 S 上的二元运算，若有

$$\forall x \forall y \forall z(x,y,z \in S \to (x * (y * z)) = (x * y(*z))$$

即结合律，称代数系统 $<S,*>$ 为半群。

子半群：设 $<S,*>$ 是半群，B 是 S 的非空子集，且二元运算 $*$ 在 B 上封闭的，且 $<B,*>$ 也是半群，则称 $<B,*>$ 是 $<S,*>$ 的子半群。

可交换半群：若半群 $<S,\circ>$ 的运算 $\circ$ 满足交换律，则称之可交换半群。

含幺半群（独异点）：含有幺元的半群，则称之含幺半群。

半群和含幺半群还有幂等元、逆元等性质。

4. 群与子群

群：设 $<G,\circ>$ 是一个代数系统，其中 G 是非空集合，$\circ$ 是 G 上的一个二元运算，满足以下条件。

（1）运算 $\circ$ 是封闭的。

（2）运算 $\circ$ 是可结合的。

（3）$<G,\circ>$ 中含有幺元 e。

（4）对每个元素 $a \in G$，G 中存在 a 的逆元 a^{-1}；则称 $<G,\circ>$ 是一个群或简称 G 是群。

有限群：若 $<G,\circ>$ 是群且 G 是有限集合。

无限群:若$<G,\circ>$是群且G是无限集合。

子群:若$<G,\circ>$是一个群,S是G的非空子集,如果$<S,\circ>$也构成群,则称$<S,\circ>$是$<G,\circ>$的子群。

有关群及子群中幂运算、消去律、幂等元、逆元等概念。

5. 交换群与循环群、置换群

讨论几种特殊的群以及其理论上和应用上的性质。

交换群(阿贝尔群或加群):若群$<G,\circ>$中的运算$\circ$是可交换的,则称之交换群。

循环群:设$<G,\circ>$是群,若G中存在一个元素a,使得任意元素都是a的幂,即$\forall b(b\in G\rightarrow b=a^n)$,$n\in \mathbf{Z}$,则称$<G,\circ>$为循环群,$a$为循环群的生成元。

任何循环群都是交换群。

6. 陪集与拉格朗日定理

前面学习了利用集合上的等价关系对集合进行划分,类似可以利用子集来对群进行划分。

陪集:设$<H,*>$是群$<G,*>$的子集,称集合$aH=\{a*h|h\in H\}$为元素$a\in G$所确定的子群$<H,*>$的左陪集,元素a称为左陪集aH的表示元素。

集合$Ha=\{h*a|h\in H\}$为元素$a\in G$所确定的子群$<H,*>$的右陪集,元素a称为右陪集Ha的表示元素。

正规子群:设$<H,*>$是群$<G,*>$的子群,对任意元素$a\in G$,如果$aH=Ha$,则$<H,*>$称正规子群。

另外还有平凡子群、商群等相关概念及性质。

拉格朗日定理:设$<H,*>$为有限群$<G,*>$的子群,那么H的阶整除G的阶,即$|G|=[G:H]|H|$,其中把H在G中的全体右陪集的个数称为H在G中的指数,记为$[G:H]$。

7. 同态与同构

同态:设$<X,\circ>$和$<Y,*>$是两个代数系统,$\circ$和$*$分别是X和Y上的二元运算,若f是从X到Y的一个映射,使得对任意的$x,y\in X$都有$f(x\circ y)=f(x)*f(y)$,则称f为由$<X,\circ>$到$<Y,*>$的一个同态映射,称$<X,\circ>$与$<Y,*>$同态,记做$X\sim Y$,把$<f(X),*>$称为$<X,\circ>$的一个同态像,其中$f(X)=\{a|a=f(x)\wedge x\in X\}\subseteq Y$。

同构:设f是由$<X,\circ>$到$<Y,*>$的一个同态映射,如果f是从X到Y的一个满射,则f称为满同态;

如果f是从X到Y的一个单射,则f称为单同态;

如果f是从X到Y的一个双射,则f称为同构映射,并称$<X,\circ>$和$<Y,*>$是同构的;

若g是$<A,\circ>$到$<A,\circ>$的同构映射,则称g为自同构映射。

同态与同构的相关性质和定理等知识点。

8. 环与域

环:设X是非空集合,$<X,\triangle,*>$是代数系统,$\triangle$,$*$都是二元运算,如果

(1) $<X,\triangle>$是交换群(或阿贝尔群或加群);

(2) $<X,*>$是半群;

(3) 运算 $*$ 对于运算 $\triangle$ 是可分配的。

则称 $<X,\triangle,*>$ 是环。

环 $<X,\triangle,*>$ 中,若运算 $*$ 是可交换的,则称环 $<X,\triangle,*>$ 为交换环,否则称为非交换环。

定理 设 $<X,+,\cdot>$ 是一个环,则对任意的 $x,y,z\in X$,有:

(1) $x\cdot\theta=\theta\cdot x=\theta$;

(2) $x\cdot(-y)=(-x)\cdot y=-(x\cdot y)$;

(3) $(-x)\cdot(-y)=x\cdot y$;

(4) $x\cdot(y-z)=x\cdot y-x\cdot z$;

(5) $(y-z)\cdot x=y\cdot x-z\cdot x$。

其中:θ 是加法幺元,$-x$ 是 x 的加法逆元,并将 $x+(-y)=x-y$。

含幺环:设 $<X,+,\cdot>$ 是环,如 $<X,\cdot>$ 含有幺元,则称 $<X,+,\cdot>$ 是含幺环。

零因子:设 $<X,+,\cdot>$ 是环,若 $x,y\in X,x\neq\theta,y\neq\theta$,而 $x\cdot y=\theta$,则称 x 为 X 的一个左零因子,y 是 X 的一个右零因子,环 X 的左零因子和右零因子都称为环 X 的零因子。

整环:若至少有两个元的环 $<X,+,\cdot>$ 是交换、含幺和无零因子的,则称 X 为之整环。

除环:若环 $<X,+,\cdot>$ 至少含有 2 个元素且是含幺和无零因子的,并且对任意 $a\in X$ 当 $a\neq\theta$ 时,a 有逆元 $a^{-1}\in X$,则称 $<X,+,\cdot>$ 为除环。

域:若环 $<X,+,\cdot>$ 既是整环,也是除环,则称 X 是域;一切有限整环是域。

练 习 题

1. 设 $\mathbf{N}^+$ 是正整数集,问下面定义的二元运算 $*$ 在集合上是否封闭?

(1) $x*y=x+y$;(2) $x*y=x-y$;(3) $x*y=\max(x,y)$;(4) $x*y=\min(x,y)$。

2. 试给出若干个代数系统。

3. 设 $\mathbf{N}$ 是自然数集,普通的加法运算在下列集合上是否封闭?

(1) $\{x/x\in\mathbf{N}$ 且 x 的某次幂可被 8 整除 $\}$。

(2) $\{x/x\in\mathbf{N}$ 且 x 与 7 互质 $\}$。

(3) $\{x/x\in\mathbf{N}$ 且 x 是 50 的因子 $\}$。

(4) $\{x/x\in\mathbf{N}$ 且 x 是 50 的倍数 $\}$。

4. 设 $<\mathbf{R}^*,\circ>$ 是代数系统,其中 $\mathbf{R}^*$ 是非零实数的集合,分别对下述题讨论。运算是否可交换、可结合,并求幺元和所有可逆元素的逆元。

(1) $a,b\in\mathbf{R}^*,a\circ b=\dfrac{1}{2}(a+b)$。

(2) $a,b\in\mathbf{R}^*,a\circ b=a/b$。

(3) $a,b\in\mathbf{R}^*,a\circ b=ab$。

5. 设 $A=\{1,2\}$,$A^A=\{f/f$ 是 A 到 A 的函数 $\}$,$\circ$ 是函数的复合,试给出 A^A 上的运算 $\circ$ 的运算表,并求代数系统 $<A^A,\circ>$ 的幺元和可逆元的逆元。

6. 设代数系统 $<A,\circ>$,其中 $A=\{a,b,c\}$,$\circ$ 是 A 上的一个二元运算。对于由表 6.21

所确定的运算,试分别讨论它们的交换性、幂等性以及在 A 中关于。是否有幺元。如果有幺元,那么 A 中的每个元素是否有逆元?

表 6.21

(a)

∘	a	b	c
a	a	b	c
b	b	b	c
c	c	c	b

(b)

∘	a	b	c
a	a	b	c
b	a	b	c
c	a	b	c

(c)

∘	a	b	c
a	a	b	c
b	b	a	c
c	c	c	c

(d)

∘	a	b	c
a	a	b	c
b	b	c	a
c	c	a	b

7. 对于整数集 $\mathbf{Z}$,表 6.22 所列的二元运算是否具有左边一列中的那些性质,请在相应的位置上填写"是"或"否"。

表 6.22

	$+$	$-$	$\cdot$	max	min	$\lvert x-y\rvert$
可结合						
可交换						
存在幺元						
存在零元						

8. 定义在正整数集 $\mathbf{N}^+$ 上的两个二元运算为 $:a,b\in\mathbf{N}^+,a\circ b=a^b,a*b=a\cdot b$,试证明。对 $*$ 不可分配的。

9. S 是所有形如 $\begin{pmatrix}a_{11}&a_{12}\\0&0\end{pmatrix}$ 的矩阵的集合,a_{11},a_{12} 都是实数。$*$ 表示矩阵的乘法,$<S,*>$ 是半群吗? 是含幺半群吗?

10. $\mathbf{R}^+$ 是正实数的集合,定义运算。为 $a\circ b=\dfrac{a+b}{1+ab}$,代数系统 $<\mathbf{R}^+,\circ>$ 是半群吗? 是含幺元半群吗?

11. 设 $<\mathbf{R},*>$ 是代数系统,$*$ 是实数集 $\mathbf{R}$ 上的二元运算,使得对于 $\mathbf{R}$ 中的任意元素 a,b,都有 $a*b=a+b+ab$,证明:0 是幺元且 $<\mathbf{R},*>$ 是含幺半群。

12. 设 $<S,\circ>$ 是半群,$a\in S$,在 S 上定义一个二元运算 Δ,使得对于 S 中的任意元素 x 和 y,都有 $x\Delta y=x\circ a\circ y$,证明:二元运算 Δ 是可结合的。

13. 设 $<A,*>$ 是半群,而且对 A 中的元素 a 和 b,如果 $a\neq b$ 必有 $a*b\neq b*a$,试证明:

(1) 对于 A 中每个元素 a,有 $a*a=a$。

(2) 对于 A 中的任何元素 a 和 b,有 $a*b*a=a$。

(3) 对于 A 中的任何元素 a,b,c 有 $a*b*c=a*c$。

14. $<\mathbf{R}, *>$ 是可换半群,证明:若 a,b 都是 $\mathbf{R}$ 中的幂等元,则 $a*b$ 也是幂等元。

15. 设 $\mathbf{R}$ 是实数集,$G=\{<a,b>\mid a,b\in\mathbf{R},a\neq0\}$,定义为:$<a,b>\cdot<c,d>=<ac,ad+b>$,证明:$<G,\cdot>$ 是一个群。

16. 在整数集 $\mathbf{Z}$ 上定义:$\forall a,b\in\mathbf{Z},a*b=a+b-2$,证明:$<\mathbf{Z}, *>$ 是一个群。

17. 设 $<G,\circ>$ 是群,r 是 G 一个元素,f 是 G 到自身的一个映射,使对于任意的 $x\in G$,$f(x)=r^{-1}\circ x\circ r$,证明:$f$ 是群 G 到自身的一个同构映射。

18. 设 $<G, *>$ 是一个群,且 $a\in G$,令 $S=\{y\mid y*a=a*y,y\in G\}$,试证明 $<S, *>$ 是群 $<G, *>$ 的子群。

19. 设 $<G, *>$ 是含幺半群,幺元是 e,若对于 G 中的任一元 x,都有 $x*x=e$,证明:$<G, *>$ 是一个交换群。

20. 证明:任何阶数分别是 $1,2,3,4$ 的群都是交换群。并举一个 6 阶群,但它不是交换群的例子。

21. 证明:循环群的子群必定是个循环群。

22. 设 $S=\{1,2,3,4,5\}$ 上的置换如下。

$$\alpha=\begin{pmatrix}1&2&3&4&5\\2&3&1&4&5\end{pmatrix}\quad \beta=\begin{pmatrix}1&2&3&4&5\\2&1&3&5&4\end{pmatrix}$$

$$\gamma=\begin{pmatrix}1&2&3&4&5\\5&4&3&2&1\end{pmatrix}\quad \sigma=\begin{pmatrix}1&2&3&4&5\\3&2&1&5&4\end{pmatrix}$$

试求 $\alpha\circ\beta,\beta\circ\alpha,\alpha\circ\alpha,\gamma\circ\beta,\delta^{-1},\alpha\circ\beta\circ\gamma$,并解方程 $\alpha\circ x=\beta,y\circ\gamma=\delta$。

23. 设 $<Z_6,+_6>$ 是一个群,这里 $+_6$ 是模 6 加法,$Z_6=\{[0],[1],[2],[3],[4],[5]\}$,试写出 $<Z_6,+_6>$ 中每个子群及其相应的左陪集。

24. 设 $G=\{f\mid f:x\to ax+b,\text{其中 }a,b\in\mathbf{R},a\neq0,x\in\mathbf{R}\}$,二元运算。是映射的复合。

(1) 证明 $<G,\circ>$ 是群。

(2) 若 S 和 T 分别是由 G 中 $a=1$ 和 $b=0$ 的所有映射构成的集合,证明 $<S,\circ>$ 和 $<T,\circ>$ 都是 $<G,\circ>$ 的子群。

(3) 写出 S 和 T 在 G 中所有的左陪集。

25. 设 $<H,\circ>$ 是群 $<G,\circ>$ 的子群,如果

$$A=\{x\mid x\in G,x\circ H\circ x^{-1}=H\}$$

证明:$<A,\circ>$ 是 $<G,\circ>$ 的子群。

26. 设 p 是质数,m 是正整数,p^m 阶群中一定包含一个 p 阶子群。

27. 设 $<H, *>$ 是群 $<G, *>$ 的子群,aH 和 bH 是 H 在群 G 中的任意两个左陪集,证明:或者 $aH=bH$ 或者 $aH\cap bH=\varnothing$。

28. 考察代数系统 $<\mathbf{Z},+>$,其中 $\mathbf{Z}$ 是整数集,$+$ 是一般加法,R 是 $\mathbf{Z}$ 中的二元关系。对于下列关系 R,问 R 是否是同余关系?

(1) $xRy\Leftrightarrow x<0$ 且 $y<0$ 或者 $x\geqslant0$ 且 $y\geqslant0$。

(2) $xRy\Leftrightarrow|x-y|<0$。

(3) $xRy\Leftrightarrow x=y=0$ 或者 $x\neq0$ 且 $y\neq0$。

(4) $xRy\Leftrightarrow x\geqslant y$。

29. 对代数系统 $<\mathbf{Z},+,\cdot>$ 其中 $\mathbf{Z}$ 是整数集合,$+$ 和 $\cdot$ 分别是一般的加法和乘法,$\mathbf{Z}$

上的关系 R 定义为 $xRy \Leftrightarrow |x| = |y|$,对于加法运算,$R$ 是否是同余关系?对于乘法运算,R 又是如何?

30. 证明,如果 f 是 $<A_1, \cdot>$ 到 $<A_2, *>$ 同态映射,g 是 $<A_2, *>$ 到 $<A_3, \Delta>$ 的同态映射,则 $g \circ f$ 是 $<A_1, \cdot>$ 到 $<A_3, \Delta>$ 的同态映射。

31. 设 f_1, f_2 都是从代数系统 $<A_1, \circ>$ 到 $<A_2, *>$ 的同态映射,g 是 A_1 到 A_2 的一个映射,使得对任意 $a \in A$,都有 $g(a) = f_1(a) * f_2(a)$,证明:如果 A_2 上的二元运算 $*$ 可交换,则 g 是一个由 $<A_1, \circ>$ 到 $<A_2, *>$ 同态映射。

32. 设 $\mathbf{Q}$ 是有理数集,$<\mathbf{Q} - \{0\}, \times>$ 与 $<\mathbf{Q}, +>$ 同构吗?

33. 设 f 是从群 $<G_1, \circ>$ 到 $<G_2, *>$ 的同态映射,证明:f 是单射当且仅当 ker $f = \{e\}$,其中 e 是 G_1 的幺元。

34. 一个集合上任意两个同余关系的交是同余关系,试证明之。

35. 证明循环群的同态像是循环群。

36. 设 $<A, +, \cdot>$ 是一个代数系统,其中 $+, \cdot$ 为普通的加法和乘法运算,A 为下列集合。

(1) $A = \{x \mid x = 3n, n \in \mathbf{Z}\}$;

(2) $A = \{x \mid x = 2n+1, n \in \mathbf{Z}\}$;

(3) $A = \{x \mid x \geq 0 \text{ 且 } x \in \mathbf{Z}\}$;

(4) $A = \{x \mid x = a + b\sqrt[4]{3}, a, b \in \mathbf{R}\}$;

(5) $A = \{x \mid x = a + b\sqrt{2}, a, b \in \mathbf{R}\}$。

问 $<A, +, \cdot>$ 是否是环?若是环,是否是整环?为什么?

37. 试证 $<\mathbf{Z}, *, \circ>$ 是有幺元的交换环,其中运算 $*$ 和 $\circ$ 分别定义为:对任意 $a, b \in Z$,$a * b = a + b - 1, a \circ b = a + b - ab$。

38. 证明:$<\{a, b\}, *, \circ>$ 是一个整环,其中运算 $*$ 和 $\circ$ 由下表给出。

表 6.23

(a)		
$*$	a	b
a	a	b
b	b	a

(b)		
$\circ$	a	b
a	a	a
b	a	b

39. 设 $<\mathbf{R}, +, \cdot>$ 是一个环,证明:如果 $a, b \in \mathbf{R}$,则 $(a+b)^2 = a^2 + a \cdot b + b \cdot a + b^2$,其中 $x^2 = x \cdot x$。

40. 设 $<A, +, \cdot>$ 是一个代数系统,其中 $+, \cdot$ 为普通的加法和乘法运算,A 为下列集合。

(1) $A = \{x \mid x \geq 0 \text{ 且 } x \in \mathbf{Q}\}$。

(2) $A = \{x \mid x = a + b\sqrt{2}, a, b \text{ 为有理数}\}$。

(3) $A = \{x \mid x = a + b\sqrt[3]{3}, a, b \text{ 为有理数}\}$。

(4) $A = \{x \mid x = a + b\sqrt{3}, a, b \text{ 为有理数}\}$。

(5) $A = \left\{x \mid x = \dfrac{a}{b}, a, b \in \mathbf{N}^+, \text{ 且对 } \forall k \in \mathbf{Z}, a = kb\right\}$

问$<A,+,\cdot>$是否是域？为什么？

41. 设$<A,+,\cdot>$是一个环，并且对任意的$a\in A$，都有$a\cdot a=a$。

证明 （1）对于任意的$a\in A$，都有$a+a=\theta$，其中θ是加法幺元。

（2）$<A,+,\cdot>$是交换的。

42. 设$<F,+,\cdot>$是一个域，$F_1\subseteq F$，$F_2\subseteq F$且$<F_1,+,\cdot>$，$<F_2,+,\cdot>$都构成域，证明：$<F_1\bigcap F_2,+,\cdot>$也构成一个域。

第7章 格与布尔代数

格与布尔代数是一种与群、环、域不同的代数系统。1847 年乔治·布尔（George Boole）在他的"逻辑的数学分析"一文中建立了布尔代数用来分析逻辑中的命题演算，以后布尔代数便成为分析和综合开关电路的有力工具，并在概率论中也有应用。现在布尔代数已成为计算技术和自动化理论的基础理论并直接应用到计算机科学中。比布尔代数更一般的概念是格，它是由狄得京（Dedeking）在研究交换环及理想时引入的。在这里只介绍格的一些基本知识以及几个具有特别性质的格——分配格、有补格，在此基础上再介绍布尔代数。

7.1 格的概念

在前面的章节中已经介绍了偏序和偏序集的概念，偏序集就是由一个集合 X 以及 X 上的一个偏序关系"$\leq$"所组成的一个序偶——$<X,\leq>$。若 a,b 都是某个偏序集中的元素，以下把集合 $\{a,b\}$ 的最小上界（最大下界），称为元素 a,b 的最小上界（最大下界）。

对于给定的偏序集，它的子集不一定有最小上界或最大下界。例如，在如图 7.1 所示的偏序集中，b,c 的最大下界是 a，但没有最小上界。d,e 的最小上界是 f，但没有最大下界。

然而，由如图 7.2 所示的那些偏序集却都是这样一个共同的特性，那就是这些偏序集中，任何两个元素都有最小上界和最大下界。这就是将要讨论的被称为格的偏序集。

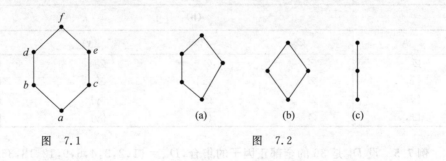

图 7.1   图 7.2

定义 7.1 设 $<X,\leq>$ 是一个偏序集，如果 X 中任意两个元素都有最小上界和最大下界，则称 $<X,\leq>$ 为格（Lattice）。

例 7.1 S 是一个集合，$\mathcal{P}(S)$ 是 S 的幂集，则 $<\mathcal{P}(S),\subseteq>$ 是一个格。因为对于任何的 $A,B\subseteq S$，A,B 的最小上界为 $A\cup B$，A,B 的最大下界为 $A\cap B$。

例 7.2 设 $\mathbf{N}^+$ 是所有正整数集合，在 $\mathbf{N}^+$ 上定义一个二元关系 $|$，$x,y\in\mathbf{N}^+$，$x|y$ 当且仅当 x 整除 y。容易验证 $|$ 是 $\mathbf{N}^+$ 上的一个偏序关系，故 $<\mathbf{N}^+,|>$ 是偏序集。由于该偏序集

中任意两个元素的最小公倍数、最大公约数分别是这两个元素的最小上界和最大下界,因此 $<\mathbf{N}^+,|>$ 是格。

例 7.3 设集合 $A=\{a,b,c\}$,考虑恒等关系 $=$,$=$ 是一种特殊的偏序关系,所以 $<A,=>$ 是一个偏序集,但它不是格,因为 A 中任意两个元素都是既无最小上界又无最大下界的,如图 7.3 所示。

定义 7.2 设 $<X,\leqslant>$ 是一个格,如果在 X 上定义两个二元运算 $\vee$ 和 $\wedge$,使得对于任意的 $x,y\in X$,$x\vee y$ 等于 x 和 y 的最小上界,$x\wedge y$ 等于 x 和 y 的最大下界。则称 $<X,\vee,\wedge>$ 为由格 $<X,\leqslant>$ 所诱导的代数系统。二元运算 $\vee$ 和 $\wedge$ 分别称为并运算和交运算。

例 7.4 对给定的集合 S,由例 7.1 知,$<\mathcal{P}(S),\subseteq>$ 是一个格,现设 $S=\{x,y\}$,则 $\mathcal{P}(S)=\{\varnothing,\{x\},\{y\},\{x,y\}\}$,格 $<\mathcal{P}(S),\subseteq>$ 如图 7.4 所示。而由格 $<\mathcal{P}(S),\subseteq>$ 所诱导的代数系统 $<\mathcal{P}(S),\vee,\wedge>$,其中运算 $\vee$ 是集合的并,运算 $\wedge$ 是集合的交。故 $\vee$ 和 $\wedge$ 的运算表可分别如表 7.1(a) 和 (b) 所示。

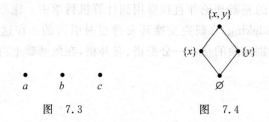

图 7.3   图 7.4

表 7.1

(a)

$\vee$	$\varnothing$	$\{x\}$	$\{y\}$	$\{x,y\}$
$\varnothing$	$\varnothing$	$\{x\}$	$\{y\}$	$\{x,y\}$
$\{x\}$	$\{x\}$	$\{x\}$	$\{x,y\}$	$\{x,y\}$
$\{y\}$	$\{y\}$	$\{x,y\}$	$\{y\}$	$\{x,y\}$
$\{x,y\}$	$\{x,y\}$	$\{x,y\}$	$\{x,y\}$	$\{x,y\}$

(b)

$\wedge$	$\varnothing$	$\{x\}$	$\{y\}$	$\{x,y\}$
$\varnothing$	$\varnothing$	$\varnothing$	$\varnothing$	$\varnothing$
$\{x\}$	$\varnothing$	$\{x\}$	$\varnothing$	$\{x\}$
$\{y\}$	$\varnothing$	$\varnothing$	$\{y\}$	$\{y\}$
$\{x,y\}$	$\varnothing$	$\{x\}$	$\{y\}$	$\{x,y\}$

例 7.5 设 D_{36} 是 36 的全部正因子的集合,$D_{36}=\{1,2,3,4,6,9,12,18,36\}$ "$|$"表示数的整除关系,则 $<D_{36},|>$ 是格,如图 7.5 所示对 $m,n\in D_{36}$,$m\vee n$ 是 m,n 的最小公倍数,$m\wedge n$ 是 m,n 的最大公约数。

定义 7.3 设 $<X,\leqslant>$ 是一个格,由 $<X,\leqslant>$。诱导的代数系统为 $<X,\vee,\wedge>$,设 $Y\subseteq Z$ 且 $Y\subseteq\varnothing$,如果 Y 关于 X 中的运算 $\vee$ 和 $\wedge$ 都是封闭的,则称 $<Y,\leqslant>$ 和 $<X,\leqslant>$ 的子格 (Sublattice)。

容易证明,若 $<Y,\leqslant>$ 是格 $<X,\leqslant>$ 的子格,则 $<Y,\leqslant>$ 也是格。

例 7.6 例 7.2 给出了一个具体的格 $<\mathbf{N}^+,|>$，由它诱导的代数系统为 $<\mathbf{N}^+,\vee,\wedge>$，其中，对 $x,y\in\mathbf{N}^+$，$x\vee y$ 是 x,y 的最小公倍数，$x\wedge y$ 是 x,y 的最大公因数。例 7.6 中的 D_{36} 关于 $\mathbf{N}^+$ 中的运算 $\vee$ 和 $\wedge$ 都是封闭的，所以 $<D_{36},|>$ 是格 $<\mathbf{N}^+,|>$ 的子格。另外若 E^+ 表示全体正偶数集，则任何两个偶数的最大公因数和最小公倍数都是偶数，所以 E^+ 关于 $\mathbf{N}^+$ 的运算 $\vee$ 和 $\wedge$ 封闭，因此，$<E^+,|>$ 也是 $<\mathbf{N}^+,|>$ 的子格。

例 7.7 设 $<L,\leqslant>$ 是格，其中

$L=\{a,b,c,d,e,f,g,h\}$ 如图 7.6 所示。取

$$L_1=\{a,b,d,f\}$$
$$L_2=\{c,e,g,h\}$$
$$L_3=\{a,b,c,d,e,g,h\}$$

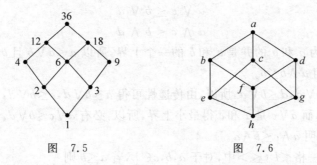

图 7.5　　　　　　　图 7.6

从图 7.6 可以看出，$<L_1,\leqslant>$ 和 $<L_2,\leqslant>$ 都是 $<L,\leqslant>$ 的子格，而偏序集 $<L_3,\leqslant>$ 虽然是格，但它不是 $<L,\leqslant>$ 的子格，这是因为在格 $<L,\leqslant>$ 诱导的代数系统 $<L,\vee,\wedge>$ 中，$b\wedge d=f\notin L_3$。

例 7.8 设 $<X,\leqslant>$ 是一个格，任取 $a,b\in X$ 使 $a\leqslant b$，构造 X 的子集。

$$L_1=\{x\mid x\in X \text{ 且 } x\leqslant a\}$$
$$L_2=\{x\mid x\in X \text{ 且 } a\leqslant x\}$$
$$L_3=\{x\mid x\in X \text{ 且 } a\leqslant x\leqslant b\}$$

则 $<L_i,\leqslant>$ 都是 $<X,\leqslant>$ 的子格，$i=1,2,3$。

解 对任意 $x,y\in L_1$，必有 $x\leqslant a,y\leqslant a$，所以 $x\vee y\leqslant a,x\wedge y\leqslant a$ 故 $x\vee y\in L_1$，$x\wedge y\in L_1$ 因此，$<L_1,\leqslant>$ 是 $<X,\leqslant>$ 的子格。

同理可得 $<L_2,\leqslant>$，$<L_3,\leqslant>$ 也是 $<X,\leqslant>$ 的子格。

在讨论格以及格诱导的代数系统的一些性质之前，先介绍对偶的概念和对偶原理。

设 $<X,\leqslant>$ 是一个偏序集，在 X 上定义一个二元关系 $\leqslant_R$，使得对于 X 中的两个元素 x,y 有关系 $x\leqslant_R y$ 当且仅当 $y\leqslant x$ 没，可以证明这样定义的 X 上的关系 $\leqslant_R$ 是一偏序关系，从而 $<X,\leqslant_R>$ 也是一个偏序集。把偏序集 $<X,\leqslant>$ 和 $<X,\leqslant_R>$ 称为是彼此对偶的（互为对偶的），它们所对应的哈斯图是互为颠倒的。例如，例 7.7 中偏序集 $<L,\leqslant>$ 的哈斯图如图 7.6 所示，$<L,\leqslant>$ 的对偶 $<L,\leqslant_R>$ 的哈斯图如图 7.7 所示，它恰是图 7.7 的颠倒。

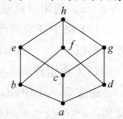

图 7.7

可以证明，若 $<Z,\leqslant>$ 是一个格，则 $<Z,\leqslant_R>$ 也是一个格。把

二元关系$\leq_R$称为二元关系$\leq$的逆关系,为简单起见,用记号$\geq$表示$\leq_R$。

对格$<X,\leq>$,由$<X,\geq>$的定义知,由格$<X,\leq>$所诱导的代数系统的并(交)运算正好是由格$<X,\geq>$所诱导的代数系统的交(并)运算,从而有如下表述的格的对偶原理。

设P是对任意格都为真的命题,如果在命题P中把$\leq$换成$\geq$,$\vee$换成$\wedge$,$\wedge$换成$\vee$,就得到另一命题P',把P'称为P的对偶命题,则P'对任意格也是真的命题。

下面讨论格的一些基本性质。

定理 7.1 在一个格$<L,\leq>$中,对L中任意元a,b,c,d都有

(i) 　　$a\leq a\vee b,b\leq a\vee b$;

　　　　$a\wedge b\leq a,a\wedge b\leq b$

(ii) 若$a\leq b$且 $c\leq d$,则

$$a\vee c\leq b\vee d$$
$$a\wedge c\leq b\wedge d$$

证明 (i) 因为a和b的并是a和b的一个上界,所以$a\leq a\vee b$且$b\leq a\vee b$,由对偶原理,即得$a\wedge b\leq a$且$a\wedge b\leq b$。

(ii) 因为$b\leq b\vee d,d\leq b\vee d$,所以,由传递性可得$a\leq b\vee d,c\leq b\vee d$,这就表明$b\vee d$是$a$和$c$的一个上界,而$a\vee c$是$a$和$c$得最小上界,所以,必有$a\vee c\leq b\vee d$。

类似地可以证明$a\wedge c\leq b\wedge d$。

推论 7.1 在一格$<L,\leq>$中,对于$a,b,c\in L$,若$a\leq b$则

$$a\vee c\leq b\vee c,\quad a\wedge c\leq b\wedge c$$

证明 定理7.1的(ii)中取$d=c$即得。

定理 7.2 设$<L,\leq>$是一个格,由格$<L,\leq>$所诱导的代数系统为$<L,\vee,\wedge>$,则对L中的任意元素a,b,c有

(i) 幂等律　$a\vee a=a$

　　　　　　$a\wedge a=a$;

(ii) 交换律　$a\vee b=b\vee a$

　　　　　　$a\wedge b=b\wedge a$;

(iii) 结合律　$a\vee(b\vee c)=(a\vee b)\vee c$

　　　　　　$a\wedge(b\wedge c)=(a\wedge b)\wedge c$;

(iv) 吸收律　$a\vee(a\wedge b)=a$

　　　　　　$a\wedge(a\vee b)=a$。

证明 (i) 由定理7.1可得$a\leq a\vee a$,由自反性可得$a\leq a$,由此可得$a\vee a\leq a$因此$a\vee a=a$。利用对偶原理,即得$a\wedge a=a$。

(ii) 格中任意两个元素a,b的最小上界(最大下界)当然等于b,a的最小上界(最大下界),所以$a\vee b=b\vee a(a\wedge b=b\wedge a)$。

(iii) 由定理7.1中的(i)知$a\leq a\vee(b\vee c),b\leq b\vee c\leq a\vee(b\vee c)$

由定理7.1中(ii)知$a\vee b\leq a\vee(b\vee c)$。

又因 $c\leq b\vee c\leq a\vee(b\vee c)$,

所以, $(a\vee b)\vee c\leq a\vee(b\vee c)$。

类似地可以证明 $a\vee(b\vee c)\leq(a\vee b)\vee c$。

因此　$a \vee (b \vee c) = (a \vee b) \vee c$。

利用对偶原理,即得:
$$a \wedge (b \wedge c) = (a \wedge b) \wedge c$$

(iv) 由定理 7.1　$a \leqslant a \vee (a \wedge b)$,

又因为　$a \leqslant a$ 和 $a \wedge b \leqslant a$,

所以　$a \vee (a \wedge b) \leqslant a$,

因此　$a \vee (a \wedge b) = a$。

利用对偶原理,即得:
$$a \wedge (a \vee b) = a$$

例 7.9　在例 7.2 中给出的格 $<\mathbf{N}^+, |>$ 中,若 $<\mathbf{N}^+, \vee, \wedge>$ 是格 $<\mathbf{N}^+, |>$ 所诱导的代数系统,则对 $a, b \in \mathbf{N}^+$,有 $a \vee b$ 是 a, b 的最小公倍数,记为 $\mathrm{lcm}(a, b)$,$a \wedge b$ 是 a, b 的最大公约数记为 $\gcd(a, b)$。

在代数系统 $<\mathbf{N}^+, \vee, \wedge>$ 中,对 $\mathbf{N}^+$ 中任意数 a, b, c,由于 $\mathrm{lcm}(a, a) = \gcd(a, a) = a$,所以等幂性成立;因为两个数 a 和 b 的最小公倍数(最大公因数)与 b 和 a 的最小公倍数(最大公约数)是相等的,因此,并运算和交运算都是可交换的;又因为 $\mathrm{lcm}(a, \mathrm{lcm}(b, c))$ 和 $\mathrm{lcm}(\mathrm{lcm}(a, b), c)$ 都是三个数 a, b, c 的最小公倍数,所以在 $<\mathbf{N}^+, \vee, \wedge>$ 中并运算是可结合的,同理,有 $\gcd(a, (\gcd(b, c)) = \gcd(\gcd(a, b), c)$,从而交运算也是可结合的;又由于 $\mathrm{lcm}(a, \gcd(a, b)) = a$ 和 $\gcd(a, \mathrm{lcm}(a, b)) = a$,因而,吸收性也成立。

定理 7.3　若 $<L, \leqslant>$ 是一个格,则对 L 中的任意 a, b, c 都有

$$a \vee (b \wedge c) \leqslant (a \vee b) \wedge (a \vee c) \tag{7.1}$$

$$(a \wedge b) \vee (a \wedge c) \leqslant a \wedge (b \vee c) \tag{7.2}$$

证明　由定理 7.1 知 $a \leqslant a \vee b$ 和 $a \leqslant a \vee c$,由定理 7.2 和等幂性可得

$$a = a \wedge a \leqslant (a \vee b) \wedge (a \vee c) \tag{7.3}$$

又因为 $b \wedge c \leqslant b \leqslant a \vee b$ 且 $b \wedge c \leqslant c \leqslant a \vee c$

所以

$$b \wedge c = (b \wedge c) \wedge (b \wedge c) \leqslant (a \vee b) \wedge (a \vee c) \tag{7.4}$$

由式(7.1)和式(7.2)及定理 7.2 得

$$a \vee (b \wedge c) \leqslant (a \vee b) \wedge (a \vee c)$$

利用对偶原理,即得

$$(a \wedge b) \vee (a \wedge c) \leqslant a \wedge (b \vee c)$$

定理 7.3 中的式(7.1),式(7.2)两式称为分配不等式。

定理 7.4　设 $<L, \leqslant>$ 是一个格,那么,对于 L 中任意元 a, b 有

$$a \leqslant b \Leftrightarrow a \wedge b = a \Leftrightarrow a \vee b = b$$

证明　先证 $a \leqslant b \Leftrightarrow a \wedge b = a$

若 $a \leqslant b$,则 $a \leqslant a$,所以 $a \leqslant a \wedge b$,但根据 $a \wedge b$ 的定义应有 $a \wedge b \leqslant a$,由反对称性得 $a \wedge b = a$,这就证明了 $a \leqslant b \Rightarrow a \wedge b = a$。

反之,若 $a \wedge b = a$,则 $a = a \wedge b \leqslant b$,这就证明了 $a \wedge b = a \Rightarrow a \leqslant b$,因此 $a \leqslant b \Leftrightarrow a \wedge b = a$。

用同样的方法可以证明 $a \leqslant b \Leftrightarrow a \vee b = b$,因而 $a \leqslant b \Leftrightarrow a \wedge b = a \Leftrightarrow a \vee b = b$。

定理 7.5　设 $<L, \leqslant>$ 是格,则 L 中的任意元 a, b, c 有

$$a \le c \Leftrightarrow a \vee (b \wedge c) \le (a \vee b) \wedge c$$

证明　由定理 7.4 知　$a \le c \Leftrightarrow a \vee c = c$

由定理 7.3 知

$$a \vee b(\wedge c) \le (a \vee b) \wedge (a \vee c) \tag{7.5}$$

用 c 代替式(7.5)中的 $a \vee c$，即得

$$a \vee (b \wedge c) \le (a \vee b) \vee c$$

所以　$a \le c \Rightarrow a \vee (b \wedge c) \le (a \vee b) \wedge c$

另外，若 $a \vee (b \wedge c) \le (a \vee b) \wedge c$，则由运算 $\vee$，$\wedge$ 的定义知，

$$a \le a \vee (b \wedge c) \le (a \vee b) \wedge c \le c \quad \text{即有} \ a \le c$$

所以　$a \le c \Leftrightarrow a \vee (b \wedge c) \le (a \vee b) \wedge c$

推论 7.2　在一个格 $<L, \le>$ 中，对 L 中的任意 a, b, c，必有

$$(a \wedge b) \vee (a \wedge c) \le a \wedge (b \vee (a \wedge c)) \ \text{和} \ a \vee (b \wedge (a \vee c)) \le (a \vee b) \wedge (a \vee c)$$

证明　利用定理 7.5 和 $a \wedge c \le a$ 及 $a \le a \vee c$，便可分别获证。

由定理 7.2 知，若 $<X, \vee, \wedge>$ 是格 $<X, \le>$ 诱导的代数系统，则 X 上的"$\vee$"和"$\wedge$"两种运算都满足交换律、结合律和吸收律。下面将说明，若代数 $<L, \vee, \wedge>$ 的两种运算都满足交换律、结合律和吸收律，那么可以在 L 上定义一个偏序，使得 L 中的任何两个元素关于这个偏序都有最小上界和最大下界，也就是说，偏序集 $<L, \le>$ 是格，而且 $<L, \le>$ 诱导的代数系统恰是 $<L, \wedge, \vee>$。

引理 7.1　设 $<L, \wedge, \vee>$ 是一个代数系统，若 $\vee$，$\wedge$ 都是二元运算且满足吸收律，则 $\vee$ 和 $\wedge$ 都满足幂等律。

证明　因为运算 $\vee$ 和 $\wedge$ 满足吸收律，即对 L 中任意元素 a, b 有

$$a \vee (a \wedge b) = a \tag{7.6}$$

$$a \wedge (a \vee b) = a \tag{7.7}$$

将式(7.6)中的 b 取为 $a \vee b$，便得

$$a \vee (a \wedge (a \vee b)) = a$$

再由式(7.7)，即得　$a \vee a = a$，同理可证 $a \wedge a = a$。

定理 7.6　设 $<L, \vee, \wedge>$ 是一个代数系统，其中 $\vee$ 和 $\wedge$ 都是二元运算且满足交换律、结合律和吸收律，则存在偏序关系使 $<L, \le>$ 是格且这个所诱导的代数系统就是 $<L, \vee, \wedge>$。

证明　设在 L 定义二元关系 $\le$ 为：对于任意 $a, b \in L$，$a \le b$ 当且仅当 $a \wedge b = a$。

下面分三步证明定理成立。

先证 L 上的二元关系 $\le$ 是一个偏序关系。

由引理 7.1 可知 $\wedge$ 满足幂等律，即对任意 $a \in L$ 有 $a \wedge a = a$，所以 $a \le a$，故 $\le$ 是自反的。

对任意 $a, b \in L$ 若 $a \le b$ 且 $b \le a$，由 $\le$ 的定义知 $a = a \wedge b$ 且 $b = b \wedge a$。

因为 $\wedge$ 满足交换律，所以 $a = b$，故 $\le$ 是反对称的。

对任意的 $a, b, c \in L$，若 $a \le b$ 且 $b \le c$，则 $a = a \wedge b$ 且 $b = b \wedge c$。

因为 $a \wedge c = (a \wedge b) \wedge c = a \wedge (b \wedge c) = a \wedge b = a$。

所以，$a \le c$，故 $\le$ 是传递的。因此，$\le$ 是偏序关系。

再证　对任意 $a, b \in L$，$a \wedge b$ 是 a 和 b 的最大下界。

由于　$(a \wedge b) \wedge a = (a \wedge a) \wedge b = a \wedge b$，

$$(a \wedge b) \wedge b = a \wedge (b \wedge b) = a \wedge b。$$

所以，$a \wedge b \leq a, a \wedge b \leq b$，即 $a \wedge b$ 是 a 和 b 的下界。

设 c 是 a 和 b 的任一下界，即 $c \leq a, c \leq b$，则有 $c \wedge a = c, c \wedge b = c$，而 $c \wedge (a \wedge b) = (c \wedge a) \wedge b = c \wedge b = c$，所以 $c \leq a \wedge b$。故 $a \wedge b$ 是 a 和 b 的最大下界。

最后，根据交换性和吸收性，对 L 中的任意 a, b，若 $a \wedge b = a$ 则 $(a \wedge b) \vee b = a \vee b$，即 $b = a \vee b$。

反之，若 $a \vee b = b$ 则 $a \wedge (a \vee b) = a \wedge b$，即 $a = a \wedge b$。因此 $a \wedge b = a \Leftrightarrow a \vee b = b$。

由此可知，L 上的偏序关系即为：对任意的 $a, b \in L, a \leq b$ 当且仅当 $a \vee b = b$，从而可用与上面类似的方法证明 $a \vee b$ 是 a 和 b 的最小上界。

因此，$<L, \leq>$ 是一个格，且这个格所诱导的代数系统就是 $<L, \vee, \wedge>$。

定义 7.4 设 $<L_1, \leq_1>$ 和 $<L_2, \leq_2>$ 都是格，由它们分别诱导的代数系统为 $<L_1, \vee_1, \wedge_1>$ 和 $<L_2, \vee_2, \wedge_2>$，如果有一个从 L_1 到 L_2 的映射 Φ，使得对任意的 $x, y \in L_1$，有

$$\Phi(x \vee_1 y) = \Phi(x) \vee_2 \Phi(y)$$

$$\Phi(x \wedge_1 y) = \Phi(x) \wedge_2 \Phi(y)$$

则称 Φ 为从 $<L_1, \vee_1, \wedge_1>$ 到 $<L_2, \vee_2, \wedge_2>$ 的格同态，也称 $<\Phi(A_1), \leq_2>$ 是 $<A_1, \leq_1>$ 的格同态像。另外，若 Φ 还是双射，则称 Φ 是从 $<L_1, \vee_1, \wedge_1>$ 到 $<L_2, \vee_2, \wedge_2>$ 的格同构，并称 $<L_1, \leq_1>$ 和 $<L_2, \leq_2>$ 这两个格是同构的。

定理 7.7 设 Φ 是格 $<L_1, \leq_1>$ 到 $<L_2, \leq_2>$ 的格同态，则对任意的 $a, b \in L_1$，当 $a \leq_1 b$ 时，$\Phi(a) \leq_2 \Phi(b)$。

证明 因为 $a \leq_1 b$，所以 $a \wedge_1 b = a$，$\Phi(a \wedge_1 b) = \Phi(a)$，$\Phi(a) \wedge_2 \Phi(b) = \Phi(a)$，故 $\Phi(a) \leq_2 \Phi(b)$。

由定理 7.7 知，格同态是保序的。但是定理 7.7 的逆命题不一定成立。

例 7.10 设 $<S, \leq>$ 是一个格，其中 $S = \{a, b, c, d\}$，如图 7.8 所示。

我们知道，$<\mathcal{P}(S), \subseteq>$ 也是一个格，作映射 $\Phi: S \to \mathcal{P}(S)$，对任意 $x \in S, \Phi(x) = \{y \mid y \in S \text{ 且 } y \leq x\}$ 则有，当 $x, y \in S$ 且 $x \leq y$ 时，有 $\Phi(x) \subseteq \Phi(y)$，所以 Φ 是保序的。但是，对于 $b, c \in S$，有 $b \vee c = a$，$\Phi(b \vee c) = \Phi(a) = S$，而 $\Phi(b) \bigcup \Phi(c) = \{b, c, d\}$，所以 $\Phi(b \vee c) \neq \Phi(b) \bigcup \Phi(c)$ 从而 Φ 不是从 $<S, \leq>$ 到 $<\mathcal{P}(S), \subseteq>$ 的格同态。

图 7.8

定理 7.8 设 $<L_1, \leq_1>$ 和 $<L_2, \leq_2>$ 都是格，Φ 是从 L_1 到 L_2 的双射，则 Φ 是从 $<L_1, \leq_1>$ 到 $<L_2, \leq_2>$ 的格同构当且仅当对任意的 $x, y \in L_1$。

$$x \leq_1 y \Leftrightarrow \Phi(x) \leq_2 \Phi(y)$$

证明 设 Φ 是从 $<L_1, \leq_1>$ 到 $<L_2, \leq_2>$ 的格同构。由定理 7.7 知，对任意 $x, y \in L_1$ 若 $x \leq_1 y$，则 $\Phi(x) \leq_2 \Phi(y)$。

反之，若 $\Phi(x) \leq_2 \Phi(y)$，则 $\Phi(x) \wedge_2 \Phi(y) = \Phi(x \wedge_1 y) = \Phi(x)$，由于 Φ 是双射，所以 $x \wedge_1 y = x$，故 $x \leq_1 y$。

设对任意的 $x, y \in L_1, x \leq_1 y \Leftrightarrow \Phi(x) \leq_2 \Phi(y)$，设 $x \wedge_1 y = u$，则 $u \leq_1 x, u \leq_1 y$，于是 $\Phi(x \wedge_1 y) = \Phi(u)$，$\Phi(u) \leq_2 \Phi(x)$，$\Phi(u) \leq_2 \Phi(y)$，所以 $\Phi(u) \leq_2 \Phi(x) \wedge_2 \Phi(y)$ 设 $\Phi(x) \wedge_2 \Phi(y) = \Phi(v)$，则

$$\Phi(u) \leq_2 \Phi(v), \Phi(v) \leq_2 \Phi(x), \Phi(v) \leq_2 \Phi(y)$$

从而 $v \leq_1 x, v \leq_1 y, v \leq_1 x \wedge_1 y$ 即 $v \leq_1 u$，所以 $f(v) \leq_2 f(u)$，故 $f(u) = f(v)$，即 $f(x \wedge_1 y) = f(x) \wedge_2 f(y)$。

类似地可以证明 $f(x \vee_1 y) = f(x) \vee_2 f(y)$，因此，$\Phi$ 是 $<L_1, \leq_1>$ 到 $<L_2, \leq_2>$ 的格同构。

7.2 分配格

由 7.1 知，在格中分配不等式成立，即若 $<L, \leq>$ 是格，则对任意元素 $a, b, c \in L$ 必有 $a \vee (b \wedge c) \leq (a \vee b) \wedge (a \vee c)$，$(a \wedge b) \vee (a \wedge c) \leq a \wedge (b \vee c)$ 成立。但上述两式中的符号 $\leq$ 一般不能改为等号，即格 $<L, \leq>$ 所诱导的代数系统 $<L, \vee, \wedge>$ 中，运算 $\vee$ 对 $\wedge$ 和 $\wedge$ 对 $\vee$ 都不一定适合分配律。如图 7.9 所示所给出的两个格就是如此。

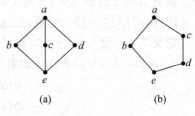

图　7.9

定义 7.5　$<L, \vee, \wedge>$ 是由格 $<L, \leq>$ 所诱导的代数系统，若对任意的 $a, b, c \in L$ 都有

$$a \wedge (b \vee c) = (a \wedge b) \vee (a \wedge c), \quad a \vee (b \wedge c) = (a \vee b) \wedge (a \vee c)$$

则称 $<L, \leq>$ 分配格。

例 7.11　设 S 是一个集合，则 $<\mathcal{P}(S), \cup, \cap>$ 是由格 $<\mathcal{P}(S), \subseteq>$ 所诱导的代数系统。由集合的并对交和交对并都适合分配律知，格 $<\mathcal{P}(S), \subseteq>$ 是分配格（Distribute Lattice）。

例 7.12　如图 7.9 所示的两个格都不是分配格。

这是因为图 7.9(a) 中，$b \vee (c \wedge d) = b \vee e = b$，而 $(b \vee c) \wedge (b \vee d) = a \wedge a = a$ 所以 $b \vee (c \wedge d) \neq (b \vee c) \wedge (b \vee d)$。在图 7.9(b) 中，$c \wedge (b \vee d) = c \wedge a = c$，而 $(c \wedge b) \vee (c \wedge d) = e \vee d = d$ 所以 $c \wedge (b \vee d) \neq (c \wedge b) \vee (c \wedge d)$。

应该注意的是，在分配格的定义中，必须是对任意的 $a, b, c \in L$ 都要满足分配律。因此，决不能因验证格中的某些元素满足分配等式就断定这个格是分配格。如图 7.9(b) 所示的格虽不是分配格，但也有

$$d \wedge (b \vee c) = d \wedge a = d = e \vee d = (d \wedge b) \vee (d \wedge c);$$
$$b \wedge (c \vee d) = b \wedge c = e = e \wedge e = (b \wedge c) \vee (b \wedge d)$$

图 7.9 给出的两个具有 5 个元素的不是分配格的格是很重要的，因为可以证明如下的结论，一个格是分配格的充要条件是该格中没有任何子格与图 7.9 给出的两个 5 元素中的任何一个同构。证明略。

例 7.13　在如图 7.10 所示的格中，记

$$L = \{a, b, c, d, e, f\}, \quad L_1 = \{a, b, c, d, f\}$$

则 $<L_1, \leq>$ 是 $<L, \leq>$ 的子格，且子格 $<L_1, \leq>$ 与图 7.9(a) 所示的格同构，所以格 $<L, \leq>$ 不是分配格。

定理 7.9　每个链是分配格。

证明 $<L,\leq>$是一个链,则 $<L,\leq>$是格。对于任意的 a,b,c $\in L$,只要讨论以下两种可能的情形。

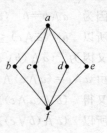

图 7.10

(1) $a\leq b$ 或 $a\leq c$; (2) $b\leq a$ 且 $c\leq a$。

对于情形(1):当 $a\leq b$ 或 $a\leq c$ 时,有 $a\wedge(b\vee c)=a$ 和 $(a\wedge b)\vee(a\wedge c)=a$。

对于情形(2):为 $b\leq a$ 且 $c\leq a$,所以有 $b\vee c\leq a$,因而 $a\wedge(b\vee c)=b\vee c$,又由 $b\leq a$ 且 $c\leq a$ 可得 $(a\wedge b)\vee(a\wedge c)=b\vee c$ 故 $a\wedge(b\vee c)=(a\wedge b)\vee(a\wedge c)$ 总成立。因此,$<L,\leq>$是一个分配格。

定理 7.10 设 $<L,\leq>$是一个分配格,那么对于任意的 $a,b,c\in L$,如果有 $a\wedge b=a\wedge c$ 且 $a\vee b=a\vee c$ 成立,则必有 $b=c$。

证明 因为 $(a\wedge b)\vee c=(a\wedge c)\vee c=c$

又因为

$$(a\wedge b)\vee c=(a\vee c)\wedge(b\vee c)=(a\vee b)\wedge(b\vee c)$$
$$=b\vee(a\wedge c)=b\vee(a\wedge b)=b$$

所以 $b=c$。

应该指出,在分配格的定义中,两个分配等式是等价的。

定理 7.11 设 $<L,\vee,\wedge>$是格 $<L,\leq>$所诱导的代数系统,则下面两条等价。

(1) 当 $a,b,c\in L$ 时,$a\wedge(b\vee c)=(a\wedge b)\vee(a\wedge c)$。

(2) 对任意的 $a,b,c\in L$,有 $a\vee(b\wedge c)=(a\vee b)\wedge(a\vee c)$。

证明 $(1)\Rightarrow(2)$

假设命题(1)为真,则对任意的 $a,b,c\in L$,有

$$(a\vee b)\wedge(a\vee c)=((a\vee b)\wedge a)\vee((a\vee b)\wedge c)=a\vee((a\vee b)\wedge c)$$
$$=a\vee((a\wedge c)\vee(b\wedge c))=(a\vee(a\wedge c))\vee(b\wedge c)=a\vee(b\wedge c)$$

所以,命题(2)为真。

$(2)\Rightarrow(1)$,类似可证。

定义 7.6 设 $<L,\leq>$是一个格,由它诱导的代数系统为 $<L,\vee,\wedge>$,如果对于任意的 $a,b,c\in L$,当 $b\leq a$ 时,有 $a\wedge(b\vee c)=b\vee(a\wedge c)$,则称 $<L,\leq>$是模格(Modular Lattice)。

定理 7.12 分配格是模格。

证明 设 $<L,\leq>$是一个分配格,对于 L 中的任意元素 a,b,c,如果 $b\leq a$,则 $a\wedge b=b$。因此,$a\wedge(b\vee c)=(a\vee b)\vee(a\wedge c)=b\wedge(a\wedge c)$。所以,$<L,\leq>$是模格。

模格不一定是分配格,如图 7.9(a)所示的格是模格但不是分配格,图 7.9(b)所示的格不是模格。

定理 7.13 格 $<L,\leq>$是模格的充分必要条件为:对 L 中任意元素 a,b,当 $b\leq a$,而且对于 L 中的某个 c 有 $a\wedge c=b\wedge c$,$a\vee c=b\vee c$ 时,则 $a=b$。

证明 设 $<L,\leq>$为模格。

设 a,b,c 为 L 中的元素且 $b\leq a$,$a\vee c=b\vee c$,$a\wedge c=b\wedge c$,那么 $a=a\wedge(a\vee c)=a\wedge(b\vee c)=b\vee(a\wedge c)=b\vee(b\wedge c)=b$。

反之,假设 $<L,\leq>$一个满足定理中所述条件的格,并设 $a,b,c\in L$ 且 $b\leq a$

因为 $a \wedge b = b$ $(a \wedge b) \vee (a \wedge c) \leqslant a \wedge (b \vee c)$

所以 $b \vee (a \wedge c) \leqslant a \wedge (b \vee c)$

又因为 $(a \wedge (b \vee c)) \wedge c = a \wedge ((b \vee c) \wedge c) = a \wedge c$

由 $a \wedge c = (a \wedge c) \wedge c \leqslant (b \vee (a \wedge c)) \wedge c \leqslant a \wedge c$

又得 $(b \vee (a \wedge c)) \wedge c = a \wedge c$

所以 $(a \wedge (b \vee c)) \wedge c = (b \vee (a \wedge c)) \wedge c$。

类似可证得 $(b \vee (a \wedge c)) \vee c = b \vee c, (a \wedge (b \vee c)) \wedge c = b \vee c$。

从而有 $(b \vee (a \wedge c)) \vee c = (a \wedge (b \vee c)) \vee c$,

根据定理的假设条件可得 $a \wedge (b \vee c) = b \vee (a \wedge c)$。

故 $<L, \leqslant>$ 是模格。

定理 7.14   设 $<L, \leqslant>$ 是模格,$a, b \in L$,记 $X = \{x \mid x \in L$ 且 $a \wedge b \leqslant x \leqslant a\}, Y = \{y \mid y \in L$ 且 $b \leqslant y \leqslant a \vee b\}$,则映射 $\Phi : x \to x \wedge b$ 是 X 到 Y 的同构映射,Φ 的逆映射为 $\Psi : y \to y \vee a$,Ψ 也是同构映射。

证明   对 $x \in X$,由于 $a \wedge b \leqslant x \leqslant a$,所以 $(a \wedge b) \vee b \leqslant x \vee b \leqslant a \vee b$ 即 $b \leqslant x \vee b \leqslant a \vee b$。故 Φ 是 X 到 Y 的映射;类似可证,Ψ 是 Y 到 X 的映射。

对于任意的 $x \in X$,因为 $a \wedge b \leqslant x \leqslant a$ 且 $<L, \leqslant>$ 是模格,所以

$$\Psi(\Phi(x)) = \Psi(x \vee b) = a \wedge (x \vee b) = x \vee (a \wedge b) = x$$

类似地,对任意的 $y \in Y$ 有 $\Phi(\Psi(y)) = \Phi(y \wedge a) = (y \wedge a) \vee b = y \wedge (a \vee b) = y$,所以,$\Phi$ 与 Ψ 互为逆映射,都是双射。

因为对任意的 $x_1, x_2 \in X$ 当 $x_1 \leqslant x_2$ 时,由于 $a \wedge b \leqslant x_1 \leqslant x_2 \leqslant a$,所以 $(x_1 \vee b) \vee (x_2 \vee b) = (x_1 \vee x_2) \vee b = x_2 \vee b$,从而 $x_1 \vee b \leqslant x_2 \vee b$,即 $\Phi(x_1) < \Phi(x_2)$,故 Φ 是保序应射。类似地可以证明 Ψ 也是保序映射。

于是,Φ, Ψ 分别是 X 到 Y 和 Y 到 X 的双射和保序映射。由定理 7.8 知,Φ, Ψ 都是 X 与 Y 之间的同构映射。

定理 7.15   设 $<L, \vee, \wedge>$ 是格 $<L, \leqslant>$ 诱导的代数系统,则下面两个命题等价。

(1) 当 $a, b, c \in L$ 时,$a \wedge (b \vee c) = (a \wedge b) \vee (a \wedge c)$;

(2) 当 $a, b, c \in L$ 时,$(a \vee b) \wedge (b \vee c) \wedge (c \vee a) = (a \wedge b) \vee (b \wedge c) \vee (c \wedge a)$。

即格 $<L, \leqslant>$ 是分配格当且仅当(2)成立。

证明   (1)$\Rightarrow$(2)   假设命题(1)为真,则当 $a, b, c \in L$ 时

$$(a \vee b) \wedge (b \vee c) \wedge (c \vee a)$$
$$= ((a \vee b) \wedge (b \vee c) \wedge c) \vee ((a \vee b) \wedge (b \vee c) \wedge a)$$
$$= ((a \vee b) \wedge c) \vee (a \wedge (b \vee c))$$
$$= ((a \wedge c) \vee (b \wedge c)) \vee ((a \wedge b) \vee (a \wedge c))$$
$$= (a \wedge b) \vee (b \wedge c) \vee (c \wedge a)$$

从而证得命题(2)为真。

(2)$\Rightarrow$(1)   假设命题(2)为真,先证 $<L, \leqslant>$ 是模格。因为当 $a, b, c \in L$ 且 $a \leqslant b$ 时,由等式 $(a \vee b) \wedge (b \vee c) \wedge (c \vee a) = (a \wedge b) \vee (b \wedge c) \vee (c \wedge a)$ 得 $b \wedge (c \vee a) = a \vee (b \wedge c)$,所以,$<L, \leqslant>$ 是模格。

再证命题(1)为真。当 $a, b, c \in L$ 时

因为 $(a \vee b) \wedge (b \vee c) \wedge (c \vee a) = (a \wedge b) \vee (b \wedge c) \vee (c \wedge a)$,

所以 $a \vee ((a \vee b) \wedge (b \vee c) \wedge (c \vee a)) = a \vee ((a \wedge b) \vee (b \wedge c) \vee (c \wedge a))$

因为 $<L, \leq>$ 是模格,$a \leq a \vee b, a \leq c \vee a$,

所以 $a \vee ((a \vee b) \wedge (b \vee c) \wedge (c \vee a)) = (a \vee b) \wedge (a \vee ((b \vee c) \wedge (c \vee a)))$

$\qquad = (a \vee b) \wedge ((c \vee a) \wedge (a \vee (b \vee c))) = (a \vee b) \wedge (a \vee c)$

又因为 $a \vee ((a \wedge b) \vee (b \wedge c) \vee (c \wedge a)) = a \vee (b \wedge c)$

所以 $a \vee (b \wedge c) = (a \vee b) \wedge (a \vee c)$

从而证得命题(2)为真。

7.3 有补格

设 S 集合,我们知道 $<\mathcal{P}(S), \leq>$ 是一个分配格,S 和空集 $\varnothing$ 分别是它的最大元素和最小元素,当 $A \in \mathcal{P}(S)$ 时,A 和它的余集 $\overline{A}(\overline{A} = S - A)$ 满足下面两个等式

$$A \cup \overline{A} = S, \quad A \cap \overline{A} = \varnothing$$

$<\mathcal{P}(S), \leq>$ 是本节所要讨论的有补格的特例,它在研究有补格的分配格的结构时起着重要的作用。

在介绍有补格之前,先介绍有界格。

定义 7.7 设 $<L, \leq>$ 是一个格,如果存在元素 $a \in L$ 对于任意的 $x \in L$ 都有 $x \leq a$,则称 a 为格 $<L, \leq>$ 的全上界(Totally Upper Bound)。记格的全上界为 1。

定理 7.16 一个格 $<L, \leq>$,若有全上界,则是唯一的。

证明 若 a, b 都是格 $<L, \leq>$ 的全上界,因为 a 是全上界,$b \in L$ 所以 $b \leq a$。同样地,因为 b 是全上界,$a \in L$,所以 $a \leq b$。由反对称性得,$a = b$,故格 $<L, \leq>$ 若有全上界,则是唯一的。

定义 7.8 设 $<L, \leq>$ 是一个格,如果存在元素 $b \in L$,对于任意的 $x \in L$,都有 $b \leq x$。则称 b 为格 $<L, \leq>$ 的全下界(Totally Lower Bound)。记格的全下界为 0。

定理 7.17 一个格 $<L, \leq>$,若有全下界,则是唯一的。

证明 与定理 7.16 类似可证。

定义 7.9 若格 $<L, \leq>$ 有全上界和全下界,则称格 $<L, \leq>$ 为有界格(Bounded Lattice)。

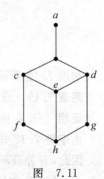

例 7.14 如图 7.11 所示的格是有界格,全上界是 a,全下界是 h。

例 7.15 设 S 是一个非空集合,则格 $<\mathcal{P}(S), \subseteq>$ 是一个有界格,全上界是 S,全下界是空集 $\varnothing$。

例 7.16 设 $\mathbf{R}$ 是实数集,$\leq$ 是小于或等于关系,则 $<\mathbf{R}, \leq>$ 是格,但不是有界格;若集合 $A = \{x \mid x \in \mathbf{R}$ 且 $0 < x < 1\}$,则 $<A, \leq>$ 也是格,但不是有界格。

图 7.11

定理 7.18 设 $<L, \leq>$ 是一个有界格,则对任意的 $a \in A$,必有

$$a \vee 1 = 1, \quad a \wedge 1 = a, \quad a \vee 0 = a, \quad a \wedge 0 = 0$$

证明 因为 $a \vee 1 \in L$ 且 1 全上界,所以 $a \vee 1 \leq 1$,又因为 $1 \leq a \vee 1$,因此,$a \vee 1 = 1$。

因为 $a\leq a, a\leq 1$，所以 $a\leq a\wedge 1$，又因为 $a\wedge 1\leq a$，因此，$a\wedge 1=a$。

$a\vee 0=a$ 和 $a\wedge 0=0$ 可以类似地进行证明。

设 $<L,\vee,\wedge>$ 是有界格 $<L,\leq>$ 诱导的代数系统，则对任意的 $a\in L$ 有 $a\vee 0=0\vee a=a$ 且 $a\wedge 1=1\wedge a=a$，所以 0 和 1 分别是关于运算 $\vee$ 和 $\wedge$ 的幺元。另外，类似可得 0 和 1 分别是关于运算 $\wedge$ 和 $\vee$ 的零元。

定义 7.10　设 $<L,\leq>$ 是有界格，a,b 是 L 中的两个元，若 $a\vee b=1,a\wedge b=0$，则称 a 是 b 的补元或 b 是 a 的补元，或称 a 和 b 互为补元。

一般地，有界格中的元素不一定有补元，一个元素有补元也不必是唯一的。例如图 7.12 所示的格中，a 没有补元，b 有两个补元，它们是 b 和 c。在如图 7.13 所示的格中，每个元素有且仅有一个补元，其中 a' 和 a,b' 和 b,c' 和 $c,0$ 和 1 是 4 对互补的元素。

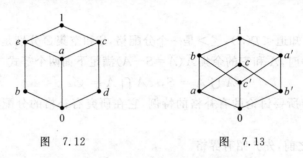

图　7.12　　　　　　　　　　　图　7.13

显然，在有界格中，0 是 1 的唯一补元，1 是 0 的唯一补元。

定义 7.11　在一个有界格中，如果每个元素都至少有一个补元素，则称此格为有补格（Complemented Lattice）。

例 7.17　如图 7.14 所示的格是有补格，其中 a 和 b,a 和 d,c 和 b,c 和 d 是 4 对互补的元素，如图 7.15 所示的格也是有补格，其中 a,b,c,d 4 个元素中的任意两个都是互补元。

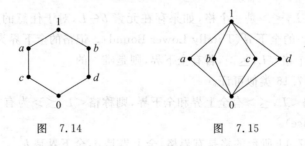

图　7.14　　　　　　　　　　　图　7.15

如图 7.12 所示的格不是有补格。

定理 7.19　设 $<L,\leq>$ 是有界格且是分配格 $a\in L$，若 a 在 L 中有补元，则必是唯一的。

证明　若 b 和 c 都是 a 在 L 中的补元，则有 $a\vee b=1,a\wedge b=0,a\vee c=1,a\wedge c=0$。

由定理 7.13 知 $b=c$，所以 a 的补元唯一。

因此，有补分配格中每一个元素有且仅有一个补元，于是，若 $<L,\leq>$ 是有补分配格，$<L,\vee,\wedge>$ 是它诱导的代数系统，则可在 L 中定义一种"补"的一元运算"$^{-}$"，对 L 中的任意一个元素 $a,\bar{a}$ 表示 a 的补元。这样由有补分配格 $<L,\leq>$ 诱导的代数系统也记为 $<L,\vee,\wedge,^{-}>$ 或 $<L,\vee,\wedge,^{-},0,1>$，其中 $0,1$ 分别是最小元和最大元。

定理 7.20 设 $<L, \vee, \wedge, \bar{\ }, 0, 1>$ 是有补分配格 $<L, \leqslant>$ 诱导的代数系统，则对 a，$b \in L$ 有 $\overline{(\bar{a})} = a, \overline{a \vee b} = \bar{a} \wedge \bar{b}, \overline{a \wedge b} = \bar{a} \vee \bar{b}$。

证明 由补元的定义可知，a 和 $\bar{a}$ 是互补的，就是说 $\bar{a}$ 的补元是 a，所以 $\overline{(\bar{a})} = a$，由

$$(a \vee b) \vee (\bar{a} \wedge \bar{b}) = ((a \vee b) \vee \bar{a}) \wedge ((a \vee b) \vee \bar{b})$$
$$= (b \vee (a \vee \bar{a})) \wedge (a \vee (b \vee \bar{b})) = (b \vee 1) \wedge (a \vee 1) = 1 \wedge 1 = 1$$

和

$$((a \vee b) \wedge (\bar{a} \wedge \bar{b})) = (a \wedge (\bar{a} \wedge \bar{b})) \vee (b \wedge (\bar{a} \wedge \bar{b}))$$
$$= ((a \wedge \bar{a}) \wedge \bar{b}) \vee ((b \wedge \bar{b}) \wedge \bar{a})$$
$$= (0 \wedge \bar{b}) \vee (0 \wedge \bar{a}) = 0 \vee 0 = 0$$

可知 $a \vee b$ 的补元为 $\bar{a} \wedge \bar{b}$，因为有补分配格中任一元素的补元是唯一的，所以 $\overline{a \vee b} = \bar{a} \wedge \bar{b}$。

同理可证 $\overline{a \wedge b} = \bar{a} \vee \bar{b}$。

定义 7.12 有补分配格称为布尔格。

例如 $<\mathcal{P}(S), \subseteq>$ 和 $<D_{36}, |>$ 都是布尔格，它们对应的哈斯图分别是图 7.4 和图 7.5，因为 S 是一个非空集合，$<\mathcal{P}(S), \subseteq>$ 是一个格，因为集合的交（并）对于并（交）是可分配的；$<\mathcal{P}(S), \subseteq>$ 的全上界是 S，全下界是 $\varnothing$；对于任意集合 $T \subseteq S$ 即任意 $T \in \mathcal{P}(S)$ 都有一个补元素 $S - T \in \mathcal{P}(S)$，所以 $<\mathcal{P}(S), \subseteq>$ 是一个格；同理 D_{36} 是 36 的全部正因子的集合，$D_{36} = \{1, 2, 3, 4, 6, 9, 12, 18, 36\}$"|"表示数的整除关系。

7.4 布尔代数与布尔表达式

定义 7.13 若集合 B 至少包含两个元素（分别记为 0 和 1），且对 B 中的任意元素 a, b 和 c，代数系统 $<B, \vee, \wedge, \bar{\ }, 0, 1>$ 上的三种运算（其中 $\vee, \wedge$ 都是二元运算，$\bar{\ }$ 是一元运算）具有下列性质。

(1) $a \vee b = b \vee a$

(2) $a \wedge b = b \vee a$ （交换律）

(3) $a \vee (b \wedge c) = (a \vee b) \wedge (a \vee c)$

(4) $a \wedge (b \vee c) = (a \wedge b) \vee (a \wedge c)$ （分配律）

(5) $a \vee 0 = a$

(6) $a \wedge 1 = a$ （恒等律）

(7) $a \vee \bar{a} = 1$

(8) $a \wedge \bar{a} = 1$ （补律）

则称 $<B, \vee, \wedge, \bar{\ }, 0, 1>$ 为布尔代数(Boolean Algebra)，0 和 1 分别称为 B 的最小元和最大元。

布尔代数 $<B, \vee, \wedge, \bar{\ }, 0, 1>$ 有时也记为 $<B, \vee, \wedge, \bar{\ }>$ 或 B，当 B 为有限集时，称布尔代数 B 为有限布尔代数，以下讨论有限布尔代数的性质。

例 7.18 设 $B_2 = \{0, 1\}$，$\vee, \wedge$ 分别是命题演算中的"析取"、"合取"运算，$\neg$ 是逻辑非，则 $<B_2, \vee, \wedge, \neg, 0, 1>$ 是布尔代数，B_2 称为二元布尔代数。

例 7.19   对任一非空集 $S,<\mathcal{P}(S),\bigcup,\bigcap,^-,\varnothing,S>$ 是布尔代数,其中 $^-$ 是补运算。

设 P 是一个有关的布尔代数的命题,将 P 中的 $\vee,\wedge,0$ 和 1 分别用 $\wedge,\vee,1$ 和 0 代换后得到的命题记为 Q,Q 称为 P 的对偶命题。由于定义 7.13 的 4 组式中,每一组公式都是互为对偶的,所以对偶原理在布尔代数中成立。即若命题 P 对任意布尔代数成立,则它的对偶命题在任意布尔代数中也成立。

定理 7.21   对于布尔代数 B 上的任意元素 a,b 和 c,B 上的三种运算具有下列性质。

(1) $a \vee a = a$

(2) $a \wedge a = a$ (幂等律)

(3) $a \vee 1 = 1$

(4) $a \wedge 0 = 0$ (零律)

(5) $a \vee (a \wedge b) = a$

(6) $a \wedge (a \vee b) = a$ (吸收律)

(7) $a \vee (b \vee c) = a \vee (b \vee c)$

(8) $a \wedge (b \wedge c) = a \wedge (b \wedge c)$ (结合律)

证明   由对偶原理可知,只要证明每一组公式中的第一个为真即可。

(1)(2) 因为 $a = a \vee 0 = a \vee (a \wedge \overline{a}) = (a \vee a) \wedge (a \vee \overline{a}) = (a \vee a) \wedge 1 = a \vee a$,所以,公式(1)为真。同理,公式(2)为真。

(3)(4) 因为 $a \vee 1 = (a \vee 1) \wedge 1 = (a \vee 1) \wedge (a \vee \overline{a}) = a \vee (1 \wedge \overline{a}) = a \vee \overline{a} = 1$,所以,公式(3)为真。同理,公式(4)为真。

(5)(6) 因为 $a \vee (a \wedge b) = (a \wedge 1) \vee (a \wedge b) = a \wedge (1 \vee b) = a \wedge 1 = a$,所以,公式(5)为真。同理,公式(6)为真。

(7)(8) 设 $l = a \vee (b \vee c),r = (a \vee b) \vee c$,

因为 $a \wedge r = a \wedge ((a \vee b) \vee c) = (a \wedge (a \vee b)) \vee (a \wedge c) = a \vee (a \wedge c) = a$,

$a \wedge l = a \wedge (a \vee (b \vee c)) = a$,

所以 $a \wedge r = a \wedge l$。

不难证明 $\overline{a} \wedge r = a \wedge l$。

因此,$r = 1 \wedge r = (a \vee \overline{a}) \wedge r = (a \wedge r) \vee (\overline{a} \wedge r) = (a \wedge l) \vee (\overline{a} \wedge l) = l$,

所以,公式(7)为真。同理,公式(8)为真。

定理 7.22   对于布尔代数 B 中的任何元素 a 与 b

(1) 若 $a \vee b = 1, a \wedge b = 0$,则 $b = \overline{a}$;

(2) $(\overline{\overline{a}}) = a$;

(3) $\overline{0} = 1, \overline{1} = 0$。

证明   (1) 因为 $a \vee \overline{a} = 1, a \wedge \overline{a} = 0$,所以

$b = b \wedge 1 = b \wedge (a \vee \overline{a}) = (b \wedge a) \vee (b \wedge \overline{a}) = 0 \vee (b \wedge \overline{a}) = b \wedge \overline{a}$,

$\overline{a} = \overline{a} \wedge 1 = \overline{a} \wedge (a \vee b) = (\overline{a} \wedge a) \vee (\overline{a} \wedge b) = 0 \vee (\overline{a} \wedge b) = b \wedge \overline{a}$,

所以 $b = \overline{a}$。

(2) 因为 $a \vee \overline{a} = 1, a \wedge \overline{a} = 0, 1$ 中以 $\overline{a}$ 代替 a,以 a 代替 b 即得 $(\overline{\overline{a}}) = a$。

(3) 由定理 7.21 知 $0 \vee 1 = 1, 0 \wedge 1 = 0$,由 1 知 $\overline{0} = 1, \overline{1} = 0$。

定理 7.23 对于布尔代数 B 中的任何元素 a 与 b
有 $\overline{a \vee b} = \bar{a} \wedge \bar{b}, \overline{a \wedge b} = \bar{a} \vee \bar{b}$。

证明 因为 $(a \vee b) \vee (\bar{a} \wedge \bar{b}) = ((a \vee b) \vee \bar{a}) \wedge ((a \vee b) \vee \bar{b}) = 1 \vee 1 = 1$

$(a \vee b) \wedge (\bar{a} \wedge \bar{b}) = (a \wedge (\bar{a} \wedge \bar{b})) \vee (b \wedge (\bar{a} \wedge \bar{b}))$

$$= 0 \vee 0 = 0$$

所以由定理 7.22(1)得 $\overline{a \vee b} = \bar{a} \wedge \bar{b}$。

同理得 $\overline{a \wedge b} = \bar{a} \vee \bar{b}$。

如果在布尔代数 B 上定义如下的二元关系 $x, y \in B, x \leq y \Leftrightarrow x \wedge y = x$。那么由定义 7.13 及上述诸定理不难证明,$<B, \leq>$布尔格。反之,由布尔格 $<B, \leq>$诱导的代数系统恰是布尔代数 $<B, \vee, \wedge, {}^{-}, 0, 1>$,从这个意义上讲,布尔代数就是由布尔格诱导的代数系统。

定义 7.14 设 $<A, \vee, \wedge, {}^{-}>$ 和 $<B, \vee, \wedge, {}^{-}>$ 是两个布尔代数,如果存在着 A 到 B 的双射 f,对于任意的 $a, b \in A$,都有

$$f(a \vee b) = f(a) \vee f(b)$$
$$f(a \wedge b) = f(a) \wedge f(b)$$
$$f(\bar{a}) = \overline{f(a)}$$

则称 f 是 $<A, \vee, \wedge, {}^{-}>$ 到 $<B, \vee, \wedge, {}^{-}>$ 的同构映射,并称 $<A, \vee, \wedge, {}^{-}>$ 和 $<B, \vee, \wedge, {}^{-}>$ 同构。

对于有限布尔代数,将证明以下的结论:对于每一个正整数 n,必存在含有 2^n 个元素的布尔代数;反之,任意有限布尔代数,它的元素个数必为 2 的某次幂。元素个数相同的布尔代数都是同构的。

为证明这些结论,先介绍一些有关的概念。

定义 7.15 设 $<B, \vee, \wedge, 0, 1>$ 是布尔代数,若 $a \in B, a$ 覆盖着 B 的最小元 0,则称 a 是 B 的原子(atom)。也就是说,原子是 B 的非零元。且对任何 $x \in B$,若 $0 \leq x \leq a$,则 $x = 0$ 或 $x = a$。

定理 7.24 设 $<B, \vee, \wedge, 0, 1>$ 是有限布尔格 $<B, \leq>$诱导的布尔代数,则对 B 中任何非零元素 b(即不等于全下界 0 的元素)至少存在一个原子 a 使得 $a \leq b$。

证明 如果 b 本身就是一个原子,那么,由 $b \leq b$ 就得证。

如果 b 不是原子,那么必存在 $b_1 \in B$,使得 $0 < b_1 < b$,如果 b_1 是原子,那么,定理得证。否则,必存在 $b_2 \in B$,使得 $0 < b_2 < b_1 < b$,由于 $<B, \leq>$是一个有下界的有限布尔格,所以通过有限的步骤总可以找到一个原子 $b_i \in B$,使得 $0 < b_i < \cdots < b_2 < b_1 < b$,它是 $<B, \leq>$中的一个链,其中 b_i 是原子,且 $b_i < b$。

例 7.20 图 7.16 所示的格是布尔格,它的全下界和全上界分别是 1 和 30,在它诱导的布尔代数中,2,3,5 都是原子,对于元素 6 满足定理 7.24 的条件的原子有 2 和 3 两个。

引理 7.2 对于布尔代数 B 中的元素 a 和 b 有,$a \leq b$ 的充分必要条件是 $a \wedge \bar{b} = 0$。

证明 若 $a \leq b$,则 $a \wedge b = a$

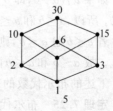

图 7.16

$$a \wedge \bar{b} = (a \wedge b) \wedge \bar{b} = a \wedge (b \wedge \bar{b}) = a \wedge 0 = a。$$

反之,若 $a \wedge \bar{b} = 0$,则

$$a = a \wedge 1 = a \wedge \overline{(a \wedge \bar{b})} = a \wedge (\bar{a} \vee b) = (a \wedge \bar{a}) \vee (a \wedge b) = a \wedge b$$

由此推出,$a \leq b$。

引理 7.3　设 B 是一个有限布尔代数,b 是 B 中的任一非零元,$a_1, a_2, \cdots, a_k$ 是 A 中满足 $a_j \leq b$ 的所有原子($j = 1, 2, \cdots, k$),则 $b = a_1 \vee a_2 \vee \cdots \vee a_k$。

证明　因为 b 是 B 中的非零元,所以 B 中有原子 a 是 $a \leq b$,设 $a_1, a_2, \cdots, a_k$ 是 B 中满足 $a_j \leq b$ 的所有原子,记 $c = a_1 \vee a_2 \vee \cdots \vee a_k$,因为 $a_j \leq b (j = 1, 2, \cdots, k)$,所以 $c \leq b$。

进一步证明 $b \leq c$,由引理 7.2 知,只要证 $b \wedge \bar{c} = 0$ 即可。为此,用反证法。

设 $b \wedge \bar{c} \neq 0$,于是必有一个原子 e,使得 $e \leq b \wedge \bar{c}$

又　　$b \wedge \bar{c} \leq b$ 和 $b \wedge \bar{c} \leq \bar{c}$

所以,由传递性可得 $e \leq b$ 和 $e \leq \bar{c}$。

因为 e 是原子,且满足 $e \leq b$,所以 e 必是原子 $a_1, a_2, \cdots, a_k$ 中的一个,因此

$$e \leq a_1 \vee a_2 \vee \cdots \vee a_k = c$$

而由 $e \leq \bar{c}$ 和 $e \leq c$,便可得 $e \leq c \wedge \bar{c}$ 即 $e \leq 0$,从而 $e = 0$,这也与 e 是原子相矛盾,因此 $b \wedge \bar{c} = 0$ 故 $c \leq b$。

引理 7.4　设 $<B, \vee, \wedge, \bar{\ }>$ 是一个有限布尔代数,$b \in B$ 且 $b \neq 0$,$a_1, a_2, \cdots, a_k$ 是满足 $a_j \leq b (j = 1, 2, \cdots, k)$ 的 B 中的所有原子,则 $b = a_1 \vee a_2 \vee \cdots \vee a_k$ 是将 b 表示为原子的并的唯一形式。

证明　设有另一种表示式为 $b = a_{i1} \vee a_{i2} \vee \cdots \vee a_{it}$,其中 $a_{i1}, a_{i2}, \cdots, a_{it}$ 是 B 中的原子。

因为 b 是 $a_{i1}, a_{i2}, \cdots, a_{it}$ 的最小上界。所以必有 $a_{i1} \leq b, a_{i2} \leq b, \cdots, a_{it} \leq b$。而 $a_1, a_2, \cdots, a_k$ 是 B 中所有满足 $a_j \leq b (j = 1, 2, \cdots, k)$ 的原子,所以必有 $t \leq k$。

如果 $t < k$,那么在 $a_1, a_2, \cdots, a_k$ 中必有 a_{i0} 使 $a_{i0} \neq a_{il} (1 \leq l \leq t)$ 于是,由

$$\begin{aligned} a_{i0} &= a_{i0} \wedge b = a_{i0} \wedge (a_{i1} \vee a_{i2} \vee \cdots \vee a_{it}) \\ &= (a_{i0} \wedge a_{i1}) \vee (a_{i0} \wedge a_{i2}) \vee \cdots \vee (a_{i0} \wedge a_{it}) \\ &= 0 \vee 0 \vee \cdots \vee 0 = 0 \end{aligned}$$

这与 a_{i0} 是原子矛盾。

所以只有 $t = k$,从而 $a_{i1}, a_{i2}, \cdots, a_{it}$ 是 $a_1, a_2, \cdots, a_k$ 的一个重新排列。

引理 7.5　设 B 是一个布尔代数,对 B 中的任意一个原子 a 和另一个非零元素 b,$a \leq b$ 和 $a \leq \bar{b}$ 两式中有且仅有一式成立。

证明　因为 $a \wedge b \leq a$,而 a 是原子,所以,$a \wedge b = 0$ 或者 $a \wedge b = a$。

如果 $a \wedge b = 0$,即 $a \wedge (\bar{\bar{b}}) = 0$,于是由引理 7.2 知,$a \leq \bar{b}$;如果 $a \wedge b = a$,则由 $a \wedge b \leq b$ 得 $a \leq b$。所以,$a \leq b$ 和 $a \leq \bar{b}$ 至少有一个成立。

若 $a \leq b$ 且 $a \leq \bar{b}$,则 $a \leq b \wedge \bar{b} = 0$,$a = 0$ 与 a 是原子矛盾,所以 $a \leq b$ 与 $a \leq \bar{b}$ 至少有一个成立。故 $a \leq b$ 和 $a \leq \bar{b}$ 两式中有且仅有一式成立。

下述的布尔代数的表示定理,说明原子集 S 可用来描述布尔代数的结构。

定理 7.25　布尔代数 $<B, \vee, \wedge, \bar{\ }, 0, 1>$ 与集代数 $<\mathcal{P}(S), \cup, \cap, \bar{\ }, \varnothing, S>$ 同构。其中,S 是 B 的原子集,$\mathcal{P}(S)$ 是 S 的幂集。

证明 对于 B 的任一非零元 x，由引理 7.3 和引理 7.4 知，x 有唯一表示形式 $x=a_1 \vee a_2 \vee \cdots \vee a_k$，其中 $a_i(i=1,2,\cdots,k)$ 是所有满足条件 $a_i \leqslant x$ 的原子的全体。如果记 $A_x=\{a_1,a_2,\cdots,a_k\}$，作 B 到 $\mathcal{P}(S)$ 的映射 g：当 $x \in B$ 时，令

$$g(x)=\begin{cases} \varnothing, & x=0 \\ A_x, & x \neq 0 \end{cases}$$

那么，这个映射 g 是 B 到 $\mathcal{P}(S)$ 的一个双射，这是因为，当 $x \in B$ 时，$x \neq 0$ 时，$g(x)=A_x \neq \varnothing=g(0)$，对 $x,y \in B$，若 $g(y)=g(x)=A_x=\{a_1,a_2,\cdots,a_k\}$ 则 $y=a_1 \vee a_2 \vee \cdots \vee a_k=x$，所以，$g$ 是单射。

又对于任一个 $A_1 \in \mathcal{P}(S)$，若 $A_1 \neq \varnothing$，则有 $0 \in B$ 使 $g(0)=A_1$，若 $A_1 \neq \varnothing$，记 $A_1=\{b_1,b_2,\cdots,b_t\}$。取 $x=b_1 \vee b_2 \vee \cdots \vee b_t \in B$，有 $g(x)=A_1$，所以，g 是满射。故 g 是 B 到 $\mathcal{P}(S)$ 的双射。

下证 g 是 B 到 $\mathcal{P}(S)$ 的同构映射。

首先假设 $x,y \in B$，且 $x=0$，这时 $g(x \vee y)=g(y)=\varnothing \cup g(y)=g(x) \cup g(y)$，$g(x \wedge y)=g(0)=\varnothing=\varnothing \cap g(y)=g(x) \cap g(y)$，$g(\bar{x})=g(1)=S=\overline{\varnothing}=\overline{g(x)}$。

然后，假设 $x,y \in B$ 且 x,y 均为非零元。

令 $A_x=\{a_{11},a_{12},\cdots,a_{1m}\}$，$A_y=\{A_{21},a_{22},\cdots,a_{2n}\}$

这时，令 $x_1=\bigvee_{a \in S-A_x} a$，则有 $x \vee x_1=1, x \wedge x_1=0$，

所以 $\bar{x}=x_1=\bigvee_{a \in S-A_x} a$

$$x \vee y=\left(\bigvee_{i=1}^m a_{1i}\right) \vee \left(\bigvee_{j=1}^n a_{2j}\right)=\bigvee_{a \in A_x \cup A_y} a$$

$$x \wedge y=\left(\bigvee_{i=1}^m a_{1i}\right) \wedge \left(\bigvee_{j=1}^n a_{2j}\right)=\bigvee_{i=1}^m \bigvee_{j=1}^n (a_{1i} \wedge a_{2j})=\bigvee_{a \in A_x \cap A_y} a$$

其中若 $A_x \cap A_y=\varnothing$，则 $x \wedge y=0$。

由于布尔代数中非零元的原子表示式是唯一的，上面三个等式说明

$$A_{\bar{x}}=\overline{a_x}$$
$$A_{x \vee y}=A_x \cup A_y$$
$$A_{x \wedge y}=A_x \cap A_y$$

也即，当 x 和 y 均为非零元时，也有

$$g(\bar{x})=\overline{g(x)}$$
$$g(x \vee y)=g(x) \cup g(y)$$
$$g(x \wedge y)=g(x) \cap g(y)$$

所以 g 是 $<B,\vee,\wedge,^-,0,1>$ 到 $\cup,\cap,^-,\varnothing,S$ 的同构映射。故这两个布尔代数同构。

由定理 7.25 可以有以下推论。

推论 7.3 有限布尔代数的元素个数必定等于 2^n；其中 n 是该布尔代数中所有原子的个数。

推论 7.4 任何两个具有 2^n 个元素的布尔代数都是同构的。

下面介绍子布尔代数的概念。如果布尔代数 B 的非空子集 B_1 关于 B 上的三种运算封

闭,那么 B 的最小元和最大元必属于 B_1。这是因为当 $x \in B_1$ 时,$\bar{x}$,$x \vee \bar{x}(=1)$,$x \wedge \bar{x}(=0)$ 都属于 B_1,这样一来,按定义 7.13,代数系统 $<B,\vee,\wedge,^-,0,1>$ 也是布尔代数。

定义 7.16　若布尔代数 $<B,\vee,\wedge,^-,0,1>$ 的非空子集 B_1 关于 B 的三种运算封闭,则称 $<B_1,\vee,\wedge,^-,0,1>$ 是 $<B,\vee,\wedge,^-,0,1>$ 的子布尔代数。简称 B_1 是 B 的子布尔代数。

例 7.21　设 $B_2=\{0,1\}$,$<B_2,\vee,\wedge,\neg,0,1>$ 是布尔代数,其上的三种运算分别是逻辑代数中的析取、合取和非。B_2 称为二元布尔代数,从同构的意义上讲它是任意布尔代数的子布尔代数。

例 7.22　若布尔代数 B 的子集 $S_1=\{b_1,b_2,\cdots,b_m\}$ 具有下列性质。

(1) $0 \notin S_1$;

(2) $b_i \wedge b_j = 0$,$i \neq j$,$i,j=1,2,\cdots,m$;

(3) $b_1 \vee b_2 \vee \cdots \vee b_n = 1$。

那么,以 S_1 为原子集的布尔代数 B_1 是 B 中包含 S_1 的最小子布尔代数。若 a 是布尔代数 B 的一个元素,则 $B=\{0,1,a,\bar{a}\}$ 是 B 中包含 a 的最小子布尔代数。

设 $<B_2,\vee,\wedge,^->$ 是一个布尔代数,现考虑从 B^n 到 B 的函数。

例 7.23　设 $B_1=\{0,1\}$那么表 7.2 表示了一个从 B_1^2 到 B_1 的函数 f;设 $B_2=\{0,1,a,b\}$,那么表 7.3 表示了一个从 B_2^2 到 B_2 的函数 g。

表　7.2

x_1	x_2	$+(x_1,x_2)$
0	0	1
0	1	0
0	a	0
0	b	b
1	0	1
1	1	1
1	a	0
1	b	b
a	0	a
a	1	0
a	a	1
a	b	1
b	0	b
b	1	0
b	a	a
b	b	a

表　7.3

x_1	x_2	x_3	$g(x_1,x_2,x_3)$
0	0	0	1
0	0	1	1
0	1	0	1
0	1	1	1
1	0	0	0
1	0	1	0
1	1	0	1
1	1	1	0

以上这种表示函数的方法通常称为列表法。

下面将讨论从 B^n 到 B 的用式子表示的函数。

定义 7.17 （布尔代数表达式的递归定义）设$<B, \vee, \wedge, ^- >$是一个布尔代数，B 上的布尔表达式定义如下。

(1) B 中每个元素是一个布尔表达式。

(2) 任何一个变元是一个布尔表达式。

(3) 如果 a_1 和 a_2 是布尔表达式，那么，$\bar{a}_1$，$(a_1 \vee a_2)$ 和 $(a_1 \wedge a_2)$ 也都是布尔表达式。

(4) 只有通过有限次运用以上三种规则所构造的符号串是布尔表达式（Boolean Expression）。

例 7.24 设$<\{0, 1, a, b\}, \vee, \wedge, ^- >$是一个布尔代数，那么，$a \vee (1 \wedge x_1)$，$(0 \vee x_1) \wedge \bar{x}_2$，$(x_1 \vee \bar{x}_2) \wedge (\bar{x}_1 \wedge \bar{x}_3)$ 都是布尔代数表达式，并且分别称为含单个变元 x_1 的布尔表达式，含两个变元 x_1, x_2 的布尔表达式和含有三个变元 x_1, x_2, x_3 的布尔表达式。

一般地，一个含有 n 个相异变元的布尔表达式，称为 n 元布尔表达式。记为 $E(x_1, x_2, \cdots, x_n)$，其中 $x_1, x_2, \cdots, x_n$ 称为变元。

定义 7.18 布尔代数$<B, \vee, \wedge, ^- >$上的一个 n 元布尔表达式 $E(x_1, x_2, \cdots, x_n)$ 的值是指：将 B 中的元素作为变元 $x_i (i = 1, 2, \cdots, n)$ 的值来代替表达式中相应的变元（即对应变元的赋值），从而计算出表达式的值。

定义 7.19 设布尔代数$<B, \vee, \wedge, ^- >$上两个 n 元布尔表达式为 $E_1(x_1, x_2, \cdots, x_n)$ 和 $E_n(x_1, x_2, \cdots, x_n)$，如果对于 n 个变元的任何赋值 $x_i = a_i, a_i \in B$，都有 $E_1(a_1, a_2, \cdots, a_n) = E_2(a_1, a_2, \cdots, a_n)$。

则称这两个布尔表达式是等价的。记作 $E_1(x_1, x_2, \cdots, x_n) = E_n(x_1, x_2, \cdots, x_n)$。

例 7.25 设布尔代数$<\{0, 1\}, \vee, \wedge, ^- >$上的三个布尔表达式分别是：

$$E_1(x_1, x_2, x_3) = (x_1 \wedge x_2) \vee (\bar{x}_1 \wedge \bar{x}_2) \vee (x_2 \vee \bar{x}_3)$$
$$E_2(x_1, x_2, x_3) = (x_1 \vee x_2) \wedge (x_1 \vee \bar{x}_3)$$
$$E_3(x_1, x_2, x_3) = x_1 \vee (x_2 \wedge \bar{x}_3)$$

求证：(1) $E_1(x_1, x_2, x_3)$ 与 $E_2(x_1, x_2, x_3)$ 不等价。

(2) $E_2(x_1, x_2, x_3)$ 与 $E_3(x_1, x_2, x_3)$ 等价。

证明 (1) 因为对变元的一组赋值 $x_1 = 1, x_2 = 0, x_3 = 1$ 时，可求得

$$E_1(1, 0, 1) = (1 \wedge 0) \vee (0 \wedge 1) \vee (\overline{0 \vee 1}) = 0$$
$$E_2(1, 0, 1) = (1 \vee 0) \vee (1 \vee \bar{1}) = 1 \wedge 1 = 1$$

所以　　$E_1(1, 0, 1) \neq E_2(1, 0, 1)$，

从而　　$E_1(x_1, x_2, x_3)$ 与 $E_2(x_1, x_2, x_3)$ 不等价。

(2) 对$\{0, 1\}$中的任意元 a, b, c，对变元赋值 $x_1 = a, x_2 = b, x_3 = c$，由布尔代数的性质知，

$$E_2(a, b, c) = (a \vee b) \wedge (a \vee \bar{c}) = a \vee (b \wedge \bar{c}) = E_3(a, b, c)$$

所以，$E_2(x_1, x_2, x_3)$ 与 $E_3(x_1, x_2, x_3)$ 等价。

实际上，如果将布尔表达式中的变元看做是已经赋值的，那么，可用布尔代数中的运算

性质判定布尔代数表达式的等价性,如上例 E_2 和 E_3 的等价性可以直接写为

$$E_2(x_1,x_2,x_3)=(x_1 \vee x_2) \wedge (x_1 \vee \overline{x_3})=x_1 \vee (x_2 \wedge \overline{x_3})=E_3(x_1,x_2,x_3)。$$

若 $E(x_1,x_2,\cdots,x_n)$ 是布尔代数 $<B,\vee,\wedge,^->$ 上的一个布尔表达式,则由运算 $\vee$,$\wedge$,$^-$ 在 B 上的封闭性可得,对于任何一个有序 n 元组 $<x_1,x_2,\cdots,x_n>$,$x_i \in B$,$i=1,2,\cdots$,n,都对应着一个表达式 $E(x_1,x_2,\cdots,x_n)$ 的值,这个值必属于 B。可见 B 上的一个布尔表达式 $E(x_1,x_2,\cdots,x_n)$ 确定一个由 B^n 到 B 的函数。

容易验证,在布尔代数 $<\{0,1\},\vee,\wedge,^->$ 上的布尔表达式

$$E(x_1,x_2,x_3)=(x_1 \vee \overline{x_2} \vee x_3) \wedge (\overline{x_1} \vee x_2) \wedge (\overline{x_1} \vee \overline{x_2})$$

定义了表 7.3 中的从 $\{0,1\}^3$ 到 $\{0,1\}$ 的函数 g。

值得注意的是,虽然一个 B 上的布尔表达式确定了一个 B^n 到 B 的函数,但一个 B^n 到 B 的函数却不一定是 B 上的布尔表达式。

设 $<B,\vee,\wedge,^->$ 是一个布尔代数,称 B 上的 n 元布尔表达式所确定的 B^n 到 B 的函数为布尔函数。

定理 7.26　对于两个元素的布尔代数 $<\{0,1\},\vee,\wedge,^->$ 任何一个从 $\{0,1\}^n$ 到 $\{0,1\}$ 的函数都是布尔函数。

证明　含有 n 个变元 $x_1,x_2,\cdots,x_n$ 的布尔表达式,如果它有形式 $\tilde{x}_1 \wedge \tilde{x}_2 \wedge \cdots \wedge \tilde{x}_n$,其中 $\tilde{x}_i$ 是 x_i 或 $\overline{x_i}$ 中的一个,则称这个布尔表达式为小项。一个在 $<\{0,1\},\vee,\wedge,^->$ 上的布尔表达式,如果它是小项的并,则称这个布尔表达式为析取范式。对于一个从 $\{0,1\}^n$ 到 $\{0,1\}$ 的函数,先用那些使函数值为 1 的有序 n 元组分别构造小项 $\tilde{x}_1 \wedge \tilde{x}_2 \wedge \cdots \wedge \tilde{x}_n$,其中

$$\tilde{x}_i=\begin{cases}x_i, & n \text{ 元组中第 } i \text{ 个分量为 } 1 \\ \overline{x_i}, & n \text{ 元组中第 } i \text{ 个分量为 } 0\end{cases}$$

然后,再由这些小项组成析取范式,它就是原来函数所对应的布尔表达式,当然所有函数值都为 0 函数对应的布尔表达式是 0。

类似地,也可以构造称为合取范式的布尔表达式来表示从 $\{0,1\}^n$ 到 $\{0,1\}$ 的函数。事实上,含有 n 个变元 $x_1,x_2,\cdots,x_n$ 的布尔表达式,如果它有形式 $\tilde{x}_1 \vee \tilde{x}_2 \vee \cdots \vee \tilde{x}_n$,其中 $\tilde{x}_i$ 是 x_i 或 $\overline{x_i}$ 中的一个,则称这样的布尔表达式为大项。一个在 $<\{0,1\} \vee,\wedge,^->$ 上的布尔表达式,如果它是大项的交,则称这个布尔表达式是合取范式。那么,对于一个从 $\{0,1\}^n$ 到 $\{0,1\}$ 的函数,可以用那些使函数值为 0 的有序 n 元组分别构造大项 $\tilde{x}_1 \vee \tilde{x}_2 \vee \cdots \vee \tilde{x}_n$,其中

$$\tilde{x}_i=\begin{cases}x_i, & n \text{ 元组中第 } i \text{ 个分量为 } 0 \\ \overline{x_i}, & n \text{ 元组中第 } i \text{ 个分量为 } 1\end{cases}$$

那么,由这些大项组成合取范式就是原来函数的布尔表达式。当然所有函数值都为 1 的函数对应的布尔表达式是 1。

例 7.26　求由表 7.3 所给的从 $\{0,1\}^n$ 到 $\{0,1\}$ 的函数 $g(x_1,x_2,x_3)$ 的析取范式和合取范式。

解　因为使函数 $g(x_1,x_2,x_3)$ 的函数值为 1 的有序三元组分别是 $<0,0,0>$,$<0,0,1>$,$<0,1,1>$ 和 $<1,1,0>$ 于是可分别构造小项为 $\overline{x_1} \wedge \overline{x_2} \wedge \overline{x_3}$,$\overline{x_1} \wedge \overline{x_2} \wedge x_3$,$\overline{x_1} \wedge x_2 \wedge x_3$

和 $x_1 \wedge x_2 \wedge \overline{x}_3$。因此，函数 g 所对应的析取范式为

$$(\overline{x}_1 \wedge \overline{x}_2 \wedge \overline{x}_3) \vee (\overline{x}_1 \wedge \overline{x}_2 \wedge x_3) \vee (\overline{x}_1 \wedge x_2 \wedge x_3) \vee (x_1 \wedge x_2 \wedge \overline{x}_3)$$

这是一个含有 4 个小项的析取范式的布尔表达式。

类似地，如果用合取范式表示上述函数 g，就应该是

$$(x_1 \vee \overline{x}_2 \vee x_3) \wedge (\overline{x}_1 \vee x_2 \vee x_3) \wedge (\overline{x}_1 \vee x_2 \vee \overline{x}_3) \wedge (\overline{x}_1 \vee \overline{x}_2 \vee \overline{x}_3)$$

这是一个含有 4 个大项的合取范式。

正因为任何一个从 $\{0,1\}^n$ 到 $\{0,1\}$ 的函数，它的函数值只可能是 1 或 0，因此，总可以用上述方法得到该函数所对应的析取范式、合取范式。

下面将布尔代数 $<\{0,1\}, \vee, \wedge, ^- >$ 上的布尔表达式的析取范式和合取范式的概念推广到一般的布尔代数上。设 $E(x_1, x_2, \cdots, x_n)$ 是布尔代数 $<B, \vee, \wedge, ^- >$ 上的一个布尔表达式，如果这个布尔表达式能够表示成形如

$$C_{\delta_1 \delta_2 \cdots \delta_n} \wedge \tilde{x}_1 \vee \tilde{x}_2 \vee \cdots \vee \tilde{x}_n$$

的并，其中 $C_{\delta_1 \delta_2 \cdots \delta_n}$ 是 A 中的一个元素，$\tilde{x}_i$ 是 x_i 或 $\overline{x}_i$ 中的一个，则称这种布尔表达式为析取范式。

定理 7.27 设 $E(x_1, x_2, \cdots, x_n)$ 是布尔代数 $<B, \vee, \wedge, ^- >$ 上的任意一个布尔表达式，则它一定能写成析取范式，即它与一个析取范式等价。

证明 记 $E(x_i = a) = E(x_1, x_2, \cdots, x_{i-1}, a, x_{i+1}, \cdots, x_n), a \in A$。表达式 $E(x_1, x_2, \cdots, x_n)$ 的长度定义为该表达式中出现的 A 中元素的个数、变元的个数以及 $\vee, \wedge, ^-$ 的个数的总和（如果重复出现就要重复计数）。记 $E(x_1, x_2, \cdots, x_n)$ 的长为 $|E|$，则 $|E| \geqslant 1$。

首先，对 $|E|$ 归纳证明：对任何 $x_i (1 \leqslant i \leqslant n)$，必有

$$E(x_1, x_2, \cdots, x_n) = (\overline{x}_i \wedge E(x_i = 0)) \vee (x_i \wedge E(x_i = 1))$$

若 $|E| = 1$，则 $E = a (a \in B)$ 或 $E = x_j$，如果 $E = a$，则有

$$E(x_i = 0) = E(x_i = 1) = a$$

所以 $E = a = (\overline{x}_i \vee x_i) \wedge a = (\overline{x}_i \wedge a) \vee (x_i \wedge a) = (\overline{x}_i \wedge E(x_i = 0)) \vee (x_i \wedge E(x_i = 1))$

如果 $E = x_j$，若 $j = i$；则 $E(x_i = 0) = 0, E(x_i = 1) = 1$

所以 $E = x_j = (\tilde{x}_i \wedge 0) \vee (x_i \wedge 1) = (\overline{x}_i \wedge E(x_i = 0)) \vee (x_i \wedge E(x_i = 1))$

若 $j \neq i$，则有 $E(x_i = 0) = E(x_i = 1) = x_j$，所以，

$$E = x_j = (\overline{x}_i \vee x_i) \wedge x_j = (\overline{x}_i \wedge x_j) \vee (x_i \wedge x_j)$$
$$= (\overline{x}_i \wedge E(x_i = 0)) \vee (x_i \wedge E(x_i = 1))$$

因此，当 $|E| = 1$ 时，$E = (\overline{x}_i \wedge E(x_i = 0)) \vee (x_i \wedge E(x_i = 1))$ 成立。

假设对 $|E| \leqslant n$ 时，结论成立。当 $|E| = n+1$ 时，有以下三种情况。

(1) 如果 $E = \overline{E}_1$，则必有 $|E_1| = n$，由归纳假设，即有

$$E = \overline{E}_1 = \overline{(\overline{x}_i \wedge E_1(x_1 = 0)) \vee (x_i \wedge E_1(x_i = 1))}$$
$$= \overline{(\overline{x}_i \wedge E_1(x_1 = 0))} \wedge \overline{(x_i \wedge E_1(x_i = 1))}$$
$$= (x_i \vee \overline{E}_1(x_1 = 0)) \wedge (\overline{x}_i \wedge \overline{E}_1(x_i = 1))$$
$$= [(x_i \vee \overline{E}_1(x_i = 0)) \wedge \overline{x}_i] \vee [(x_i \vee \overline{E}_1(x_i = 0))$$
$$\wedge \overline{E}_1(x_i = 1)]$$

$$= \left[(x_i \wedge \overline{x}_i) \vee (\overline{E}_1(x_i = 0) \wedge \overline{x}_i)\right] \vee \left[(x_i \wedge \overline{E}_1(x_i = 1))\right.$$
$$\left. \vee (\overline{E}_1(x_i = 0) \wedge \overline{E}_1(x_i = 1))\right]$$
$$= (\overline{x}_i \wedge E(x_i = 0)) \vee (x_i \wedge E(x_i = 1)) \vee \left[(\overline{x}_i \vee x_i) \wedge \right.$$
$$\left. (E(x_i = 0) \wedge E(x_i = 1))\right]$$
$$= (\overline{x}_i \wedge E(x_i = 0)) \vee (x_i \wedge E(x_i = 1)) \vee (\overline{x}_i \wedge E(x_i = 0)$$
$$\wedge E(x_i = 1)) \vee (x_i \wedge E(x_i = 0) \wedge E(x_i = 1))$$
$$= \left[(\overline{x}_i \wedge E(x_i = 0)) \wedge (1 \vee E(x_i = 1))\right] \vee \left[(x_i \wedge \right.$$
$$\left. E(x_i = 1)) \wedge (1 \vee E(x_i = 0))\right]$$
$$= (\overline{x}_i \wedge E(x_i = 0)) \vee (x_i \wedge E(x_i = 1))$$

(2) 如果 $E_1 \wedge E_2$，则必有 $|E_1| \leqslant n, |E_2| \leqslant n$，由归纳假设，即有

$$E = E_1 \wedge E_2 = \left[(\overline{x}_i \wedge E_1(x_i = 0)) \vee (x_i \wedge E_1(x_i = 1))\right] \wedge \left[(\overline{x}_i \wedge E_2(x_i = 0))\right.$$
$$\left. \vee (x_i \wedge E_i(x_i = 1))\right]$$
$$= \left[(\overline{x}_i \vee E_1(x_i = 0)) \wedge (\overline{x}_i \vee E_2(x_i = 0))\right] \vee \left[(x_i \wedge E_1(x_i = 1))\right.$$
$$\wedge (\overline{x}_i \wedge E_2(x_i = 0)) \vee \left[(\overline{x}_i \wedge E_1(x_i = 0))\right.$$
$$\left. \wedge (x_i \wedge E_2(x_i = 1))\right] \vee \left[(x_i \wedge E_1(x_1 = 1)) \wedge (x_i \wedge E_2(x_i = 1))\right]$$
$$= \left[(\overline{x}_i \wedge E_1(x_i = 0) \wedge E_2(x_i = 0))\right] \vee \left[(x_i \wedge E_1(x_i = 1)\right.$$
$$\left. \wedge E_2(x_i = 1))\right]$$
$$= (\overline{x}_i \wedge E(x_i = 0)) \vee (x_i \wedge E(x_i = 1))$$

(3) 如果 $E = E_1 \vee E_2$，则必有 $|E_1| \leqslant n, |E_2| \leqslant n$，因此，由归纳假设，即有

$$E = E_1 \vee E_2 = \left[(\overline{x}_i \wedge E_1(x_i = 0)) \vee (x_i \wedge E_1(x_i = 1))\right]$$
$$\vee \left[(\overline{x}_i \wedge E_2(x_i = 0)) \vee (x_i \wedge E_2(x_i = 1))\right]$$
$$= \left[(\overline{x}_i \wedge (E_1(x_i = 0) \vee E_2(x_i = 0))\right]$$
$$\vee \left[(x_i \wedge (E_1(x_i = 1) \vee E_2(x_i = 1))\right]$$
$$= (\overline{x}_i \wedge E(x_i = 0)) \vee (x_i \wedge E(x_i = 1))$$

由上面证明的结果知

$$E(x_1, x_2, \cdots, x_n) = (\overline{x}_i \wedge E(x_i = 0)) \vee (x_i \wedge E(x_i = 1))$$

由此可得

$$E(x_1, x_2, \cdots, x_n) = (\overline{x}_1 \wedge E(0, x_2, \cdots, x_n) \vee (x_1 \wedge E(1, x_2, \cdots, x_n))$$
$$= \{\overline{x}_1 \wedge \left[(\overline{x}_2 \wedge E(0, 0, x_3, \cdots, x_n)) \vee \right.$$
$$\left. (x_2 \wedge E(0, 1, x_3, \cdots, x_n))\right]\} \vee \{x_1 \wedge$$
$$\left[(\overline{x}_2 \wedge E(1, 0, x_3, \cdots, x_n)) \vee (x_2 \wedge E(1, 1, x_3, \cdots, x_n))\right]\}$$
$$= \left[\overline{x}_1 \wedge \overline{x}_2 \wedge E(0, 0, x_3, \cdots, x_n)\right] \vee \left[\overline{x}_1 \wedge \right.$$
$$\left. x_2 \wedge E(0, 1, x_3, \cdots, x_n)\right] \vee \left[x_1 \wedge \overline{x}_2 \wedge E(1, 0, x_3, \cdots, x_n)\right]$$
$$\vee \left[x_1 \wedge x_2 \wedge E(1, 1, x_3, \cdots, x_n)\right]$$
$$= \cdots$$
$$= \left[\overline{x}_1 \wedge \overline{x}_2 \wedge \cdots \wedge \overline{x}_n \wedge E(0, 0, \cdots, 0)\right] \vee \left[\overline{x}_1 \wedge \right.$$
$$\overline{x}_2 \wedge \cdots \wedge \overline{x}_{n-1} \wedge x_n \wedge E(0, 0, \cdots, 1)\right] \vee \cdots \vee \left[x_1 \wedge x_2 \right.$$
$$\wedge \cdots \wedge x_{n-1} \wedge \overline{x}_n \wedge E(1, 1, \cdots, 1, 0)\right] \vee$$
$$\left[x_1 \wedge x_2 \wedge \cdots \wedge x_n \wedge E(1, 1, \cdots, 1)\right]$$

其中每一个方括号里的布尔表达式可以写成统一的形式

$$C_{\delta_1 \delta_2 \cdots \delta_n} \wedge \tilde{x}_1 \vee \tilde{x}_2 \vee \cdots \vee \tilde{x}_n$$

这里 $C_{\delta_1 \delta_2 \cdots \delta_n} \in B$, $\tilde{x}_i$ 是 x_i 或 $\overline{x}_i$ 中的一个。

类似地,可以通过证明

$$E(x_1, x_2, \cdots, x_n) = (x_i \vee E(x_i = 0)) \wedge (\overline{x}_i \vee E(x_i = 1))$$

来证明任何布尔表达式能够写成形如

$$D_{\delta_1 \delta_2 \cdots \delta_n} \vee \tilde{x}_1 \vee \tilde{x}_2 \vee \cdots \vee \tilde{x}_n$$

的交,其中 $D_{\delta_1 \delta_2 \cdots \delta_n} \in B$, $\tilde{x}_i$ 是 x_i 或 $\overline{x}_i$ 中的一个。即表示成合取范式。

布尔代数在理论上和实际中都有重要的应用。

命题逻辑可以用布尔代数 $<\{f, t\}, \vee, \wedge, \neg>$ 来描述,一个原子命题就是一个变元,它的取值为 f 或 t,因此,任一复合命题都可以用代数系统 $<\{f, t\}, \vee, \wedge, \neg>$ 上的一个布尔函数来表示。

另外,开关代数可以用布尔代数 $<\{断开,闭合\}$,并联,串联,反向$>$ 来描述,一个开关就是一个变元,它的取值为"断开"或"闭合",因此任一开关线路都可以用代数系统 $<\{断开,闭合\}$,并联,串联,反向$>$ 上的一个布尔函数来表示。

最后,举例说明,若 B 是布尔代数,B^n 到 B 的函数不一定是布尔函数,其中 B 的元素个数大于 2。

例 7.27　表 7.2 中所确定的函数 f, f 是 B^2 到 B 的函数,其中 $B = \{0, 1, a, b\}$,证明 f 不是布尔代数。

证明　用反证法,如果 f 是布尔函数,则由定理 7.27 知,f 的布尔表达式必可表示成析取范式。

$$
\begin{aligned}
&f(x_1, x_2) \\
&= (c_{11} \wedge x_1 \wedge x_2) \vee (c_{12} \wedge x_1 \wedge \overline{x}_2) \vee (c_{21} \wedge \overline{x}_1 \wedge x_2) \vee (c_{22} \wedge \overline{x}_1 \wedge \overline{x}_2) \quad (7.8)
\end{aligned}
$$

由式(7.8)及表 7.2,可得

$$c_{11} = f(1,1) = 1$$
$$c_{12} = f(1,0) = 1$$
$$c_{21} = f(0,1) = 0$$
$$c_{22} = f(0,0) = 1$$

所以，$\quad g(x_1, x_2) = (x_1 \wedge x_2) \vee (x_1 \wedge \overline{x}_2) \vee (\overline{x}_1 \wedge \overline{x}_2)$

对于布尔代数 $<\{0, 1, a, b\}, \vee, \wedge, \overline{}>$ 相应的格 $<\{0, 1, a, b\}, \leqslant>$ 的哈斯图如图 7.17 所示。

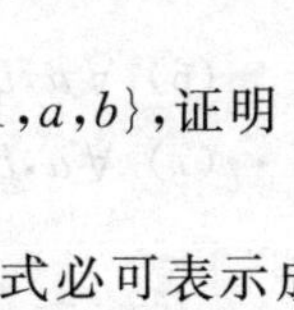

由图 7.17 知

$$f(b, b) = (b \wedge b) \vee (b \wedge a) \vee (a \wedge a)$$
$$= b \vee 0 \vee 2 = 1$$

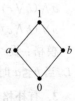

图　7.17

这就与表 7.2 中 $f(b, b) = a$ 相矛盾,所以表 7.2 给出的函数 f 不是布尔函数。

格与布尔代数小结

1. 格的概念

格：设$<X,\leq>$是一个偏序集，如果X中的任意两个元素都有最小上界和最大下界，则$<X,\leq>$为格。

子格：设$<X,\leq>$是一格，由$<X,\leq>$诱导的代数系统为$<X,\vee,\wedge>$，设$Y\subseteq X$且$Y\neq\varnothing$，如果Y关于X中的运算$\vee$和$\wedge$都是封闭的，则称$<Y,\leq>$是$<X,\leq>$的子格。

定理：设$<L,\leq>$是一个格，由$<L,\leq>$所诱导的代数系统$<L,\vee,\wedge>$有：

(1) $\forall a\in L$，有$a\vee a=a,a\wedge a=a$；

(2) $\forall a,b\in L$，有$a\vee b=b\vee a,a\wedge b=b\wedge a$；

(3) $\forall a,b\in L$，有$a\vee(a\wedge b)=a,a\wedge(a\vee b)=a$；

(4) $\forall a,b,c\in L$，有$(a\vee b)\vee c=a\vee(b\vee c)$
$\qquad\qquad\qquad (a\wedge b)\wedge c=a\wedge(b\wedge c)$；

(5) $\forall a,b,c\in L$，有$a\vee(b\wedge c)\leq(a\vee b)\wedge(a\vee c)$
$\qquad\qquad\qquad (a\wedge b)\vee(a\wedge c)\leq a\wedge(b\vee c)$；

(6) $\forall a,b,c\in L$，有$a\leq c\Leftrightarrow a\vee(b\wedge c)\leq(a\vee b)\wedge c$；

(7) $\forall a,b,c\in L$，有$(a\wedge b)\vee(a\wedge c)\leq a\wedge(b\vee(a\wedge c))$
$\qquad\qquad\qquad a\vee(b\wedge(a\vee c))\leq(a\vee b)\wedge(a\vee c)$；

(8) $\forall a,b,c\in L$，若$a\leq b$有$a\vee c\leq b\vee c,a\wedge c\leq b\wedge c$；

(9) $\forall a,b,c\in L$，有$a\leq b\Leftrightarrow a\wedge b=a\Leftrightarrow a\vee b=b$
$\qquad\qquad\qquad a\leq c\Leftrightarrow a\vee(b\wedge c)\leq(a\vee b)\wedge c$；

(10) $\forall a,b,c,d\in L$，有$a\leq a\vee b,b\leq a\vee b$
$\qquad\qquad\qquad a\wedge b\leq a,a\wedge b\leq b$；

若$a\leq b$且$c\leq d$有$a\vee c\leq b\vee d,a\wedge c\leq b\wedge d$。

2. 分配格

分配格：设$<L,\vee,\wedge>$是由格$<L,\leq>$所诱导的代数系统，若对任意的$a,b,c\in L$都有：

$a\wedge(b\vee c)=(a\wedge b)\vee(a\wedge c)$；

$a\vee(b\wedge c)=(a\vee b)\wedge(a\vee c)$，则称$<L,\leq>$为分配格。

模格：设$<L,\leq>$是一个格，它诱导的代数系统$<L,\vee,\wedge>$，如果对于任意的$a,b,c\in L$，当$b\leq a$时，有$a\wedge(b\vee c)=b\vee(a\wedge c)$，则称$<L,\leq>$为模格。

3. 有补格

有界格：若格$<L,\leq>$有全上界和全下界，则称格$<L,\leq>$为有界格。

有补格：在一个有界格中，如果每个元素都至少有一个补元素，则称有补格。

4. 布尔代数与布尔表达式

布尔格：一个有补分配格称之。

布尔代数：由布尔格$<B,\leq>$,可以诱导一个代数系统$<B,\vee,\wedge,^{-}>$,这个代数系统称为布尔代数或记为$<B,\vee,\wedge,^{-},0,1>$,其中$^{-}$为一元补运算,0和1分别称为B的最小元和最大元。

注：布尔代数满足交换律、结合律、分配律、幂等律、同一律、零律、吸收律、德•摩根律等。

练 习 题

1. 判断图7.18～图7.21所示的偏序集中,哪些是格？为什么？

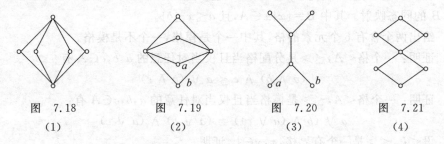

| 图 7.18 | 图 7.19 | 图 7.20 | 图 7.21 |
| (1) | (2) | (3) | (4) |

2. 由下列集合L构成的偏序集$<L,\leq>$,其中$\leq$定义为：对于$x,y\in L,x\leq y$当且仅当x是y的因子,问其中哪几个偏序集是格？

(1) $L=\{1,2,3,4,6,12\}$;

(2) $L=\{1,2,3,4,6,8,12,14\}$;

(3) $L=\{1,2,3,4,5,6,7,8,9,10\}$。

3. 设$<L,\leq>$是一个格及诱导的代数系统$<L,\vee,\wedge>$,$\forall a,b\in L$,试证：

(1) $a\wedge b=b$当且仅当$a\vee b=a$;

(2) $a\wedge b<a$和$a\wedge b<b$当且仅当a与b是不可比较的。

(注：$a<b$等价于$a\leq b$且$a\neq b$)

4. 设$<L,\leq>$是一个格及诱导的代数系统$<L,\vee,\wedge>$,试证：$\forall a,b,c\in L$,若$a\leq b\leq c$有：

(1) $a\vee b=b\wedge c$;

(2) $(a\wedge b)\vee(b\wedge c)=(a\vee b)\wedge(a\vee c)$。

5. 设$<L,\leq>$是一个格及诱导的代数系统$<L,\vee,\wedge>$,试证：$\forall a,b,c,d\in L$,有：

(1) $(a\wedge b)\vee(c\wedge d)\leq(a\vee c)\wedge(b\vee d)$;

(2) $(a\wedge b)\vee(b\wedge c)\vee(c\wedge a)\leq(a\vee b)\wedge(b\vee c)\wedge(c\vee a)$。

6. 设$<A,\leq>$是一个格,任取$a,b\in A$,且$a\leq b$,构造集合

$$B=\{x\mid x\in A 且 a\leq x\leq b\}$$

证明：$<B,\leq>$也是一个格。

7. 设$<L,\leq>$为一个格,$\forall a,b,c\in L$

试证：$((a\wedge b)\vee(a\wedge c))\wedge((a\wedge b)\vee(b\wedge c))=a\wedge b$。

8. 设$<L,\leq>$为一个格,$\forall a,b,c\in L$,试证：如果$a\wedge(b\vee c)=(a\wedge b)\vee(a\wedge c)$成立,则$a\vee(b\wedge c)=(a\vee b)\wedge(a\vee c)$也成立,反之也成立。

9. 验证以整除关系"|"为偏序关系的正整数格$<\mathbf{N}^+,|>$所诱导的代数系统$<\mathbf{N}^+,\vee,\wedge>$中，$\wedge,\vee$满足交换律、结合律、幂等律、吸收律。

10. 设 $\mathbf{Z}$ 是整数集，证明：格$<\mathbf{Z},\max,\min>$是分配格。

11. 试举两个 6 格元素的格，其中一个是分配格，另一个是分配格。

12. 证明：格$<L,\vee,\wedge>$是分配格当且仅当对 L 中任意元素 $a,b_1,b_2,\cdots,b_n(n\geqslant2)$ 都有

$$a\wedge(b_1\vee b_2\vee\cdots\vee b_n)=(a\wedge b_1)\vee(a\wedge b_2)\vee\cdots\vee(a\wedge b_n)$$
$$a\vee(b_1\wedge b_2\wedge\cdots\wedge b_n)=(a\vee b_1)\wedge(a\vee b_2)\wedge\cdots\wedge(a\vee b_n)$$

13. 设$<L,\leqslant>$是一个分配格，$a,b\in L,a\leqslant b$ 且 $a\neq b$，证明 $f(x)=(x\vee a)\wedge b$ 是一个从 A 到 B 的同态映射。其中 $B=\{x\,|\,x\in A,$ 且 $a\leqslant x\leqslant b\}$。

14. 给出两个含有 6 个元素的格，其中一个是模格，一个不是模格。

15. 证明：一个格$<A,\leqslant>$是分配格当且仅当对任意的 $a,b,c\in A$ 有
$$(a\wedge b)\wedge c\leqslant a\vee(b\wedge c)$$

16. 证明：一个格$<A,\leqslant>$是模格当且仅当对任意的 $a,b,c\in A$ 有：
$$a\vee(b\wedge(a\vee c))=(a\vee b)\wedge(a\vee c)$$

17. 设$<L,\leqslant>$是一个有界格，$x,y\in L$，证明：

(1) 若 $x\vee y=0$，则 $x=y=0$；

(2) 若 $x\wedge y=1$，则 $x=y=1$。

18. 试举例说明，有补格不一定是分配格，分配格不一定是有补格。

19. 证明：具有三个或更多个元素的链不是有补格。

20. 证明：具有两个或更多个元素的格中不存在以自身为补元的元素。

21. 证明：有界格中 0 是 1 的唯一补元，1 是 0 的唯一的补元。

22. 证明：在布尔代数中有
$$a\vee(\bar{a}\wedge b)=a\vee b$$
$$a\wedge(\bar{a}\vee b)=a\wedge b$$

23. 设$<B,\vee,\wedge,^-\,>$是布尔代数，$\forall a,b\in B$。

试证：$a=b$ 当且仅当$(a\wedge\bar{b})\vee(\bar{a}\wedge b)=0$。

24. 设 $a,b_1,b_2,\cdots,b_n$ 都是布尔代数$<B,\vee,\wedge,^-\,>$的原子，证明：$a\leqslant b_1\vee b_2\vee\cdots\vee b_n$ 当且仅当存在着 $i(1\leqslant i\leqslant n)$使得 $a=b_i$。

第4篇

图论篇

图论从诞生至今已近三百年,随着计算机科学的发展,使学习者在全面了解图论历史、现状与发展趋势的基础上,系统掌握图论及其应用中的基本概念、基本理论和基本方法,学习一些基本的图论算法及其实现方式,希望学生通过学习能将图论的理论知识应用于一些简单的离散数学问题中。

图论总体上分成以下三个阶段。

第一阶段从 1736 年到 19 世纪中期,图论处于萌芽阶段,多数问题是围绕着游戏而产生的,最具代表性的是著名的瑞士数学家欧拉于 1736 年提出的哥尼斯堡七桥问题,该篇论文被公认为图论历史上第一篇论文。

第二阶段从 19 世纪中期到 1936 年,这个时期出现了大量有关图论的问题,如格斯里提出的"四色问题"和 1856 年哈密顿提出的"哈密顿回路问题"。同时出现了以图为工具去解决其他领域中一些问题的成果,具代表性的是用树的概念去研究电网络方程组问题和有机化学的分子结构问题,从 1736 年的第一篇图论论文到 1936 年第一本图论专著《有限图和无限图的理论》,至此,图论作为一个分支已基本形成,整整历经了二百年。

第三阶段为 1936 年以后的时期,由于生产管理、军事、交通运输、计算机发展和通信网络的出现等方面的需要,提出了一系列问题,特别是许多离散性问题的出现大大地促进了图论的发展,在进入 20 世纪 70 年代以后,尤其是大型电子计算机的出现,使大规模问题的求解成为可能,图的理论及其在物理、化学、运筹学、计算机科学、电子学、信息论、控制论、网络理论、社会科学及经济管理等几乎所有学科领域中各方面的应用研究得到迅猛发展。

此后大型国际会议频频召开,国际《图论杂志》也于 1977 年创刊,目前,发表图论论文的专业杂志有几十份之多,图论及应用的专著已多得无法统计,每年均呈指数型上升状态,而其本身又分支发展,诸如《代数图论》、《拓扑图论》、《随机图论》、《计数图论》、《算法图论》、《无限图论》等现代学科。

第8章

图论

自从 1736 年欧拉(L. Euler)利用图论的思想解决了哥尼斯堡(Konigsberg)七桥问题以来,图论经历了漫长的发展通路。在很长一段时期内,图论被当成是数学家的智力游戏,解决一些著名的难题。如迷宫问题、匿门博弈问题、棋盘上马的路线问题、四色问题和哈密顿环球旅行问题等,曾经吸引了众多的学者。图论中许多的概论和定理的建立都与解决这些问题有关。

1847 年克希霍夫(Kirchhoff)第一次把图论用于电路网络的拓扑分析,开创了图论面向实际应用的成功先例。此后,随着实际的需要和科学技术的发展,在近半个世纪内,图论得到了迅猛的发展,已经成了数学领域中最繁茂的分支学科之一。尤其在电子计算机问世后,图论的应用范围更加广泛,在解决运筹学、信息论、控制论、网络理论、博弈论、化学、社会科学、经济学、建筑学、心理学、语言学和计算机科学中的问题时,扮演着越来越重要的角色,受到工程界和数学界的特别重视,成为解决许多实际问题的基本工具之一。

图论研究的课题和包含的内容十分广泛,专门著作很多,很难在一本教科书中概括它的全貌。作为离散数学的一个重要内容,本书主要围绕与计算机科学有关的图论知识介绍一些基本的图论概论、定理和研究内容,同时也介绍一些与实际应用有关的基本图类和算法,为应用、研究和进一步学习提供基础。

8.1 图的基本概念

学习要求:仔细领会和掌握图论的基本概论、术语和符号,对于图论研究的一些最基本的课题,如通路问题、连通性问题和着色的问题等,应掌握主要的定理内容和证明方法以及基本的构造方法,以便为下一章研究提供理论工具。学习本章要用到集合和线性代数矩阵运算的知识,特别是集合数和矩阵秩的概念。

1. 图

图是用于描述现实世界中离散客体之间关系的有用工具。在集合论中采用过以图形来表示二元关系的办法,在那里,用点来代表客体,用一条由点 a 指向点 b 的有向线段来代表客体 a 和 b 之间的二元关系 aRb,这样,集合上的二元关系就可以用点的集合 V 和有向线的集合 E 构成的二元组 (V,E) 来描述。同样的方法也可以用来描述其他问题。当考察全球航运时,可以用点来代表城市,用线来表示两城市间有航线通达;当研究计算机网络时,可以用点来表示计算机及终端,用线表示它们之间的信息传输通道;当研究物质的化学结构时,可以用点来表示其中的化学元素,而用线来表示元素之间的化学键。在这种表示法中,点的位置及线的长短和形状都是无关紧要的,重要的是两点之间是否有线相连。从图形的这种表示方式中可以抽象出图的数学概念来。

定义 8.1 一个(无向)图 G 是一个二元组$(V(G),E(G))$,其中 $V(G)$ 是一个有限的非空集合,其元素称为结点;$E(G)$ 是一个以不同结点的无序对为元素,并且不含重复元素的集合,其元素称为边。

我们称 $V(G)$ 和 $E(G)$ 分别是 G 的结点集和边集。在不致引起混淆的地方,常常把 $V(G)$ 和 $E(G)$ 分别简记为 V 和 E。我们约定,由结点 u 和结点 v 构成的无序对用 uv(或 vu)表示。

根据图的这种定义,很容易利用图形来表示图。图形的表示方法具有直观性,可以帮助我们了解图的性质。在图的图形表示中,每个结点用一个小圆点表示,每条边 uv 用一条分别以结点 v 和 u 为端点的连线表示。图 8.1 中,图 8.1(a)是图 $G(\{v_1,v_2,v_3,v_4\},\{v_1v_2,v_1v_3,v_1v_4,v_2v_3,v_2v_4,v_3v_4\})$ 的图形表示;图 8.1(b)是图 $H=(\{u_1,u_2,u_3,u_4,u_5,u_6\},\{u_1u_2,u_1u_3,u_2u_3,u_5u_6\})$ 的图形表示。在某些情况下,图的图形表示中,可以不标记每个结点的名称。

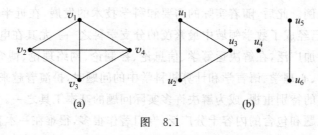

图 8.1

注意,一个图的图形表示法可能不是唯一的。表示结点的圆点和表示边的线,它们的相对位置是没有实际意义的。因此,对于同一个图,可能画出很多表面不一致的图形来。例如图 8.1(a)还可以有图 8.2 中的两种图形表示。

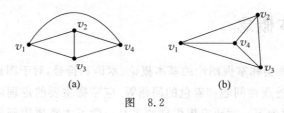

图 8.2

图 G 的结点数称为 G 的阶,用字母 n 的表示。G 的边数用 m 表示,也可以表示成 $E(G)=m$。一个边数为 m 的 n 阶图可简称为(n,m)-图。如图 8.1(a)和图 8.1(b)分别表示一个$(4,6)$-图和一个$(6,4)$-图。

若 $e=uv$ 是图 G 的一条边,则称结点 u 和 v 是相互邻接的,并且说边 e 分别与 u 和 v 相互关联。若 G 的两条边 e_1 和 e_2 都与同一个结点关联时,称 e_1 和 e_2 是相互邻接的。

2. 图的变体

若在定义 8.1 中去掉边集 E 中"不含重复元素"的限制条件,则得到多重图的定义。在多重图中,允许两条或两条以上的边与同一对结点关联,这些边称为平行边。由于可能有多条边与同一个结点对相关联,为区别起见,有时也对各边加以编号。图8.3是多重图的一个例子。

若在多重图的基础上,进一步去掉边是由不同结点的无序对表示的条件,即允许形如 $e=uu$ 的边(称为环)存在,则得到**广义图**或**伪图**的定义。图8.4是伪图的一个例子。

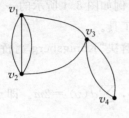

图 8.3

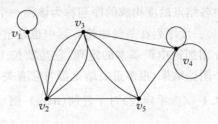

图 8.4

为了区别于多重图和伪图,以后称满足定义8.1的图为**简单图**。很明显,将多重图和伪图中的平行边代之以一条边,去掉环,就可以得到一个简单图。这样得到的简单图称为原来图的**基图**。在研究某些图论问题,如连通、点着色、点独立集、哈密顿图和平面性问题时只要考虑对应的基图就行了。因此,简单图将是本课程的主要讨论对象。"图"将作为一个概括性的词加以使用。

另外,有向图也是极重要的研究对象,在计算机科学中尤其有用。只要在定义8.1中把"无序对"换成"有序对"就得到了有向图的定义。有向图的"边"用形如 $e=(u,v)$ 的序偶表示,其意义是 e 是一条由结点 u 指向结点 v 的有向边,并且称 e 是 u 的出边,是 v 的入边。自然,(u,v) 和 (v,u) 是不同的边。

类似于图定义的扩充,也可以定义出相应的多重有向图和有向伪图,并把上面定义的有向图相应称为简单有向图。"有向图"将作为概括性的词加以使用。图8.5中(a)、(b)和(c)分别是简单有向图、多重有向图和有向伪图的例子。

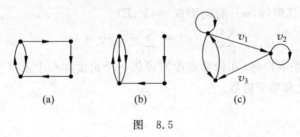

图 8.5

有时也要考虑**有向图的基图**。一个有向图的基图是当去掉的边方向后得到的无向图(可以含有平行边和环)。

根据不同的应用,图的定义还有别的一些扩充形式,如权图、标号图、无限图、混合图、根图、超图等。

3.图论基本定理

下面将从数量方面去建立图的元素的基本关系。

定义 8.2　图 G 中结点 v 的度(简称点度)$d_G(v)$ 是 G 中与 v 关联的边的数目。每个环在计度时算做两条边。

图 G 中最大的点度和最小的点度分别记为 Δ_G 和 δ_G。在不致引起混淆的地方,$d_G(v)$,Δ_G 和 δ_G 分别简写成 $d(v)$,Δ 和 δ。

例 8.1　在图 8.4 中 $d(v_1)=3$,$d(v_2)=5$,$d(v_3)=6$,$d(v_4)=6$,$d(v_5)=4$,$\Delta=6$,$\delta=3$。

由图中各结点的度构成的序列称为该图一个度序列。例如图 8.4 所示的一个度序列是 $(3,5,6,6,4)$。度序列在某些图论专题中也是重要的研究工具。

下面介绍图论中最基本的定理,它是欧拉 1736 年在解决"Konigsberg 七桥问题"时建立的第一个图论结果,很多重要结论都与它有关。

定理 8.1　(握手定理)对于任何 (n,m)-图 $G=(V,E)$,$\sum\limits_{v\in V}d(v)=2m$。即点度之和等于边数的两倍。

证明　根据点的度数的定义,在计算点度数时每条边对于它所关联的结点被计算了两次,即每增加一条边总的度数增加 2 度。因此,G 中点的度数的总和恰为边数 m 的 2 倍。

推论 8.1　在任何图中,奇数度的结点数必是偶数。

证明　设 V_1 和 V_2 分别是图 G 的奇度结点集和偶度结点集。由定理 8.1 应有

$$\sum_{v\in V_1}d(v)+\sum_{v\in V_2}d(v)=2m。$$

上式左端第二项是偶数之和,从而第一项必然也是偶数,即 $|V_1|$ 必须是偶数。

在有向图中,点度的概念稍有不同。

定义 8.3　有向图 G 中,结点 v 的入度 $d^-(v)$ 是与 v 关联的入边的数目,出度 $d^+(v)$ 是与 v 关联的出边的数目。

有向图的最大出度、最大入度、最小出度、最小入度分别记为 Δ^+、Δ^-、δ^+、δ^-。

例 8.2　在图 8.5(c)中,$d^+(v_1)=3$,$d^-(v_1)=2$,$d^+(v_2)=2$,$d^-(v_2)=2$,$d^+(v_3)=1$,$d^-(v_3)=2$,$\Delta^+=3$,$\Delta^-=2$,$\delta^+=1$,$\delta^-=2$。

定理 8.2　对于任何 (n,m)-有向图 $G=(V,E)$

$$\sum_{v\in V}d^+(v)=\sum_{v\in V}d^-(v)=m$$

证明　任何一条有向边,在计算点度时提供一个出度和一个入度。因此,任意有向图出度之和等于入度之和等于边数。

4. 基本图例

图中度为零的结点称为**孤立结点**。

只由孤立结点构成的图 $G=(V,\varnothing)$ 称为**零图**,特别地,只由一个孤立结点构成的图称为**平凡图**。

各点度相等的图称为**正则图**。特别地,点度为 k 的正则图又称为 k 度正则图。显然,零图是零度正则图。

任何两个结点都相互邻接的简单图称为**完全图**。n 阶的完全图是 $\left(n,\dfrac{1}{2}n(n-1)\right)$-图,特别记之为 K_n。图 8.6 是常用的几个完全图。显然,K_n 是 $(n-1)$ 度正则图。

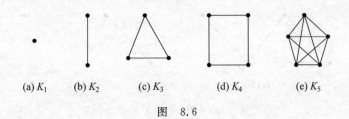

(a) K_1　(b) K_2　(c) K_3　(d) K_4　(e) K_5

图 8.6

类似地,可以定义有向完全图。每对结点 u 和 v 之间皆有边 (u,v) 和 (v,u) 联结的简单有向图称为**有向完全图**。每对结点 u 和 v 之间恰有一条边 (u,v)(或(v,u))联结的简单有向图称为**竞赛图**。图 8.7(a) 是三阶有向完全图,图 8.7(b) 是 4 阶的竞赛图。

图 $G=(V,E)$ 的结点集可以分划成两个子集 X 和 Y,使得它的每一条边的一个关联结点在 X 中,另一个关联结点在 Y 中,这类图称为**二部图**,又常说 G 是具有二部分划 (X,Y) 的图,即 $G=(X,Y,E)$。设 G 是具有二部分划 (X,Y) 的图,$|X|=n_1$,$|Y|=n_2$,如果 X 中每个结点与 Y 中的全部结点都邻接,则称 G 为**完全二部图**,并记之为 K_{n_1,n_2}。图 8.8(a) 和 (b) 都是二部图,其中图 8.8(a) 图的黑点属于一部,其余结点属于另一部,图 8.8(b) 图是 $K_{3,3}$,其二部分划是明显的。

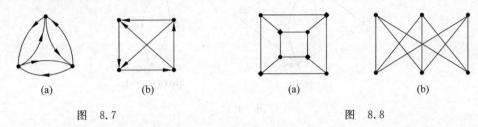

(a)　　(b)　　　　　(a)　　　　(b)

图 8.7　　　　　图 8.8

5. 子图与补图

1) 子图

定义 8.4 设 $G=(V_1,E_1)$ 和 $H=(V_2,E_2)$ 是两个图,若满足 $V_2\subseteq V_1$ 且 $E_2\subseteq E_1$,则称 H 是 G 的**子图**。特别地,当 $V_2=V_1$ 时,称 H 是 G 的**生成子图**;当 $E_2\subset E_1$ 或 $V_2\subset V_1$ 时,称 H 是 G 的**真子图**;当 $V_2=V_1$ 且 $E_2=E_1$ 或 $E_2=\varnothing$ 时,称 H 是 G 的**平凡子图**。

由一个图产生其子图的方法。

删点子图。设 v 是图 G 的一个结点,从 G 中删去结点 v 及其关联的全部边以后得到的图,称为 G 的**删点子图**,记为 $G-v$,图 8.9 是图 G 及其删点子图的例子。一般地,设 $S=\{v_1,v_2,\cdots,v_k\}$ 是 $G=(V,E)$ 的结点集 V 的子集,则 $G-\{v_1,v_2,\cdots,v_k\}$ 就是从 G 中删去结点 $v_1,v_2,\cdots,v_k$ 以及它们关联的全部边后得到的 G 的删点子图,也可以简记为 $G-S$。

删边子图。设 e 是图 G 的一条边,从 G 中删去边 e 之后得到的图称为 G 的**删边子图**,记为 $G-e$。一般地,设 $T=\{e_1,e_2,\cdots,e_t\}$ 是 $G=(V,E)$ 的边集 E 的子集,则 $G-T$ 就是从 G 中删去 T 中的全部边以后得到的图。图 8.10 是删边子图的例子。

点诱导子图。设 $G=(V,E)$ 是一个图,$S\subseteq V$,则 $G(S)=(S,E')$ 是一个以 S 为结点集,以 $E'=\{uv\mid u,v\in S,uv\in E\}$ 为边集的图,称为 G 的**点诱导子图**。图 8.11 是点诱导子图的一个例子。

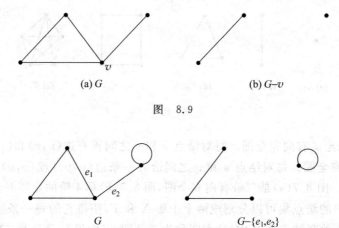

图 8.9

图 8.10

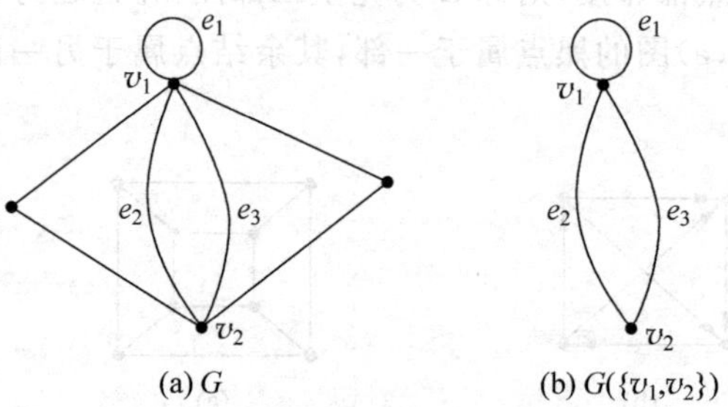

图 8.11

边诱导子图。设 $G = (V, E)$ 是一个图，$T \subseteq E$ 并且 $T \neq \varnothing$，则 $G(T)$ 是一个以 T 为边集，以 T 中各边关联的全部结点为结点集的图，称为 G 的**边诱导子图**。例如图 8.11 中点诱导子图 $G(\{v_1, v_2\})$ 也可以看成是边诱导子图 $G(\{e_1, e_2, e_3\})$。

2) 补图

定义 8.5   设 $G(V, E)$ 和 $\overline{G} = (V', E')$ 是两个简单图。若 $V' = V$，$E' = \{uv \mid v, u \in V, uv \notin E\}$，即边 $uv \in E'$ 当且仅当 $uv \notin E$，则称 $\overline{G}$ 是 G 的补图。

显然，$\overline{G}$ 可以看成是某完全图 K_n 的删边子图 $K_n - E$。图 8.12 是一个图及其补图的例子。

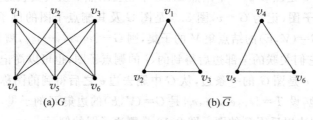

图 8.12

上面定义过的删点子图、删边子图、点诱导子图和边诱导子图，对于有向图同样适用。

6. 图的同构

一个图的图形表示不一定是唯一的,但有很多表面上看来似乎不同的图却可以有着极为相似图形表示,这些图之间的差别仅在于结点和边的名称的差异,而从邻接关系的意义上看,它们本质上都是一样的,可以把它们看成是同一个图的不同表现形式。这就是图的同构概念。

定义 8.6 设 $G=(V,E)$ 和 $G'=(V',E')$ 是两个图,如果存在双射 $\varphi: V \to V'$,使得 $uv \in E \Leftrightarrow \varphi(u)\varphi(v) \in E'$,则称 G 和 G' 同构,并记之为 $G \cong G'$。

这个定义也适用于有向图,只需在边的表示法中作相应的代换就行了。

图 8.13 中两个图形代表的图是同构的。因为存在着双射 φ,使 $\varphi(v_i)=u_{i+3}$ ($1 \leqslant i \leqslant 8$, $i \neq 5$,这里下标是在 mod 8 的意义下确定的),$\varphi(v_5)=u_1$。

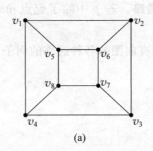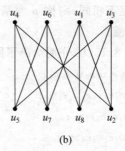

图 8.13

一般说来,要判定两个图是否同构是非常困难的,尚无一种简单的方法可以通用。但在某些情况下可根据同构的必要条件有效地排除不同构的情况。根据定义,同构的图除了有相同的结点数和边数外,对应的结点度数也必须相同,不满足这些条件的图不可能同构。例如图 8.14 中的两个图不是同构的。因为如果两图同构,两个无环的 4 度结点必须对应。但左图的 4 度结点的邻接结点,其结点度都不小于 3,而右图的 4 度结点却有一个 2 度的邻接结点,因此不可能建立起双射。

容易知道,图的同构关系是图集上的等价关系。凡是同构的图将不予区别,只需考虑等价类中的代表元。由于感兴趣的主要是图的结构性质,在大多数情况下,不再标出图的全部结点名称和边的名称。

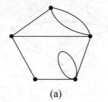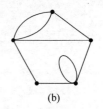

图 8.14

8.2 图的通路与连通性

1. 通路

在图或有向图中,常常要考虑从确定的结点出发,沿结点和边连续地移动而到达另一确定的结点的问题。从这种由结点和边(或有向边)的序列的构成方式中可以抽象出图的通路概念。

定义 8.7 图(或有向图)$G(V,E)$中的非空序列 $p=v_0e_1v_1e_2,\cdots,e_kv_k$,称为 G 的一条由结点 v_0 到 u_k 的通路(或有向通路),其中 $v_0,v_1,\cdots,v_k$ 是 G 的结点,$e_1,\cdots,e_k$ 是 G 的边(或有向边),并且对所有的 $1\leqslant i\leqslant k$,边 e_i 与结点 v_{i-1} 和 v_i 都关联(或 e_i 是由 v_{i-1} 指向 v_i 的有向边)。

v_0 称为通路 p 的起点,v_k 称为 p 的终点,其余结点称 p 为内部结点。p 中边的数目 k 称为该通路的长度。以 u 为起点、v 为终点的通路有时也简记为 $\langle u,v\rangle$-通路。

对于由单个结点构成的序列 $p=v_0$,看成是通路的特殊情形,称为零通路,其长度为 0。

注意:对有向图而言,这里定义的通路,其中各有向边的方向都是一致的。

根据序列的构成情况,可以对通路进一步分类。

若 $v_0\neq v_k$,即起点与终点不同,则称 p 为**开通路**,否则称为**闭通路**。

若 p 中的边(有向边)互不相同,则称 p 为**简单通路**。闭的简单通路称为**回路**。

若 p 中的结点互不相同,则称 p 为**基本通路**。若 p 中除了起点和终点相同外,别无相同的结点,则称 p 为**圈**。

图 8.15(a)和图 8.15(b)分别给出了图和有向图的各种通路的例子。

通路:$v_1e_1v_1e_3v_4e_3v_1e_2v_2e_5v_4$;

简单通路:$v_1e_1v_1e_3v_4e_4v_2e_5v_4$;

回路:$v_1e_1v_1e_3v_4e_4v_2e_2v_1$;

基本通路:$v_1e_3v_4e_4v_2e_6v_3$;

圈:$v_1e_3v_4e_7v_3e_6v_2e_2v_1$。

有向通路:$v_1e_5v_3e_6v_4e_7v_1e_5v_3$;

有向简单通路:$v_1e_5v_3e_3v_2e_2v_2$;

有向回路:$v_3e_3v_2e_2v_2e_1v_1e_5v_3$;

有向基本通路:$v_3e_3v_2e_1v_1$;

有向圈:$v_3e_6v_4e_7v_1e_5v_3$。

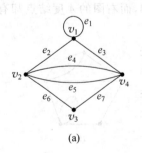
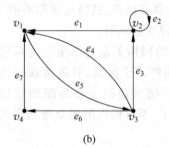

(a)   (b)

图   8.15

这里需要特别指出的是,在实际应用中,有向图的通路和回路有两种不同的表现形式,一种是有向通路和有向回路,即上面定义的情形;另一种是普通意义的通路和回路,即不考虑方向时对应基图的一种通路和回路。例如图 8.15(b)中 $v_1e_1v_2e_2v_2e_3v_3e_4v_1$ 不是有向回路,但却是回路。后面将会遇到这种情形。

说明:对于简单图或简单有向图,由于每条边用结点对就能唯一表示,因此一条通路 $p=v_0e_1v_1e_2\cdots e_kv_k$ 仅用结点列 $p=v_0v_1v_2\cdots v_k$ 表示就行了。即使对于非简单图,有时也用结点序列表示一条通路。

利用基本通路和圈可以定义两种特殊的图。若一个图能以一条基本通路表示出来,则称之为通路图。N 阶的通路图记为 P_n。同样可以定义圈图,n 阶的圈图记为 C_n。图 8.16 是 P_5 和 C_6 的例子。

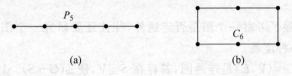

图 8.16

通路问题是图论中的重要内容,常常要涉及具体有某种特征的通路存在性问题。

定理 8.3 如果在 n 阶图中,存在从结点 u 到 v 的通路,则必存在从 u 到 v 的长度不超过 n-1 的通路。

证明 设 $p_0 = v_0 v_1 \cdots v_k$ 是一条从 u 到 v 的通路,其中 $v_0 = u, v_k = v$。若 $k > n-1$,则必有结点 v_i 在 p_0 中至少出现两次,即 p_0 中存在子序列 $v_i v_{i+1} \cdots v_{i+j} (= v_i)$。从 p_0 中去掉子序列 $v_{i+1} v_{i+2} \cdots v_{i+j}$,得到一个新的序列 $p_1 = v_0 v_1 \cdots v_i v_{i+j+1} \cdots v_k$,则 p_1 长度 $k_1 < k$。

若 $k_1 \leqslant n-1$,p_1 便是所求通路;若 $k_1 > n-1$,对 p_1 重复上述讨论,可构造出通路序列 $p_0, p_1, \cdots$,每个 p_i 的长度均小于 p_{i-1} 的长度$(i \geqslant 1)$。由 p_0 的长度的有限性知道,必有 p_i 其长度小于 n。

定义 8.8 若图 G 中结点 u 和 v 之间存在一条 (u, v)-通路,则称 u 和 v 在 G 中是**连通**的。

在有向图中,若存在(u, v)-有向通路,则称 u 到 v 是有向连通的,或称为 u 可达于 v。

就连通而言,图和有向图是有很大区别的。容易看出,**连通是图的结点集上的一个等价关系**。但是可达性却不是有向图的结点集上的等价关系,因为它一般不满足对称性。有向图的连通性问题要复杂一些。

对应于连通关系,存在着图 G 的结点集 V 的一个分划$\{V_1, V_2, \cdots, V_k\}$使得 G 中任何两个结点 u 和 v 连通当且仅当 u 和 v 属于同一个分块 $V_i (1 \leqslant i \leqslant k)$。这样,点诱导子图 $G(V_i)$ 中任何两个结点都是连通的,而当 $i \neq j$ 时,$G(V_i)$ 的结点与 $G(V_j)$ 的结点间绝不会连通,因此 $G(V_i) (1 \leqslant i \leqslant k)$ 是 G 的极大连通子图,特别称为 G 的支。图 G 的支数记之为 $\omega(G)$。

定义 8.9 只有一个支的图称为**连通图**,支数大于 1 的图称为非**连通图**。

图 8.17 是一个支数为 3 的非连通图的例子。

定义 8.10 设 u 和 v 是图 G 中的两个结点,若 u 和 v 是连通的 u 和 v 之间的最短通路之长称为 u 和 v 之间的距离,记之为 $d(u, v)$。若 u 和 v 不是连通的,规定 $d(u, v) = \infty$。

图 8.17

容易证明,这里定义的距离满足欧几里得距离的三条公理,即

(1) $d(u, v) \geqslant 0$(非负性);

(2) $d(u, v) = d(v, u)$(对称性);

(3) $d(u,v)+d(v,w) \geqslant d(u,w)$（三角不等式）。

上面定义的距离也适用于有向图,但是在有向图中两结点间（有向）距离 $d(u,v)$ 一般不满足对称性,即使 $d(u,v)$ 和 $d(v,u)$ 都有限,它们也可能不相等。

2. 图的连通性

在实际问题中,除了考察一个图是否连通外,往往还要研究一个图连通的程度,作为某些系统的可靠性的一种度量。

定义 8.11   设 $G=(V,E)$ 是连通图,若存在 $S \subseteq V$,使 $\omega(G-S)>1$,则称 S 是 G 的一个**点割集**（简称割集）;若对任何 $S' \subset S$ 都有 $\omega(G-S')=1$,则称 S 为 G 的一个**基本割集**。特别地,当 $\{v\}$ 是 G 的割集时,称 v 是 G 的**割点**。

显然,完全图 K_n 没有割集,它的连通性能是最好的。图 8.18 给出了割集的例子。

割点：v_2, v_5

割集：$\{v_2, v_3, v_4\}, \{v_5\}, \{v_2, v_5\}, \cdots$

基本割集：$\{v_2\}, \{v_5\}, \{v_3, v_4\}$

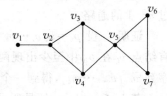

图   8.18

定理 8.4   在非平凡连通图 G 中,结点 v 为 G 的割点的充要条件是存在结点 u 和 w,使 u 到 w 的每一条通路皆以 v 为内部结点。

证明   设 v 是非平凡连通图 G 的一个割点,由定义 $\omega(G-v)>1$。设 $G_1=(V_1,E_1)$ 和 $G_2=(V_2,E_2)$ 是 $G-v$ 中的任意两支,任取 $u \in V_1, \omega \in V_2$,因为 u 和 ω 在 G 中是连通的,但是在 $G-v$ 中不是连通的,因此在 G 中所有的 $\langle u,w \rangle$-通路都必须经过 v。

反过来,若 G 中存在结点 u 和 w,使所有 $\langle u,w \rangle$-通路都以 v 为内部结点,则 u 和 w 在 $G-v$ 中必然不再连通。因此,v 是 G 的一个割点。

定义 8.12   设 $G=(V,E)$ 是连通图,若存在 $E_1 \subseteq E$,使 $\omega(G-E_1)>1$,则称 E_1 为 G 的一个**边割集**;若对任何 $E' \subset E_1$ 都有 $\omega(G-E')=1$,则称 E_1 为 G 的一个**基本边割集**。特别地,若 $\{e\}$ 是 G 的边割集,则称 e 为 G 的**割边**。

图 8.18 中仅有一条割边 $v_1 v_2$。$\{v_5 v_3, v_5 v_4, v_5 v_6, v_5 v_7\}$ 是边割集,而 $\{v_5 v_3, v_5 v_4\}$ 是它包含的一个基本边割集,$\{v_5 v_6, v_5 v_7\}$ 也是一个基本边割集。

定理 8.5   在连通图 G 中,边 e 为割边的充要条件是 e 不包含于 G 的任何圈中。

证明   必要性,设 e 为割边,若 e 包含在某一圈中,删去 e 后,图仍连通,这与 e 为割边矛盾,所以 e 不包含在任一圈中。

充分性,若边 e 不包含在 G 的任意圈中,则删去 e 后,图不再连通,因此,e 是 G 的割边。

割集和边割集的定义也可以扩充到包括非连通图的情形。非连通图的割集和边割集都是空集。

下面从数量观点去描述图的连通性。

定义 8.13   图 G 的**点连通度** $k(G)$ 是使由 G 产生一个非连通子图,或一个结点的子图所需要删去的最少的结点的数目。

显然,对一个不以完全图为其生成子图的图 G,定义中的"需要删去的最少的结点数目",就是 G 的结点最少的基本割集的基数。图 8.18 的点连通度 $k(G)=1$。对于完全图有 $k(K_n)=n-1$。

定义 8.14 图 G 的**边连通度** $\lambda(G)$，是使由 G 产生一个非连通图所需要删去的最少的边的数目。若 G 只有一个结点，则 $\lambda(G)=0$。

容易知道，$\lambda(K_n)=n-1$，$\lambda(P_r)=1(r\geqslant2)$。

若 $k(G)\geqslant k$，称 G 是 **k-连通的**，若 $\lambda(G)\geqslant k$，则称 G 是 **k-边连通的**。显然，所有非平凡的连通图都是 4-1-连通的和 4-1-边连通的。

定理 8.6 对于任何图 G，皆有 $k(G)\leqslant\lambda(G)\leqslant\delta(G)$。

证明 若 G 是非连通图或单结点图，则 $k(G)\leqslant\lambda(G)=0$，结论自然成立。

若 G 是非平凡的连通图，则因为每个结点关联的边构成 G 的一个边割集，因此 $\lambda(G)\leqslant\delta(G)$。

下面只需证明 $k(G)\leqslant\lambda(G)$。

设 F 是 G 的一个基数为 $\lambda(G)$ 的基本边割集，则 $G-F$ 含有两个支 G_1 和 G_2。F 在 G_1 中关联的结点数不超过 $\lambda(G)$，在 G_2 中关联的结点数也不超过 $\lambda(G)$。在图 8.19 中可以看出，删去 F 在任一支中关联的全部结点，也必然删去了 F 自身。因此，(1)若 G 中 G_1(或 G_2)部分至少有一个结点不与 F 中的边关联，则在 G_1(或 G_2)部分删去那些与 F 关联的全部结点后，则得到 G 的不连通子图，因此 $k(G)\leqslant\lambda(G)$。(2)若 G 中 G_1 和 G_2 部分的每个结点都与 F 中的边关联，则当 G_1(或 G_2)的阶为 1 时，显然这时 $k(G)\leqslant\lambda(G)$，当 G_1 和 G_2 的阶都不为 1 时，交替地从 G_1 和 G_2 中删去与 F 关联的结点，使对 F 中的每条边只删去了一个关联结点且 G_1 和 G_2 部分各至少剩下一个结点，这时也有 $k(G)\leqslant\lambda(G)$。综上可知 $k(G)\leqslant\lambda(G)$ 恒成立。

3. 有向图的连通性

定义 8.15 设 $G=(V,E)$ 是一个简单有向图，如果对 G 中任何一对结点，至少从其中一结点到另一结点是可达的，则称 G 是**单向连通**的；如果任何两个结点之间都是相互可达的，则称 G 是**强连通**的；如果 G 的基图是连通的，则称 G 是**弱连通**的。

图 8.19(a)、(b)和(c)分别是强连通图、单向连通图和弱连通图的例子。

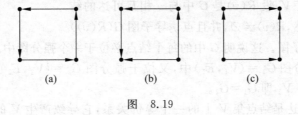

图 8.19

由定义可知，强连通图必是单向连通图，单向连通图必是弱连通图。但是这两个命题反过来并不成立。

定义 8.16 设 $G=(V,E)$ 是一个简单有向图，称 G 的极大强连通子图为 G 的**强分图**；称 G 的极大单向连通子图为 G 的**单向分图**；称 G 的极大弱连通子图为 G 的**弱分图**。

图 8.20 中的简单有向图是一个弱分图，其点诱导子图 $G(\{v_1,v_2,v_3\})$、$G(\{v_4\})$、$G(\{v_5\})$ 和 $G(\{v_6\})$ 都是强分图，$G(\{v_4,v_5,v_6\})$ 和 $G(\{v_1,v_2,v_3,v_4,v_5\})$ 都是单向分图。

强分图在计算机科学中有特殊的应用。例如在操作系统中，同时有多道程序 $p_1,\cdots,p_m$ 在运行，设在某一时刻这些程序拥有的资源(如 CPU、主存储器、输入输出设备、数据集、数据库、编译程序等)的集合为$\{r_1,r_2,\cdots,r_n\}$。一个程序在占有某项资源时可能对另一项资源提出要求,这样就存在着一个资源的动态分配问题。这个问题可以用一个有向图 $G^{(t)}=(V^{(t)},E^{(t)})$ 来表示。$V^{(t)}$ 是 t 时刻各项资源的集合$\{r_1,r_2,\cdots,r_n\}$,$E^{(t)}$ 的每条有向边(r_i,r_j),加有标记 p_k 表示运行程序 p_k 在占有资源 r_i 的情况下又要求资源 r_j。图 8.21 是这样一个例子,其中程序 P_1 占有 r_2 时又要求 r_1,P_2 占有 r_3 时又要求 r_2 等,资源分配就会出现冲突,只要各自都不释放已占有的资源,上述要求就无法满足,即出现所谓"死锁"现象。"死锁"现象对应对于 $G^{(t)}$ 中存在非平凡的强分图。

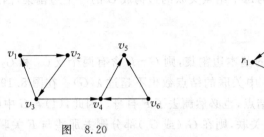

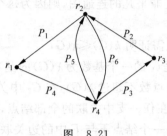

图 8.20   图 8.21

定理 8.7　一个简单有向图是强连通的当且仅当 G 中有一条包含每个结点的有向闭通路。

证明　设 G 是强连通的。如果 G 中任何有向闭通路 C 皆不包含结点 v,由强连通定义,v 必与 C 中结点相互可达,故在 C 中存在两个结点 u_1 和 u_2(可以相同),使 u_1 可达 v,v 可达 u_2,如图 8.22 所示。这样就可以构造一条新的闭通路 $u_2 \to u_1 \to w \to u_2 \to u_1 \to v \to u_2$,它包含有 v,使假设矛盾。因此,G 是强连通图时必有一条包含所有结点的闭通路。

反过来,若 G 中有一条包含所有结点的闭通路,则任何两结点沿着这条通路相互可达,因而 G 必是强连通的。

定理 8.8　在简单有向图 $G=(V,E)$ 中,每个结点位于且仅位于一个强分图中。

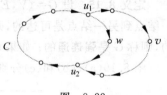

图 8.22

证明　任取 $v\in V$,设 $R(v)$ 是 G 中与 v 相互可达的结点构成的集合。显然,$R(v)\neq\varnothing$,并且点诱导子图 $G(R(v))$ 是 G 的一个强连通子图。这说明 G 中的每个结点必位于一个强分图中。

若 v 既位于强分图 $G_1=(V_1,E_1)$ 中,又位于强分图 $G_2=(V_2,E_2)$ 中,那么 $V_1\cup V_2\subseteq R(v)$,必然导致 $V_1=V_2$ 即 $G_1=G_2$。

事实上,相互可达是结点集 V 上的一个等价关系,它导致产生 V 的一个分划$\{V_1,V_2,\cdots,V_k\}$,因此 $G(V_1),G(V_2),\cdots,G(G_k)$ 都是 G 的强分图,定理 8.8 正是反映了这一事实。下节将介绍一种寻找 G 的全部强分图的方法。

8.3　图的矩阵表示

一个图可以按定义描述出来,也可以用图形表示出来,还可以同二元关系一样,用矩阵来表示。图用矩阵表示有很多优点,既便于利用代表知识研究图的性质,构造算法,也便于计算机处理。

图的矩阵表示常用的有两种形式：邻接矩阵和关联矩阵。邻接矩阵常用于研究图的各种通路的问题，关联矩阵常用于研究子图的问题。由于矩阵的行列有固定的顺序，因此在用矩阵表示图之前，需将图的结点和边加以编号（定序），以确定与矩阵元素的对应关系。

1. 邻接矩阵

1）邻接矩阵的概念

定义 8.17 设 $G=(V,E)$ 是一简单有向图，结点集为 $V=\{v_1,v_2,\cdots,v_n\}$。构造矩阵 $A=(a_{ij})_{n\times n}$ 其中

$$a_{ij}=\begin{cases}1, & \text{当}(v_i,v_j)\in E\\0, & \text{当}(v_i,v_j)\notin E\end{cases}$$

则称 A 为有向图 G 的邻接矩阵。

这个定义也适用于无向图，只需把其中的有向表示换成无向表示就行了。这一节主要考虑有向图的矩阵表示问题。

例 8.3 图 8.23 中有向图的邻接矩阵是

$$A=\begin{array}{c}\\v_1\\v_2\\v_3\\v_4\\v_5\end{array}\begin{array}{c}\begin{array}{ccccc}v_1&v_2&v_3&v_4&v_5\end{array}\\\left[\begin{array}{ccccc}0&1&0&0&0\\0&0&1&0&0\\0&1&0&1&1\\1&0&0&0&0\\1&1&0&1&0\end{array}\right]\end{array}$$

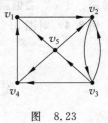

图 8.23

显然，当改变图的结点编号顺序时，可以得到图的不同的邻接矩阵，这相当于对一个矩阵进行相应行列的交换得到新的邻接矩阵。例如对图 8.23 的结点重新定序，使 v_1 与 v_5 对换，则得到新的邻接矩阵

$$A'=\begin{array}{c}\\v_5\\v_2\\v_3\\v_4\\v_1\end{array}\begin{array}{c}\begin{array}{ccccc}v_5&v_2&v_3&v_4&v_1\end{array}\\\left[\begin{array}{ccccc}0&1&0&1&1\\0&0&1&0&0\\1&1&0&1&0\\0&0&0&0&1\\0&1&0&0&0\end{array}\right]\end{array}$$

从线性代数的矩阵变换来看，A' 是通过对 A 分别左乘和右乘一个置换矩阵

$$P=\left[\begin{array}{ccccc}0&0&0&0&1\\0&1&0&0&0\\0&0&1&0&0\\0&0&0&1&0\\1&0&0&0&0\end{array}\right]$$

得到的。这时，称 A 和 A' 是置换等价的。一般，一个图的全体邻接矩阵都是置换等价的。在这个意义上，只需选取 G 的任何一个邻接矩阵作为该图邻接矩阵的代表。

不难证明，若两个简单图或有向图 G_1 和 G_2 的邻接矩阵分别为 A_1 和 A_2，则 $G_1\cong G_2$ 当

且仅当 A_1 和 A_2 是置换等价的(证明留做练习)。

给出了一个图的邻接矩阵,就等于给出了图的全部信息,可以从中直接判定图的某些性质。

无向图的邻接矩阵是一个对称阵,第 i 行元素之和恰为结点 v_i 的度。有向图的邻接矩阵一般不对称,第 i 行元素之和是结点 v_i 的出度,第 j 列元素之和是结点 v_i 的入度。

2) 有向图的邻接矩阵与通路的关系

设 A 是有向图 $G=(V,E)$ 的邻接矩阵。记 $A^2=(a_{ij}^{(2)})_{n\times n}$,由矩阵的乘法知道,$a_{ij}^{(2)}=\sum_{k=1}^{n}a_{ik}a_{kj}$。$a_{ik}a_{kj}=1$ 当且仅当 $a_{ik}=a_{kj}=1$,它对应于 $(v_i,v_k)\in E$ 且 $(v_k,v_j)\in E$。从而 $a_{ik}a_{kj}=1$ 当且仅当存在一条对应的长度为 2 的有向通路 $P=v_iv_kv_j$。于是 $a_{ij}^{(2)}$ 之值表示了从 v_i 到 v_j 的长度为 2 的有向回路的数目。

对于 $A^3=(a_{ij}^{(3)})_{n\times n}$,可得 $a_{ij}^{(3)}=\sum_{k=1}^{n}a_{ik}^{(2)}a_{kj}$。其中 $a_{ik}^{(2)}$ 是 A^2 的元素。$a_{ik}^{(2)}a_{kj}>0$ 表明 G 中存在从 v_i 到 v_k 的长度为 2 的有向通路而且 $(v_k,v_j)\in E$,即存在由 v_i 到 v_j 的长度为 3 的有向通路。于 $a_{ij}^{(3)}$ 之值就是 v_i 到 v_j 的长度为 3 的有向通路的数目。

例 8.4　对图 8.24 的邻接矩阵计算 A^2,A^3,A^4,A^5 得:

$$A^2=\begin{bmatrix}0&0&1&0&0\\0&1&0&1&1\\2&1&1&1&0\\0&1&0&0&0\\1&1&1&0&0\end{bmatrix},\quad A^3=\begin{bmatrix}0&1&0&1&1\\2&1&1&1&0\\1&3&1&1&1\\0&0&1&0&0\\0&2&1&1&1\end{bmatrix}$$

$$A^4=\begin{bmatrix}2&1&1&1&0\\1&3&1&1&1\\2&3&3&2&1\\0&1&0&1&1\\2&2&2&2&1\end{bmatrix},\quad A^5=\begin{bmatrix}1&3&1&1&1\\2&3&3&2&1\\3&6&3&4&3\\2&1&1&1&0\\3&5&2&3&2\end{bmatrix}$$

从这些矩阵可以知道图中存在两条从 v_3 到 v_1 的长度为 2 的有向通路,不存在从 v_1 到自身的长度为 2 或 3 的有向回路,但是存在从 v_1 到自身的两条长度为 4 的有向回路和一条长度为 5 的有向回路等。一般,可以得到如下定理。

定理 8.9　设 $G=(V,E)$ 是一个 n 阶的简单有向图,A 是 G 的邻接矩阵。对 $k\geqslant 1$,令 $A^k=(a_{ij}^{(k)})_{n\times n}$,则 $a_{ij}^{(k)}$ 表示 G 中从 v_i 到 v_j 的长度为 k 的有向通路数目。

证明　对 k 进行归纳。当 $k=1$ 时,$A^k=A$,G 是简单有向图,因此每条有向边 (v_i,v_j) 对应一条由 v_i 到 v_j 的长度为 1 的有向通路,结论成立。

设 $k=l$ 时结论成立,则当 $k=l+1$ 时,$(a_{ij}^{(l+1)})_{n\times n}=A^{l+1}=A^lA$,即有 $a_{ij}^{(l+1)}=\sum_{t=1}^{n}a_{it}^{(l)}a_{tj}$,其中 $a_{it}^{(l)}$ 是 A^l 的元,它对应于图中从 v_i 到 v_t 的长度为 l 的有向通路的数目,$a_{it}^{(l)}a_{tj}$ 正是从 v_i 经 v_t 到达 v_j 的长度为 $l+1$ 的有向通路的数目。因此,$a_{ij}^{(l+1)}$ 是图中从 v_i 出发,经过任何其他结点最后到达 v_j 的长度为 $l+1$ 的有向通路的数目。

由此可知,对任何 $k\geqslant 1$,定理成立。

推论 8.2 设 A 是简单有向图 G 的邻接矩阵,令 $A^k = (a_{ij}^{(k)})_{n \times n}$,$k \geqslant 1$。则使 $a_{ij}^{(k)} > 0$ 的最小 k 值,正是 v_i 到 v_j 的距离 $d(v_i, v_j)$。

证明 由 $a_{ij}^{(k)}$ 的定义即可得出。

推论 8.3 设 A 是 n 阶简单有向图 G 的邻接矩阵,$A^k = (a_{ij}^{(k)})_{n \times n}$,则对 $1 \leqslant k \leqslant n-1$,$a_{ij}^{(k)} = 0$ 恒成立 $(i \neq j)$ 当且仅当从 v_i 到 v_j 是不可达的。

证明 若从 v_i 到 v_j 可达,则必存在一条长度不超过 $n-1$ 的有向基本通路,从而存在 $1 \leqslant l \leqslant n-1$,使 $a_{ij}^{(l)} > 0$,与 $a_{ij}^{(k)} = 0$ 矛盾。因此,从 v_i 到 v_j 是不可达的。反之,若 v_i 到 v_j 是不可达的,则对任何 k,$a_{ij}^{(k)} = 0$。

推论 8.4 令 $A^k = (a_{ij}^{(k)})_{n \times n}$ 则存在 t, s 使 $a_{ij}^{(t)} > 0$ 和 $a_{ji}^{(s)} > 0$ 当且仅当 G 中有一条包含 v_i 和 v_j 的有向回路。

证明 当 $a_{ij}^{(t)} > 0$,$a_{ji}^{(s)} > 0$ 时,说明由 v_i 到 v_j 有一条长度为 t 的有向通路,由 v_j 到 v_i 有一条长度为 s 的有向通路,因此存在一条包含 v_i 和 v_j 的长度为 $s+t$ 的有向闭通路,由此又可以构造出包含 v_i 和 v_j 的有向回路。反之,若存在包含 v_i 和 v_j 的有向回路,显然必有 t 和 s 使 $a_{ij}^{(t)} > 0$ 和 $a_{ji}^{(s)} > 0$。

定理 8.9 及其推论对于无向图也同样有效。特别地,若无向图的邻接矩阵满足推论 8.3 的条件,则这个无向图必定不是连通图。

2. 可达性矩阵

简单有向图的邻接矩阵及其各次幂都记录着结点间的有向通路的信息:通路的数目和长度,甚至还可告诉每条通路的经由结点。令

$$B_k = A + A^2 + \cdots + A^k, k \geqslant 1$$

由 B_k 的元素 $b_{ij}^{(k)}$ 就可以确定从 v_i 到 v_j 的长度不超过 k 的有向通路的数目。如果只关心在 G 中 v_i 是否可达 v_j,而不关心究竟通过多少条有向通路可达,那么,只要看一看所有的 B_k 的元素 $b_{ij}^{(k)}$ 是否等于 0 就行了。从推论 8.3 知道,从 v_i 到 v_j 不可达当且仅当 $a_{ij}^{(n)} = 0$。因此,B_n 的元素 $b_{ij}^{(n)}$ 等于 0 与否就表明了 v_i 不可达 v_j 或可达 v_j。

对于有向图中结点间的可达情况,可以用一个矩阵来描述。

定义 8.18 设 $G = (V, E)$ 是一个 n 阶的有向简单图,$V = \{v_1, v_2, \cdots, v_n\}$。定义矩阵 $P = (p_{ij})_{n \times n}$,其中

$$p_{ij} = \begin{cases} 1, & \text{从 } v_i \text{ 到 } v_j \text{ 存在非零的有向道路} \\ 0, & \text{其他} \end{cases}$$

称 P 是图 G 的**可达性矩阵**(或称通路矩阵)。

可达性矩阵表明了图中任何两个不同的结点之间是否存在至少一条通路,以及在任何结点处是否存在着回路。虽然它只记录了有关图的一部分信息,但是很有用处。

求可达性矩阵可以先构造 $A, A^2, \cdots, A^n$,再构造 $B_n = A + A^2 + \cdots + A^n$,最后利用关系

$$p_{ij} = \begin{cases} 1, & b_{ij}^{(n)} > 0 \\ 0, & b_{ij}^{(n)} = 0 \end{cases}$$

确定 P 的元素 p_{ij} 从而构造出 P。

例 8.5　图 8.23 的邻接矩阵 A 及 A^2, A^3, A^4, A^5 在前面均已求出,因此

$$
B_5 = \begin{bmatrix} 3 & 6 & 3 & 4 & 3 \\ 5 & 8 & 6 & 5 & 3 \\ 9 & 14 & 8 & 9 & 5 \\ 2 & 3 & 2 & 2 & 2 \\ 6 & 11 & 6 & 6 & 4 \end{bmatrix}, \quad
P = \begin{bmatrix} 1 & 1 & 1 & 1 & 1 \\ 1 & 1 & 1 & 1 & 1 \\ 1 & 1 & 1 & 1 & 1 \\ 1 & 1 & 1 & 1 & 1 \\ 1 & 1 & 1 & 1 & 1 \end{bmatrix}
$$

可见图 8.24 中任何两个结点之间都是相互可达的,这个图也就是一个强连通图。

显然,这种先求 $A, A^2, A^3, \cdots, A^n, B_n$ 再构造 P 的方法很费事。如果把邻接矩阵 A 当做关系矩阵,那么求可达性矩阵就相当于求 A 的传递闭包,因此可以仿照集合论中求关系的闭包的办法,利用 Warshall 算法来实现求可达性矩阵 P。

求得可达性矩阵 P 之后,可以进一步利用它去构造求有向图的全部强分图的算法。

设 $P = (p_{ij})_{n \times n}$ 是有向图 G 的可达性矩阵,定义矩阵 $P \odot P^T = (g_{ij})_{n \times n}$ 如下:

$$
g_{ij} = \begin{cases} 1, & i = j \\ p_{ij} \wedge p_{ji}, & i \neq j \end{cases}
$$

这里把 P 作为布尔矩阵来看待,因此元素之间利用了“$\wedge$”运算。由 $P \odot P^T$ 的第 i 行 $(g_{i1}, g_{i2}, \cdots, g_{in})$ 中各非零元素对应的列号,可以得到包含结点 v_i 的强分图信息。即若第 i 行元素中非零元素对应的列号分别为 $j_1, j_2, \cdots, j_k$,那么点诱导子图 $G(\{v_{j_1}, v_{j_2}, \cdots, v_{j_k}\})$ 就是 G 的一个强分图。

例 8.6　求图 8.24 的全部强分图。

解　先求得与结点编号顺序对应的邻接矩阵 A,再利用 Warshall 算法求得可达性矩阵 P,最后求出 $P \odot P^T$,结果如下:

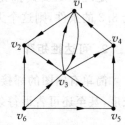

图　8.24

$$
A = \begin{bmatrix} 0 & 1 & 1 & 0 & 0 & 0 \\ 0 & 0 & 1 & 0 & 0 & 0 \\ 1 & 0 & 0 & 1 & 0 & 0 \\ 1 & 0 & 0 & 0 & 0 & 0 \\ 0 & 0 & 1 & 0 & 0 & 0 \\ 0 & 1 & 1 & 0 & 1 & 0 \end{bmatrix}, \quad
P = \begin{bmatrix} 1 & 1 & 1 & 1 & 0 & 0 \\ 1 & 1 & 1 & 1 & 0 & 0 \\ 1 & 1 & 1 & 1 & 0 & 0 \\ 1 & 1 & 1 & 1 & 0 & 0 \\ 1 & 1 & 1 & 1 & 0 & 0 \\ 1 & 1 & 1 & 1 & 1 & 0 \end{bmatrix}, \quad
P \odot P^T = \begin{bmatrix} 1 & 1 & 1 & 1 & 0 & 0 \\ 1 & 1 & 1 & 1 & 0 & 0 \\ 1 & 1 & 1 & 1 & 0 & 0 \\ 1 & 1 & 1 & 1 & 0 & 0 \\ 0 & 0 & 0 & 0 & 1 & 0 \\ 0 & 0 & 0 & 0 & 0 & 1 \end{bmatrix}
$$

从 $P \odot P^T$ 可以看出,图 8.25 有三个强分图,它们是 $G(\{v_1, v_2, v_3, v_4\})$、$G(\{v_5\})$ 和 $G(\{v_6\})$。

3. 关联矩阵

定义 8.19　设 $G = (V, E)$ 是一个无环的、至少有一条有向边的有向图,$V = \{v_1, v_2, \cdots, v_n\}$,$E = \{e_1, e_2, \cdots, e_m\}$。构造矩阵 $M = (m_{ij})_{n \times n}$,其中

$$
m_{ij} = \begin{cases} 1, & e_j \text{ 是 } v_i \text{ 的出边} \\ -1, & e_j \text{ 是 } v_i \text{ 的入边} \\ 0, & \text{其他} \end{cases}
$$

称 M 是 G 的关联矩阵。

例 8.7 图 8.25 的关联矩阵如下。

$$M = \begin{array}{c} v_1 \\ v_2 \\ v_3 \\ v_4 \end{array} \begin{bmatrix} e_1 & e_2 & e_3 & e_4 & e_5 & e_6 & e_7 \\ 1 & 1 & -1 & 1 & 0 & 0 & 0 \\ -1 & 0 & 0 & 0 & 1 & 1 & 0 \\ 0 & 0 & 0 & -1 & 0 & -1 & 1 \\ 0 & -1 & 1 & 0 & -1 & 0 & -1 \end{bmatrix}_{4 \times 7}$$

同邻接矩阵一样,关联矩阵也给出了一个图的全部
信息。从定义不难发现:

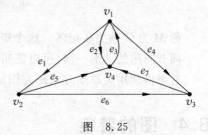

图 8.25

(1) 第 i 行中($1 \leqslant i \leqslant n$),1 的个数是 v_i 的出度,-1
的个数是 v_i 的入度。

(2) 矩阵中每列都有且仅有一个 1 和一个 -1。

(3) 若矩阵中有全零元素行,则图有孤立点。

(4) 若有向图 G 的结点和边在一种编号(定序)下
的关联矩阵是 M_1,在另一种编号下的关联矩阵是 M_2,则必存在置换阵 P 和 Q,使 $M_1 = PM_2Q$。

此外,关联矩阵还有下面的重要性质。

定理 8.10 设 G 是 n 阶连通无环的的有向图,其关联矩阵是 M,则 M 的秩是 $n-1$。

证明 若以 M 的每个行为一向量,则由上面第(2)项知道,这 n 个行向量之和是个零
向量,即这 n 个行向量线性相关。这表明 M 的秩不大于 $n-1$。

为了证明 M 的秩等于 $n-1$,构造矩阵方程

$$XM = 0 \tag{8.1}$$

显然,齐次方程组(8.1)的基础解系中每个解向量都可以表示成只以 0 和 1 为元素的形
式。现在设

$$X = (\overbrace{1, \cdots, 1}^{q\uparrow} \overbrace{0, \cdots, 0}^{n-q\uparrow})$$

是这种形式的一个解。用分块形式表示成

$$X = (e_q \quad o_{n-q})$$

相应地,把 M 按分块形式表示成

$$M = \begin{pmatrix} M_1 \\ M_2 \end{pmatrix} \begin{array}{l} \}q \\ \}n-q \end{array}$$

式(8.1)即 $(e_q \quad o_{n-q}) \begin{pmatrix} M_1 \\ M_2 \end{pmatrix} = 0$

由此得 $e_q M_1 = o_m$,其中 m 是 G 的边数。这个结果表明 M_1 中每列要么含有两个非零元素 1
和 -1,要么全是零元素。不妨设 $M_1 = (\overset{r}{\widetilde{M_{11}}} \quad \overset{m-r}{\widetilde{o}})q$,这样,$M$ 就可以表示成

$$M_1 = \begin{bmatrix} M_{11} & 0 \\ 0 & M_{22} \end{bmatrix} \begin{array}{l} \}q \\ \}n-q \end{array}$$
$$\underbrace{\phantom{M_{11}}}_{r} \quad \underbrace{\phantom{M_{22}}}_{m-r}$$

若 $0 < q < n$,就会导出 M 是非连通有向图(在弱连通意义上)的关联矩阵的结论,与 G
是连通有向图的条件不合。这说明式(8.1)的解 X 不能既含有元素 0 又含有元素 1。

当 $q=0$ 或 n 时,容易验证 $\boldsymbol{X}=(0,0,\cdots,0)$ 和 $\boldsymbol{X}=(1,1,\cdots,1)$ 都是方程(8.1)的解。因此,方程(8.1)的解空间是 1 维的,也就是说,$\boldsymbol{M}$ 的秩为 $n-1$。

无向图的关联矩阵的定义稍有不同。

定义 8.20　设 $G=(V,E)$ 是至少有一边的无环图,$V\{v_1,v_2,\cdots,v_n\}$,$E=\{e_1,e_2,\cdots,e_m\}$。构造矩阵 $\boldsymbol{M}=(m_{ij})_{n\times m}$,其中

$$m_{ij}=\begin{cases}1, & \text{若 } v_i \text{ 与 } e_j \text{ 关联}\\ 0, & \text{其他}\end{cases}$$

称 $\boldsymbol{M}$ 为 G 的关联矩阵。这个矩阵通常看做 $\{0,1\}$ 矩阵加以研究。

同有向图的情形一样,可以证明 n 阶无环连通图,其关联矩阵的秩是 $n-1$。

后面将利用关联矩阵来研究图的生成树构造问题。

8.4　图的着色

很多的实际问题都可以转化为图的着色问题,本节介绍与结点着色、边着色有关的内容。

定义 8.21　图 G 的正常结点着色(简称点着色)是指对 G 的每个结点施以一种颜色,使得任何两个相邻结点着有不同的颜色。如果对 G 点着色用了 k 种颜色,则称 G 是可以 k-点着色的。

图 G 点着色所需要的最少颜色数目称为 G 的点色数,记为 $\chi(G)$。

例 8.8　考试安排问题。期末每个学校都要举行考试。设学校开设的课程集合为 X,学生集合为 Y,要求学同一门课程的学生考试时间尽可能相同,问至少要举行多少场考试?

对于这个问题,可以用一个图 G 来描述。结点表示考试课目,结点 v 和 u 邻结当且仅当有学生既要参加 v 课程的考试,又要考试 u 课程的考试。那么,所得图的每一种点着色方案都给出了考试的一种安排方式。而最少的考试场次正好对应着找图的点色数 $x(G)$。

例 8.9　图 8.26 是常用的 Petersen 图,它是可以 3-点着色的。图中含有长度为 5 的圈,因此至少要 3 种颜色才能够正常着色,于 $\chi(G)\geqslant3$;另一方面可以得到结点集的一个分划 $\{\{v_1,v_3,v_9,v_{10}\},\{v_2,v_4,v_8\},\{v_5,v_6,v_7\}\}$ 对其中各分块的点施用同一种颜色,则用 3 种颜色才能够正常着色,于 $\chi(G)\leqslant3$,综合可知 Petersen 图的点色数是 3。

从点着色的定义知道,只需要讨论简单图的点着色就行了。

对于结构比较规则和简单的图,容易根据定义确定它们的点色数。

(1) $\chi(G)=1$ 当且仅当 G 是零图。

(2) $\chi(G)=2$ 当且仅当 G 是二部图。

(3) $\chi(K_n)=n$。

(4) $\chi(C_n)=\begin{cases}2, & \text{当 } n \text{ 是偶数,}\\ 3, & \text{当 } n \text{ 是奇数。}\end{cases}$

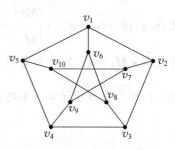

图　8.26

对于一般的图,还没有简单易行的方法去确定色数,下面介绍色数的一个上界。

定理 8.11 若 G 是简单图,则 $\chi(G) \leqslant \Delta(G) + 1$。

证明 对 G 的阶数 n 进行归纳。

当 $n = 1$ 时,$G = K_1$,这时 $\Delta = 0$,$\chi(K_1) = 1$,结论成立。

设 $n = k$ 时结论成立。考虑 $n = k + 1$ 时的情形。任取 G 中一个结点 v,令 $G_1 = G - v$,则 G_1 是 k 阶简单图,由归纳假设 $\chi(G_1) \leqslant \Delta(G_1) + 1$,另一方面 $\Delta(G_1) \leqslant \Delta(G)$,于是有 $\chi(G_1) \leqslant \Delta(G) + 1$;设在 G 中 v 的邻接点是 $v_1, v_2, \cdots, v_p$,则 $p \leqslant \Delta(G)$,因此,用 $\Delta(G) + 1$ 种颜色对 G_1 正常点着色时,$v_1, v_2, \cdots, v_p$ 最多只能用其中的 $\Delta(G)$ 种颜色,即至少可以剩下一种颜色用于 v 的着色,这就是说 $\chi(G) \leqslant \Delta(G) + 1$。

当 G 是完全图和奇圈时,定理中等号成立。Brooks 进一步证明过,对于既不是完全图也不是奇圈图的简单连通图 G,不等号严格成立,即在这种情况下有 $\chi(G) < \Delta(G)$。

决定一个图的色数不是一件容易做的工作,事实上人们还未找到一个普遍有效的方法。但是也有一些很好的近似方法可以利用,下面介绍两种主要类型的方法:独立集分划法。

定义 8.22 设 $G = (V, E)$ 是一个图,$S \subseteq V$ 若对任何 $u, v \in S$,都有 $uv \notin E$,则称 S 是 G 的一个**点独立集**(或简称**独立集**);若对 G 的任何独立集 T,都有 $S \not\subset T$,则称 S 是 G 的一个**极大独立集**。特别地,称具有最大基数的独立集为**最大独立集**。

图 G 中最大独立集的基数称为 G 的**独立数**,记为 $\alpha(G)$。

例 8.10 在图 8.27 中,$\{v_4, v_7\}$、$\{v_0, v_3, v_8\}$、$\{v_0, v_3, v_5, v_7\}$ 等都是极大独立集。$\{v_0, v_3, v_5, v_7\}$ 和 8 都是最大独立集。因此该图的独立数是 4。

类似地可以定义边独立集。图的一组两两互不邻接的边(非环)称为**边独立集**。基数最大的边独立集称为**最大边独立集**,其基数称为**边独立数**,记为 $\alpha'(G)$。例如,图 8.27 中 $\{v_0 v_4, v_1 v_2, v_5 v_6, v_7 v_8\}$ 是一个最大边独立集。因此边独立数也是 4。

容易知道,图 G 的点着色可以确立其结点集 V 上的一个二元关系 R:$(u, v) \in R$ 当且仅当 u 和 v 着以同一种颜色。由此可以得到 V 的一个分划 $\{V_1, V_2, \cdots, V_k\}$,其中每个分块 V_i 都是 G 的一个点独立集。反过来,若 $\{V_1, V_2, \cdots, V_p\}$ 是 V

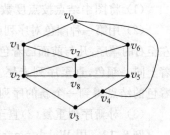

图 8.27

上对应于点独立集的一个分划,则可由此确定 G 的一种着色法。显然,图 G 的色数就是将结点集 V 关于独立集做分划时,分划块为最少时的数目。因此,求图的色数的途径之一就是求具有最小基数的独立集分划。

定理 8.12 令 G 是色数为 k 的图,则存在下述着色方式。

(1) 着第一种颜色的结点构成 G 的一个极大独立集 M_1;

(2) 对每个 $i > 1$,着第 i 种颜色的结点构成 $G - M_1 - M_2 - \cdots - M_{i-1}$ 的极大独立集 M_i。

证明略。

根据这个定理,可以构造如下方法。

第一步:求出 G 中全部的极大独立集;

第二步:对前面已求得的每个极大独立集 M,构造图 $G - M$;

第三步:对第二步中构造的图找出全部的极大独立集,再类似地重复第二步。

显然,当某一步得到的子图是个零图时,这个零图的结点构成图的一个独立集。从原图得到这个零图的过程中每次删去的极大独立集全体构成了结点集的一个独立分划。

上述方法就是找出所有的这种分划,其中由分块数最少的分划给出图的色数。但是,这种方法的工作量太大。经过改进,人们证明只需在上述方法中把求全部极大独立集改为求包含图的最大度结点的全部极大独立集就行了。尽管如此,求色数的工作量仍是相当可观的。

例 8.11 图 8.28 中包含最大度结点 v_1 的极大独立集是 $\{v_1, v_4\}$；$G-\{v_1, v_4\}$ 的最大度结点是 v_2；接下来 $G-\{v_1, v_4\}-\{v_2\}$ 和 $G-\{v_1, v_5\}-\{v_3\}$ 都是零图。可见由原图得到零图的最少步骤为 3,因此,色数也是 3。图 8.29 画出了这种情形。

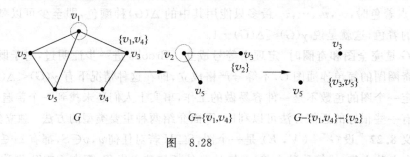

图 8.28

既然求色数十分困难,人们在解决实际问题时常常倾向于采取通过不多的步骤得到满意效果的着色方法——尽管不是精确的,然而却是有效的。例如,如果把前面求全部极大独立集改成只求合乎某种条件的一个极大独立集,便得到 Welch-powell 着色法。这种着色法可以给出色数的一个较好的上界,其思想是:

(1) 将图中结点按点度数递减的方式排成一个序列(可能不是唯一的)。

(2) 用第一种颜色对序列中第一结点着色,并按从左至右的顺序,凡与前面已着色的结点不邻接的结点均着上同一颜色,直至序列末尾。然后从序列中去掉已着色的结点得到一个新的序列。

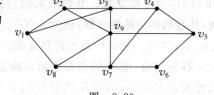

图 8.29

(3) 对新序列重复(2)直至得到空序列。

例 8.12 用 Welch-powell 方法对图 8.29 着色。

解 按点度数递减的方式排列结点：$v_9, v_3, v_7, v_4, v_5, v_8, v_1, v_2, v_6$ 着第一种色的结点有 v_9, v_4, v_1, v_6,剩下序列是 v_3, v_7, v_5, v_8, v_2；着第二种色的结点有 v_3, v_7, v_5,剩下序列是 v_8, v_2,这两个结点可以着以第三种颜色。

因此,图 8.29 可以 3 着色。另一方面。图中含有奇圈,故色数不小于 3。综合可知,图 8.29 的色数就是 3。

图 论 小 结

1. 图的基本概念

图：由一些点和连接点的边组成,常用 G 表示图,V 代表点的集合,E 代表边的集合,记 $G=(V, E)$；

有向边：连接两端点的线段,一个始点一个终点；

无向边：连接两端点的线段,每个端点都可作为始点或终点,即无方向；

有向图：图中各边都是有向边；

无向图：图中各边都是无向边；

(n,m)-图：具有 n 个点，m 条边的图，也称 n 阶图；

零图：即边数为零的图，特别地，当顶点只有一个的零图称平凡图；

平行边：连接于同一对结点间的多条边（有向图中连接同一对结点且同始点同终点的多条边）；

多重图：含有平行边的图；

邻接点：关联于同一条边的两个结点；

邻接边：与同一个结点相关联的边；

环：关联同一结点的一条边，也称自回路；

结点度数：图中结点 v 关联的边数，记 $\deg(v)$ 或 $d(v)$；

图 G 的最大度：$\Delta(G)=\max\{d(v)\,|\,v\in V(G)\}$；

图 G 的最小度：$\delta(G)=\min\{d(v)\,|\,v\in V(G)\}$；

入度：有向图中结点射入边的边数；

出度：有向图中结点射出边的边数；

简单图：不含有平行边和环的图；

无向完全图：每对结点间都有边相连的简单图；

有向完全图：每对结点间都有一对方向相反的边相连的有向简单图；

正则图：设 G 为 n 阶无向简单图，若 G 中每个顶点的度数均为 k，称 k 正则图；

竞赛图：在 n 阶有向图中，如果其底图（忽略方向，作无向图来看）是无向完全图；

子图：对图 $G=(V_1,E_1)$，如有向图 $H=(V_2,E_2)$ 且 $V_2\subseteq V_1$ 或 $E_2\subseteq E_1$ 称 H 为 G 的子图；

当 $V_2=V_1$ 时，称 H 为 G 的生成子图；

还有补图、图的同构等概念。

定理 （握手定理）每个图中所有结点的度数和等于图中边数的两倍，即 $\sum\limits_{v\in V}d(v)=2m$；

定理 在任何有向图中，所有结点的出度和等于所有结点入度和，即 $\sum\limits_{v\in V}d^+(v)=\sum\limits_{v\in V}d^-(v)=m$。

2. 图的通路和连通性

通路：是图的顶点与边的交替序列如 $v_1e_1v_2e_2\cdots v_n$，它是以顶点开始，以顶点结束，每边关联它前面和后面的点。

回路：如果通路中的始点与终点重合，即为回路；

简单通路（回路）：如果通路（回路）中的各边都不相同，则称为简单通路；

基本通路（回路）：如果通路（回路）中的各个顶点都不相同，则称为基本通路；

无向连通图：图中任意两点是可达的；

有向强连通图：图中任意两点都是相互可达的；

有向单而连通图：图中任意两点 v_i,v_j，存在着 v_i 到 v_j 的通路或存在着 v_j 到 v_i 的通路；

有向弱连通图：有向图的底图是连通的。

3. 图的矩阵表示

无向图的关联矩阵：设无向图 $G=(V,E)$ 为 (n,m)-图，令 m_{ij} 为顶点 v_i 边与 e_j 的关联次数，则称 $M(G)=(m_{ij})_{n\times m}$ 为 G 的关联矩阵；

有向图的关联矩阵：设 $G=(V,E)$ 是一个无环至少有一条边的有向图 $(n-m)$ 图，则称 $M(G)=(m_{ij})_{n\times m}$

$$m_{ij}=\begin{cases}1,& e_j \text{ 是 } v_i \text{ 的出边}\\-1,& e_j \text{ 是 } v_i \text{ 的入边}\\0,& e_j \text{ 不与 } v_i \text{ 关联}\end{cases}$$

有向图的邻接矩阵：有向图 G 的邻接矩阵 $A=(a_{ij})_{n\times n}$，其中

$$a_{ij}=\begin{cases}1,& \text{边}(v_i,v_j)\in E\\0,& \text{边}(v_i,v_j)\notin E\end{cases}$$

有向图的可达性矩阵：有向图 G 的可达性矩阵 $P=(P_{ij})_{n\times n}$，其中

$$P_{ij}=\begin{cases}1,& \text{从 } v_i \text{ 到 } v_j \text{ 存在非零的有向道路}\\0,& v_i \text{ 不可达 } v_j\end{cases}$$

4. 图的着色

由对地图的着色引出四色定理。

利用对偶图把对地图中不同区域着色转化成对点的着色，提出了使用 Welch-Powell 方法解决对图点的着色问题。

练 习 题

1. 下列各组数中，哪些能构成无向图的度数序列？哪些能构成无向简单图的度数序列？

(1) $(1,1,1,2,3)$；　　　　　(2) $(0,1,1,2,3,3)$；

(3) $(3,3,3,3)$；　　　　　　(4) $(2,3,3,4,4,5)$；

(5) $(2,3,4,4,5)$；　　　　　(6) $(1,3,3,3)$；

(7) $(2,3,3,4,5,6)$；　　　　(8) $(1,3,3,4,5,6,6)$；

(9) $(2,2,4)$；　　　　　　　(10) $(1,2,2,3,4,5)$。

2. 设图 $G=(V,E)$ 是无向简单图，已知 $m=|E|$，$n=|V|$，则有 $m\leqslant\dfrac{n(n-1)}{2}$。

3. 在 $G=(V,E)$ 中，$n=|V|$，$m=|E|$。

4. 证明在竞赛图 $G=(V,E)$ 中有 $\sum\limits_{v_i\in V}(d^-(v_i))^2=\sum\limits_{v_i\in V}(d^+(v_i))^2$。

5. 考察以下情况。

(1) $n(n\geqslant1)$ 阶无向完全图与有向完全图各有多少条边？

(2) 完全二部图 $k_{n,m}$ 中共有多少条边？

(3) n 阶 k 正则图中共有多少条边？

6. 证明：在任何 $n(n\geqslant2)$ 个顶点的简单图 G 中，至少有两个顶点具有相同的度。

7. 若有 n 个人，每个人恰恰有三个朋友，则 n 必为偶数。

8. n 个城市间有 m 条相互连接的直达公路，

证明：当 $m>\dfrac{(n-1)(n-2)}{2}$ 时，人们便能通过这些公路在任何两个城市间旅行。

9. k_n 表示 n 个结点的无向完全图。

（1）k_6 的各边用红、蓝两色着色，每边仅着一种颜色，红、蓝任选，证明：无论怎样着色，图中总有一个红色边组成的 k_3 或一个蓝色边组成的 k_3。

（2）利用（1）的结论说明：任意 6 个人之间或者有 3 个人两两认识，或者 3 个人中两两互不认识。

10. 无向图 G 的各个结点的度数都是 3，且结点数 n 与边数 m 有 $m=2n-3$，在同构的前提下 G 是唯一的吗？为什么？

11. 证明：如果 G 是二部图，它有 n 个顶点，m 条边，则 $m\leqslant\dfrac{n^2}{4}$。

12. 一个图如果同构于它的补图，则称此图为自补图，证明：一个自补图必有 $4k$ 或 $4k+1$ 个顶点。

13. 试给出下列无向图的自补图。

（1）给出一个 4 个顶点的自补图。

（2）给出一个 5 个顶点的自补图。

（3）是否有 3 个结点的自补图？6 个结点的自补图？

14. 试证明一个不是孤立结点的简单有向图是强连通的，当且仅当 G 中有一个回路，它至少包含每个结点一次。

15. 设 G 是无向简单图，有 n 个顶点，m 条边。

（1）若 $n=6$，$m=7$，证明 G 的连通分支个数不超过 2。

（2）给出一个非连通的无向简单图，使 $m=\dfrac{1}{2}(n-1)(n-2)$，这是 $n>1$。

16. 设已知下列事实。

a 会讲英语；

b 会讲中文和英语；

c 会讲英语、意大利语和俄语；

d 会讲日语和中文；

e 会讲德语和意大利语；

f 会讲法语、日语和俄语；

g 会讲法语和德语。

试问这 7 个人中，是否任意两人都能交谈（必要时可借助于其余 5 人组成的译员链）。

第9章

特殊图形与算法

结合图论基础知识,本章将进一步介绍一些常用的基本图类,如树、平面图、欧拉图、哈密图等,除研究每种图类的本质特征之外,都力求结合一些实际问题来阐明图论的广泛可应用性,介绍一些最基本的图论算法,使读者对图的理论和应用这两个方面都有一定的了解。

学习要求:掌握并能熟练运用与各类图有关的公式和定理。如树的充要条件、生成树与回路和割集的关系、根树的性质及最优树的构造、欧拉公式和 Kuratowski 定理、对偶图与原图的关系、欧拉图存在的充要条件、哈密顿图的必要条件和最基本的充分条件、判别非哈密顿图的简单方法、二部图中最大匹配的存在性定理。熟悉最常用的算法,如 Kruskal 算法、Huffman 算法、利用基本关联矩阵对图的生成树计数、构造欧拉回路的方法、匈牙利算法和关键通路法。一些未在正文中出现的某些重要概念和结论以习题的形式给出,读者应力求做好练习以作为对正文的补充及加深对正文内容的理解。

9.1 欧拉图及其应用

欧拉在 1763 年解决著名的 Konigsberg 七桥难题中,建立了欧拉图类存在性的完整理论。图论的研究方法也随之进入了数学的广大领域。

Konigsberg 是 18 世纪时东普鲁士的一个城市,Pregel 河流经该市,并把该市陆地分成了 4 个部分:两岸及两个河心岛。陆地间共有七座桥相通,如图 9.1(a)所示。长期以来人们一直在议论一个话题:能否从任何一块陆地出发,通过每座桥一次且仅一次,最后又返回出发点?尽管人们做了许多试验,但没有一人成功。欧拉把这个实际问题转化为如图 9.1(b)所示的一个图论问题,他用结点 A,B,C,D 分别表示对应的陆地,用边来表示连接陆地的桥。这样,七桥问题等价于在如图 9.1(b)中找寻一条包括每条边一次的回路,或者说,从图中任一点出发,一笔把图画出来(每边只能经过一次)。欧拉证明,七桥问题具有否定的答案,从而解决了这一难题。下面介绍解决这一问题的基本思想。

定义 9.1 设 G 是一个无向图,包含 G 每条边的简单通路称为**欧拉通路**;包含 G 每条边的简单回路称为**欧拉回路**;具有欧拉回路的图称为**欧拉图**。

显然,每个欧拉图必然是连通图。

定理 9.1 连通图 G 是欧拉图当且仅当 G 不含奇数度结点。

证明 设 G 是欧拉图,则必然存在一条包含每条边的回路 C,当沿着回路 C 朝一个方向前进时,必定沿一条边进入某结点后再沿另一条边由这个结点出去,即每个结点都和偶数条边关联,因此 G 的结点都是偶数度结点。

反过来,设连通图 G 的结点都是偶数度结点,则 G 含有回路。设 C 是一条包含 G 中最多边的回路。若 C 包含了 G 的全部边,则 G 是欧拉图的结论成立。如果 C 不能包含 G 的全部边,则删边子图 $G-E(C)$ 仍无奇数度结点。由于 G 是连通的,C 中应至少存在一点 v,使 $G-E(C)$ 中有一条包含 v 的回路 C'(图 9.2)。这样,就可以由 C 和 C' 构造出 G 的一条包含边数 C 多的回路,与 C 的最大性假设矛盾。因此,G 中包含边数最多的回路必是欧拉回路,即是说,不含奇数度结点的连通图是欧拉图。

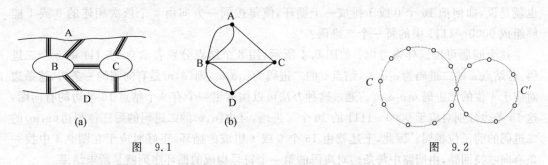

图 9.1   图 9.2

推论 9.1 非平凡连通图 G 含有欧拉通路当且仅当 G 最多有两个奇数度结点。

证明 设连通图 G 含有一条欧拉通路 L,则在 L 中除起点与终点外,其余每个结点都与偶数条边相关联,因此,G 中最多有两个奇数度的结点。

反过来,若 G 没有奇数度结点,显然有一条欧拉通路;若 G 有两个奇数度结点 u 和 v,则 $G+uv$ 是欧拉图,从而存在欧拉回路 C。从 C 中去掉边 vu,则得到一条简单通路 L,其起点是 u,终点是 v,并且包含了 G 的全部边,即 L 是 G 的一条欧拉通路。

由定理 9.1 及其推论知道,因为图 9.1(b) 中没有偶数度结点,不存在欧拉回路,甚至也不存在欧拉通路,所以 Koningsberg 七桥问题有否定的结论。

无向图的欧拉通路问题及其有关结果很容易推广到有向图中去,这时,考虑的是有向欧拉通路和有向欧拉回路。

定理 9.2 连通有向图 G 含有有向欧拉回路当且仅当 G 中每个结点的入度等于出度,连通有向图 G 含有有向欧拉通路当且仅当除两个结点外,其余每个结点的入度等于其出度,而这两个结点中一个结点的入度比其出度多 1,另一结点的入度比其出度少 1。

这个定理的证明与定理 9.1 及其推论的证明类似。显然,一条有向欧拉回路进入任何一个结点的次数和离开这个结点的次数应该一样,因此有向欧拉图的顶点度数也是偶数。同样,含有向欧拉通路的图最多有两个奇数度结点。

对于一个已知的欧拉图 $G=(V,E)$,可以按下述方式构成一条欧拉回路。设置两个变量 s 和 e,分别表示当前位的结点和要经历的边。

由欧拉图 $G=(V,E)$ 构造欧拉回路算法:

(1) 从 G 中任选一点 v_0 和与 v_0 关联的边 e_0,置 $s=v_0$,$e=e_0$。

(2) 记录 s 和 e,并在 G 中标记 e。设与 e 关联的另一结点为 u_0,置 $s=u_0$。

(3) 设从 G 中删去已标记过的全部 k 条边后得到的子图为 G_k,则

① 当 G_k 为零图时,算法结束。

② 若在 G_k 中与 s 关联的边都不是割边,则任选其中一边 e',置 $e=e'$,转(2)。

③ 若在 G_k 中与 s 关联的边有割边 e' 且 s 是 G_k 中的一度点,则令 $e=e'$,转(2);否则在 G_k 中任选一条与 s 关联的非割边 e'',令 $e=e''$,转(2)。

这种构造欧拉回路的方法对于有向欧拉图和无向欧拉图同样适用,下面将用例子说明。欧拉图的一个应用例子就是所谓的模数转换问题。

例 9.1 设一个旋转鼓的表面分成了 16 个扇形段(图 9.3),每个扇形段由导体材料或者绝缘材料构成,分别表示 0 和 1 两种状态。现在要用 4 位的二进制数 $abcd$ 给出 a 对应段的位置,要怎样安排或设置 0 和 1 两种状态的扇段,才能使 16 个扇段的位置号码各不相同? 也就是说,如何把 16 个 0 或 1 排成一个循环,使得按同一方向由 4 个依次相连的 0 或 1 能够组成 0000~1111 中的每一个二进码?

这个问题可以这样来考虑:如图 9.4 所示,用 8 个结点分别表示 000~111 的 8 个二进码,若结点 u 的二进码为 $a_1a_2a_3$,结点 v 的二进码为 $a_2a_3a_4$,则 (u,v) 是有向图的一条边,这条边对应于 4 位的二进码 $a_1a_2a_3a_4$。通过这种办法可以构造出一个有 8 个结点 16 条边的有向图,这 16 条边分别对应于 0000~1111 的 16 个二进码,且边 (u,v) 的二进码的后三位与边 (v,w) 的二进码的前三位相同。因此,上述找由 16 个 0 或 1 组成的循环,正好对应于在图 9.4 中找一条有向欧拉回路,由回路中每条边对应码的第一个符号构成的循环序列就是所求结果。

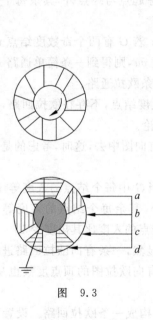

图　9.3

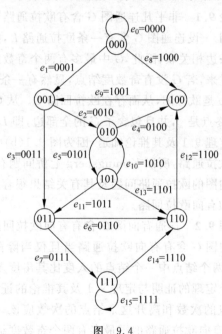

图　9.4

现在按前面找欧拉回路的算法列表如表 9.1 所示。

表　9.1

顺　序	当前所在结点 s	当前标记边 e
0	000	e_0
1	000	e_1
2	001	e_2
3	010	e_5

顺 序	当前所在结点 s	当前标记边 e
4	101	e_{11}
5	011	e_6
6	110	e_{12}
7	100	e_9
8	001	e_3
9	011	e_7
10	111	e_{15}
11	111	e_{14}
12	110	e_{13}
13	101	e_{10}
14	010	e_4
15	100	e_8

由图中得到一条欧拉回路 C,其边序列为

$e_0,e_1,e_2,e_5,e_{11},e_6,e_{12},e_9,e_3,e_7,e_{15},e_{14},e_{13},e_{10},e_4,e_8$,由此得到对应的 16 个 0 或 1 的排列方式 0000101100111101。

另一个与欧拉图有密切关系的应用问题是由管梅谷先生 1962 年提出的所谓"中国邮递员问题"。考虑的是一个邮递员从邮局出发,在其分管的投递区域内走遍所有的街道把邮件送到每个收件人手中,最后又回到邮局,要走怎样的路线使全程最短?这个问题可以用图来表示:以街道为图的边,以街道交叉口为图的结点,问题就是要从这样一个图中找出一条至少包含每个边一次的总长最短的闭通路。显然当这个图是欧拉图时,任何一条欧拉回路都符合要求;但是,当这个图不是欧拉时,所求闭通路必然要重复通过某些边。对此,管梅谷曾证明若图的边数为 m,则所求闭通路的长度最少是 m,最多不超过 $2m$,并且每条边在其中最多出现两次。中国邮递员问题还可以进一步推广到带权的连通图上,即在带权图中找一个包括全部边且权最小的闭通路。

一般意义下的中国邮递员问题是运筹学中一个典型的优化问题,这个问题有着有效的解决办法,其中最直观的方法之一是把图中的某些边复制成两条边,然后在所得图中找一个欧拉回路,这个回路即是原来问题的解。下面仅对无向介绍算法的基本思想:

求解无向图的中国邮递员问题算法。

(1) 若 G 不含奇数度结点,则按本节前面介绍的方法所构造的欧拉回路,就是问题的解。

(2) 若 G 含有 $2k(k>0)$ 个奇数度结点,则先求出其中任何两个结点之间的最短通路,然后再在这些通路之中找出 k 条通路 $p_1,p_2,\cdots,p_k$,使得①任何 p_i 和 $p_j(i\neq j)$ 没有相同的起点和终点,②在所有满足①的 k 条通路的集合中,$p_1,p_2,\cdots,p_k$ 的长度总和最短。

(3) 根据(2)中求出的 k 条最短通路 $p_1,p_2,\cdots,p_k$ 在原图 G 中复制所有出现在这 k 条通路上的边,设所得之图为 G'。

(4) 构造 G' 的欧拉回路,即得到中国邮递员问题的解。

例 9.2 图 9.5 中 G 含有 4 个奇数度结点

$d(v_1)=3,d(v_2)=5,d(v_3)=3,d(v_5)=5$。求得距离

$d(v_1,v_2)=3,d(v_1,v_3)=5,d(v_1,v_5)=4,d(v_2,v_3)=2,d(v_2,v_5)=3,d(v_3,v_5)=4$。从中选出两条长度总和最小的通路 $p_1=v_1v_7v_5$ 和 $p_2=v_2v_3$，构造图 G'，则中国邮递员问题的一个解便是回路 $C=v_1v_7v_3v_2v_4v_5v_6v_2v_7v_5v_3v_2v_1v_1v_7v_5v_1$。

求中国邮递员问题的算法中，包含了两个基本的优化算法：求任意两点的距离及求最佳匹配，它们都有对应的有效算法。

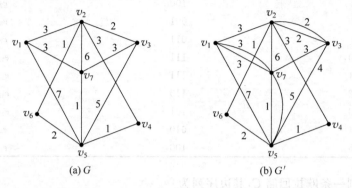

(a) G (b) G'

图 9.5

9.2 哈密顿图及其应用

1857 年爱尔兰数学家 W. R. Hamilton 发明了一种"周游世界"的游戏，他用一个正十二面体的 20 个顶点代表世界上 20 个大城市，每条棱表示城市间的一条路线。这个正十二面体的平面图形表示如图 9.6 所示。要求游戏者从任何一个顶点出发沿着棱行走，通过每个顶点一次且仅通过一次，最后回到出发点。

这个游戏的解是容易找到的。重要的是，这个游戏可以被概括为一个有普遍意义的图论问题：判定一个连通图中是否存在着一个包含全部结点的圈。尽管欧拉图问题与哈密顿图问题都是求图的一个生成闭通路的问题。但是后者却要困难得多，至今尚未找到一个简单的充分必要条件去判定一个图是否哈密顿图。判定哈密顿图的存在性一直是图论中的重要课题之一。本节将介绍几个基本结果。

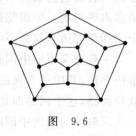

图 9.6

1. 哈密顿图的存在性定理

定义 9.2 设 G 是一个连通图。若 G 中存在一条包含全部结点的基本通路，则称这条通路为 G 的**哈密顿通路**。若 G 中存在一个包含全部结点的**圈**，则称这个圈为 G 的哈密顿圈。含有哈密顿圈的图称为哈密顿图。

从定义可以看出，研究哈密顿通路问题只要考虑简单图的情况就行了。

定理 9.3 如果无向图 $G=(V,E)$ 是哈密顿图，那么 V 的任何非空真子集 S，都有 $\omega(G-S)\leqslant|S|$。

证明 设 C 是 G 的一个哈密顿圈，那么对于 V 的任何非空真子集 S 都应有 $\omega(C-S)$

$\leqslant |S|$。

但是 $C-S$ 是 $G-S$ 的一个生成子图,从而

$$\omega(G-S) \leqslant \omega(C-S) \leqslant |S|$$

应用这个定理可以确定某些特殊的图不是哈密顿图。如在图 9.7 中,令 $S=\{a,b,c,d,e\}$,则 $\omega(G-S)=6>|S|=5$,因此它不是哈密顿图。但是,定理 9.3 只是哈密顿图的一个必要条件,满足这个条件的图不一定是哈密顿图。例如 Petersen 图就满足这个条件,但它不是哈密顿图。

定理 9.4 设 $G=(V,E)$ 是 n 阶($n \geqslant 3$)无向简单图。若对 G 中任一对不相邻的结点 u 和 v,皆有 $d(u)+d(v) \geqslant n-1$,则 G 中必有哈密顿通路。

证明 首先,在定理条件下 G 必是连通的。不然,则 G 至少有两支 $G_1=(V_1,E_1)$ 和 $G_2=(V_2,E_2)$,任取 $v_1 \in V_1, v_2 \in V_2$,可得 $d(v_1)+d(v_2) \leqslant |V_1|-1+|V_2|-1=n-2$,与已知条件矛盾。

其次,设 $l=v_1 v_2 \cdots v_k$ 是 G 中最长的一条基本通路。若 $k=n$,则 l 就是所求通路,定理得证。若 $k<n$,由 l 的最长性知道 v_1 和 v_k 的全部邻接结点都在 l 上。若 $v_1 v_k \in E$,则 1 加上边 $v_1 v_k$ 就构成 G 的一个包含 l 的圈;若 $v_1 v_k \notin E$,则必存在 l 上的结点 v_i,使得 $v_1 v_i \in E$,$v_{i-1} v_k \in E$。否则设 v_1 邻接结点是 $v_{i1},v_{i2},\cdots,v_{it}$,则 v_k 不能与 $v_{i1-1},v_{i2-1},\cdots,v_{it-1}$ 中任何一个邻接,这样就有 $d(v_k) \leqslant k-t-1, d(v_1)=t$,从而 $d(v_1)+d(v_k) \leqslant k-1<n-1$ 与已知条件矛盾。因此,由 $v_1 v_i \in E, v_{i-1} v_k \in E$ 可以构造出一个圈 $v_1 v_2 \cdots v_{i-1} v_k v_{k-1} \cdots v_i v_1$ 如图 9.8 所示。这个圈包含 l 中的全部结点,但是由于 $k<n$,则必另有一结点 u 与 l 中的某结点 v_j 邻接,从而可以构造出一条比 l 更长的基本通路 $l'=u v_j v_{j+1} \cdots v_{i-1} v_k v_{k-1} \cdots v_i v_1 v_2 \cdots v_{j-1}$,又与 l 的最长性假设相矛盾。由此可知,l 必是 G 的一条哈密顿通路。

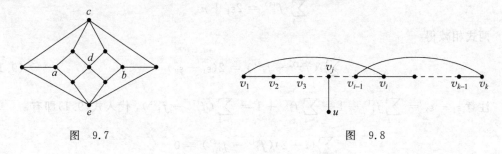

图 9.7　　　　　　　　　　　　　图 9.8

定理 9.5 设 $G=(V,E)$ 是 $n \geqslant 3$ 阶的简单图。若对每对结点 $u,v \in V, d(u)+d(v) \geqslant n$,则 G 必是哈密顿图。

证明 由定理 9.4 知道 G 必有一条哈密顿通路,然后,可以仿照定理 9.4 的证明方法由这条哈密顿通路构造出一条哈密顿图。

定理 9.5 的条件很强,不满足条件的图也可能是哈密顿图,例如圈图就是这种图。还有些图虽然不直接满足这个条件,但是可以通过在一定条件下加边的办法来满足这个条件,这就涉及图的闭包的概念。

定义 9.3 设 $G=(V,E)$ 是 n 阶的简单图。若存在一对不相邻接的结点 u 和 v,满足 $d(u)+d(v) \geqslant n$,则构造图 $G+uv$,并且在图 $G+uv$ 上重复上述步骤直至不再存在着这样的结点对为止,所得之图称为图 G 的闭包,记为 $C(G)$。

定理 9.6   一个简单图是哈密顿图当且仅当其闭包图是哈密顿图。

证明   首先证明,若 u,v 是 n 阶简单图 G 的两个非邻接结点且 $d(u)+d(v)\geqslant n$ 则 G 是哈密顿图当且仅当 $G+uv$ 是哈密顿图。当 G 是哈密顿图时,$G+uv$ 当然也是哈密顿图。

反过来,若 $G+uv$ 是哈密顿图,则 G 中必然存在一条以 u 为起点,v 为终点的哈密顿通路 l,然后仿照定理 9.4 的证明过程由 l 构造一个哈密顿圈,即由 $G+uv$ 是哈密顿图推出 G 也是哈密顿图。

其次,根据上述证明知道,在构造 $C(G)$ 的每个步骤中得到的图与 G 同为哈密顿图或同不为哈密顿图,因此定理成立。

下面介绍平面图成为哈密顿图的一个必要条件。

定理 9.7   设 G 是一个 n 阶无环的连通平面图。若 G 含有哈密顿圈 C,则

$$\sum_{t=1}^{n}(i-2)(f_i^{(1)}-f_i^{(2)})=0$$

其中,$f_i^{(1)}$ 和 $f_i^{(2)}$ 分别是含在圈 C 内部和外部的 i 度面的数目。

证明   设 C 是平面图 G 的一个哈密顿圈,则 G 的边可以分为 3 类:在圈 C 外部的边(其数目设为 ε_2),在圈 C 内部的边(其数目设为 ε_1),以及在圈 C 上的边(数目为 n)。相应地,位于 C 内部的面数是 ε_1+1,位于 C 外部的面数为 ε_2+1。

每条在 C 外部的边都是两个面的公共边界,而 C 上的边都正好在外部的一个面的边界上。因此,位于 C 的外部的面,其度之和是

$$\sum_{i=1}^{n}if_i^{(2)}=2\varepsilon_2+n$$

对于位于 C 内部的面,可以得出类似的关系式

$$\sum_{i=1}^{n}if_i^{(1)}=2\varepsilon_1+n$$

两式相减得

$$\sum_{i=1}^{n}i(f_i^{(1)}-f_i^{(2)})=2(\varepsilon_1-\varepsilon_2) \qquad (9.1)$$

注意 $\varepsilon_1-\varepsilon_2=\sum_{i-1}^{n}f_i^{(1)}-1-\sum_{i=1}^{n}f_i^{(2)}+1=\sum_{i=1}^{n}(f_i^{(1)}-f_1^{(2)})$,代入式(9.1)即有

$$\sum_{i=1}^{n}(i-2)(f_i^{(1)}-f_i^{(2)})=0$$

利用这个定理往往可以否定某些平面图是哈密顿图。例如图 9.7 只有 4 度的面,如果它是哈密顿图,则必须满足

$$2(f_4^{(1)}-f_4^{(2)})=0 \qquad (9.2)$$

但是面的总数是 9,无论如何也不能使式(9.2)成立,因此图 9.7 不是哈密顿图。

9.3   平面图与对偶图

1. 平面图

定义 9.4   若图 $G=(V,E)$ 的图形表示具有如下特征:(1)将它画在平上后没有两个结

点重合；(2)每条边不自身相交；(3)没有两条边在它们公共关联结点以外相交。则称 G 是具有平面性的图,或简称为平面图。

例 9.3 图 9.9 中(a)和(b)都是平面图。图 9.9(a)是连通的,图 9.9(b)不是连通的。

图的平面性问题有着许多实际的应用。例如在电路设计中常常要考虑布线是否可以避免交叉以减少元件间的互感影响。如果必然交叉,那么怎样才能使交叉处尽可能的少? 或者如何进行分层设计,才使每层都无交叉? 这些问题实际都与图的平面表示有关。

确实存在着大量的图,它们没有对应的平面图形表示。例如 K_5 和 $K_{3,3}$,无论怎么画,总会出现边的交叉(见图 9.10),这样的图称为非平面图。

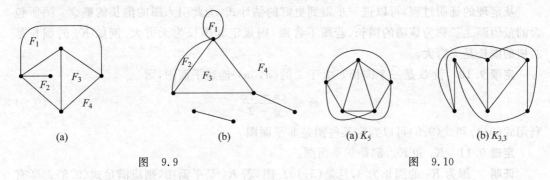

(a)   (b)   (a) K_5 (b) $K_{3,3}$

图 9.9   图 9.10

那么,能不能不通过图的图形表示来判断一个图的平面性呢? 首先,要研究一下平面图的特点。

定义 9.5 设 G 是一个平面图。若 G 的图形中由边围城的封闭区域不能再分割成两个或两个以上的包含更少边数的子区域,则称这个封闭区域为 G 的面。包围这个区域的边称为面的边界。面的边界中的边数称为面的度(割边在计度时算做两条边)。

例 9.4 图 9.9 中(a)有 4 个面: F_1,F_2,F_3 和 F_4。其中 F_1,F_2,F_3 称为有界面或内部面,F_4 称为无界面或外部面。F_1,F_3,F_4 的度都是 3,F_2 的度是 5。

注意: 若一条边不是割边,它必是两个面的公共边界;割边只能是一个面的边界。两个以一条边为公共边界的面称为相邻的面。

平面图的结点数 n,边数 m 以及面的数目 r 之间有着密切的关系,这即是重要的欧拉公式。

定理 9.8(欧拉公式) 设 G 是一个面数为 r 的 (n,m)-连通平面图,则

$$n-m+r = 2 \tag{9.3}$$

证明 先构造平面图 G 的一棵生成树 T,则 T 也是平面图,它只有一个面,即外部面,然后依次加入补树边,每加入一条补树边,则新增加一个且仅一个内部面。而补树边总数是 $m-n+1$,因此 G 的面数应为 $r= m-n + 2$,即 $n-m + r = 2$。

欧拉公式是平面图的一个必要条件,可以用它来判定一些图的非平面性。

另外,不难看出,要判定一个图是否平面图,只要判定它对应的基图是否平面图就行了。因此,以后只讨论简单图的平面性。

定理 9.9 设 G 是一个阶数大于 2 的 (n,m)-连通简单平面图,则

$$m \leqslant 3n - 6 \tag{9.4}$$

证明 设 G 有 r 个面,在计算 G 的面度时,每条边被计算了两次,因此 G 中各面度之

总和是边数的 2 倍。若 G 的阶数大于 2，则每个面的度不小于 3，从而有 $3r \leqslant 2m$。

代入欧拉公式可得：

$$2 = n - m + r \leqslant n - m + \frac{2}{3}m$$

整理即是：$m \leqslant 3n - 6$。

推论 9.2　在任何简单连通平面图中，至少存在一个其度不超过 5 的结点。

证明　若全部结点的度均大于 5，则 $2m = \sum d(v_i) \geqslant 6n$，即 $m \geqslant 3n$。再由式(9.4)可得 $3n \leqslant 3n - 6$，不合理。

从定理的证明过程，可以进一步得到更好的估计式。为此引入图的围长的概念：图所包含的最短圈之长称为该**图的围长**。若图不含圈，则规定其围长为无穷大。例如 K_5 的围长是 3，树的围长是无穷大。

定理 9.10　设 G 是一个围长 g 大于 2 的 (n, m)-连通平面图，则

$$m \leqslant \frac{gn - 2g}{g - 2} \tag{9.5}$$

利用式(9.4)和式(9.5)可以判定某些图是非平面图。

定理 9.11　K_5 和 $K_{3,3}$ 都是非平面图。

证明　因为 K_5 的围长为 3，且是 $(5,10)$-图，若 K_5 是平面图，则应满足式(9.5)。即有

$$10 \leqslant \frac{3 \times 5 - 2 \times 3}{3 - 2} = 9$$

产生矛盾。故 K_5 不是平面图。

同样，$K_{3,3}$ 是 $(6,9)$-图，若 $K_{3,3}$ 是平面图，由式(9.5)则应有

$$9 \leqslant \frac{4 \times 6 - 2 \times 4}{4 - 2} = 8$$

也产生矛盾。故 $K_{3,3}$ 不是平面图。

虽然欧拉公式可用来判别某个图是非平面图，但是当结点数和边数较多时，应用欧拉公式进行判别就会相当困难。一个图是否有平面的图形表示是判别平面图的最具说服力的方法，但是又因为工作量太大而不实用。要找到一个好的方法去判断任何一个图是否是平面图，就得对平面图的本质有所了解。Kuratowski 建立了一个定理，定性地说明了平面图的本质。

首先，在图 G 的边 uv 上新增加一个 2 度结点 w，称为图 G 的细分。严格地说，细分是从 G 中先删去边 uv，再增加一个新结点 w 和边 uw 及 vw。一条边上也可以同时增加有限个 2 度结点，所得的新图称为原图的细分图。例如图 9.11(a) 和图 9.11(b) 分别是 K_5 和 $K_{3,3}$ 的一种细分图（黑点表示新加入的结点）。容易知道，若 G' 是 G 的细分图，则 G' 与 G 同为平面图或同为非平面图。

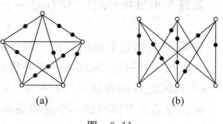

(a)　　　　　　(b)

图 9.11

定理 9.12　(Kuratowski) 一个图是平面图当且仅当它不包含与 K_5 和 $K_{3,3}$ 的细分图同构的子图。

Kuratowski 定理虽然很基本,证明的方法各有特色,但证明的篇幅都较大,这里不给出证明。

2. 对偶图与五色定理

在图论发展史上,"四色问题"曾经起过巨大的推动作用。所谓"四色问题",就是考虑在一张各国地域连通,并且相邻国家有一段公共边界的平面地图上,是否可以用 4 种颜色为地图着色,使得相邻国家着有不同的颜色? 这是一个著名的数学难题,一百多年中曾吸引过许多优秀的数学家,但是谁也未能从理论上严格证明这个问题的答案是肯定的。直到 1979 年才由美国的 K. Appel 和 W. Haken 利用计算机给出了证明,宣布这一问题得到了解决。在理论研究中,虽然未能证明"四色定理",然而 1890 年 Heawood 在 Kempe 证明方法的基础上建立了五色定理,也是着色研究的一个重要结果,特别是证明方法很有用处。下面将围绕平面图的着色问题介绍对偶图的概念与五色定理。

定义 9.6 设 $G=(V,E)$ 是一个平面图,构造图 $G^*=(V^*,E^*)$ 如下。

(1) G 的面 $F_1,F_2,\cdots,F_f$ 与 V^* 中的点 $v_1^*,v_2^*,\cdots,v_f^*$ 一一对应;

(2) 若面 F_i 和 F_j 邻接,则 v_i^* 与 v_j^* 邻接;

(3) 若 G 中有一条边 e 只是面 F_i 的边界,则 v_i^* 有一环。

称图 G^* 是 G 的**对偶图**。

G 的对偶图 G^* 可以有各种画法,其中最通用的方法是将 G^* 的结点画在 G 的面内,G^* 的每条边 u^*v^* 只与 G 中分隔面 F_u 和 F_v 的边交叉一次。例如,在图 9.12 中,虚线和黑点分别是 G^* 的边和结点,实线和空心点是 G 的边和结点。

从对偶图的定义,特别是从其表示方法中可以清楚地看到,每个平面图都有对偶图,若 G^* 是连通图 G 的对偶图,则 G 也是 G^* 的对偶图,若 G 是连通的平面图,则 $G^{**}\cong G$。事实上,存在着对偶图是一个图为平面图的充分必要条件。对偶图的平面性是显而易见的。

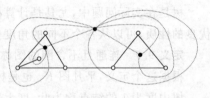

图 9.12

对偶图 G^* 的边割集和 G 的圈之间,以及 G^* 的圈和 G 的边割集之间存在着对应关系。从对偶图的表示(图 9.12)中可以看出,G^* 中的每个结点 v^* 所关联的边构成 G^* 的一个边割集,这些边与 G 中包围 v^* 的面的边界交叉。因此 G 的每个面的边界(即 G 的一个圈)与 G^* 的一个边割集相对应;由于 G 与 G^* 互为对偶图,同样可以知道 G^* 的圈也与 G 的某个边割集相对应。

利用对偶图的概念,可以把平面图 G 的面着色问题转化为研究 G^* 的点着色问题。

定理 9.13 任何连通平面图都是可以 5-着色的。

证明 对平面图 G 的阶数 n 归纳。

当 $n\leqslant 5$ 时,定理的结论是显然的。设 $n=k$ 时结论也真,则当 $n=k+1$,由推论 9.2 知道,G 必有度不超过 5 的结点 u,则由归纳假设,G 的子图 $G-u$ 是可以 5-着色的。在此基础上,研究 G 的着色问题。

若 $d(u)\leqslant 4$,则 u 最多有 4 个邻接结点。因此,必然可以找到一种颜色对 u 着色,在这种情况下 G 是可以 5-着色的。

当 $d(u)=5$,设 u 的邻接点是 v_1,v_2,v_3,v_4,v_5,在 G 的平面表示中它们的位置如图 9.13

所示,设它们已分别着有颜色 a,b,c,d,e。

令 G_{xy} 表示由 G 中全体着有颜色 x 或 y 的结点构成的诱导子图。

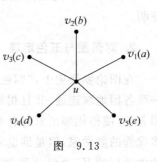

图　9.13

显然, v_1,v_3 是 G_{ac} 的两个结点,根据它们是否连通,有两种可能的情况需要讨论。

(1) 若 v_1,v_3 在 G_{ac} 中不是连通的,则可在 G_{ac} 的含 v_1 的支中令着有 a,c 颜色的结点互换颜色,其结果不会影响别的结点的正常着色。但是这样一来, v_1 和 v_3 都可以着色 c ,颜色 a 可用于结点 u ,从而得到 G 的一个 5-着色。

(2) 若 v_1 和 v_3 在 G_{ac} 中是连通的,则 G 中存在一条从 v_1 到 v_3 的通路,沿着这条通路着 a,c 色的结点交替出现。这条通路加上边 v_3u 和 v_1u 形成一条回路,使 v_2 和 v_4 分别在回路的内部和外部,从而 v_2 和 v_4 在 G_{ac} 的含 v_2 的支中使着 b,d 色的结点互换颜色。再让 u 着色 b ,由此得到 G 的一个 5-着色。

定理证明中使用的方法往往称为 Kempe 着色法。Kempe 曾用这种方法去证明“四色定理”,但未能成功。虽然如此,这个方法仍不失为一个比较精巧的方法。

9.4　树与生成树

1. 树的概念

树是在实际问题中,尤其是计算机科学中广泛被使用的一类图。树具有简单的形式和优良的性质,可以从各个不同的角度去描述它。

定义 9.7　连通且不含圈的图称为树。

根据这个定义,平凡图 K_1 也是树。

树中度为 1 的结点称为叶,度大于 1 的结点称为枝点或内点。K_1 是一个既无叶又无内点的特殊树。

若在定义 9.7 中去掉连通的条件,所定义的图称为林。林的每个支都是树。

例 9.5　图 9.14(a)是碳氢化合物 C_4H_{10} 的分子结构图,它是一棵树;图 9.14(b)是表达式 $((a \times b+(c+d)/f)-r)$ 的树形表示;图 9.14(c)是有 8 名选手参加的、采用淘汰制方式的羽毛球单打比赛图,它是一棵 2 正则树。

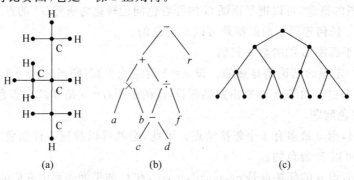

(a)　　　　　(b)　　　　　(c)

图　9.14

定理 9.14　设 T 是非平凡的 (n, m)-图，则下述命题相互等价。

(1) T 连通且无圈。

(2) T 无圈且 $m = n-1$。

(3) T 连通且 $m = n-1$。

(4) T 无圈但新增加任何一条边（端点属于 T）后有且仅有一个圈。

(5) T 连通，但是删去任何一边后便不再连通。

(6) T 的每一对结点之间有且仅有一条通路可通。

证明　(1)$\Rightarrow$(1)　对阶数 n 归纳。

当 $n = 2$ 时，$T = K_2$，边数 $m = 1$，结论成立。

设 $n \geqslant k(\geqslant 2)$ 时结论成立。当 $n = k+1$ 时，由于 T 连通且不含圈。它必有一度结点 v。设 uv 是 T 的一条边，则 $T\text{-}v$ 是阶数为 k 的连通无圈图，$T\text{-}v$ 比 T 仅少一个点 v 与一条边 uv。由归纳假设 $T\text{-}v$ 的边数应满足 $(m-1) = (n-1)-1$，即 $m = n-1$。

(2)$\Rightarrow$(3)　设 T 有 k 个支 $T_1, T_2, \cdots, T_k$，则由(2)每个支 T_i 是无圈且连能的 (n_i, m_i)-图，由(1)$\Rightarrow$(2)已知有关系式 $m_i = n_i - 1$。

于是 $m = \sum\limits_{i=1}^{k} m_i = \sum\limits_{i=1}^{k}(n_i - 1) = \sum\limits_{i=1}^{k} n_i - k = n-k$。但是已知 $m = n-1$，于是 $k = 1$，即 T 是连通的。

(3)$\Rightarrow$(4)　对阶数 n 进行归纳。

当 $n = 2$ 时，$m = 1$，则 $T = K_2$，无圈，任增加一条端点属于 T 的新边后有且仅有一个圈。

设 $n \geqslant k(\geqslant 2)$ 时结论成立。当 $n = k+1$ 时，由 $m = n-1$ 及图论基本定理知道 T 必有一度结点 v，则 $T\text{-}v$ 满足(3)，由归纳假设 $T\text{-}v$ 无圈，而在 T 中 v 仅与 $T\text{-}v$ 的一个结点邻接，故 T 也无圈。若在 T 中任新加一条边 uw 后却构成了两个以上的圈，那么去掉 uw 之后 T 也应含有圈，得出矛盾。

(4)$\Rightarrow$(5)　若 T 不连通，则必有点 u 和 v，其间无通路可通，从而 T 增加边 uv 后不能构成圈，与前提(4)矛盾。又因为 T 无圈，所以它的任何一边 e 都是割边，即 $T\text{-}e$ 不连通。

(5)$\Rightarrow$(6)　若 T 中存在两个结点 u 和 v，它们之间有两条通路，则必有过 u 和 v 的圈。因此去掉这个圈上的任何一边，图仍然连通，与(5)矛盾。

(6)$\Rightarrow$(1)　任何两个结点间皆有通路可通，故 T 连通。若 T 有圈，则圈中的任何两点之间有至少两条通路可通，与(6)矛盾。

定理中的 6 条命题等价地刻画了树的性质，每一条都可作为（非平凡）树的定义。并且 (1)，(2)，(3)条对于平凡树也是正确的。

根据这个定理可得到如下有用的推论。

推论 9.3　任何非平凡树至少有二片叶。

证明　设 (n, m) 一棵树 T 有 t 片叶（度数为 1），那么有 $n-t$ 片枝点或内点（度数大于等于 2），由握手定理得 $2m = \sum\limits_{i=1}^{n} d(v_i) \geqslant t + 2(n-t)$，由定理 9.14 中命题(2)，可得 $2(n-1) \geqslant t + 2n - 2t$，即 $t \geqslant 2$。

推论 9.4　阶大于 2 的树必有割点。

证明　由 $m = n-1$ 知道 T 至少有一个度数大于 1 的内点 v，再由命题(5)，$T\text{-}v$ 不是连通的,故 v 必是割点。

2. 生成树及其应用

1) 生成树

定义 9.8 若连通图 G 的生成子图是一棵树,则称这棵树为 G 的生成树。

若 T 是 G 的生成树,称 T 中的边是树枝,不在 T 中的边称为补树边,称 $G-T$ 为补树。

例 9.6 图 9.15 中,由边集 $\{e_2,e_3,e_5,e_6,e_8,e_{10}\}$ 诱导的子图便是一棵生成树(用粗线表示的部分)。其余的边是补树边。

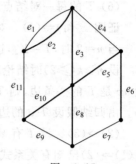

图　9.15

定理 9.15 每个连通图都含有生成树。

证明 设 G 是连通图,若 G 不含圈,则 G 就是一棵生成树。若 G 含有圈,设去掉圈中的任何一边后,所得之图为 G_1,则 G_1 仍是连通的。若 G_1 无圈,则 G_1 是 G 的生成树;若 G_1 仍含圈,则重复上述去边步骤,最终可以得到一个连通而无圈的子图,即是 G 的生成树。

推论 9.5 每个 n 阶连通图,其边数 $m \geqslant n-1$。

证明 若 G 是 n 阶连通图,它必含生成树,即至少包含 $n-1$ 条边。

设 G 是一个 (n,m)-连通图,则相对于它的任何一个生成树 T,含有 $m-(n-1)$ 个补树边,根据定理 9.14 中命题(4),对每条补树边 e,$T+e$ 有且仅有一个圈。因此 G 中至少含有 $m-n+1$ 个圈。这 $m-n+1$ 个圈是 G 的基本圈,构成 G 的圈空间的基。因而又称 $m-n+1$ 为 G 的圈秩。

定理 9.16 设 T 是连通图的 G 的生成树,则:

(1) G 的任何边割集与 T 至少有一公共边;

(2) G 的任何圈与补树至少有一条公共边。

证明 (1) 设 Q 是 G 的一个边割集,若 Q 与 T 无公共边,则 $G-Q$ 仍含有生成树 T,与 Q 为边割集的假设矛盾。因此,Q 与 T 至少有一条公共边。

(2) 设 C 是 G 的一个圈,若 C 与补树无公共边,则 C 的边全在 T 中,与 T 是树矛盾。因此,每个圈至少有一条补树边。

在电路网络的拓扑分析中,把只含一条树边的基本割集和只含一条补树边的基本圈分别作为构造割集矩阵和圈矩阵的对象。n 阶无环图的割集矩阵的秩是 $n-1$,圈矩阵的秩为 $m-n+1$。基本割集和基本圈在建立状态方程中起着重要作用。

2) 生成树的应用

设有 n 个城市 $A_1,A_2,\cdots,A_n$,要建造一个铁路系统把全部城市连起来。已知建造城市 A_i 和 A_j 之间的铁路所需费用为 $w(A_i,A_j)$。这个铁路系统应该怎样建造才能使得总费用最少?

显然,若把每个城市作为图的结点,城市 A_i,A_j 之间的铁路及其修造费用 $w(A_i,A_j)$ 作为图中对应的带权为 $w(A_i,A_j)$ 的边,那么,上述修建铁路系统的问题就是要在对应的权图中构造一棵生成树,使得生成树的各边之权和达到最小。这就是所谓求最小生成树的问题,它是用图论方法解决运筹学问题的有关手段之一。

下面介绍求 n 阶带权连通图 $G=(V,E)$ 的最小生成树的一个有效算法。

Kruskal 算法如下。

(1) 选取 G 中权最小的一条边,设为 e_1。令 $S \leftarrow \{e_1\}$,$i \leftarrow 1$。

（2）若 $i=n-1$，输出 $G(S)$，算法结束。

（3）设已选边构成集合 $S=\{e_1,e_2,\cdots,e_i\}$。从 $E-S$ 中选边 e_{i+1}，使其满足条件：

① $G(S\cup\{e_{i+1}\})$ 不含圈；

② 在 $E-S$ 的所有满足条件①的边中，e_{i+1} 有最小的权。

（4）$S\leftarrow S\cup\{e_{i+1}\}$，$i\leftarrow i+1$ 转（2）。

例 9.7 图 9.16 中按 Kruskal 算法产生的最小树 T 为粗线边表示的子图。选边的顺序为 v_1v_2，v_1v_3，v_3v_6，v_4v_6，v_5v_6。

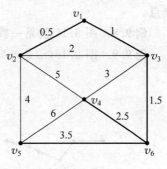

图 9.16

T 的权为

$$W(T)=0.5+1+1.5+2.5+3.5=9$$

定理 9.17 由 Kruskal 算法产生的子图 $G(S)$ 是 n 阶连通图 $G=(V,E)$ 的最小生成树。

证明 由于图的边数有限，算法必定终止。当算法结束时，$G(S)$ 满足 $|S|=n-1$，且无圈，因此是 G 的生成树。

设 T_0 是 G 的一棵与 $G(S)$ 有最多公共边的最小生成树（可以同下面讨论方式一样，证明它们至少有一条公共边），若 $T_0=G(S)$，则 $G(S)$ 就是最小生成树。若 $T_0\neq G(S)$，必有边 e_{i+1} 不在 T_0 中，但是 $e_1,\cdots,e_i$ 都在 T_0 中。由定理 9.14 中命题（4）知道，T_0+e_{i+1} 有且仅有一个圈 c。c 中必有边 e' 不在 $G(S)$ 中，因此 $T'_0=(T_0+e_{i+1})-e'$ 是 G 的另一个生成树，且

$$W(T'_0)=W(T_0)+w(e_{i+1})-w(e') \tag{9.6}$$

但是由 Kruskal 算法知道，e_{i+1} 是在选定 $e_1,e_2,\cdots,e_i$ 之后具有最小权的边，因此必然 $w(e_{i+1})\leqslant w(e')$。这样，由式（9.6）导出

$$W(T'_0)\leqslant W(T_0)$$

这说明 T'_0 也是 G 的一个最小生成树，但是它与 $G(S)$ 的公共边数却有 $i+1$ 条，这与 T_0 的选择矛盾。因此 $G(S)$ 是 G 的最小生成树。

在 Kruskal 算法中，也可以先将图 G 的边按权的不减顺序排成一个序列。在每考察一条边后，就从序列中去掉它。这样，步骤（1）和步骤（3）都可以得到简化。

9.5 根树及其应用

1. 根树

定义 9.9 若一个有向图 G 的基图是树，则称 G 为有向树。

例图 9.17 是一棵有向树。

在实际问题中，如查找模式、分析句子、描述证明等，根树（特别是有向根树）有着重要的应用。先定义有向根树。

定义 9.10 设 T 是一棵有向树。若 T 恰有一个入度为 0 的结点 v，其余结点的入度皆为 1，则称 T 是以 v 为根的外向树。外向树中出度为 0 的结点称为叶，出度不为 0 的点称为分支点。

同样可以定义内向树。一个内向树 T 恰有一个出度为 0 的结点,其余结点出度皆为 1。在内向树中,出度为 0 的结点称为根,入度为 0 的结点称为叶,入度不为 0 的结点称为分支点。

例 9.8　图 9.17 就是一颗有向树。

例 9.9　图 9.18(a) 是外向树,图 9.18(b) 是内向树,v_0 是根。

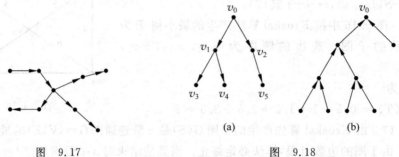

图　9.17　　　　　　　　　　　　　　图　9.18

外向树的实际例子是一个单位的组织结构图,其中以结点表示各级职务,边表示直属领导关系;内向树可以用体育比赛图来说明,其中叶点表示参赛运动员,分支点表示各级的获胜者,若 (u,v) 和 (w,v) 是边,表示由 u 和 w 产生胜者 v。显然,外向树与内向树具有互逆关系。在实际中用得最多的是外向树,下面将主要用外向树来说明根树。

在根树的图形表示中,各结点的顺序,边的方向都有一定的安排。一个结所在的层次数等于根到该结点的距离。例如图 9.18(a) 中 v_0 是第 0 层结点,v_1,v_2 是第一层结点,v_3,v_4,v_5 是第二层结点等。按照层次顺序,一般地把根结点画在最上面,边指向下方。属同一层次的结点都画在同一水平线上。进一步,可以在每层的结点之间和各条边之间规定一定的次序。这种树称为**有序树**。有序树在编译的词法分析中起着重要作用。

在有序树中,设 v 是一个分支点,(v,u),(v,w) 是 v 关联的两条边,则称 v 是 u 和 w 的"父亲结点"(或直接先行),u 和 w 是 v 的"儿子结点"(或直接后继)。同一个分支点的所有"儿子"称为"兄弟"按从左到右定"长幼"顺序。若从 v 可达结点 t,则称 v 是 t 的"祖先"(或先行),t 是 v 的"后裔"(或后继)。在有序树中,这些术语的实际背景就是家谱图,一个家族的繁衍情况正好可以用有序树表示出来。例如在图 9.18(a) 中 v_1 是 v_3 和 v_4 的父亲,v_3 是 v_4 的兄长,v_0 是 v_1,v_2,v_3 的祖先,v_5 是 v_0 的后裔等。

在有序树中以结点 v 为根的子根树,就是由 v 及其全部后裔所构成的诱导子图。

当遵守上面确定的结点顺序规则时,在画根树时也可以略去方向。

定义 9.11　在根树(外向树) T 中,若任何结点的出度最多为 m,则称 T 为 **m 叉树**;如果每个分支结点的出度都等于 m,则称 T 为**完全 m 叉树**;进一步,若 T 的全部叶点位于同一层次,则称 T 为**正则 m 叉树**。

例 9.10　图 9.19(a) 是 4 叉树,图 9.19(b) 是完全 3 叉树,图 9.19(c) 是正则 2 叉树。

定理 9.18　若 T 是完全 m 叉树,其叶数为 t,分支点数为 i,则 $(m-1)i=t-1$。

证明　在分支点中,除根的度数为 m 外,其余各分支结点的度皆为 $m+1$。各叶点的度为 1,总边数为 mi,由图论基本定理得到 $2mi=m+(m+1)(i-1)+t$,即 $(m-1)t=t-1$。

这个定理实质上可以用每局有 m 个选手参加的单淘汰制比赛来说明。t 个叶表示 t 个

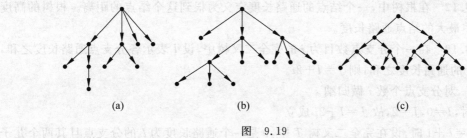

图 9.19

参赛的选手,i 则表示必须安排的总的比赛局数。每一局由 m 个参赛者中产生一个优胜者,最后决出一个冠军。

例 9.11 设有 28 盏电灯,拟公用一个电源插座,问需要多少块具有四插座的接线板?

这个公用插座可以看成是正则四叉树的根,每个接线板看成是其他分支点,灯泡看成是叶,则问题就是求总的分支点的数目,由定理 9.18 可以算得 $i = \frac{1}{3}(28-1) = 9$。因此,至少需要 9 块接线板才能达到目的。

在实际应用中,二叉树特别有用。一方面因为它便于用计算机表示,另一方面还因为任何一个有序树,甚至有序林都可以变换一个对应的二叉树,把一个有序树变成二叉树可以分以下的两步完成。

第一步,对有序树的每个分支点 v,保留它的最左一条出边,删去它的其余出边,再把 v 的位于同一层的各个儿子用一条有向通路从左到右连接起来;

第二步,在由第一步得到的图中,对每个结点 v,将位于 v 下面一层的直接后继(如果存在)作为左儿子,与 v 同层的后继(即原来的最左弟结点)作为 v 的右儿子。

例 9.12 图 9.20(c)是有序树图 9.20(a)的二叉树表示,图 9.20(b)是由第一步产生的中间结果。

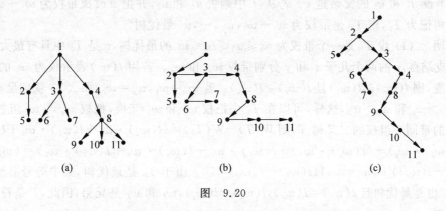

图 9.20

这种把有序树变换成二叉树的方法可以推广到有序林中去。其做法是,先把各支的有序树分别按第一步的方式变换,再用一条有向通路把各支的根按从左到右的顺序连接起来,最后对所得中间结果实施第二步变换。

在根树中,有时还要考虑所谓某个结点的通路长度的问题,这个问题与算法分析有一定的关系。

定义 9.12　在根树中,一个结点的通路长度定义为根到这个结点的距离。根树的高度定义为树中最大的结点通路长度。

定理 9.19　在一个分支点数目为 i 的完全二叉树中,设 I 表示各分支点通路长度之和,J 表示各叶的通路长度之和,则 $J=I+2i$。

证明　对分支点个数 i 做归纳。

$i=1$ 时,$I=0,J=2$,故 $J=I+2i$ 成立。

假设 $i=k+1$ 时,设在完全二叉树 T 中,v 是一个通路长度为 l 的分支点且其两个儿子 v_1 和 v_2 都是叶,则 $T-\{v_1,v_2\}$ 是含 k 个分支点的完全二叉树,由归纳假设有 $J'=I'+2k$,比较 T 和 $T-\{v_1,v_2\}$ 可得

$J=J'+2(l+1)-l=J'+l+2,I=I'+l$,于是 $J=I'+2k+l+2=I+2(k+1)$,即 $J=I+2i$。

定理 9.19 中的 I 和 J 又常分别叫做树的内部通路长度之和与外部通路长度之和。

2. 最优树

带权二叉树的优化问题。设 T 是有 t 个叶的二叉树,各叶分别带权 $w_1,w_2,\cdots,w_t$,不妨设 $w_1\leqslant w_2\leqslant\cdots\leqslant w_t$,又设各叶的通路长度分别为 $l_1,l_2,\cdots,l_t$,定义 T 的权为 $W(T)=\sum_{i=1}^{t}l_iw_i$。显然,以 $w_1,\cdots,w_t$ 为叶的权而构造的二叉树可能有很多个,我们希望确定在所有的这种带权的二叉树中,使 $W(T)$ 取最小值的 T。这个 T 称为带权 $w_1,\cdots,w_t$ 的最优树。

对于给定的一组权 $w_1,\cdots,w_t$,Huffman 设计了构造最优树的极精彩的方法,它蕴含于下面的定理之中。

定理 9.20　在带权为 $w_1\leqslant w_2\leqslant\cdots\leqslant w_t$ 的最优树中,必有 T 满足:

(1) 权为 w_1 和 w_2 的叶 u_1 和 u_2 是兄弟;

(2) 设 u_1 和 u_2 的父亲是 v。若从 T 中删去 u_1 和 u_2,并把 v 改成带权为 w_1+w_2 的叶之后的树记为 T_1,则 T_1 是带权为 $w_1+w_2,w_3,\cdots,w_t$ 最优树。

证明　(1) 设 T_0 是一个带权为 $w_1\leqslant w_2\leqslant\cdots\leqslant w_t$ 的最优树,v 是 T_0 中具有最大通路长度的分支结点,v 的两个儿子 x 和 y 分别带权 w_x 和 w_y。若用 $l(w_i)$ 表示权为 w_i 的叶 i 的通路长度,则 $l(w_x)\geqslant l(w_1)$ 且 $l(w_y)\geqslant l(w_2)$。若 $w_x=w_1,w_y=w_2$,那么 T_0 就满足要求,否则设 $w_x>w_1$ 和 $w_y>w_2$,这样,可以在 T_0 中把权 w_x 和 w_1 互换,把权 w_y 与 w_2 互换,得到一个新的带同一组权的二叉树 T,则 $W(T)-W(T_0)=(l(w_x)\cdot w_1+l(w_1)\cdot w_x+l(w_y)\cdot w_2+l(w_2)\cdot w_y)-(l(w_x)\cdot w_x+l(w_1)\cdot w_1+l(w_y)\cdot w_y+l(w_2)\cdot w_2)=(w_x-w_1)(l(w_1)-l(w_x))+(w_y-w_2)(l(w_2)-l(w_y))\leqslant 0$。由于 T_0 是最优树,式中等号必然成立。这样,T 也是最优树且 $l(w_1)=l(w_x),l(w_2)=l(w_y)$,$w_1$ 和 w_2 是兄弟,因此,T 是符合要求的最优树。

(2) 由 T_1 的构造方法(图 9.21),显然有 $W(T)=W(T_1)+w_1+w_2$。若 T_1 不是最优树,则必另有一个带权 $w_1+w_2,w_3,\cdots,w_t$ 的最优二叉树 T_2,对于 T_2,采用与图 9.21 相反的过程,使其带权为 w_1+w_2 的叶成为一个内枝点 u,另外加上两个分别带权为 w_1 和 w_2 的儿子,构成新的带权 $w_1,w_2,\cdots,w_t$ 的二叉树 T_3(图 9.22)。则 $W(T_3)=W(T_2)+w_1+w_2$。由于 T_2 是最优树,故 $W(T_2)<W(T_1)$。由此导出 $W(T_3)=W(T_2)+w_1+w_2<W(T_1)+$

$w_1+w_2=W(T)$，与 T 是最优树的条件矛盾。因此，T_1 是带权 $w_1+w_2,w_3,\cdots,w_t$ 的最优树。

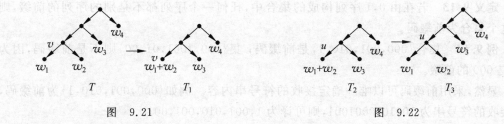

图 9.21　　　　　　　　　　　　　　　　　图 9.22

根据这个定理，要构造带 t 个权 $w_1\leqslant w_2\leqslant\cdots\leqslant w_t$ 的最优二叉树，可以归结为构造带 $t-1$ 个权 $w_1+w_2,w_3,\cdots,w_t$ 的最优二叉树，设这 $t-1$ 个权的不减序列为 $w'_1\leqslant w'_2\leqslant\cdots\leqslant w'_{t-1}$，则构造上述 $t-1$ 个权的最优树，又可以归结为构造带 $t-2$ 个权 $w'_1+w'_2,w'_3,\cdots,w'_{t-1}$ 的最优树，如此等。下面将用一个例子来说明。

例 9.13　给定一组权 0.1、0.3、0.4、0.5、0.5、0.6、0.9，求对应的最优二叉树。

解　应用定理 9.20 构造相应最优树的过程，本质上是在所得权序列中找最小的两个权，使它们对应的两个结点在构造该级最优树时为兄弟。构造过程中权序列演变如图 9.23 所示。

这个表清楚地表明了对应的最优二叉树的构造形式：每个箭头所指的权其对应的结点是分支点，箭头尾部的两个画线权其对应的结点是这个分支点的两个儿子。因此将上表的产生顺序倒过来，即得如图 9.24 所示的最优树。

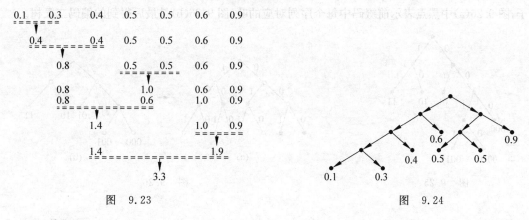

图 9.23　　　　　　　　　　　　　　　　　图 9.24

3. 前缀码

在使用英文字母进行编码通信时，既可用定长码，也可用变长码。当用 0，1 序列对每个字母编码时，采用定长码，就需要使用长度至少为 5 的序列才能表示全部 26 个字母。显然这是不经济的。因为每个字母的使用频率差别很大，据统计，日常语言中，字母 e,t,a,o,r,s,i 等出现的频率远比其他字母要高。因此人们希望用变长码来表示字母，使用频率高的字母编码短些，使用频率低的字母编码长些，这样一来，整个编码内容的符号量就要少得多。这个问题本质上仍是求一棵最优树，叶的权 p_i 就是出现的频率，通路长度 l_i 是相应的编码长度。最佳的标准是使 $\sum l_i p_i$ 达到最小。但是，随之而来的问题是，接收端如何对收到的符号串进行译码？例如，若字母 e 的编码为 00，字母 a 的编码为 10，字母 k 的编码为 1000，则在接收端收到符号串 1000 时,就无法确定传递内容是 ae 还是 k。因此,在编码时就必须考虑接收端不产生译码的二义性。前缀码就符合这个要求。

定义 9.13　若在由 0,1 序列构成的集合中,任何一个序列都不是别的序列的前缀,则称这个集合为前缀码。

例 9.14　集合 $\{000,001,010,1\}$ 是前缀码;集 $\{000,1001,01,00\}$ 则不是前缀码,因为 00 是 000 的前缀。

显然,采用前缀码可以唯一确定接收的符号串内容。例如 $\{000,001,010,1\}$ 为前缀码,当接收的符号串为 1001010001001,则可译为 1,001,010,001,001。

前缀码与二叉树的编码有着密切的关系。对于一个给定的二叉树,采用 0,1 序列来编码的方法是,对于每个分支点,令与它左儿子关联的边标记为 0,与右儿子关联的边标记为 1;对每个叶,其码就是由根到该叶的通路中各边标号顺序构成的序列。例如图 9.25 就是二叉树编码的一个例子。

在二叉树编码中,显然每两个叶点的码都不可能一个是另一个前缀,因为要成为前缀则必然有祖先和后裔的关系,这与叶的定义不符。由此可知,二叉树编码后,由各叶的码构成的集合(或其子集)是一个前缀码。反过来,也能够由前缀码构造一棵对应的编码二叉树。设所给前缀码中,最长序列含 h 个符号,则先构造一个高为 h 的正则二叉树,并对它进行编码。对于前缀码中的每个序列,从二叉树的根开始按序列中的符号顺序沿相应标号边前进,直到序列最后一个符号对应的边为止,由这条边指向的结点,就作为其编码与给定序列相同的叶点,并删去它的全部后裔。图 9.26 是由前缀码 $\{000,001,01,10,11\}$ 构造二叉树的例子,图 9.26(a) 中黑点表示前缀码中每个序列对应的叶,图 9.26(b) 是最后得到的编码二叉树。

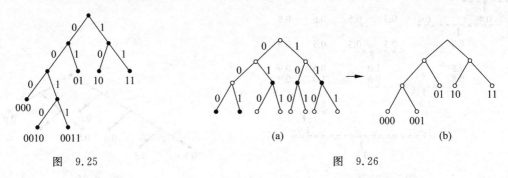

图　9.25　　　　　　　　　　　　　　　　图　9.26

9.6　图的匹配与匈牙利算法

现在来考虑一个工作安排问题。设有 m 个人和 n 项工作,每个人能从事其中一项或几项工作,问要如何进行安排,才能使尽可能多的人有工作可干? 在什么条件下,每个人都可以有工作可干?

用结点 $x_1,x_2,\cdots,x_m$ 表示 m 个人,用 $y_1,y_2,\cdots,y_n$ 表示 n 件工作,若 x_i 能做工作 y_{i1}, $y_{i2},\cdots,y_{ik}$,则使 x_i 与 $y_{i1},y_{i2},\cdots,y_{ik}$ 都邻接,这样可以得到一个二部图(图 9.27)。上述工作安排问题就是要在这个图中找一个边集合,使得每个结点与这个集合中的最多一条边关联,这个问题就是找图的一个匹配。

定义 9.14 设 $G=(V,E)$ 是简单图，$M \subseteq E$。如果 M 中任何两条边都不邻接，则称 M 为 G 中一个**匹配**。对任何结点 $v \in V$ 若有边 $uv \in M$，称 v 是 M-饱和的，否则说 v 不是 M-饱和的。如果 M 是 G 的一个匹配，且不存在别的匹配 M' 使 $|M| < |M'|$，则称 M 是 G 的一个**最大（基数）匹配**，使图 G 的每个结点都饱和的匹配称为完美匹配。

例 9.15 图 9.28 中边集 $\{e_1\}$，$\{e_1,e_6,e_9\}$，$\{e_2,e_7,e_{10}\}$ 都是图的匹配，后两个匹配是 G 的最大匹配。

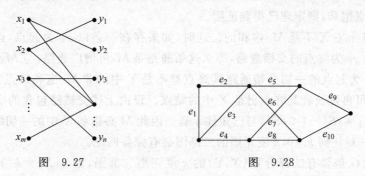

图 9.27   图 9.28

由匹配的定义知道，匹配问题与边独立集问题是相互联系的。事实上，图的一个匹配也就是一个边独立集，反之亦然。

定义 9.15 设 M 是 G 中一个匹配，若 G 中一条通路是由 M 中边和不属于 M 的边交替出现组成的，则称这条通路为**交错通路**。若一条交错通路的始点和终点都不是 M-饱和的，则称这条通路为 M-**可增广通路**。

例 9.16 在图 9.27 中，取匹配 $M = \{e_3, e_7\}$，则相继由边 e_2, e_3, e_4, e_7, e_9 构成的通路是一条交错通路，并且也是一条 M-可增广通路。

定理 9.21 匹配 M 为图 G 的最大匹配的充要条件是 G 中不存在 M-可增广通路。

证明 设 M 是 G 的一个最大匹配。假设存在一条 M-可增广通路 $p = v_0 v_1 v_2 \cdots v_{2m} v_{2m+1}$，并且设 p 中由不属 M 的边构成集合

$F_1 = \{v_0 v_1, v_2 v_3, v_4 v_5, \cdots, v_{2m} v_{2m+1}\}$，由属于 M 中的边构成集合 F_2。构造新集合

$$M_1 = (M - F_2) \bigcup F_1$$

那么 M_1 也是 G 的一个匹配。但是 $|M_1| = |M| + 1$，与 M 为最大匹配的条件矛盾。因此，不存在 M-可增广通路。

反过来，如果 G 中不存在 M-可增广通路，而 M 不是最大匹配，则必有最大匹配 M_1，使 $|M_1| > |M|$。构造集合 $M_2 = M \oplus M_1$，考虑诱导子图 $G(M_2)$。$G(M_2)$ 中每一个结点要么只与 M 或 M_1 中一条边关联，要么与 M 和 M_1 中各一条边关联，因此 $G(M_2)$ 中的支要么是一条其边交错出现于 M 和 M_1 中的交错通路，要么是一条交错回路。因为在 M_2 中包含 M_1 的边多于包含 M 的边，因此必然存在一条交错通路以 M_1 中的边开始且以 M_1 中的边结束，即是说，这条通路的起点和终点都不是 M-饱和的，由上一部分的证明知道，存在 M-可增广通路，与假设矛盾。因此 M 必是最大匹配。

下面考察二部图中的匹配问题。设 G 是具有二部分划 (X, Y) 的二部图，Hall 曾研究了 G 中存在饱和 X 中每个结点的匹配的条件。在介绍 Hall 定理之前，引入一个记号。设 S 是图 $G=(V,E)$ 的结点集的一个子集，记 $N_G(S) = \{v | \exists u \in S) \wedge uv \in E)\}$，称为 S 的邻接结

点集。在不混淆 $N_G(S)$ 也可记为 $N(S)$。

定理 9.22　设 G 是具有二部分划 (X,Y) 的二部图。G 中存在饱和 X 中每个结点的匹配当且仅当对任何 $S\subseteq X,|N(S)|\geqslant|S|$。

证明　设 G 中存在饱和 X 中一切结点的匹配 M。显然,仅就 M 而言,已有 $|N(S)|=|S|$,因而在 G 中 $|N(S)|\geqslant|S|$ 成立。

反之,若对任 $S\subseteq X,|N(S)|\geqslant|S|$,则可以在 G 中先构造一个最大的匹配 M。如果使 X 中的一切结点饱和,则定理已得到证明。

否则,必有 $x_0\in X$ 不是 M-饱和的。这时,如果存在一条以 x_0 为起点,以 Y 中某个非 M-饱和的结点 y_0 为终点的交错通路,那么这条通路是 M-可增广通路,与 M 是最大匹配矛盾。如果以 x_0 为起点的一切交错通路其终点都不是 Y 中的非 M-饱和结点,那么,这一切交错通路中不可再延长者其终点仍是 X 中的结点。设由上述交错路包含的 X 中的结点集为 S,则 $|N(S)|=|S|-1<|S|$,与已知件矛盾。因此 M 必饱和 X 中的一切结点。

推论 9.6　对任何 $k>0,k$ 度正则的二部图必有完备匹配。

证明　设 G 是具有二部分划 (X,Y) 的 k 度正则二部图,由 $k|X|=k|Y|$ 知道 $|X|=|Y|$。任取 $S\subseteq X$,那么与 S 中结点相关联的边构成的集合是与 $N(S)$ 中结点相关联的边构成的集合的子集合。即

$$k\mid N(s)\mid \geqslant k\mid S\mid$$

由此知 $|N(s)|\geqslant|S|$,从而 G 中存在饱和 X 的匹配,这个匹配也饱和 Y,因此就是完备匹配。

定理 9.22 提供了设计求饱和 X 中所有结点匹配的算法基础。其基本思想是从任何一个初始匹配开始,寻找关于这个匹配的可增广通路从而扩大这个匹配,直至不能再扩大为止。这些基本思想体现在下面的匈牙利算法之中。

匈牙利算法:是匈牙利人 Edmonds 于 1965 年提出的,可以把 G 中任一匹配 M 扩充为最大匹配的一种算法。

该算法的步骤如下。

(1) 首先用(*)标记 X 中所有的非 M-顶点,然后交替进行步骤(2),步骤(3)。

(2) 选取一个刚标记(用(*)或在步骤(3)中用 (y_i) 标记)过的 X 中顶点,例如顶点 x_i,然后用 (x_i) 去标记 Y 中顶点 y,如果 x_i 与 y 为同一非匹配边的两端点,且在本步骤中 y 尚未被标记过,重复步骤(2),直至对刚标记过的 X 中顶点全部完成一遍上述过程。

(3) 选取一个刚标记(在步骤(2)中用 (x_i) 标记)过的 Y 中结点,例如 y_i,用 (y_i) 去标记 X 中结点 x,如果 y_i 与 x 为同一匹配边的两端点,且在本步骤中 x 尚未被标记过,重复步骤(3),直至对刚标记过的 Y 中结点全部完成一遍上述过程。

(2),(3)交替执行,直到下述情况之一出现为止。

a) 标记到一个 Y 中顶点 y,它不是 M 的顶点,这时从 y 出发循标记回溯,直到(*)标记的 X 中顶点 x,求得一条交错通路。设其长度为 $2k+1$,显然其中 k 条是匹配边,$k+1$ 条是非匹配边。

b) 步骤(2)或步骤(3)找不到可标记结点,而又不是情况 a)。

(4) 当(2),(3)步骤中断于情况 a,则将交错通路中非匹配边改为匹配边,原匹配边改为非匹配边(从而得到一个比原匹配多一条边的新匹配),回到步骤(1),同时消除一切现有标记。

(5) 对一切可能,(2)和(3)步骤均中断于情况 b),或步骤(1)无可标记结点,算法终止(算法找不到交错通路)。

简单来看如下。

设 G 是一个具有二部分划 (X,Y) 的二部图,判定并求 G 的饱和 X 中全体结点的匹配过程如下。

(1) 任意确定一个初始匹配 M。

(2) 若 M 已饱和 X 中全部结点,则输出 M,算法结束;否则,选一个非 M-饱和结点 $x \in X$,构造集合 $S = \{x\}$,$T = \varnothing$。

(3) 若 $N(S) = T$,则不存在饱和 X 的匹配,算法结束;否则,选一结点 $y \in N(S) - T$。

(4) 若 y 是 M-饱和的,且 $yz \in M$,则用 $S \cup \{z\}$ 代替 S,用 $T \cup \{y\}$ 代替 T,转(3),否则,则存在以 x 为起点,以 y 为终点的 M-可增广通路 p,用 $M \oplus E(p)$ 代替 M 转(2)。

例 9.17 求图 9.29 中二部图的一个饱和 X 中一切结点的匹配。可把求解过程列表如表 9.2 所示。

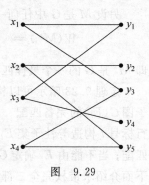

图 9.29

表 9.2

顺序	当前匹配	x	S	T	$N(S)$	y	z	可增广通路
1	$\{x_1y_1, x_2y_5\}$	x_4	$\{x_4\}$	$\varnothing$	$\{y_3, y_5\}$	y_3		$p = x_4y_3$
2	$\{x_1y_1, x_2y_5, x_4y_3\}$	x_3	$\{x_3\}$	$\varnothing$	$\{y_1, y_4\}$	y_1	x_1	
3			$\{x_3, x_1\}$	$\{y_1\}$	$\{y_1, y_3, y_4\}$	y_3	x_4	
4			$\{x_3, x_1, x_4\}$	$\{y_1, y_3\}$	$\{y_1, y_3, y_4, y_5\}$	y_4		$p = x_3y_4$
5	$\{x_1y_1, x_2y_5, x_4y_3, x_3y_4\}$							
6	结束							

这里介绍的匈牙利算法是用于判定和构造饱和二部图的一部结点的匹配。当不存在饱和这一部结点的匹配时,算法也结束,但是这时得到的匹配一般不是最大匹配。上述匈牙利算法经适当修改后可用来求二部图的最大匹配,这个问题留做练习。

在实际问题中,有时不仅要求最大匹配,还要使最大匹配满足一定的极值条件,即所谓求最佳匹配。例如在人员工作安排时,不仅要求每个人有工作干,还进一步要求所作安排保证总的工作效益最高。这个问题就相当于要在一个带权的二部图中找一个权和最大的最大匹配。下面将介绍求带权完全二部图中最佳匹配的算法。

设 G 是一具二部划分 (X,Y) 的带权二部图,其中 $X = \{x_1, \cdots, x_n\}$,$Y = \{y_1, \cdots y_n\}$ 边 x_iy_j 带有权 $w(x_iy_j)$。再让 G 中每个结点 v 对应一个实数 $l(v)$,称为结点 v 的标号。如果在 $X \cup Y$ 上给定的标号函数 l 对任何 $x \in X$ 和 $y \in Y$ 满足

$$l(x) + l(y) \geqslant w(xy)$$

则称 l 是 G 上一个可行标号(函数)。显然,在任何带权完全二部图上,至少存在一个可行标号。

设 l 是 $G = (V,E)$ 上的一个可行标号,构造 E 的一个子集,称为关于标号 l 的一个**等性子集**。

定理 9.23   设 l 是带权完全二部图 G 上一个可行标号, E_l 是 G 关于标号 l 的等性子集。若边诱导子图 $G(E_l)$ 包含了 G 的一个完备匹配 M^*, 则 M^* 就是 G 的一个最佳匹配。

证明   因为 $G(E_l)$ 包含了 G 的一个完备匹配 M^*, 则 M^* 是等性子集 E_l 的一个子集，从而 M^* 的权是

$$W(M^*) = \sum_{xy \in M^*} w(xy) = \sum_{v \in V} l(v)$$

另设 M 是 G 中任何一完备匹配，则

$$W(M^*) = \sum_{xy \in M^*} w(xy) = \sum_{v \in v} l(x) + l(y) = \sum_{v \in v} l(v) = W(M^*)$$

即 M^* 是 G 的一个最佳匹配。

定理 9.23 暗示可以构造一个好的算法：把求 G 的最佳匹配转化成利用标号法求生成子图 $G(E_l)$ 的完备匹配。因此，算法的主要部分仍是匈牙利算法。其基本思想是由任一可行标号 l 构造等性子集 E_l, 当能由 E_l 确定出 G 的一个完备的匹配 M^* 时，则 M^* 就是最佳匹配；当不能由 E_l 确定 G 的一个完备匹配时，则修改标号，重复上述过程直至求出 M^*。下面介绍求带权完全二部图 G 的最佳匹配的算法。设 G 的二部分划为 (X,Y), 边 xy 的权为 $w(xy)$。

求最佳匹配的标号法：

(1) 给定初始可行标号 l: 对所有 $x \in X$, 令 $l(x) = \max_{y \in Y}(w(xy))$; 对所有 $y \in Y$, 令 $l(y) = 0$。

(2) 找出等性子集 E_l, 并求 $G(E_l)$ 的个匹配 M。

(3) 若 M 已饱和 X 部结点，则 M 是最佳匹配，算法结束；否则，选一个非 M-饱和结点 $x \in X$, 构造集合 $S = \{x\}, T = \varnothing$。

(4) 若在 $G(E_l)$ 中, $N(S) \neq T$, 转 (5); 否则，计算

$$\Delta = \min_{xi \in S, yj \in Y-T} \{l(x_i) + l(y_j) - w(x_i y_j)\}$$

然后修改标号 l 为

$$l'(v) = \begin{cases} l(v) - \Delta, & \text{当 } v \in S \\ l(v) + \Delta, & \text{当 } v \in T \\ l(v), & \text{其他} \end{cases}$$

求出等性子集 E'_l。用 l' 代替 l, 用 E'_l 代替 E_l。

(5) 对于 $G(E_l)$, 在 $N(S) - T$ 中选一结点 y。若 y 是 M-饱和的且 $yz \in M$, 则以 $S \cup \{z\}$ 代替 S, 以 $T \cup \{y\}$ 代替 T 后转 (4); 若 y 不是 M-饱和的，则存在从 x 到 y 的 M-可增广通路 p, 以 $M' = M \oplus E(p)$ 代替 M 转 (3)。

例 9.18   已知利用 5 种不同产品作 5 种不同用途的效益矩阵为

$$\boldsymbol{C} = \begin{array}{c} x_1 \\ x_2 \\ x_3 \\ x_4 \\ x_5 \end{array} \begin{bmatrix} 3 & 6 & 0 & 1 & 4 \\ 2 & 3 & 5 & 5 & 2 \\ 4 & 0 & 6 & 1 & 5 \\ 8 & 2 & 3 & 6 & 4 \\ 7 & 4 & 2 & 5 & 6 \end{bmatrix}$$
$$\qquad\qquad y_1 \ y_2 \ y_3 \ y_4 \ y_5$$

求最佳匹配使总的效益最高。

用 x_1, x_2, x_3, x_4, x_5 表示 5 种产品，y_1, y_2, y_3, y_4, y_5 表示 5 种用途，可得一个完全二部图 $K_{5,5}$。利用标号法求最佳匹配的步骤如下。

（1）给予初始标号：$l(x_1) = 6, l(x_2) = 5, l(x_3) = 6, l(x_4) = 8, l(x_5) = 7, l(y_1) = l(y_2) = l(y_3) = l(y_4) = l(y_5) = 0$。

（2）在给定的标号下求得的等性子集 $E_l = \{x_1y_2, x_2y_3, x_2y_4, x_3y_3, x_4y_1, x_5y_1\}$。构造 $G(E_l)$，如图 9.30 所示。

（3）在 $G(E_l)$ 中求得最大匹配 $M = \{x_1y_2, x_2y_4, x_3y_3, x_4y_1\}$。

（4）x_5 未饱和，$S = \{x_5\}$，$T = \varnothing$，$N(S) = \{y_1\}$；选 y_1，因为 $x_4y_1 \in M$，重新构造 $S = \{x_4, x_5\}$，$T = \{y_1\}$，这时 $N(S) = T$，必须修改原标号。

（5）求得 $\Delta = \min\limits_{i=4,5; 2 \leqslant j \leqslant 5} \{l(x_i) + l(y_j) - w(x_iy_j)\} = 1$，新的标号是
$$l(x_1) = 6, l(x_2) = 5, l(x_3) = 6, l(x_4) = 7, l(x_5) = 6,$$
$$l(y_1) = 1, l(y_2) = l(y_3) = l(y_4) = l(y_5) = 0。$$

（6）在新标号下求得等性子集 $E_j = \{x_1y_2, x_2y_3, x_2y_4, x_3y_3, x_4y_1, x_5y_1, x_5y_5\}$，并构造 $G(E_l)$，如图 9.31 所示。

（7）求得 $G(E_l)$ 的一个最大匹配 $M = \{x_1y_2, x_2y_4, x_3y_3, x_4y_1, x_5y_5\}$，它使 X 部的所有结点都饱和，因此是最佳匹配。由这个最佳匹配得到的总效益为
$$W(M) = 6 + 5 + 6 + 8 + 6 = 31$$

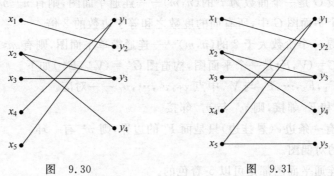

图　9.30　　　　　　　　　　　图　9.31

特殊图形与算法小结

1. 欧拉图及其应用

欧拉通路：经过图中每条边一次且仅一次的通路。

欧拉回路：经过图中每条边一次且仅一次的回路。

欧拉图：具有欧拉回路的图为之。

定理：无向图 G 是欧拉图当且仅当 G 是连通的，且无奇度结点。

推论：非平凡连通图 G 含有欧拉通路当且仅当 G 有零个或两个奇度结点，同时这两个奇度结点为每条欧拉通路的端点。

定理：连通有向图 G 含有有向欧拉回路（有向欧拉图）当且仅当 G 中每个结点的入度

等于出度。

推论：连通有向图 G 含有有向欧拉通路当且仅当除了两个结点外，其余结点的入度均等于出度，这两个特殊的结点中，一个结点的入度比出度多 1，另一结点的入度比出度少 1。

2. 哈密顿图及其应用

哈密顿通路：经过图中每个结点一次且仅一次的通路。

哈密顿回路：经过图中每个结点一次且仅一次的回路。

哈密顿图：具有哈密顿回路的图为之。

定理：如果无向图 $G=(V,E)$ 是哈密顿图，那么 V 的任何非空真子集 S，有 $w(G-S) \leqslant |S|$，$w(G-S)$ 是 $G-S$ 中的连通分支数。

定理：设 $G=(V,E)$ 是 n 阶 $(n \geqslant 3)$ 无向简单图，若 G 中任一对结点 u 和 v，皆有 $d(u)+d(v) \geqslant n-1$，则 G 中必有哈密顿道路。

定理：设 $G=(V,E)$ 是 n 阶 $(n \geqslant 3)$ 无向简单图，若 G 中任一对结点 u 和 v，皆有 $d(u)+d(v) \geqslant n$，则 G 中必有哈密顿回路。

定理：一个简单图是哈密顿图当且仅当其闭包是哈密顿图。

3. 平面图与对偶图

平面图：一个图 G，如果能把 G 的所有结点和边画在平面上，且使得任何两条边除了端点外没有其他交点，则称 G 是具有平面性的图（可嵌入平面）或简称 G 是平面图。

欧拉公式：设 G 是一个面数为 f 的 (n,m)——连通平面图，则有 $n-m+f=2$。

定理：在一个平面图 G 中，所有面的度数之和等于边数的 2 倍。

定理：设 G 是一个阶数大于 2 的 (n,m)——连通简单平面图，则有 $m \leqslant 3n-6$。

对偶图：设 $G=(V,E)$ 是一个平面图，构造图 $G^*=(V^*,E^*)$ 如下。

(1) G 的面 $F_1,F_2,\cdots,F_f$ 与 V^* 中点 $v_1,v_2,\cdots,v_f$ 一一对应。

(2) 若面 F_i 和 F_j 邻接，则 v_i^* 与 v_j^* 邻接。

(3) 若 G 中有一条边 e（悬挂边）只是面 F_i 的边界，则 v_i^* 有一环。

则 G^* 是 G 的对偶图。

定理：任何连通平面图都是可以 5-着色的。

定理：（四色定理）：任何连通平面图都是面 4-可着色的。

4. 树与生成树

树：一个连通无回路（指简单回路或基本回路）的无向图。

生成树：如果图 G 的生成子图是一棵树，该树为图 G 的生成树。

最小生成树：图 G 的所有生成树中，树权最小的生成树。

定理：设 T 是非平凡的 (n,m)-图，则下述命题是相互等价的。

(1) T 连通且无回路；

(2) T 无回路且 $m=n-1$；

(3) T 连通且 $m=n-1$；

(4) T 无回路，但任意两个不相邻的结点之间增加一条边，有且仅有一个回路；

(5) T 连通，但是删去任何一条边后就不连通了；

(6) T 的每一对结点之间有且仅有一条通路。

定理：任何非平凡树至少有二片树叶。

定理：每个连通图都含有生成树。

5. 根树及其应用

有向树：如果一个有向图 G 的基图（忽略边的方向后）是树，则称 G 为有向树。

根树：T 是一棵有向树，如果 T 恰有一个结点的入度为 0，其余所有结点的入度都为 1，则称 T 为根树。

有序树：根树中结点或边的次序被指定，称此根树为有序树。

m **叉树**：每个结点的出度小于或等于 m 的根树。

完全 m 叉树：每个结点的出度恰好等于 m 或零的根树。

正则 m 叉树：在完全 m 叉树中，所有树叶层次相同。

通路长度：在根树中，从树根到某结点的通路中的边数称为此结点的通路长度。

二叉树的权：一棵二叉树下，如果每一片树叶都带权，带权为 w_i 的树叶，其通路长度为 $L(w_i)$，令 $w(T) = \sum\limits_{i=1}^{k} w_i L(w_i)$ 称为带权二叉树的权。

最优树：在所有带权 $w_1, w_2, \cdots, w_k$ 的二叉树中，$w(T)$ 最小的那棵树，则称之。

定理：若 T 是完全 m 叉树，其树叶数为 t，分支点数为 i，则 $(m-1)i = t-1$。

定理：若完全二叉树有 i 个分支点，设 I 表示各分支点通路长度总和，J 表示各叶的通路长度总和，则有 $J = I + 2i$。

定理：任何一棵二叉树的树叶可对应一个前缀码。

6. 图的匹配与匈牙利算法

匹配：设 $G = (V, E)$ 是简单图，$M \subseteq E$，如果 M 中任何两条边都不相邻，则称 M 为 G 的一个匹配。

二部图：如果一个简单图 G 的结点集 V 被分成两个子集 X 和 Y，且 $X \cup Y = V, X \cap Y = \varnothing$，使得 G 中任何一条边的两个端点分别在 X 和 Y 中，则称 G 为二部图，记为 $G = (X, Y, E)$。

M-饱和点：设 M 为 G 中匹配，M 中边的端点称为 M 的饱和点。

M-未饱和点：若图 G 有匹配 M，G 中不被 M 中边所关联的结点，称 M 的未饱和点。

完备匹配：设 M 为二部图 $G = (X, Y, E)$ 中一个匹配，如果 $|M| = \min\{|X|, |Y|\}$，则称 M 为 G 中的完备匹配。

完美匹配：如果 G 中每个结点都是匹配 M 的饱和点，则称匹配 M 为完善匹配。

最大匹配：设 M 为 G 的匹配，如果 G 中不存在另一个匹配 M'，使得 $|M'| > |M|$，则称 M 为最大匹配。

交错通路：设 $G = (V, E)$，M 为 G 的一个匹配，P 是 G 中一条通路，如果 P 中的边交替地属于 $E - M$ 和 M，称 P 是 M 交错通路。

增广通路：M 交错通路起点和终点，都是 M 的未饱和点，称它为 M 的增广通路。

匈牙利算法：是匈牙利人 Edmonds 于 1965 年提出的，可以把 G 中任一匹配 M 扩充为最大匹配的一种算法。

该算法的步骤如下。

（1）首先用（＊）标记 X 中所有的非 M-顶点，然后交替进行步骤（2），步骤（3）。

(2) 选取一个刚标记(用(*)或在步骤(3)中用(y_i)标记)过的 X 中顶点,例如顶点 x_i,然后用(x_i)去标记 Y 中顶点 y,如果 x_i 与 y 为同一非匹配边的两端点,且在本步骤中 y 尚未被标记过,重复步骤(2),直至对刚标记过的 X 中顶点全部完成一遍上述过程。

(3) 选取一个刚标记(在步骤(2)中用(x_i)标记)过的 Y 中结点,例如 y_i,用(y_i)去标记 X 中结点 x,如果 y_i 与 x 为同一匹配边的两端点,且在本步骤中 x 尚未被标记过,重复步骤(3),直至对刚标记过的 Y 中结点全部完成一遍上述过程。

(2),(3)交替执行,直到下述情况之一出现为止。

a) 标记到一个 Y 中顶点 y,它不是 M 的顶点,这时从 y 出发循标记回溯,直到(*)标记的 X 中顶点 x,求得一条交错通路。设其长度为 $2k+1$,显然其中 k 条是匹配边,$k+1$ 条是非匹配边。

b) 步骤(2)或步骤(3)找不到可标记结点,而又不是情况 a)。

(4) 当(2),(3)步骤中断于情况 a),则将交错通路中非匹配边改为匹配边,原匹配边改为非匹配边(从而得到一个比原匹配多一条边的新匹配),回到步骤(1),同时消除一切现有标记。

(5) 对一切可能,(2)和(3)步骤均中断于情况 b),或步骤(1)无可标记结点,算法终止(算法找不到交错通路)。

定理:无向图 G 为二部图的充分必要条件是 G 至少有两个结点,且其所有回路的长度均为偶数。

定理:设 $G=(X,Y,E)$ 为二部图,G 中存在饱和 X 中每个结点的匹配当且仅当对任何 $S \subseteq X$,有 $|N(S)| \geqslant |S|$。(注:$N(S)$ 指在 G 中和 S 中结点邻接的所有结点的集合,$|S|$ 指集合 S 含结点的个数)。

练 习 题

1. (a) 画一个图,使它有一条欧拉回路和一条哈密顿回路;

　(b) 画一个图,使它有一条欧拉回路,但没有一条哈密顿回路;

　(c) 画一个图,使它没有一条欧拉回路,但有一条哈密顿回路;

　(d) 画一个图,使它既没有一条欧拉回路,也没有一条哈密顿回路。

2. (1) 当 n 为何值时,k_n 既是欧拉图又是哈密顿图;

　(2) 当 k 为何值时,k-正则图既是欧拉图又是哈密顿图。

3. 求图 9.32(a)、(b)的欧拉回路或欧拉通路。

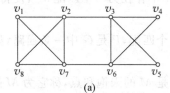
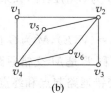

(a)　　　　　　　　　　(b)

图　9.32

4. 图 G 为 (n,m) 无向简单图,证明:当 $m>\dfrac{(n-1)(n-2)}{2}$ 时,图 G 具有哈密顿通路(即

图 G 是半哈密顿图)。

5. 11 个学生要共进晚餐,他们将围坐一个圆桌,计划要求每次晚餐上,每个学生有完全不同的邻座。这样能共进晚餐几天?

6. 试计算 $k_n(n \geq 3)$ 中不同的哈密顿回路共有多少条。

7. 设 G 为 (n,m) 图,$n \geq 3$,证明:如果 $m \geq C_{n-1}^2 + 2$,那么 G 为哈密顿图。

8. 证明:若 G 是含奇数个结点的二部图,则 G 不是哈密尔顿图。

9. 试证:极大平面图 G 一定是连通图。

10. 如图 9.33 所示的 G 图是否为平面图? 是否为极大平面图? 为什么?

11. 设简单平面图 G 中结点数 $n=7$,边数 $m=15$,证明 G 是连通的。

12. 设 G 是边数 m 小于 30 的简单平面图,试证明 G 中存在结点 $v,d(v) \leq 4$。

13. 设结点数 $n \geq 3$ 的连通的简单的平面图 G 每个面的边界长均为 3,证明 G 是极大平面图。

14. 证明当每个结点的度数大于等于 3 时,不存在有 7 条边的简单连通平面图。

15. 在由 6 个结点,12 条边构成的连通平面图 G 中,每个面由几条边围成? 为什么?

16. 试作出如图 9.34 中两个图的对偶图。

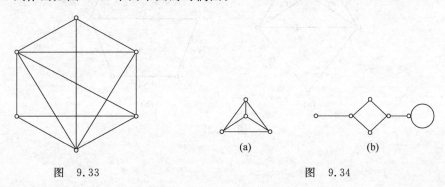

图 9.33   (a)   (b)   图 9.34

17. 有 8 种化学药品 A,B,C,D,P,R,S,T 要放进储藏室保管。出于安全原因,下列各组药品不能放在同一室内:A-R,A-C,A-T,R-P,P-S,S-T,T-B,B-D,D-C,R-S,R-B,P-D,S-C,S-D,问储藏这 8 种药品至少需要多少房间?

18. 当且仅当连通图的每条边均为割边时,该连通图才是一棵树。

19. 一棵树有两个结点度数为 2,一个结点度数为 3,三个结点度数为 4,其余均为一度的结点,问有多少个度数为 1 的结点?

20. 用 Kruskal 算法求带权图的一棵最小生成树(图 9.35)。

21. 如何由有向图 G 的邻接矩阵 $A(G)$ 判定 G 是否是根树? 如是根树,如何判定它的树根和树叶?

22. 证明在完全二叉树中边数等于 $2(n_t-1)$,其中 n_t 是叶的数目。

23. 给出公式 $(P \vee (\neg P \wedge Q)) \wedge ((\neg P \vee Q) \wedge \neg R)$ 的根树表示。

24. 给定权 $1,4,9,16,25,36,49,64,81,100$,构造一个最优二叉树。

25. 遍历一棵树是指访问这个树的每个结点一次且仅一次,遍历二叉树有 3 种方式:

(1)前序遍历:先访问根,再遍历左子树,然后遍历右子树。

(2)中序遍历:先遍历左子树,再访问根,然后遍历右子树。

（3）后序遍历：先遍历左子树，再遍历右子树，然后访问根。

试根据 3 种不同遍历方式，分别写出如图 9.36 所示中访问各结点的顺序。

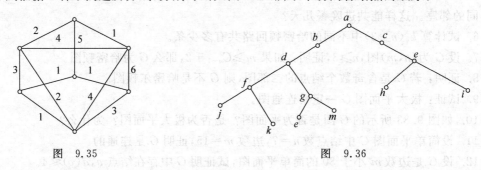

图 9.35　　　　　　　　　　图 9.36

26. 试求图 9.37(a)、(b)中的匹配、极大匹配、最大匹配及匹配数。

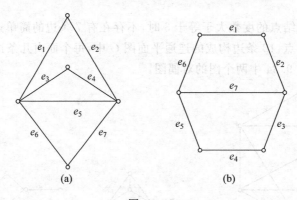

(a)　　　　　　　(b)

图　9.37

参 考 文 献

[1] 孙道德,王敏生.离散数学.合肥:中国科学技术大学出版社,2010.

[2] 屈婉玲,耿素云,张立昂.离散数学.北京:高等教育出版社,2008.

[3] 左孝凌,利伟鑑.离散数学.上海:上海科技文献出版社,1982.

[4] 马振华.现代应用数学手——离散数学卷.北京:清华大学出版社,2002.

[5] Brnard Klman Robert C. Busby Sharon Cuter Rass.离散数学结构(第四版).罗平译.北京:高等教育出版社,2005.

图书资源支持

感谢您一直以来对清华版图书的支持和爱护。为了配合本书的使用，本书提供配套的素材，有需求的用户请到清华大学出版社主页(http://www.tup.com.cn)上查询和下载，也可以拨打电话或发送电子邮件咨询。

如果您在使用本书的过程中遇到了什么问题，或者有相关图书出版计划，也请您发邮件告诉我们，以便我们更好地为您服务。

我们的联系方式：

地　　址：北京海淀区双清路学研大厦 A 座 707

邮　　编：100084

电　　话：010－62770175－4604

资源下载：http://www.tup.com.cn

电子邮件：weijj@tup.tsinghua.edu.cn

QQ：883604(请写明您的单位和姓名)

用微信扫一扫右边的二维码，即可关注清华大学出版社公众号"书圈"。

扫一扫
资源下载、样书申请
新书推荐、技术交流